U0395792

页岩气地球物理综合解释

"十三五"国家重点图书

中国能源新战略——页岩气出版工程

编著：余刚　张宇生　刘伟　程飞　郭锐

華東理工大學出版社
EAST CHINA UNIVERSITY OF SCIENCE AND TECHNOLOGY PRESS
·上海·

上海高校服务国家重大战略出版工程资助项目

图书在版编目(CIP)数据

页岩气地球物理综合解释/余刚等编著. —上海:
华东理工大学出版社,2016.12
(中国能源新战略:页岩气出版工程)
ISBN 978-7-5628-4898-1

Ⅰ.①页… Ⅱ.①余… Ⅲ.①油页岩—地球物理勘探
Ⅳ.①P618.120.8

中国版本图书馆CIP数据核字(2016)第320053号

内容提要

全书共分四章,第1章是绪论,主要为页岩气地球物理勘探概述;第2章是页岩气地球物理技术综述,系统阐述了页岩气综合解释中要运用到的地球物理方法;第3章为页岩气地球物理综合解释,介绍了页岩气综合地球物理方法应用实例;第4章为页岩气地球物理关键技术展望。

本书内容翔实,地质数据丰富,可为从事页岩气地球物理研究、页岩气勘探开发的专家及学者提供指导及借鉴,具有很高的参考价值。

项目统筹/周永斌 马夫娇
责任编辑/李芳冰
书籍设计/刘晓翔工作室
出版发行/华东理工大学出版社有限公司
地址:上海市梅陇路130号,200237
电话:021-64250306
网址:www.ecustpress.cn
邮箱:zongbianban@ecustpress.cn
印　　刷/上海雅昌艺术印刷有限公司
开　　本/710 mm×1000 mm 1/16
印　　张/24.25
字　　数/386千字
版　　次/2016年12月第1版
印　　次/2016年12月第1次
定　　价/128.00元

《中国能源新战略——页岩气出版工程》

编辑委员会

总序 一

能源矿产是人类赖以生存和发展的重要物质基础，攸关国计民生和国家安全。推动能源地质勘探和开发利用方式变革，调整优化能源结构，构建安全、稳定、经济、清洁的现代能源产业体系，对于保障我国经济社会可持续发展具有重要的战略意义。中共十八届五中全会提出，“十三五”发展将围绕“创新、协调、绿色、开放、共享的发展理念”展开，要“推动低碳循环发展，建设清洁低碳、安全高效的现代能源体系”，这为我国能源产业发展指明了方向。

在当前能源生产和消费结构亟须调整的形势下，中国未来的能源需求缺口日益凸显。清洁、高效的能源将是石油产业发展的重点，而页岩气就是中国能源新战略的重要组成部分。页岩气属于非传统（非常规）地质矿产资源，具有明显的致矿地质异常特殊性，也是我国第172种矿产。页岩气成分以甲烷为主，是一种清洁、高效的能源资源和化工原料，主要用于居民燃气、城市供热、发电、汽车燃料等，用途非常广泛。页岩气的规模开采将进一步优化我国能源结构，同时也有望缓解我国油气资源对外依存度较高的被动局面。

页岩气作为国家能源安全的重要组成部分，是一项有望改变我国能源结构、改变我国南方省份缺油少气格局、“绿化”我国环境的重大领域。目前，页岩气的开发利用在世界范围内已经产生了重要影响，在此形势下，由华东理工大学出版社策划的这套页岩气丛书对国内页岩气的发展具有非常重要的意义。该丛书从页岩气地质、地球物理、开发工程、装备与经济技术评价以及政策环境等方面系统阐述了页岩气全产业链理论、方法与技术，并完善了页岩气地质、物探、开发等相关理论，集成了页岩气勘探开发与工程领域相关的先进技术，摸索了中国页岩气勘探开发相关的经济、环境与政策。丛书的出版有助于开拓页岩气产业新领域、探索新技术、寻求新的发展模式，以期对页岩气关键技术的广泛推广、科学技术创新能力的大力提升、学科建设条件的逐渐改进，以及生产实践效果的显著提高等，能产生积极的推动作用，为国家的能源政策制定提供积极的参考和决策依据。

我想，参与本套丛书策划与编写工作的专家、学者们都希望站在国家高度和学术前沿产出时代精品，为页岩气顺利开发与利用营造积极健康的舆论氛围。中国地质大学（北京）是我国最早涉足页岩气领域的学术机构，其中张金川教授是第376次香山科学会议（中国页岩气资源基础及勘探开发基础问题）、页岩气国际学术研讨会等会议的执行主席，他是中国最早开始引进并系统研究我国页岩气的学者，曾任贵州省页岩气勘查与评价和全国页岩气资源评价与有利选区项目技术首席，由他担任丛书主编我认为非常称职，希望该丛书能够成为页岩气出版领域中的标杆。

让我感到欣慰和感激的是，这套丛书的出版得到了国家出版基金的大力支持，我要向参与丛书编写工作的所有同仁和华东理工大学出版社表示感谢，正是有了你们在各自专业领域中的倾情奉献和互相配合，才使得这套高水准的学术专著能够顺利出版问世。

中国科学院院士

2016年5月于北京

总序二

进入21世纪，世情、国情继续发生深刻变化，世界政治经济形势更加复杂严峻，能源发展呈现新的阶段性特征，我国既面临由能源大国向能源强国转变的难得历史机遇，又面临诸多问题和挑战。从国际上看，二氧化碳排放与全球气候变化、国际金融危机与石油天然气价格波动、地缘政治与局部战争等因素对国际能源形势产生了重要影响，世界能源市场更加复杂多变，不稳定性和不确定性进一步增加。从国内看，虽然国民经济仍在持续中高速发展，但是城乡雾霾污染日趋严重，能源供给和消费结构严重不合理，可持续的长期发展战略与现实经济短期的利益冲突相互交织，能源规划与环境保护互相制约，绿色清洁能源亟待开发，页岩气资源开发和利用有待进一步推进。我国页岩气资源与环境的和谐发展面临重大机遇和挑战。

随着社会对清洁能源需求不断扩大，天然气价格不断上涨，人们对页岩气勘探开发技术的认识也在不断加深，从而在国内出现了一股页岩气热潮。为了加快页岩气的开发利用，国家发改委和国家能源局从2009年9月开始，研究制定了鼓励页岩气勘探与开发利用的相关政策。随着科研攻关力度和核心技术突破能力的不断提高，先后发现了以威远-长宁为代表的下古生界海相和以延长为代表的中生界陆相等页岩气田，特别是开发了特大型焦石坝海相页岩气，将我国页岩气工业推送到了一个特殊的历史新阶段。页岩气产业的发展既需要系统的理论认识和配套的方法技术，也需要合理的政策、有效的措施及配套的管理，我国的页岩气技术发展方兴未艾，页岩气资源有待进一步开发。

我很荣幸能在丛书策划之初就加入编委会大家庭，有机会和页岩气领域年轻的学者们共同探讨我国页岩气发展之路。我想，正是有了你们对页岩气理论研究与实践的攻关才有了这套书扎实的科学基础。放眼未来，中国的页岩气发展还有很多政策、科研和开发利用上的困难，但只要大家齐心协力，最终我们必将取得页岩气发展的良好成果，使科技发展的果实惠及千家万户。

这套丛书内容丰富，涉及领域广泛，从产业链角度对页岩气开发与利用的相关理论、技术、政策与环境等方面进行了系统全面、逻辑清晰地阐述，对当今页岩气专业理论、先进技术及管理模式等体系的最新进展进行了全产业链的知识集成。通过对这些内容的全面介绍，可以清晰地透视页岩气技术面貌，把握页岩气的来龙去脉，并展望未来的发展趋势。总之，这套丛书的出版将为我国能源战略提供新的、专业的决策依据与参考，以期推动页岩气产业发展，为我国能源生产与消费改革做出能源人的贡献。

中国页岩气勘探开发地质、地面及工程条件异常复杂，但我想说，打造世纪精品力作是我们的目标，然而在此过程中必定有着多样的困难，但只要我们以专业的科学精神去对待、解决这些问题，最终的美好成果是能够创造出来的，祖国的蓝天白云有我们曾经的努力！

中国工程院院士

康玉柱

2016年5月

总序 三

页岩气属于新型的绿色能源资源，是一种典型的非常规天然气。近年来，页岩气的勘探开发异军突起，已成为全球油气工业中的新亮点，并逐步向全方位的变革演进。我国已将页岩气列为新型能源发展重点，纳入了国家能源发展规划。

页岩气开发的成功与技术成熟，极大地推动了油气工业的技术革命。与其他类型天然气相比，页岩气具有资源分布连片、技术集约程度高、生产周期长等开发特点。页岩气的经济性开发是一个全新的领域，它要求对页岩气地质概念的准确把握、开发工艺技术的恰当应用、开发效果的合理预测与评价。

美国现今比较成熟的页岩气开发技术，是在20世纪80年代初直井泡沫压裂技术的基础上逐步完善而发展起来的，先后经历了从直井到水平井、从泡沫和交联冻胶到清水压裂液、从简单压裂到重复压裂和同步压裂工艺的演进，页岩气的成功开发拉动了美国页岩气产业的快速发展。这其中，完善的基础设施、专业的技术服务、有效的监管体系为页岩气开发提供了重要的支持和保障作用，批量化生产的低成本开发技术是页岩气开发成功的关键。

我国页岩气的资源背景、工程条件、矿权模式、运行机制及市场环境等明显有别于美国，页岩气开发与发展任重道远。我国页岩气资源丰富、类型多样，但开发地质条件复杂，开发理论与技术相对滞后，加之开发区水资源有限、管网稀疏、人口稠密等不利因素，导致中国的页岩气发展不能完全照搬照抄美国的经验、技术、政策及法规，必须探索出一条适合于我国自身特色的页岩气开发技术与发展道路。

华东理工大学出版社策划出版的这套页岩气产业化系列丛书，首次从页岩气地质、地球物理、开发工程、装备与经济技术评价以及政策环境等方面对页岩气相关的理论、方法、技术及原则进行了系统阐述，集成了页岩气勘探开发理论与工程利用相关领域先进的技术系列，完成了页岩气全产业链的系统化理论构建，摸索出了与中国页岩气工业开发利用相关的经济模式以及环境与政策，探讨了中国自己的页岩气发展道路，为中国的页岩气发展指明了方向，是中国页岩气工作者不可多得的工作指南，是相关企业管理层制定页岩气投资决策的依据，也是政府部门制定相关法律法规的重要参考。

我非常荣幸能够成为这套丛书的编委会顾问成员，很高兴为丛书作序。我对华东理工大学出版社的独特创意、精美策划及辛苦工作感到由衷的赞赏和钦佩，对以张金川教授为代表的丛书主编和作者们良好的组织、辛苦的耕耘、无私的奉献表示非常赞赏，对全体工作者的辛勤劳动充满由衷的敬意。

这套丛书的问世，将会对我国的页岩气产业产生重要影响，我愿意向广大读者推荐这套丛书。

中国工程院院士

胡文瑞

2016年5月

总序四

绿色低碳是中国能源发展的新战略之一。作为一种重要的清洁能源，天然气在中国一次能源消费中的比重到2020年时将提高到10%以上，页岩气的高效开发是实现这一战略目标的一种重要途径。

页岩气革命发生在美国，并在世界范围内引起了能源大变局和新一轮油价下降。在经过了漫长的偶遇发现（1821—1975年）和艰难探索（1976—2005年）之后，美国的页岩气于2006年进入快速发展期。2005年，美国的页岩气产量还只有1134亿立方米，仅占美国当年天然气总产量的4.8%；而到了2015年，页岩气在美国天然气年总产量中已接近半壁江山，产量增至4291亿立方米，年占比达到了46.1%。即使在目前气价持续走低的大背景下，美国页岩气产量仍基本保持稳定。美国页岩气产业的大发展，使美国逐步实现了天然气自给自足，并有向天然气出口国转变的趋势。2015年美国天然气净进口量在总消费量中的占比已降至9.25%，促进了美国经济的复苏、GDP的增长和政府收入的增加，提振了美国传统制造业并吸引其回归美国本土。更重要的是，美国页岩气引发了一场世界能源供给革命，促进了世界其他国家页岩气产业的发展。

中国含气页岩层系多，资源分布广。其中，陆相页岩发育于中、新生界，在中国六大含油气盆地均有分布；海陆过渡相页岩发育于上古生界和中生界，在中国华北、南方和西北广泛分布；海相页岩以下古生界为主，主要分布于扬子和塔里木盆地。中国页岩气勘探开发起步虽晚，但发展速度很快，已成为继美国和加拿大之后世界上第三个实现页岩气商业化开发的国家。这一切都要归功于政府的大力支持、学界的积极参与及业界的坚定信念与投入。经过全面细致的选区优化评价（2005—2009年）和钻探评价（2010—2012年），中国很快实现了涪陵（中国石化）和威远–长宁（中国石油）页岩气突破。2012年，中国石化成功地在涪陵地区发现了中国第一个大型海相气田。此后，涪陵页岩气勘探和产能建设快速推进，目前已提交探明地质储量3805.98亿立方米，页岩气日产量（截至2016年6月）也达到了1387万立方米。故大力发展页岩气，不仅有助于实现清洁低碳的能源发展战略，还有助于促进中国的经济发展。

然而，中国页岩气开发也面临着地下地质条件复杂、地表自然条件恶劣、管网等基础设施不完善、开发成本较高等诸多挑战。页岩气开发是一项系统工程，既要有丰富的地质理论为页岩气勘探提供指导，又要有先进配套的工程技术为页岩气开发提供支撑，还要有完善的监管政策为页岩气产业的健康发展提供保障。为了更好地发展中国的页岩气产业，亟须从页岩气地质理论、地球物理勘探技术、工程技术和装备、政策法规及环境保护等诸多方面开展系统的研究和总结，该套页岩气丛书的出版将填补这项空白。

该丛书涉及整个页岩气产业链，介绍了中国页岩气产业的发展现状，分析了未来的发展潜力，集成了勘探开发相关技术，总结了管理模式的创新。相信该套丛书的出版将会为我国页岩气产业链的快速成熟和健康发展带来积极的推动作用。

中国科学院院士

2016年5月

丛书前言

社会经济的不断增长提高了对能源需求的依赖程度，城市人口的增加提高了对清洁能源的需求，全球资源产业链重心后移导致了能源类型需求的转移，不合理的能源资源结构对环境和气候产生了严重的影响。页岩气是一种特殊的非常规天然气资源，她延伸了传统的油气地质与成藏理论，新的理念与逻辑改变了我们对油气赋存地质条件和富集规律的认识。页岩气的到来冲击了传统的油气地质理论、开发工艺技术以及环境与政策相关法规，将我国传统的“东中西”油气分布格局转置于“南中北”背景之下，提供了我国油气能源供给与消费结构改变的理论与物质基础。美国的页岩气革命、加拿大的页岩气开发、我国的页岩气突破，促进了全球能源结构的调整和改变，影响着世界能源生产与消费格局的深刻变化。

第一次看到页岩气(Shale gas)这个词还是在我的博士生时代，是我在图书馆研究深盆气(Deep basin gas)外文文献时的“意外”收获。但从那时起，我就注意上了页岩气，并逐渐为之痴迷。亲身经历了页岩气在中国的启动，充分体会到了页岩气产业发展的迅速，从开始只有为数不多的几个人进行页岩气研究，到现在我们已经有非常多优秀年轻人的拼搏努力，他们分布在页岩气产业链的各个角落并默默地做着他们认为有可能改变中国能源结构的事。

广袤的长江以南地区曾是我国老一辈地质工作者花费了数十年时间进行油

气勘探而“久攻不破”的难点地区，短短几年的页岩气勘探和实践已经使该地区呈现出了“星星之火可以燎原”之势。在油气探矿权空白区，渝页1、岑页1、酉科1、常页1、水页1、柳页1、秭地1、安页1、港地1等一批不同地区、不同层系的探井获得了良好的页岩气发现，特别是在探矿权区域内大型优质页岩气田（彭水、长宁-威远、焦石坝等)的成功开发，极大地提振了油气勘探与发现的勇气和决心。在长江以北，目前也已经在长期存在争议的地区有越来越多的探井揭示了新的含气层系，柳坪177、牟页1、鄂页1、尉参1、郑西页1等探井不断有新的发现和突破，形成了以延长、中牟、温县等为代表的陆相页岩气示范区和海陆过渡相页岩气试验区，打破了油气勘探发现和认识格局。中国近几年的页岩气勘探成就，使我们能够在几十年都不曾有油气发现的区域内再放希望之光，在许多勘探失利或原来不曾预期的地方点燃了燎原之火，在更广阔的地区重新拾起了油气发现的信心，在许多新的领域内带来了原来不曾预期的希望，在许多层系获得了原来不曾想象的意外惊喜，极大地拓展了油气勘探与发现的空间和视野。更重要的是，页岩气理论与技术的发展促进了油气物探技术的进一步完善和成熟，改进了油气开发生产工艺技术，启动了能源经济技术新的环境与政策思考，整体推高了油气工业的技术能力和水平，催生了页岩气产业链的快速发展。

该套页岩气丛书响应了国家《能源发展“十二五”规划》中关于大力开发非常规能源与调整能源消费结构的愿景，及时高效地回应了《大气污染防治行动计划》中对于清洁能源供应的急切需求以及《页岩气发展规划（2011—2015年）》的精神内涵与宏观战略要求，根据《国家应对气候变化规划（2014—2020）》和《能源发展战略行动计划（2014—2020）》的建议意见，充分考虑我国当前油气短缺的能源现状，以面向“十三五”能源健康发展为目标，对页岩气地质、物探、工程、政策等方面进行了系统讨论，试图突出新领域、新理论、新技术、新方法，为解决页岩气领域中所面临的新问题提供参考依据，对页岩气产业链相关理论与技术提供系统参考和基础。

承担国家出版基金项目《中国能源新战略——页岩气出版工程》(入选《“十三五”国家重点图书、音像、电子出版物出版规划》)的组织编写重任，心中不免惶恐，因为这是我第一次做分量如此之重的学术出版。当然，也是我第一次有机会系统地来梳理这些年我们团队所走过的页岩气之路。丛书的出版离不开广大作者的辛勤付出，他们以实际行动表达了对本职工作的热爱、对页岩气产业的追求以及对国家能源行业发展的希冀。特别是，丛书顾问在立意、构架、设计及编撰、出版等环节中也给予了精心指导和大力支持。正是有了众多同行专家的无私帮助和热情鼓励，我们的作者团队才义无反顾地接受了这一充满挑战的历史性艰巨任务。

该套丛书的作者们长期耕耘在教学、科研和生产第一线，他们未雨绸缪、身体力行、不断探索前进，将美国页岩气概念和技术成功引进中国；他们大胆创新实践，对全国范围内页岩气展开了有利区优选、潜力评价、趋势展望；他们尝试先行先试，将页岩气地质理论、开发技术、评价方法、实践原则等形成了完整体系；他们奋力摸索前行，以全国页岩气蓝图勾画、页岩气政策改革探讨、页岩气技术规划促产为己任，全面促进了页岩气产业链的健康发展。

我们的出版人非常关注国家的重大科技战略，他们希望能借用其宣传职能，为读者提供一套页岩气知识大餐，为国家的重大决策奉上可供参考的意见。该套丛书的组织工作任务极其烦琐，出版工作任务也非常繁重，但有华东理工大学出版社领导及其编辑、出版团队前瞻性地策划、周密求是地论证、精心细致地安排、无怨地辛苦奉献，积极有力地推动了全书的进展。

感谢我们的团队，一支非常有责任心并且专业的丛书编写与出版团队。

该套丛书共分为页岩气地质理论与勘探评价、页岩气地球物理勘探方法与技术、页岩气开发工程与技术、页岩气技术经济与环境政策等4卷，每卷又包括了按专业顺序而分的若干册，合计20本。丛书对页岩气产业链相关理论、方法及技术等进行了全面系统地梳理、阐述与讨论。同时，还配备出版了中英文版的页岩气原理与技术视频(电子出版物)，丰富了页岩气展示内容。通过这套丛书，我们希望能为页岩气科研与生产人员提供一套完整的专业技术知识体系以促进页岩气理论与实践的进一步发展，为页岩气勘探开发理论研究、生产实践以及教学培训等提供参考资料，为进一步突破页岩气勘探开发及利用中的关键技术瓶颈提供支撑，为国家能源政策提供决策参考，为我国页岩气的大规模高质量开发利用提供助推燃料。

国际页岩气市场格局正在成型，我国页岩气产业正在快速发展，页岩气领域中的科技难题和壁垒正在被逐个攻破，页岩气产业发展方兴未艾，正需要以全新的理论为依据、以先进的技术为支撑、以高素质人才为依托，推动我国页岩气产业健康发展。该套丛书的出版将对我国能源结构的调整、生态环境的改善、美丽中国梦的实现产生积极的推动作用，对人才强国、科技兴国和创新驱动战略的实施具有重大的战略意义。

不断探索创新是我们的职责，不断完善提高是我们的追求，“路漫漫其修远兮，吾将上下而求索”，我们将努力打造出页岩气产业领域内最系统、最全面的精品学术著作系列。

丛书主编

张金川

2015年12月于中国地质大学（北京）

前言

我国页岩气资源潜力巨大，勘探开发成果一旦突破并形成产能，必将对缓解中国油气资源紧张的压力产生重大深远的影响。页岩气藏与常规天然气藏在储集、运移、保存等地质条件方面有较大差别，具有典型低孔、低渗的物性特征和地球物理参数弱敏感性等特点，对常规地球物理预测评价技术和方法提出了新的挑战。本书主要介绍与页岩气相关的地球物理勘探技术，以及在预测页岩气有利区及甜点区的应用效果分析。本书较系统地阐述了页岩气地球物理研究方法和技术应用，内容涉及页岩岩石物理分析、页岩总有机碳（Total Organic Carbon，TOC）预测、页岩脆性预测、页岩裂缝预测、页岩地层压力及地应力预测等关键技术。简要地介绍了垂直地震剖面（Vertical Seismic Profile，VSP）、非地震电磁勘探等与页岩气有关的地球物理技术。重点阐述了综合应用页岩气三维地震甜点预测与压裂微地震监测成果相结合来评估压裂效果，指导后期水平井布设及压裂方案优化等页岩气勘探开发关键技术。编者有幸参与中国南方海相页岩气地球物理综合研究和应用工作，在参考国内外页岩气地球物理技术的基础上，针对国内实际地质情况开展页岩气地球物理综合解释方法探索，将研究成果、相关理论与方法加以总结，奉献给读者，以期抛砖引玉，为从事页岩气勘探开发的技术人员及管理人员、石油勘探开发专业学生提供有关页岩气地球物理解释技术参考材料。

本书编写人员主要由中石油东方地球物理公司页岩气地球物理技术研究有关技术人员参与编写，其中刘雪军、刘本晶等做了大量工作。由于人数较多，这里不一一列举。本书主要引用了浙江油田公司，西南油气田公司，东方地球物理公司新兴物探开发处、研究院、综合物化探处等单位的研究生产成果。在此，向所有支持相关研究应用单位、个人和所引用的参考文献作者表示崇高的敬意。全书共分为四章，第 1 章对页岩气地球物理勘探方法进行综述；第 2 章系统阐述了页岩气综合解释中要运用到的地球物理勘探方法与技术；第 3 章为页岩气地球物理综合解释方法应用实例；第 4 章是对页岩气地球物理的技术展望及应用前景。

本书内容以基础性知识为主，涉及面广，适合于从事页岩气勘探开发的专家、学者和管理工作者、页岩气地震地质综合解释人员以及现场压裂和工程指挥人员参考使用。由于编者水平有限，难免存在不足之处，诚望各位同行、专家批评指正！

2016 年 8 月

目录

页岩气
地球物理
综合解释

第1章

绪 论

1.1 页岩气地球物理综合解释概述

页岩气是指赋存于富有机质泥页岩及其夹层中(图 1 - 1 - 1),以吸附或游离状态为主要存在方式的非常规天然气,成分以甲烷为主,是一种清洁、高效的油气资源。世界页岩气资源十分丰富。据预测,全球的资源总量达到 $456.24\times10^{12}\ m^3$(Rogner,1997)。中国主要盆地和地区页岩气资源量约为$(15\sim30)\times10^{12}\ m^3$,与美国 $28.3\times10^{12}\ m^3$大致相当,经济价值巨大。

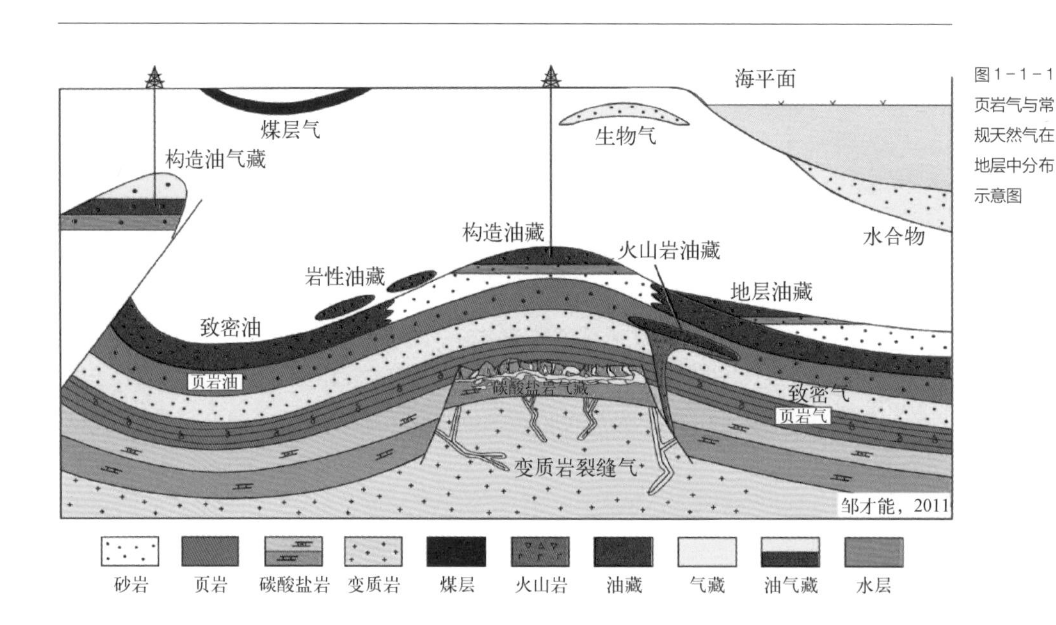

图 1 - 1 - 1 页岩气与常规天然气在地层中分布示意图

1.1.1 页岩气的成藏要素和地质特征

页岩气藏烃源岩多为沥青质或富含有机质的暗色、黑色泥页岩和高碳泥页岩类。形成"自生自储"式油气藏,烃源岩厚度必须超过有效排烃厚度。美国 5 大页岩气藏的页岩厚度为 30 ~ 600 m。中国南方海相页岩志留系龙马溪及寒武系牛蹄塘页岩厚度约为 400 ~ 600 m。

页岩自身的有效基质孔隙度很低,主要由大范围发育的区域性裂缝或热裂解生气阶段产生异常高压在沿应力集中面、岩性接触过渡面或脆性薄弱面产生的裂缝提供成藏所需的最低限度的储集孔隙度和渗透率。

页岩气藏是“自生自储”式气藏,运移距离极短,现在的保存状态基本上可以反映烃类运移时的状态,即天然气主要以游离相、吸附相和溶解相存在。当达到热裂解生气阶段时,由于压力升高,若页岩内部产生裂缝,则天然气以游离相为主向其中运移聚集,受周围致密页岩烃源岩层遮挡、圈闭的作用,易形成工业性页岩气藏。天然气继续大量生成,会因生烃膨胀作用而使富余的天然气向外扩散运移,此时,不论是页岩地层本身还是薄互层分布的砂岩储层,普遍表现为饱含气性。

页岩气藏形成于烃源岩层内由致密部分包围的裂缝发育区域,与构造位置没有直接关系,形成一般意义上的“隐蔽圈闭”型气藏。如果页岩内部未能产生裂缝系统,则天然气生成后直接向临近致密储层中聚集形成深盆气藏。泥页岩大量生、排烃可以使自身产生微裂缝,生成的天然气以游离、裂缝表面吸附及泥页岩孔隙表面吸附等方式赋存在泥页岩中,裂缝-微裂缝发育带是页岩气藏形成的有利区域。

与美国的早期页岩气藏研究类似,我国研究者通常使用“泥页岩油气藏”“泥岩裂缝油气藏”以及“裂缝性油气藏”等术语对页岩气藏进行描述和研究。自 20 世纪 60 年代以来,我国陆续在不同盆地(如松辽、渤海湾以及南襄、苏北、江汉、四川、酒西、柴达木、吐哈等)中发现了工业性泥岩裂缝油气藏。我国传统的“泥页岩裂缝性油气藏”概念与美国现今的“页岩气”内涵存在一定区别:一是天然气的存在相态不同,从“游离”到“吸附+游离”;二是烃类的物质成分不同,从“油+气”到以“气”为主。

页岩气藏的分布范围理论上可以与有效烃源岩的面积相当,但实际上受诸多因素影响。最主要是受裂缝发育部位控制,张性裂隙发育在背斜构造缓翼靠近轴部的部分,向斜范围内也存在张性裂隙;其次,只有发育超过有效排烃厚度的烃源岩才能在内部形成原地驻留气藏。所以,盆地边缘斜坡页岩厚度适当且易形成张性裂隙,是页岩气藏可能发育的最有利区域。盆地中心区域的厚层页岩,在热裂解生气阶段若能形成大面积的超压破裂缝,也可形成页岩气藏。热裂解生气阶段形成的页岩气藏常具异常高压,而生物化学生气成藏方式常导致气藏具异常低压,如美国 Antrim 页岩气藏主要由浅层生物气组成，埋藏深度仅为180 ~ 720 m，具异常低压。在目前的经济、技术条件下，中国南方海相页岩气可供工业开采的气藏埋深一般小于4 000 m。

页岩气藏的这些特点，决定了其勘探开发面临着与常规气藏不同的技术问题。打一个形象的比喻，开采传统天然气如同在静脉中抽血，是比较容易的；而开采页岩气则如同在毛细血管中抽血，对勘探、开发的技术有着极高要求。

1.1.2 页岩气勘探开发的地球物理技术

以“页岩气革命”为代表的理论技术创新，正推动世界石油工业新的科技革命。高精度三维地震甜点预测技术、水平井钻井技术、水平井体积压裂改造技术、压裂微地震监测技术已成为推动页岩气勘探开发快速发展的核心技术，多井平台式“工厂化”生产成为非常规油气低成本开采的管理新模式。

美国进行页岩气开采已有80 多年历史，对得克萨斯、密西根、印第安纳等5 个盆地的页岩气已进行商业化开采，2015 年页岩气产量达到$2\,800 \times 10^8\ m^3$，成为一种重要的天然气资源。2009 年，北美页岩气勘探开发技术已基本成熟并取得了良好的开发成果及效益。此时，我国页岩气勘探开发还处于起步阶段。2011 年，国务院批准页岩气成为新的独立矿种，作为我国第172 种矿产。考虑页岩气自身特点和我国页岩气勘探开发进展以及国外经验，国土资源部将页岩气按照独立矿种进行管理。2012 年11 月，我国发布了支持页岩气勘探开发利用的补贴政策，规定今后三年中央财政对页岩气开采企业给予补贴，补贴标准为0.4 元/立方米。补贴标准的出台刺激了页岩气的消费需求，有助于加快行业开发进度。

近年来，中石油、中石化、延长石油相继在四川、鄂尔多斯盆地的长宁、威远、昭通、涪陵、延长等地取得页岩气勘探突破。同时，通过自主创新、引进吸收，结合中国页岩气地表地质及开发条件，尤其是在中石化涪陵页岩气示范区，中石油长宁-威远页岩气示范区、昭通页岩气示范区以及国土资源部首轮招标出让的页岩气探矿权区块中，开展了大量页岩气地球物理勘探技术攻关研究及应用效果的分析及总结。目前，我国已经基本形成了经济有效的南方海相页岩气地球物理配套技术，并取得了良好的勘探开发效果。

页岩气地球物理勘探技术在页岩气勘探开发诸多技术中,属于基础性的核心技术,能够有效预测页岩气甜点分布范围,为页岩气井位、井轨迹及压裂方案设计及优化提供了基础性的重要地质成果,成果应用贯穿于页岩气勘探开发整个过程。由于页岩气开发需要甜点预测成果指导,因此,与常规油气地球物理技术需求相比,页岩气地球物理技术要求更高。相同的技术需求包括需要开展区域地质、沉积相及岩相、目的层厚度、埋深、断层等地质成果外,为了实现辅助有效地指导页岩气井位部署、水平井方向、井轨迹设计以及压裂方案优化,还需要预测优质页岩厚度、TOC、脆性、裂缝、应力场及地层压力系数,综合这些因素寻找甜点区,并进行压裂效果评估。

页岩气地球物理技术主要包括以下六个主要技术领域。

(1)页岩储层岩石物理分析技术

页岩储层岩石物理分析技术涉及一系列配套技术,包括:为研究页岩储层地球物理响应特征而开展的页岩气储层电学、声学特征实验技术和实验手段、页岩岩石力学性质实验室测验技术、页岩气储层地震各向异性岩石物理建模技术。

随着页岩气勘探开发的进步,国外岩石物理分析技术手段发展较快,形成了以实验室测试为基础,综合测井、地震、地质等数据,基于统计学的综合岩石物理分析技术。国内岩石物理分析处于快速发展阶段,现阶段主要集中于页岩岩石物理参数测试方法研究和规律总结,还没有真正形成完整成熟的页岩岩石物理综合分析技术及配套软件。

(2)页岩气测井评价技术

建立适用于我国页岩储层特点的测井技术是非常重要的。页岩气测井评价与常规油气藏评价有着相似的一面,同时也有其特殊性,相同点主要表现为地层岩性的评价(包括砂泥岩等骨架矿物含量的评价)以及孔隙度、含水饱和度、渗透率等评价。特殊性在于页岩储层的特殊性,其地层组分评价更加复杂[包含了更多的矿物以及总有机碳含量(TOC)、吸附气和游离气含量等],而由于页岩储层中渗透率极低,更多的是依靠后期的压裂储层改造。因此,相对于常规油气藏,页岩气的渗透率评价重要性降低了,这也决定了页岩气储层的脆性评价和总有机碳含量评价的重要性增加了。我国在页岩气定量评价技术与裂缝识别技术研究方面,已经取得了可喜的成果。页岩气储层物性参数测井处理和评价体系已经成型,形成了一套识别和评判页岩气测井的技术标准,现已投入推广使用。目前,页岩气测井评价可以概括为"七性"评价,主要是页岩的岩性、物性、电性、烃源岩特性、岩石脆性、含油气性、地应力各向异性的评价,在此基础上也形成了针对"七性"关系研究的技术系列。

(3)页岩气地震资料采集与处理技术

获得高质量页岩气地震资料是有效预测页岩气甜点的基础。与北美页岩气地震地质条件相比,中国南方海相页岩气处于典型南方山地复杂区,地表起伏大、沟壑纵横、植被茂密、交通不便,加之近地表岩性多变,各种干扰波发育,地下存在复杂强烈多期构造运动,导致南方海相页岩气地震资料采集必须进行针对性激发因素研究、观测系统设计,提高单炮资料信噪比及获得全方位、宽方位、宽频、高信噪比的地震资料,满足地震数据处理中对页岩储层精确成像,以及岩性物性反演解释对高保真处理资料要求。

中国南方海相页岩气探区具有随机干扰、面波、次生干扰、散射干扰及侧面干扰发育,纵横向速度变化大,静校正问题严重、各向异性强等特点,地震资料处理应重点加强静校正方法、多域去噪、精细速度建场、三维 OVT(Offset Vector Tile)处理及叠前叠后偏移技术研究和应用,提供高精度成像成果,同时要提供高保真道集处理成果,高保真属性成果,为有效预测页岩储层埋深、厚度、断层、岩性、物性提供处理成果支撑。

(4)页岩气储层地震识别与综合预测技术

利用地震资料能够较准确地预测页岩储层埋深、厚度和断层分布,相关配套技术成熟可靠。在地震勘探程度高和有钻井、测井控制的页岩气探区,通过综合岩石物理、地震、测井资料,能够获得高精度预测成果,有效预测页岩气储层甜点分布。

(5)页岩气非地震勘探技术

非地震勘探技术包括重力、磁力、电法、化探等多种勘探手段。研究表明,时频电磁法勘探技术初步证实页岩气藏具有特殊的电性和激发极化特性,在页岩储层 TOC 高值异常区分布预测方面具有潜力。通过结合钻井、地震、重磁等资料的联合约束反演技术和综合解释技术圈定页岩气甜点区,综合多种页岩气勘探和评价方法、技术是页岩气综合研究应用的重要途径。

(6)压裂微地震监测技术

1962 年,科学家第一次提出微地震监测技术的概念。2000 年,微地震监测技术正式商业化,在美国 Texas 州某油田进行了一次成功的水力压裂微地震监测试验,并成功对 Barnett 页岩层内裂缝进行了成像分析。2003 年,微地震监测技术开始进入全面的商业化运作,推动了全世界页岩气等非常规油气的勘探开发进程。微地震监测一般分为地面监测、浅井监测、井中监测三种方式。微地震监测主要用于在水力压裂作业中,了解裂缝的走向和评价压裂的效果,对诱导裂缝的方位、几何形态进行监测。西方国家不但拥有自己的硬件技术及产品,同时有自主研究开发或具有自主产权的微地震处理技术及相应软件,但这些拥有先进监测技术的公司对重要竞争对手采取核心技术不开放策略。通过近几年的持续攻关,国内已经成功研发压裂微地震地面、井中、浅井监测配套的技术及软件,并得到了规模化推广应用,整体上达到了国际先进水平。

地球物理技术在页岩气勘探开发中占有重要地位,我国要提高对页岩气储层相关的地球物理技术的重视程度,加强相关核心配套技术研发应用,动态地结合页岩气开发情况,不断完善地球物理应用技术流程及方法,更好地发挥地球物理技术在页岩气勘探开发中的关键性指导作用。

1.2 页岩气勘探开发特点

常规油气与页岩气在分布特征、储集层特征、源储组合、聚集单元、运移方式、聚集机理、渗流特征、流体特征、资源特征等方面有显著区别。常规油气找圈闭,靠天然渗透生产;非常规油气包括页岩气需要寻找甜点区,靠人工压裂改造渗透率生产。理论认识的深化、工程技术的不断进步,以及生产水平的提高,均推动了非常规油气向常规油气的转化。

页岩气藏的产气能力受总有机碳含量(TOC)、厚度、热成熟度(R_o)、无机组分含量、天然和诱导裂缝、地层压力等多种因素的影响。优质页岩气储层具有以下特点:

① 分布面积广;

② 井封闭,并且包含水力压裂能量;

③ 埋藏深度适中(小于 4 000 m);

④ 厚度大(大于 30 m);

⑤ 总有机碳含量(TOC 大于 2%);

⑥ 在气窗口里的热成熟度(R_o为 1.1 ~ 3.0);

⑦ 含气量较大(大于 2%);

⑧ 产水量较少,低氮气含量;

⑨ 黏土含量中等(小于 40%),有很低的混合层组分;

⑩ 脆性较高,低泊松比、高杨氏弹性模量;

⑪ 围岩条件有利于水力压裂控制。

根据北美成功开发的几十个页岩气田经验,根据页岩气富集程度及开发成本,可划分 3 类地区:核心区、一级扩散区和二级扩散区(图 1-2-1)。核心区富集了最丰富的页岩气藏,是页岩气开发的主要对象;一级扩散区的页岩气开发收益略超过或接近经济门限,而二级扩散区开发成本可能高于成功开发经济门限。因此,核心区有效预测及开发直接影响着整个页岩气田的顺利投产。

核心区与非核心(扩散区、成藏区)对单井产能影响很大。以美国 Fort Worth 盆地为例(表 1-2-1),核心区的产能较一级扩散区累计采出量高出 60%,是二级扩散区的 3 倍。由此可见,在页岩气勘探阶段,其关键技术在于寻找、确定核心区。一定程度

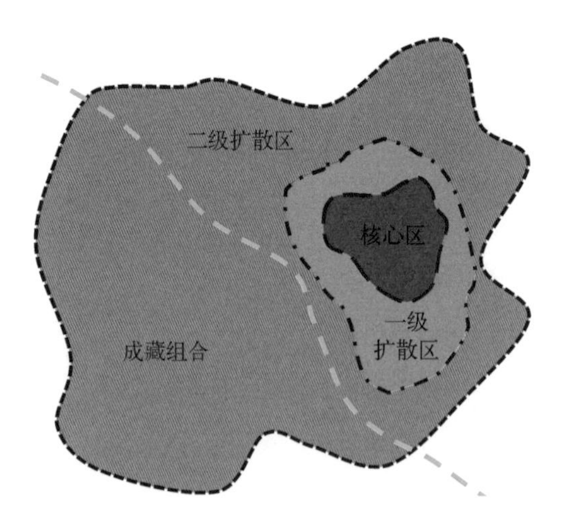

图 1-2-1 典型页岩气成藏分布

表1-2-1 Fort Worth盆地Barnett页岩层各区气井产能对比

盆地划分	面积/m^2	初期产量(30天)/MMcfd[①]	累计产量/井/Bcf[②]
核心区	1 548	2.5	2.5
一级扩散区	2 254	2.0	1.5
二级扩散区	4 122	1.0	0.8

上,北美核心区相当于中国南方海相页岩气地质甜点和工程甜点综合区,是能够实现效益开发的区域。

北美页岩气确定核心区因素包括以下8个主要方面:页岩气储量、储层净厚度、储层压力梯度和深度、总有机碳含量(TOC)、热成熟度(R_o),基质孔隙度、天然裂缝、矿物组成等。开发页岩气还需要对其他因素进行研究,比如是否存在非烃类物质、含水饱和度、断层分布等。

根据美国开发页岩气的成功经验,一般成功开发页岩气需具备如下条件:

① 优质页岩层段厚度 >45 m;

② 孔隙度 >4%;

③ 储层压力梯度 >10.5 MPa;

④ 总有机碳含量 TOC >2%;

⑤ $1\% < R_o < 3\%$;

⑥ 含气量 $>8.2\times10^8\ m^3/km^2$。

页岩气裂缝发育程度是非常重要的因素。世界页岩气资源丰富,但还未得到广泛勘探开发,根本原因是致密页岩的渗透率一般很低(小于 $1\times10^{-6}\ \mu m^2$),那些已经投入开发利用的地区往往天然裂缝系统比较发育,例如:Michigan盆地北部Antrim组页岩生产带,主要发育着北西向和北东向两组近垂直的天然裂缝;Fort Worth盆地Newark East气田Barnett组页岩气井产量的高低与岩石内部的微裂缝发育程度有关。裂缝既是储集空间,也是渗流通道,是页岩气从基质孔隙流入井底的必要途径。岩性、

① MMcfd:百万立方英尺/天。1 MMcf = 28 317 m^3。
② Bcf:十亿立方英尺。1 Bcf = $2\,831.7\times10^4\ m^3$。

矿物成分是控制裂缝发育程度的主要因素。有机质和石英含量高的页岩脆性较强，易在垂直于主应力的方向形成天然裂缝和诱导裂缝，有利于天然气渗流和成藏。热裂解生气阶段产生异常高压，在沿应力集中面、岩性接触面产生的裂缝也为成藏提供了所需的、最低限度的储集孔隙度和渗透率。

页岩气藏投入开发初期，产量来自页岩的裂缝和基质孔隙，随着地层压力降低，页岩中的吸附气逐渐解吸，进入储层基质中成为游离气，经天然和诱导裂缝系统流入井底，吸附气的解吸是页岩气开采的重要机制之一。页岩气的解吸与页岩中泥质含量、页理发育程度有关，泥质含量越高、页理越发育，解吸率也就越高。

页岩气开发主要采用水平井、多分支水平井及大砂量、大液量的分段压裂等技术，通过压裂实现页岩复杂人工网状缝，增加页岩储层渗透率、解析吸附气，有效增加页岩储层产能，才能进行经济开采，单井生产周期较长，见图1－2－2及图1－2－3。

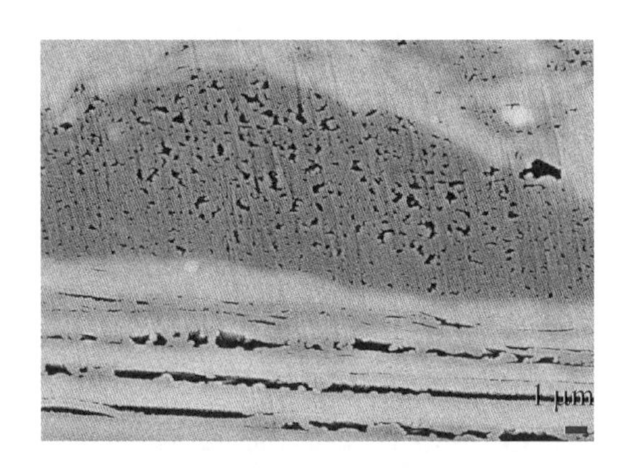

图1－2－2　龙马溪组页岩纳米级孔喉结构

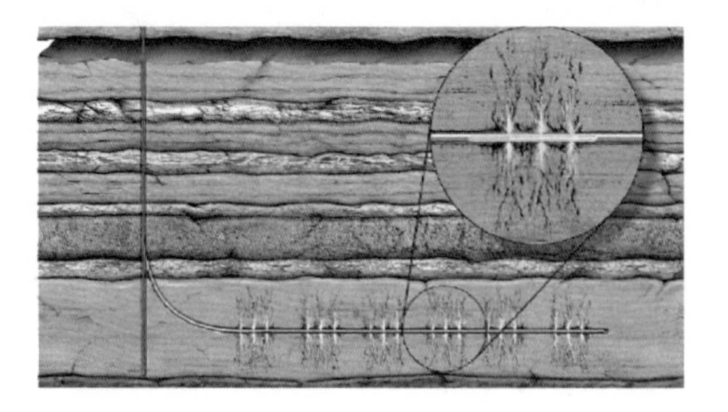

图1－2－3　水平井分段压裂

中国页岩气甜点区一般是指在源储共生页岩层系发育区,具有优越烃源岩特征、储集层特征、含油气特征、脆性特征和地应力特征配置关系,并结合试油试气试采产量和油气井生产动态关系,可优选进行勘探开发的页岩气富集目标区。

一般地,页岩气甜点包括"地质甜点、工程甜点、经济甜点"。提出了油气富集甜点区评价的8个指标,其中4个关键指标是:TOC大于2%、孔隙度较高(大于4%)和微裂缝发育、水平应力差小。地质甜点着眼于烃源岩、储集层与裂缝等综合评价,工程甜点着眼于埋深、岩石可压性、地应力各向异性综合评价。

目前,中国页岩气勘探开发区主要集中在中国南方海相页岩领域,与北美页岩气地表及地下地质条件相比,大部分区域均处于典型喀斯特地形地貌,地表起伏大,水系分布不均,交通条件普遍较差,页岩气储层埋深变化大,构造变形严重,保存条件相对较差。因此,中国页岩气勘探开发必须要根据自身地质特点开展有关勘探开发工作。

中国页岩气藏的储层与美国相比有所差异,我国南方页岩气层有效开发的埋深要比北美变化更大。美国的页岩气层深度在800 ~ 2 600 m,而我国页岩气层有效埋深一般在1 000 ~ 4 000 m。除此以外,中国页岩气储层与美国相比还存在TOC少、孔隙度低、优质页岩厚度薄等明显差异及特点(表1-2-2和表1-2-3),这些都给我国页岩气甜点预测及效益开发增加了难度。

表1-2-2 四川盆地与北美页岩地质条件对比

页　岩	深度/m	厚度/m	TOC含量/%	热成熟度/%	石英含量/%	总孔隙度/%
Barnett	1 981 ~ 2 926	30 ~ 183	2.00 ~ 7.00	1.10 ~ 2.00	35 ~ 50	4.00 ~ 5.00
Fayette ville	305 ~ 2 287	6 ~ 76	2.00 ~ 9.80	1.20 ~ 4.00	—	2.00 ~ 8.00
Haynes ville	3 048 ~ 4 115	91 ~ 616	0.50 ~ 4.00	2.20 ~ 3.20	—	8.00 ~ 9.00
Woodford	1 829 ~ 3 353	37 ~ 67	1.00 ~ 14.00	1.10 ~ 3.00	60 ~ 80	3.00 ~ 9.00
Antrim	183 ~ 732	21 ~ 37	1.00 ~ 20.00	0.40 ~ 0.60	20 ~ 41	9.0 ~ 30.00
Lewis	914 ~ 1 829	61 ~ 91	0.45 ~ 2.50	1.60 ~ 1.90	—	3.00 ~ 55.0
Marcellus	475 ~ 2 591	15 ~ 304	3.00 ~ 12.00	1.50 ~ 3.00	50 ~ 70	10.00 ~ 32.13
Montney	400 ~ 4 400	30 ~ 110	1.20 ~ 1.60	1.75 ~ 3.75	50 ~ 70	5.00 ~ 9.50
筇竹寺组	2 600 ~ 4 600	20 ~ 80	2.30 ~ 4.20	1.50 ~ 5.70	28 ~ 56	1.46 ~ 2.61
龙马系组	1 600 ~ 4 200	20 ~ 100	1.60 ~ 3.60	1.88 ~ 4.36	24 ~ 44	1.00 ~ 5.00

表 1-2-3 中国与北美海相页岩气地质条件对比表(张金川)

类　型	中　国	北　美
时代	寒武系、志留系 (距今 4.4～5.5 亿年)	泥盆系、石炭系、二叠系、侏罗系 (距今 1 亿～4 亿年)
平均有机碳含量(TOC)/%	2～3	2～6
热成熟度 R_o/%	高: 2.5～5	适中: 1.0～3.5
含气量/(m^3/t)	0.5～4	1～10
总孔隙度/%	寒武系: 0.7～3, 志留系: 1.3～4.7	2～12
渗透率 ×10^3/μm^2	—	<0.1
黏土矿物含量/%	适中: 10～30	适中: 10～30
保存条件	复杂、多次改造	简单、一次抬升
分布地区	四川、塔里木盆地、中国南方海相	北美 30 个盆地
埋深	埋藏深: 四川盆地一般 >4 000 m 塔里木盆地 >6 000 m	适中: 1 000～3 500 m

页岩气合理直井的井位确定,需要钻遇较厚优质页岩储层、准确深度需要避开浅层溶洞,中深层需要避开较大断层,尤其是贯通地表和地下的大断层。合理水平井井位确定与直井原则基本一致,而水平井方向及井轨迹确定需要利用优质页岩厚度平面分布、裂缝发育程度及方向、TOC 和脆性、最大最小应力场分布、地层压力系数、孔隙度和渗透率平面分布等关键构造、岩性和物性等参数。页岩气开发区的不同地表、地质和开发条件具有不同参数指标,总的指导原则是提高单井产能、降低单井成本、提高开采效益。

1.3 页岩气勘探开发对地球物理技术的需求

与常规油气相比,页岩气勘探开发阶段没有明显的差异特征。如果要进行分阶段分析,则在偏重勘探阶段,针对页岩气资源评价和有利区选择,重点是总结页岩气富集规律以及寻找页岩气有利区,提供页岩气直井、参数井或探井布设。

无论是页岩气藏的特征还是页岩气藏的形成机理，都与常规气藏不同。控制页岩气藏富集程度的关键要素主要包括：页岩厚度、总有机碳含量、页岩气储集空间（孔隙、裂缝）。页岩层在区域内的空间分布（包括埋深、厚度以及构造形态状况）是保证有充足的储渗空间和有机质的重要条件。而地球物理技术是目前探测页岩气空间分布的最有效、最准确的预测方法。

在页岩气开发阶段，针对页岩气地质甜点、工程甜点进行预测和评价，实现有效地指导页岩气水平井井位、井轨迹设计及压裂方案优化。

中国南方海相页岩气甜点区预测与评价对地球物理技术需求分析如下。

我国页岩气勘探面临的主要问题是资源评价和有效储集层的目标勘探问题。页岩气一般为原地聚集成藏，页岩储层本身的低孔、特低渗特征。页岩储层含气量主要与有机质含碳量、类型及演化程度有关。目前主要依据页岩厚度、埋深、TOC、热演化程度、岩石力学等参数来优选页岩气甜点区。由于页岩气井初始无阻流量没有工业价值，必须运用以水平井分段压裂、重复压裂等为主的储层改造手段，提高页岩气开采效率。页岩气储层增产改造，除了技术上的因素，包括压裂方式、压裂工具、压裂液等，关键的地质因素还有页岩的矿物组分、脆性、力学性质、天然裂缝的分布。从油气勘探的历史经验与现状来看，地球物理勘探方法与技术无疑是页岩气勘探与开发中最有效的方法。应用高精度三维地震资料可对断层、裂缝、储层物性特征进行精细刻画以及对脆性矿物分布、储层压力和应力场等进行预测，为钻探和储层改造提供重要的关键参数。

整体上，页岩气甜点区预测与评价包括以下地球物理技术需求。图1－3－1为页岩气甜点区预测与评价要素图。

（1）与构造预测有关的地球物理技术需求：对储层埋深、厚度、空间展布及断层分布进行有效预测。

（2）与岩性、物性、压力系数、应力场预测有关的地球物理技术需求：对储层脆性、裂缝裂隙、超压区、含气性、应力场等进行有效预测。

有机质的含量和页岩气储层空间，包括有机质丰度、热成熟度以及含气性、孔隙度等物性参数。这些参数的确定，除了通过岩心的实验室分析，测井评价更是重要的手段，综合运用伽马、电阻率、密度、声波、中子以及能谱、成像测井等方法，可对页岩储层

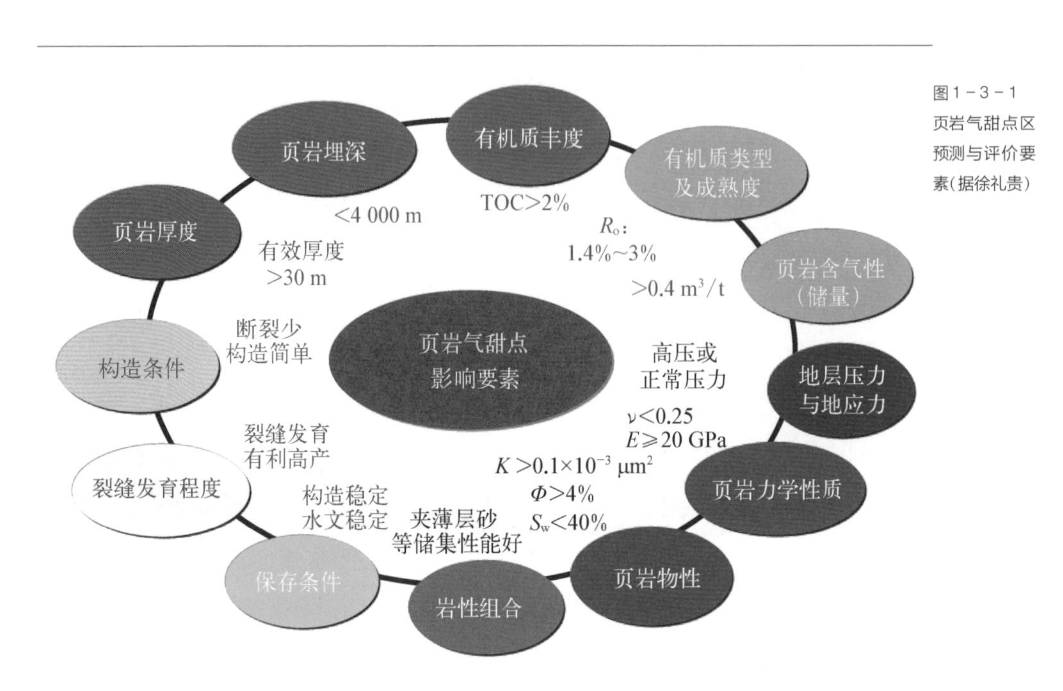

图 1－3－1 页岩气甜点区预测与评价要素（据徐礼贵）

的矿物成分、裂缝、有机碳含量、含气性等参数进行精细解释，建立页岩气的储层模型。

应用地球物理技术对储层物性，特别是裂缝等各向异性特征进行精细刻画，可以为储层改造提供帮助。

储层岩性具有明显的脆性特征，是实现增产改造的物质基础。如果矿物组分以石英和碳酸盐岩两类占优，则有利于产生复杂缝网。储层发育有良好的天然裂缝及层理，是实现增产改造的前提条件。储层岩石力学特性是判断脆性程度的重要参数，通过对杨氏模量及泊松比的计算，可以确定储层岩石脆性指数的高低，脆性指数越高越易形成缝网。

应用地球物理技术可以准确描述这些参数，以宽方位甚至全方位三维地震资料为基础，通过叠后、叠前地震解释技术综合应用，对断层裂缝储层物性、脆性物质分布、压力系数和应力场进行预测。此外，与压裂技术配套发展的微地震监测技术，也是地球物理在页岩气开发中的重要应用，通过监测和记录微地震事件，实时提供压裂过程中产生的裂缝方位、大小以及复杂程度，评价增产方案的有效性，并优化页岩气藏多级压裂改造的方案。

第2章

页岩气地球物理技术综述

2.1 页岩岩石地球物理技术及应用

岩石物理是地球物理研究的理论基础之一，是连接储层特性（孔隙度、渗透率、饱和度）与地球物理勘探技术的桥梁（图2－1－1）。岩石物理的发展推动了地球物理（尤其是地震和非地震）勘探技术的进步，并为油气藏地球物理特征、地震岩性识别、储层预测、异常压力预测、油气检测、井位和井轨迹设计，以及非常规油气勘探开发提供了重要的理论基础。岩石物理的基础是室内岩心测试数据，岩心测量数据处理分析需要专业的配套测量仪器和相对严格的测试环境。

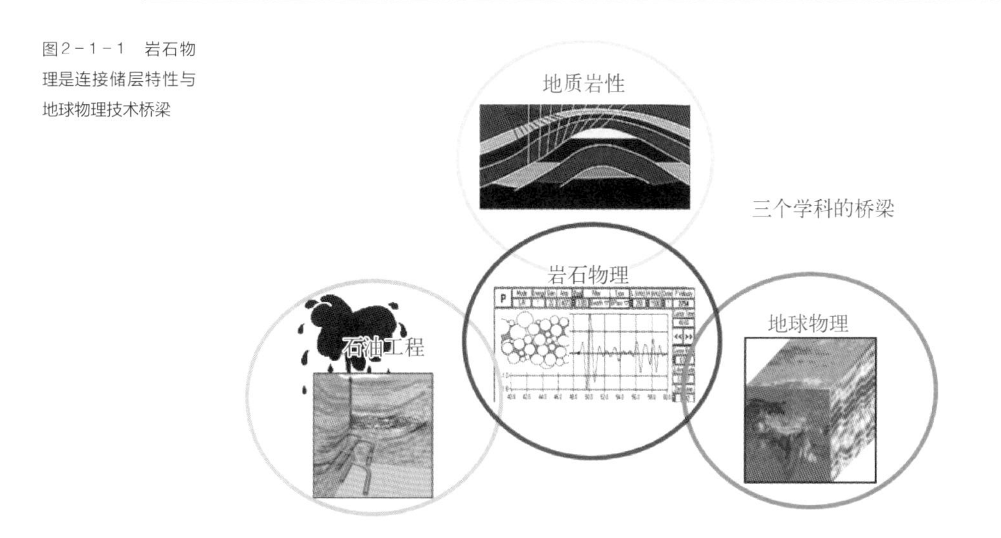

图2－1－1 岩石物理是连接储层特性与地球物理技术桥梁

页岩气的勘探开发离不开配套的岩石物理技术。通过页岩岩石物理技术研究能够了解在真实地层压力和温度环境条件下，页岩层的岩石物理特性、地质力学特性、动态和静态弹性参数之间的转化关系，富有机质页岩的有机质含量与弹性参数之间的关系，页岩速度-频散效应，页岩层岩石力学特征等，为应用地球物理勘探技术对页岩气储层进行综合评价和描述提供理论依据，为页岩气开采中水平井井位设计和钻进提供指导，为注水压裂工程提供关键性的地质力学参数。通过分析富有机质页岩微观结构、有机质含量和电性异常之间的关系，研究富有机质页岩的电性特征及其形成机理，为富有机质页岩的电磁法勘探提供理论和实践基础。

页岩储层岩石物理分析主要包括 4 个方面内容:

① 页岩弹性参数测试与建模;

② 页岩宽频电磁参数测试与分析;

③ 页岩动态和静态弹性模量测定与分析;

④ 页岩储层岩石地球物理建模与扰动分析。

2.1.1 页岩弹性参数测试与建模

页岩储层弹性参数主要是指地层纵横波和密度参数以及一系列衍生参数,包括杨氏模量、泊松比、拉梅系数、体积模量、剪切模量等。弹性参数反映储层岩石力学和声学特性,它是连接测井和地震最关键的因素,是页岩甜点预测所需要获取的关键参数。研究和认识页岩岩石的弹性参数特征,确定科学的储层计算模型,对页岩气储层甜点预测及开发具有重要意义。页岩岩石物理分析建模的目的是模拟各种岩石弹性参数和储集层参数之间的关系。

弹性参数的获取首先要有横波,而横波测井的成本往往比较高,实际中很难做到每口井整个井段都测量。因此,对于横波缺失的井段首先要进行地层横波数据准确估算。横波求取是页岩储层评价的关键,横波预测的准确度直接影响后续页岩甜点预测的可靠性。在常规测井系列中通常缺乏横波测井数据,或者缺乏全井段横波测井,从而给地震波正演模拟和地震属性参数反演带来一定的困难。常规的横波求取方法主要包括以下几类(表 2-1-1)。

① 基于经验关系式的方法,缺陷是受地域影响大、精度较低;

② 基于 Xu-White 模型方法。该法由 Xu 和 White 基于 Gassmann 方程、Kuster-Toksoz 模型和微分等效介质(DEM)建立的一种含泥砂岩模型的横波速度估算方法。

Xu-White 模型可以有效预测砂泥混合介质中的弹性参数,但由于它使用了固定的长宽比,而长宽比是由孔隙的几何形态、岩性、泥质含量和压力等多种因素决定的。

表2-1-1 常规横波求取经验模型

预 测 方 法	中文名称	适 用 岩 性	适用孔隙
CriticaiPhi Model	临界孔隙	全部	中低
Cemented Model	胶结模型	未固结砂岩	高
Greenberg-Castagna Model	格林伯格	全部	中低
Krief Model	Krief	全部(压实)	中低
MudRock Model	泥岩模型	砂泥岩带粉砂颗粒	中高
Unconsolidated Model	未固结砂岩模型	未固结砂岩	高
Xu and White Model	徐怀特	全部(压实，深度 >5 000 ft[①])	中低
Self-Consistent Model (Single Aspect Ratio Model)	自洽模型	全部(孔隙和颗粒长宽比受岩性影响)(非常规)	中低
Vernik Model	Vernik	全部(压实)	中低
Soft-Prosity Model	软孔隙模型	致密(裂缝、孔洞)(非常规)	低

因此,当用于浅层或高泥质含量的地层时,会导致很大的预测误差。Ikon Science 公司提出用可变长宽比取代固定长宽比,这样可以大大提高横波速度预测、流体替代和AVO 正演的精度。

页岩储层含有机质情况复杂,因此为了满足不同的评价需求,很多学者提出了不同的页岩储层岩石物理模型。2012 年,Alfred 等以评价页岩储层的总孔隙度和含水饱和度为目的提出了一种新的有机页岩岩石物理模型。该模型的基本思想是将岩石体积划分为有机质体积、非有机质体积两大体积系统。有机质体积系统主要包括干酪根骨架、干酪根孔隙两部分;非有机质体积系统主要包括固体非有机质骨架、非有机质孔隙两部分。该模型的基本假设前提是,认为干酪根孔隙中全部充满油气,而非干酪根骨架基质孔隙中全部充满水,这种假设的好处是避免了利用常规测井资料计算页岩中的含水饱和度,缺点是这种假设不符合实际页岩气储层的真实情况。实际页岩气储层非干酪根骨架基质孔隙中应该是充满了游离气和水的。用该模型计算页岩储层总孔隙度的精度强烈地依赖于测井测量的体积密度曲线和测井评价的 TOC 值,若井眼条件较好,能够获得比较好的密度曲线,同时测井评价能够提供比较精确的总有机碳含

① 1 ft = 0.304 8 m。

量值，则该模型不失为一种好的页岩孔隙度评价方法，但由于该模型的假设条件并不能很好地符合储层的真实情况，因此还有待进一步改进。

2012 年，Glorioso 等以页岩储层原地含气量评价为目的提出了页岩岩石物理模型。把页岩分成骨架和流体两部分，骨架部分中考虑了干酪根的体积；在流体部分中，既考虑了干酪根孔隙中存储的游离气和其表面的吸附气，又考虑了非有机质骨架基质孔隙中的游离气。页岩中的水主要是其骨架基质孔隙中的毛细管束缚水和黏土表面吸附的黏土水两部分。基于该岩石物理模型，比较容易建立页岩储层相应的测井评价模型。但页岩的含水饱和度如何通过常规测井资料来确定，目前还是急需解决的难题；对于页岩吸附气含量的准确确定，在深入认识页岩吸附气机理上探索合适的吸附气计算模型也是亟待解决的难题。

通过建立储集层物理模型，研究孔隙、流体等储集层特征与速度、衰减、频散等地震属性之间的关系。为了了解不同流体对地震频谱特征的影响，爱丁堡大学联合几家研究机构，通过实际数据、物理模拟以及数值模拟，利用谱分解技术进行了流体检测，其主要理论基础是流体敏感调谐作用，反射波衰减和频散决定了地震资料的谱特征。因此，通过谱分解技术可以提供饱和流体的信息。

要想建立部分气体饱和与地震属性（如衰减）之间的关系，必须建立既包含喷射流又包含气泡的模型。基于这种模型，British Geological Survey 研究了多相饱和流体岩石中波的频散和衰减，结果表明，部分气体饱和对衰减和频散有极大的影响。地震能量衰减和速度频散对岩石孔隙流体的分布很敏感。因为地震波会在弹性性质不同的流体碎片之间产生局部压力梯度，从而导致局部的流体流动和流体内摩擦力产生，这种效应称为地震波诱导流动，可用来描述非均质孔隙流体的分布。基于此，Karlsruhe 等几所大学在流体碎片具有分形结构的假设下，研究了波的衰减、相速度频散与孔隙流体饱和度之间的函数关系。

Michigan Technological University 研究了重油油藏与地震性质（如速度和弹性模量等）的关系。Odin Petroleum 等几家公司借助于地震叠加速度，分析了岩石物理性质随埋藏深度变化的趋势。Heriot－Watt 大学选择了从天然气到富天然气凝析油等各种流体，研究在单相流体条件下，各种流体对有关声波性质的影响，从而提高了凝析油和其他气藏地震性质的预测精度。

2.1.2 页岩宽频电磁参数测试与分析

钻探测井资料和岩石物性测试结果表明，一般情况下，页岩地层表现为低电阻率和低极化率特性，而对于富含有机碳的页岩地层，由于含有黄铁矿颗粒而表现为高极化率特性。地质沉积理论研究表明，深水沉积环境下的海相沉积物中控制黄铁矿形成的基本因素是有机质的含量，这种还原环境中的 TOC 和黄铁矿存在一定的相关性。因此，高 TOC 页岩岩样的宽频复电阻率参数表现为低频时的低电阻率、高极化率的异常特征。在地震勘探对富有机质页岩层系的埋藏深度、厚度及构造准确预测的基础上，应用可控源电磁勘探技术系列中的复电阻率法(Complex Resistivity method, CR)可以得到地下介质的电阻率图像揭示低阻泥岩层的空间分布，还可以得到地下介质的电极化率分布，与电阻率剖面和其他地球物理资料综合解释，能够可靠地评价高 TOC 泥岩层的分布，有助于实现对页岩气甜点区的综合预测及评价。

目前，宽频电磁参数测量可以利用艾美特克公司的 1260 阻抗/增益-相位分析仪(图 2-1-2)，该仪器是频响分析仪，具有极宽的频率范围，从 10 μHz 到 32 MHz。1260 进行阻抗测量时，在任何液体及固体上施加一个电压均可有电流流过，如果将交变(交流)电压施加到材料上，则其电压与电流的比值就是阻抗，测得

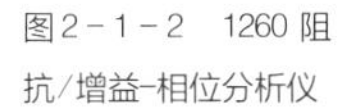
图2-1-2 1260阻抗/增益-相位分析仪

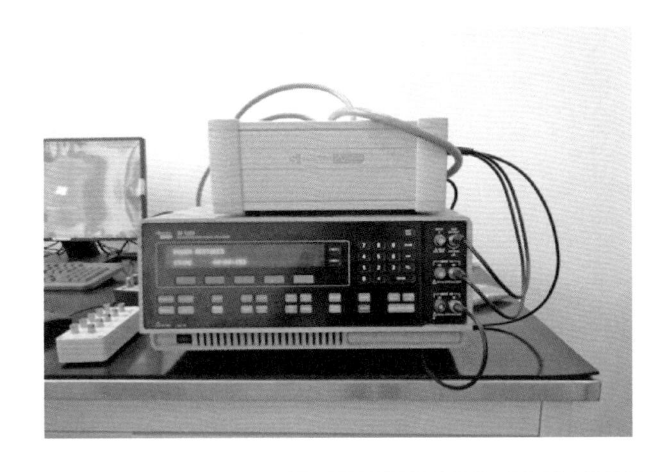

的阻抗随施加电压的频率基于液体或固体的有关性质而变化，这种变化可以是由材料内在的物理结构也可以是由内部发生的电化学过程或者两者的联合作用所引起的阻抗变化。

阻抗分析仪能在宽频率范围进行精确测量，主要测量岩石的阻抗和相位，以下介绍测量原理图，一般采用四极测量装置。

供电电极和测量电极选择同一种不极化电极，常用的测量电极为铂金电极、氯化银电极、硫酸铜等不极化电极，不同的电极必然会有不同的电极极化效应，对实验结果产生一定的影响。系统采用 ABMN 电极系统。AB 接电流输入端，MN 接电压测量端。AB 作为电流电极将电流导入饱和液体和岩心，在两电极表面将产生电极极化，形成极化阻抗，M、N 测量岩心两端的电势差 $\Delta\tilde{U}$（图 2-1-3）。实验过程中设置 AB 的电压是 100 mV，AB 和 MN 在实验中用同一种材料的电极连接到 1260 阻抗分析仪进行复电阻率测量。

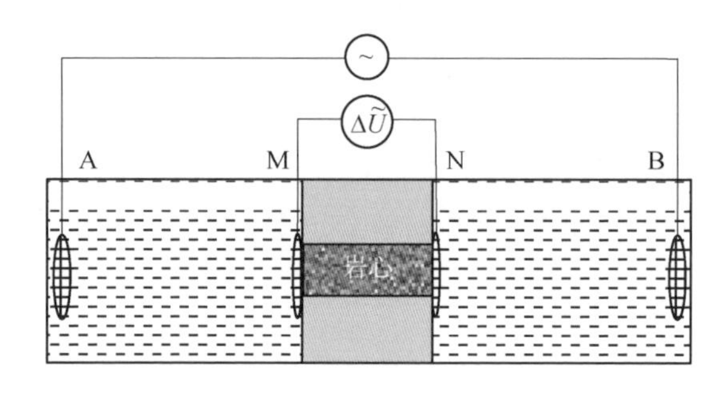

图2-1-3　岩样复电阻率测量原理

阻抗分析仪测量的结果为样品阻抗，电阻率计算表达式为

$$R = \rho \frac{L}{S} \tag{2-1}$$

式中　ρ——电阻率，Ω · m；

R——测量阻抗，Ω；

S——岩心截面积，m^2；

L——岩心的长度，m。

2.1.3 页岩动态和静态弹性模量测定与分析

岩石弹性力学参数与地层地应力密切相关。因此,地应力研究时必须考虑岩石力学的弹性参数的影响。一般地,岩石弹性力学参数主要通过动态法和静态法获得。静态法是通过对岩样进行加载测其变形得到的,其参数叫作静态弹性力学参数;动态法则是通过声波在岩样中的传播速度计算得到的,其参数被称为动态弹性力学参数。测井和地震得到的弹性参数都属于动态参数,在工程上是无法直接使用的,需要转换为静态弹性参数。而静态参数目前除了利用实验室岩样测试以外没有其他办法可以获得,这也就决定了不可能进行大批量连续的测量。因此,必须对页岩岩样进行动静态参数测量,获取相同条件下的页岩岩样动静态弹性参数,最终建立动静态转换模型,实现将测井和地震获取的动态弹性参数转换为工程上可以直接使用的静态弹性参数。从而达到利用动态弹性参数(主要是声波测井)转换得到静态参数,以克服实验室测量静态弹性参数不连续、费用高的缺点。

目前国内使用的测量弹性参数的仪器比较多,其中以 NER 公司的 Autolab 实验仪器为代表。总体来说,岩石物理弹性参数测试系统主要由数字电液侍服刚性岩石物理实验子系统、岩石超声波测量子系统、岩石孔隙体积变化量和渗透率测试子系统三大部分组成,可以模拟各种条件(小于 6 000 m)下的岩石力学、超声波、孔渗等各项参数测试。超声波测试子系统可以单轴加载、三轴加载以及在控制岩石样品的孔隙压力、温度条件下,用中心频率 1 MHz 或 500 kHz 的超声波对岩样进行测试,由其测试的结果可以得到纵横波速度。其中,样品测试的最高温度为 200℃,最大轴向加载力为 1 000 kN,最大围压为 140 MPa,孔隙流体压力(简称孔压)为 70 MPa。实验装置基本原理如图 2-1-4 所示。图 2-1-5 为 Autolab1000 高温高压岩石物理设备实际图片。图 2-1-6 为声波速度测量装置,图 2-1-7 为声波速度测量结果。

根据实验室测试结果与测井计算结果,可以进行动静态弹性参数转换,更好地服务于页岩气工程施工。图 2-1-8 所示是中国南方某井岩样动静态测试结果建立的转换模型,利用这个模型,就可以直接实现将测井和地震获取的动态弹性参数转变为工程上需要的静态弹性参数。

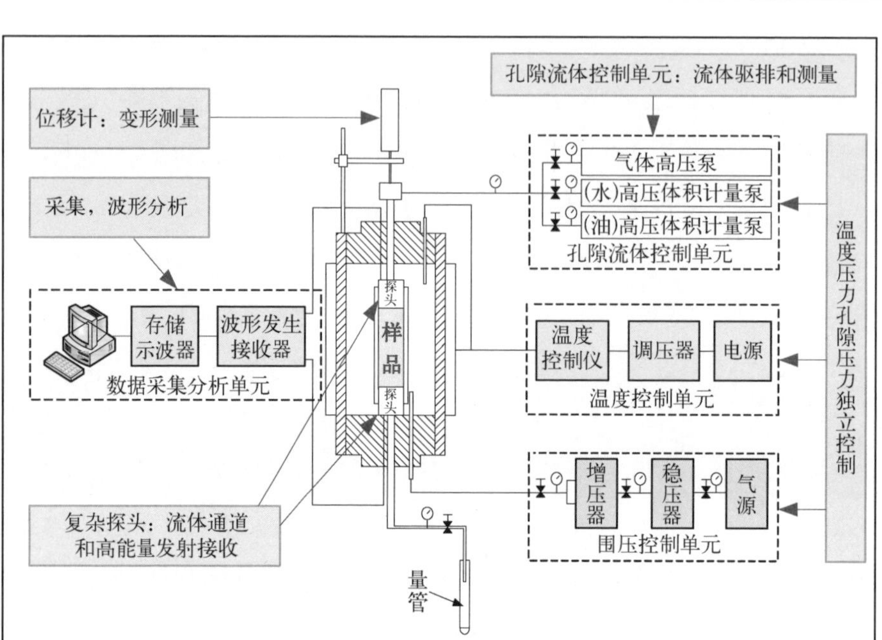

图2-1-4 实验装置示意图

图2-1-5 Autolab1000 高温高压岩石物理设备

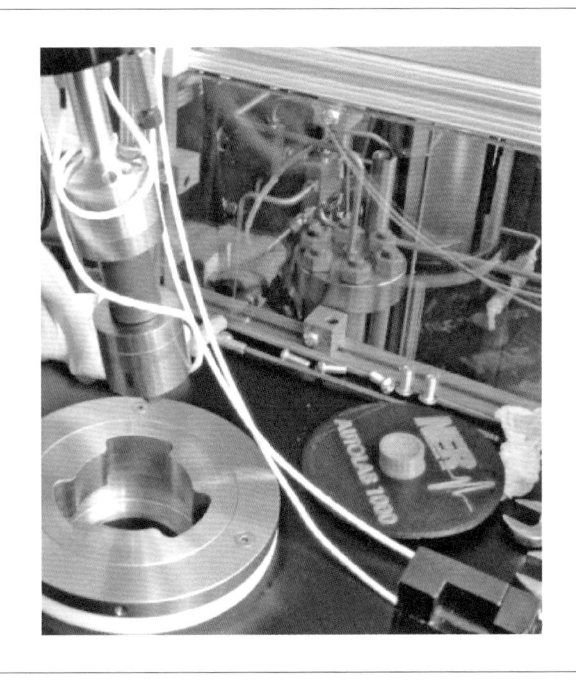

图2-1-6 声波速度测量装置

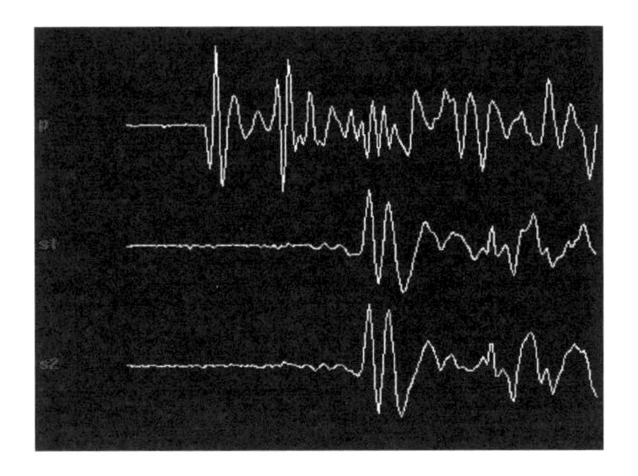

图2-1-7 声波速度测量结果

页岩气储层非均质性较强,属于低孔低渗油气藏,因此其岩石物理参数也与常规储层存在很大差异。通过大量的岩石物理弹性参数(如纵横波阻抗、杨氏弹性模量、泊松比等)分析(表2-1-2),得到该区域的页岩气储层弹性参数特征,正确拟合各种参数的关系,并将这种关系运用到整个三维地震工作区中,反演页岩气储层的脆性、TOC、石英含量等,达到对页岩气甜点预测的目的。

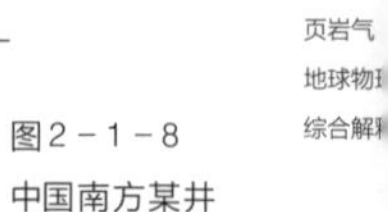

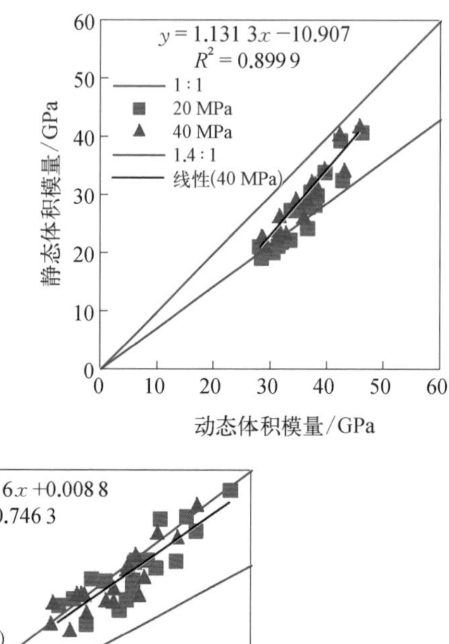

图2-1-8 中国南方某井动静态弹性参数转换模型

表2-1-2 弹性参数间的关系(据陈颙等, 2001)

k	E	λ	ν	ρv_P^2	$\rho v_S^2 = \mu$
$\lambda + 2\mu/3$	$\mu\dfrac{3\lambda+2\mu}{\lambda+\mu}$		$\dfrac{\lambda}{2(\lambda+\mu)}$	$\lambda+2\mu$	
	$9K\dfrac{K-\lambda}{3K-\lambda}$		$\dfrac{\lambda}{3K-\lambda}$		$\dfrac{3(K-\lambda)}{2}$
	$\dfrac{9K\mu}{3K+\mu}$	$K-\dfrac{2}{3}\mu$	$\dfrac{3K-2\mu}{2(3K+\mu)}$	$K+\dfrac{4}{3}\mu$	
$\dfrac{E\mu}{3(3\mu-E)}$		$\mu\dfrac{E-2\mu}{3\mu-E}$	$\dfrac{E}{2\mu}-1$	$\mu\dfrac{4\mu-E}{3\mu-E}$	
		$3K\dfrac{3K-E}{9K-E}$	$\dfrac{3K-E}{6K}$	$3K\dfrac{3K+E}{9K-E}$	$\dfrac{3KE}{9K-E}$
$\lambda\dfrac{1+\nu}{3\nu}$	$\lambda\dfrac{(1+\nu)(1-2\nu)}{\nu}$			$\lambda\dfrac{1-\nu}{\nu}$	$\lambda\dfrac{1-2\nu}{2\nu}$

（续表）

k	E	λ	ν	ρv_P^2	$\rho v_S^2=\mu$
$\mu\frac{2(1+\nu)}{3(1-2\nu)}$	$2\mu(1+\nu)$	$\mu\frac{2\nu}{1-2\nu}$		$\mu\frac{2-2\nu}{1-2\nu}$	
	$3K(1-2\nu)$	$3K\frac{\nu}{1+\nu}$		$3K\frac{1-\nu}{1+\nu}$	$3K\frac{1-2\nu}{2+2\nu}$
$\frac{E}{3(1-2\nu)}$		$\frac{E\nu}{(1+\nu)(1-2\nu)}$		$\frac{E(1-\nu)}{(1+\nu)(1-2\nu)}$	$\frac{E}{2+2\nu}$
$\rho(v_P^2-\frac{4}{3}v_S^2)$	$\frac{9\rho v_S^2R_2^2}{3R_2^2+1}$	$\rho(v_P^2-2v_S^2)$	见*		

$$*2\nu=\frac{R_1^2-2}{R_1^2-1}=\frac{3R_2^2-2}{3R_2^2+1}=\frac{2(3R_3^2-2)}{3R_3^2+1}$$

表中：K—体积模量；E—杨氏模量；μ—剪切模量；β—压缩系数，$1/K$；λ—拉梅常数；ν—泊松比；ρ—密度；$R_1=\frac{v_P}{v_S}$；$R_2^2=K/(\rho v_S^2)$；$R_3^2=K/(\rho v_P^2)$

页岩储层岩石力学性质是对储层进行压裂设计的基础，杨氏模量和泊松比是两个基本的岩石力学参数。通过岩心矿物分析，可以对岩石力学性质进行定性描述，而根据测井资料获得岩石力学参数来分析岩石的力学性质更为普遍。由反演出的这些弹性参数可求取页岩储层脆性（B_{rit}），求取的主要公式为

$$E=2\times I_S\times(1+\nu)/\rho \tag{2-2}$$

$$P_R=[(v_P/v_S)^2-2]/[2\times(v_P/v_S)^2-2] \tag{2-3}$$

$$B_{rit}=\{[E-1/7]+[(\nu-0.4)/(-0.25)]\}\times 50 \tag{2-4}$$

式中，E 为杨氏模量；ν 为泊松比；I_S 为纵波阻抗；ρ 为密度；v_P 为纵波速度；v_S 为横波速度；B_{rit} 为脆性指数。

Mullen 等人给出了利用多种常规测井资料计算综合弹性模量和泊松比的方法，该方法可以在缺少偶极子声波测井资料的情况下使用。通过杨氏模量和泊松比可以定量地表征页岩的脆性，其计算公式如下：

$$E_b=\left(\frac{E_c-1}{8-1}\right)\times 100\% \tag{2-5}$$

$$P_{Rb} = \left(\frac{P_{Rc} - 0.4}{0.15 - 0.4}\right) \times 100\% \tag{2-6}$$

$$B_{rit} = 0.5(E_b + P_{Rb}) \tag{2-7}$$

式中，E_c 为综合测定的杨氏模量；P_{Rc} 为综合测定的泊松比。

根据杨氏模量和泊松比，可以将页岩划分为脆性页岩和塑性页岩。脆性页岩有利于天然裂缝发育和水力压裂形成裂缝网络，脆性越强裂缝系统越复杂。图 2－1－9 为杨氏模量与泊松比交会图。

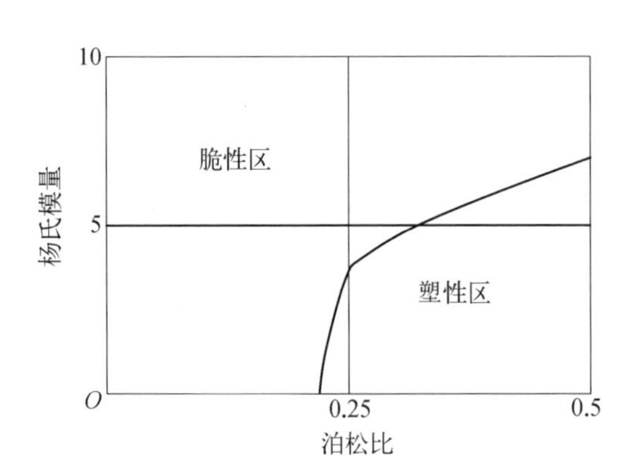

图2－1－9　杨氏模量与泊松比交会图

2.1.4　页岩岩石物理建模与扰动分析

页岩岩石物理建模是建立地层矿物组分与物性参数、弹性参数之间的关系，正演得到储层弹性参数和物性参数。目前主要使用以 Gassmann 方程为基础和以岩石基质、岩石骨架、饱和岩石以及孔隙流体为框架的地震岩石物理建模。总体来说包含以下 3 个步骤。

第一步：基于 Voigt－Reuss－Hill 平均模型（V－R－H 模型）。根据岩石的孔隙度和各组分矿物的体积模量及体积含量计算干岩石的体积模量和剪切模量，再用这两个模量来计算其他模量。

第二步：基于 Wood 公式计算混合流体的体积模量和剪切模量。

第三步：基于 Gassmann 方程计算包含流体岩石体积模量和剪切模量，然后基于这两个模量计算储层的弹性参数。

由于页岩涉及的矿物组分种类多，包含有黏土、石英、方解石、白云岩、黄铁矿和有机碳等。因此，测井响应特征更加复杂，在计算时难度也更大。如图 2－1－10 所示为中国南方某井的矿物组分测试成果图。从图中可以看出，页岩的矿物组分十分复杂，必须对其进行简化，简化结果如图 2－1－11 所示。

总体说来，页岩由有机质、矿物质和孔隙流体组成。因此，可以从其组分出发，参考体积模型建立页岩的岩石物理模型，如图 2－1－12 所示为根据等效体积法建立的页岩岩石模型。

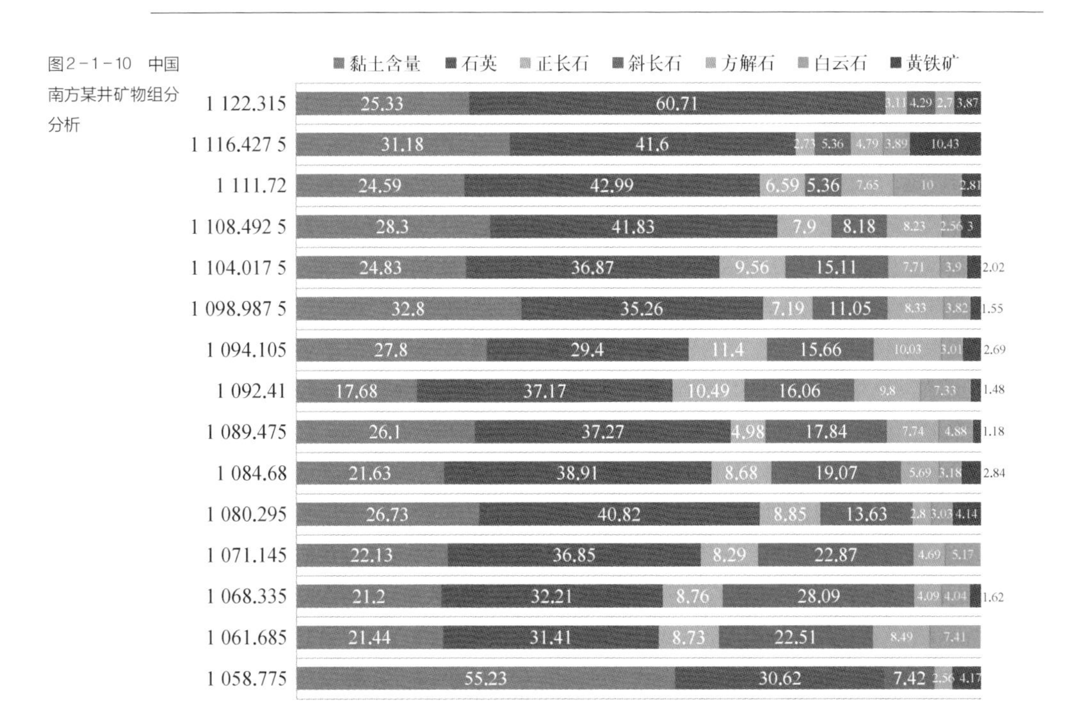

图2－1－10 中国南方某井矿物组分分析

- 页岩
  - 黏土
  - 石英
    - 石英
    - 正长石
    - 钾长石
    - 斜长石
  - 方解石
  - 白云石
    - 白云石
    - 铁白云石
  - 黄铁矿
  - 有机碳
  - 孔隙流体

图2-1-11 页岩岩石物理建模矿物组分简化方案

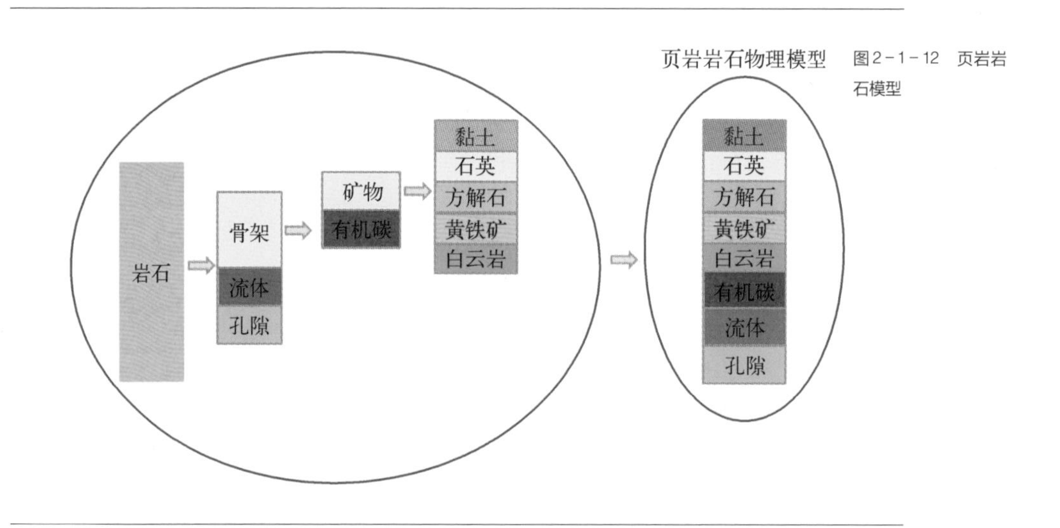

图2-1-12 页岩岩石模型

除了 Gassmann 以外,页岩岩石物理建模还会用到其他各种岩石物理建模方程,包括 Xu - White 模型、Cemented 模型、Greenberg - Castagna 模型等页岩弹性参数测试与建模中横波预测模型等(表2-1-1),需要进行综合考虑,最终选用合理的模型来达到准确正演弹性参数的目的。

页岩岩石物理建模的一个重要内容是多矿物扰动分析。多矿物扰动分析是在弹性参数岩石物理建模正演的基础上,建立了不同矿物扰动模型(主要为有机碳、石英、黏土和孔隙度模型)。在这些模型的基础上改变地层矿物组分含量,分析矿物变动敏感参数。实现分析矿物的地震的响应特征,确定获得页岩储层敏感性弹性参数,具体如图 2-1-13 所示。

图2-1-13 页岩岩石物理建模过程

多矿物扰动分析技术：通过建立页岩储层模型，将TOC作为矿物组分，在原始测井数据曲线基础上，TOC增加3%、6%、9%时，分析密度、纵波速度、横波速度、纵波阻抗、泊松比的变化，实现了通过矿物成分的扰动分析，定量分析储层矿物的敏感性弹性参数的变化，为选择地震反演中对TOC敏感弹性参数提供基础依据。通过扰动分析表明，当TOC增加时，速度、密度、波阻抗和泊松比都会降低（图2－1－14）。

矿物扰动分析技术（石英含量）：由于页岩储层石英含量大小与页岩脆性呈正相关性，因此可以利用石英含量表征脆性大小，石英含量越多，脆性越大。通过建立页岩储层模型，将石英组分作为矿物组分，在原始测井数据曲线基础上，石英增加5%、10%，减少5%时，分析密度、纵波速度、横波速度、纵波阻抗、泊松比的变化，实现了通过矿物成分的扰动分析，定性定量分析储层矿物的敏感性弹性参数变化，为选择地震反演中对脆性敏感弹性参数提供基础依据。通过扰动分析表明，当石英含量增加时，速度增加，密度和泊松比降低（图2－1－15）。

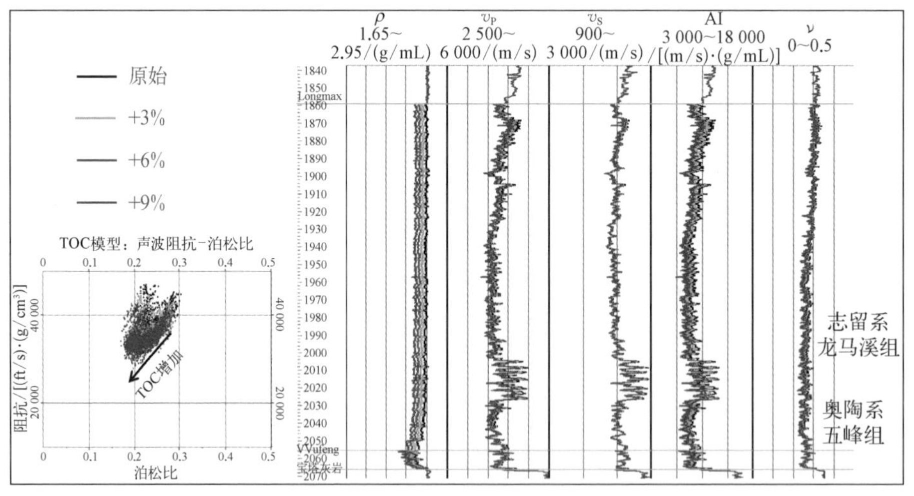

图2－1－14 页岩TOC扰动分析

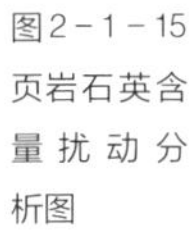

图2-1-15 页岩石英含量扰动分析图

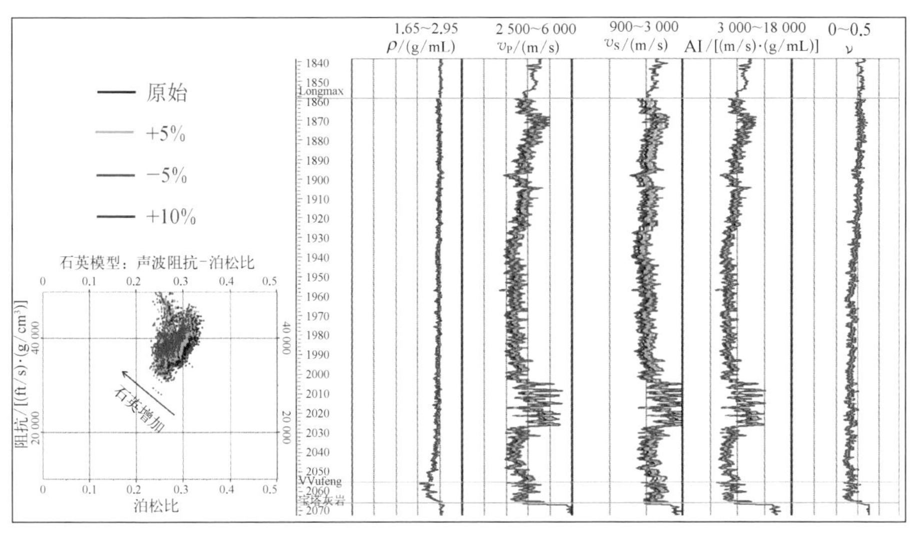

2.1.5 页岩储层 AVO 正演技术及应用

AVO(Amplitude Variation with Offset)是振幅随偏移距变化或振幅与偏移距关系(Amplitude Versus Offset)的英文缩写。AVO 技术是利用反射系数随入射角变化的原理，在叠前道集上分析振幅随偏移距变化的规律，估算岩石弹性参数，研究岩性、检测油气的重要技术。根据地震波动力学中反射和透射的相关理论，反射系数(或振幅)随入射角的变化与分界面两侧介质的弹性参数有关。这种物理现象包含两方面含义：一是不同的岩性参数组合，反射系数(或振幅)随入射角变化的特性不同，称为 AVO 正演方法；二是反射系数(或振幅)随入射角变化本身隐含了岩性参数的信息，利用 AVO 关系可以反演岩石的密度、纵波速度和横波速度，称为 AVO 反演方法。

该技术自 20 世纪 80 年代提出以来，在油气勘探中不断发展，并得到迅速推广和广泛应用，尤其是在天然气勘探中指导寻找天然气藏发挥了重要作用，对提高天然气勘探成功率起到了很好的效果。

在常规油气藏勘探中，AVO 反演技术已经取得了很多成效，通过不同角度道集地震数据反演出不同的弹性参数，如纵横波阻抗，泊松比等，而这些弹性参数在某些程度上反映了储层流体特性，如含烃储层一般表现为纵波阻抗，泊松比降低等。目前，页岩气的研究主要集中在页岩气的成藏模式、页岩气开发特点等方面，专门研究页岩气储层 AVO 评价技术的却很少。在常规储层中发挥重要作用的 AVO 反演技术能否在页岩气中取得成效呢?

通过龙马溪组页岩气储层研究应用表明，AVO 反演的纵横波阻抗、泊松比等弹性参数能够准确识别页岩气层，与实钻成果吻合性较好。

实钻结果表明，在龙马溪底钻遇页岩气层，厚约 20 m，页岩气段主要岩性为页岩及泥质粉砂岩，其上覆地层为泥质粉砂岩、下伏地层为灰岩，页岩气段纵横、波速度、密度测井曲线响应为明显的低值异常，页岩气层和上覆下伏围岩的速度、密度存在明显的差异。因此，有必要运用测井数据对目的层进行 AVO 正演模拟，分析其 AVO 响应特征。正演模拟结果表明，在目的层段[页岩气层段，图 2 - 1 - 16(a) 中蓝色虚框所示]，地震振幅随炮检距的增大而逐渐增大，具有第二、三类 AVO 特征(图 2 - 1 - 16)。

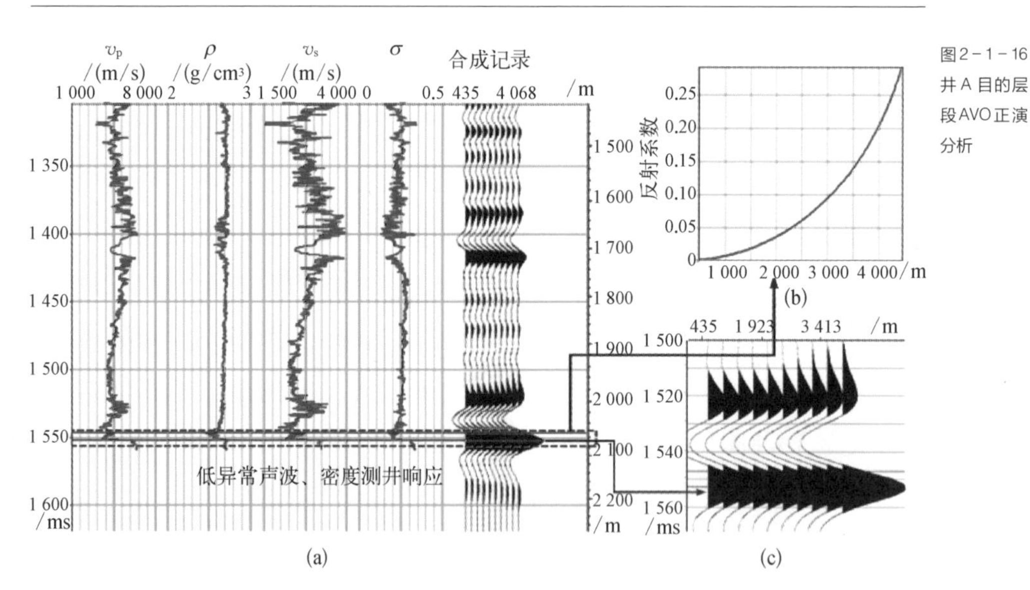

图 2 - 1 - 16 井 A 目的层段 AVO 正演分析

(a) 测井响应特征及合成记录;(b) 反射系数曲线;(c) 振幅随炮检距变化(局部放大)

基于叠前 AVO 反演,要求提供不同炮检距的地震数据体,叠前地震资料必须做好保幅处理,尽可能地保持地震道的叠前动力学特征。根据研究区目的层埋深和地震资料信噪比特点,进行了叠前保幅处理。试验分析确定采用入射角 0 ~ 10°(近道叠加)、10°~ 20°(中道叠加)、20°~ 35°(远道叠加)三个叠加数据体,如图 2 - 1 - 17 所示。在不同的角度道集剖面上,其目的层地震反射波的振幅响应是不同的,中、远角度道集剖面明显比近角度道集能量强(图 2 - 1 - 17 中红色虚框所示),振幅随炮检距的增大而增大,这也与前述的正演模拟结果相吻合。因此,从道集质量上看,应用 AVO 反演技术进行有效储层预测是可行的。

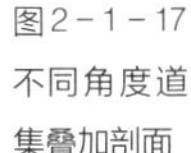

图2-1-17 不同角度道集叠加剖面

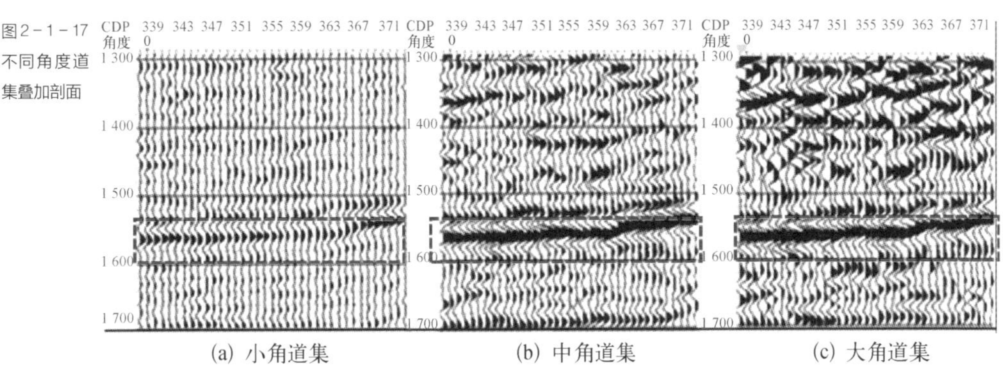

叠前 AVO 弹性参数(如纵横波阻抗、纵横波速比、泊松比,$\lambda\rho$、$\mu\rho$)对岩性和流体较为敏感。为了验证 AVO 在页岩气储层中的可行性,对目的层测井响应进行分析。实钻结果表明,页岩气段主要以页岩、泥质粉砂岩为主,上覆地层为泥岩粉砂岩,下伏地层为高速瘤状灰岩(中间泥岩层较薄)(图 2 - 1 - 18)。由图 2 - 1 - 18 可知,页岩气层段纵横波阻抗、$\lambda\rho$、$\mu\rho$、纵横波速比有明显的低值异常(图 2 - 1 - 18 中蓝色虚框所示),而对于页岩气层下伏高速瘤状灰岩,纵横波阻抗、$\lambda\rho$、$\mu\rho$、纵横波速比有明显的高值异常,因此,不同的弹性参数可以用来识别不同的页岩气层。为了进一步验证 AVO 技术在识别页岩气的可行性,对测井拟合得到的不同弹性参数进行交会分析,对比叠前参数交会分析识别页岩气的效果。

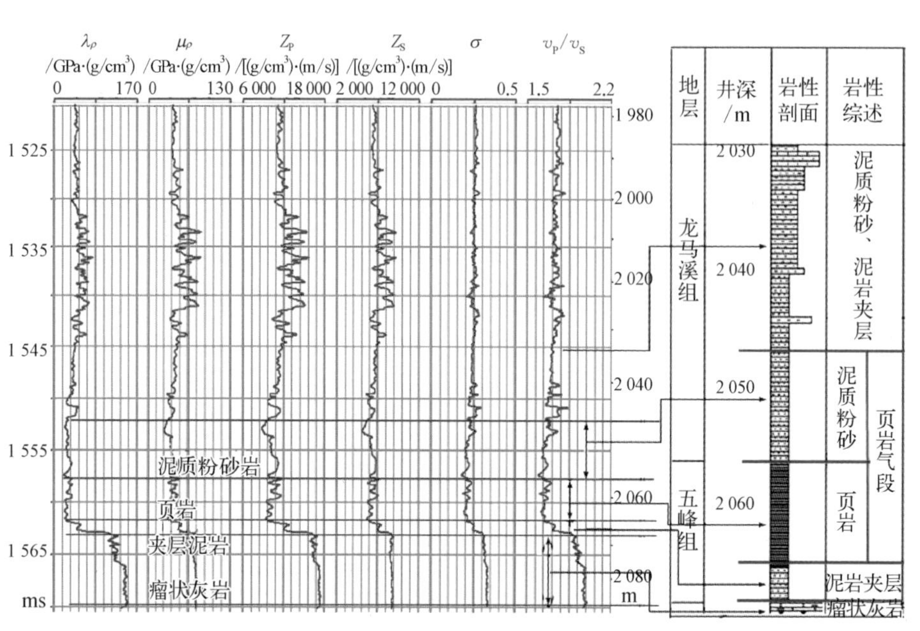

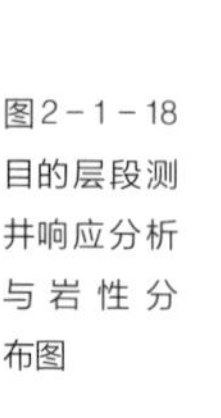
图2-1-18 目的层段测井响应分析与岩性分布图

图2-1-19为不同的叠前弹性参数交会及其对应测井深度，纵横波阻抗-泊松比交会能很好地区分页岩气与上下围岩，页岩气层表现为低纵横波阻抗、低泊松比[图2-1-19(a)左下角红色区块]；页岩气下伏地层为高速瘤状灰岩，也能在纵横波阻抗-泊松比交会中被明显识别，主要表现为高纵波阻抗、高横波阻抗、高泊松比[图2-1-19(a)中右上角黄色椭圆]。应用 $\lambda\rho$、$\mu\rho$、泊松比的交会分析也能较好地识别页岩气层及其围岩。图2-1-19(c)和图2-1-19(d)分别对应本图(a)，(b)中所识别的页岩气层及高速瘤状灰岩所对应的深度(图中箭头所示)，这与实钻结果吻合较好(图2-1-18中岩性分布)，同样验证了AVO反演方法能在页岩气储层预测中的可行性。

AVO方法在常规油气储层预测中取得了较好的成效，虽然页岩气储层与常规储层存在很大差异，但利用高品质三维地震资料，AVO方法仍可用于页岩储层预测，其叠前弹性参数反演仍有望在页岩气储层评价中发挥作用。AVO方法对页岩气井位优选有一定指导作用，但必须综合考虑TOC、矿物含量、脆性、地层压力、地应力等参数的影响。

图2-1-19 叠前弹性参数交会分析及其对应测井深度

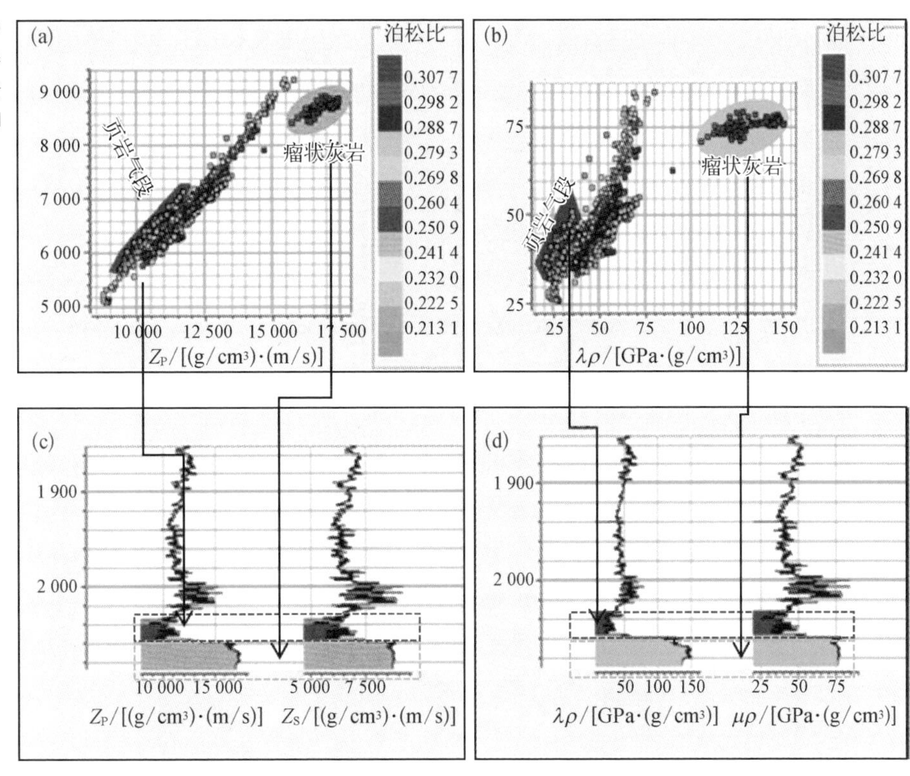

(a) 纵波阻抗、横波阻抗、泊松比;(b) λ_ρ、μ_ρ、泊松比;(c) 图(a)所对应测井深度;(d) 图(b)所对应测井深度

2.2 页岩气测井技术及应用

地球物理测井技术是页岩气勘探开发中重要的技术之一,可以对含气页岩进行有效识别,对其储层品质进行有效评价,为后期页岩气完井作业提供重要的岩石物理参数。

页岩气藏无论在储层特征、气藏特征还是在成藏机制方面都与常规油气藏有着很大的区别,由此决定了页岩气藏对测井技术的需求与常规油气藏有着很大不同。

测井资料在评价烃源岩、页岩气定性识别、有机质含量和含气量的计算以及应力分析、地层各向异性等方面不可或缺。图2-2-1为北美Barnett页岩某井典型测井图。图2-2-2为中国南方页岩某井典型测井图。从图中可以明显看出，富含有机质页岩

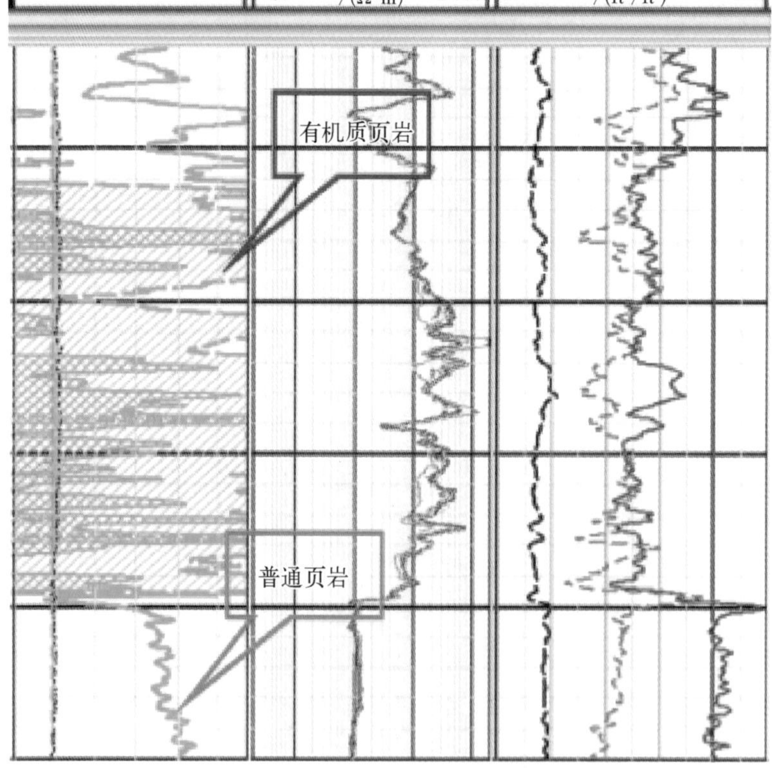

* 探测深度，英寸。

图2-2-1 北美Barnett页岩某井典型测井图

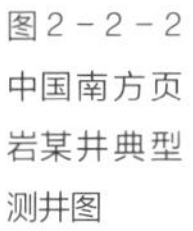
图2-2-2 中国南方页岩某井典型测井图

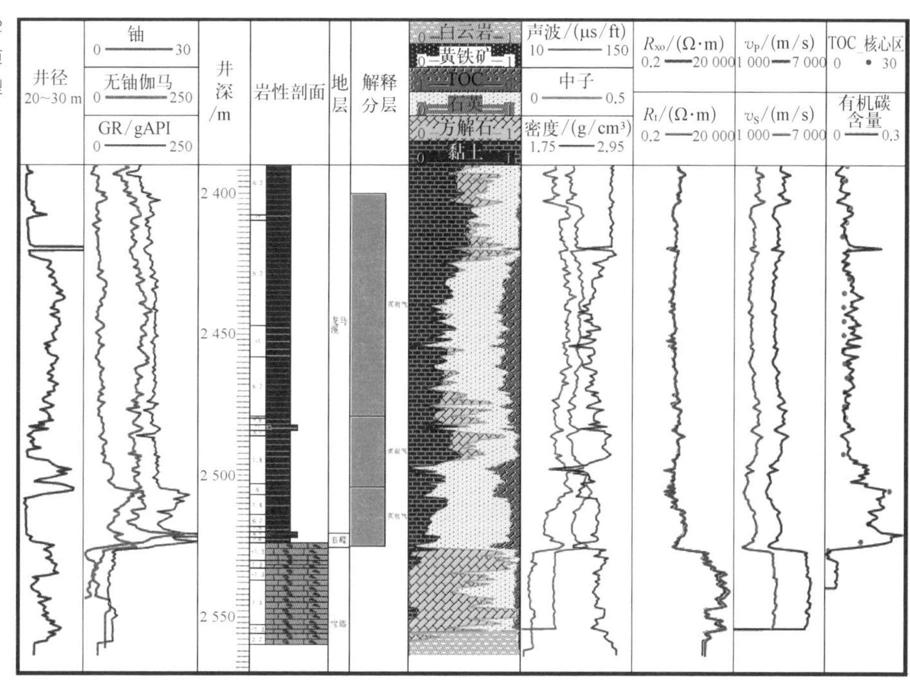

与普通页岩测井响应存在很大区别。

优质页岩测井曲线呈现“三高两低”的特征,即高自然伽马、高电阻率、高中子、低密度(相对普通页岩而言)、低光电吸收截面(相对普通页岩而言)。

自然伽马和无铀伽马的幅度差异反映了地层中有机质含量的多少;核磁共振测井分析泥页岩的有效孔隙度;微电阻率扫描成像处理成果评价裂缝的有效性,并能够进行地应力分析等;通过交叉偶极声波提取质量可靠的纵波、横波、斯通利波时差,判别储层的有效性,计算岩石力学参数和用于地层各向异性分析;元素俘获能谱测井(ECS)能够正确识别泥页岩中黏土、石英、长石、碳酸盐岩、黄铁矿等成分的含量。

总体来说,在页岩气测井评价中,与常规测井评价一样,也可以分为定性和定量解释两个部分。页岩气测井定性解释主要包括岩性的识别、含气页岩储层的判断和裂缝识别等内容;而定量解释主要包括地层矿物组分计算、孔隙度渗透率和含水饱和度的计算、总有机碳含量(TOC)计算、吸附气和游离气含量计算、弹性参数计算、脆性计算等。

2.2.1 页岩气测井技术优选

测井在页岩气藏勘探开发中有两大任务，一是储层及含气量的评价，二是为完井服务提供指导参数并在钻井中起地质导向作用，这其中包含了岩性、孔隙、裂缝、有机碳、储层岩石力学等参数评价。

页岩气勘探开发不同阶段，为了达到上述测井目的，采用的测井系列是不同的，表2-2-1总结了国外针对不同井别采用的测井数据采集系列。

表2-2-1 页岩气不同井别采用的测井系列

完井方式	井 别	建 议 测 井 项 目	可选测井项目
裸眼井	探 井	自然伽马能谱测井、岩性密度测井、补偿中子测井、双侧向(阵列感应)测井、元素俘获能谱测井、微电阻率扫描成像测井、声波扫描测井、自然电位测井、井径、井斜、井温	核磁共振测井
	评价井	自然伽马能谱测井、岩性密度测井、补偿中子测井、双侧向(阵列感应)测井、偶极声波、自然电位测井、井径、井斜、井温	核磁共振测井
	开发井	自然伽马能谱测井、岩性密度测井、补偿中子测井、阵列声波测井、井径、井斜、井温	微电阻率测井 扫描成像测井
套管井		自然伽马能谱测井、岩性密度测井、补偿中子测井、声波扫描测井、相对方位测井、热中子寿命测井	

对于勘探开发程度较低页岩气区块，一般而言，最经济的测井系列包括自然伽马测井、自然电位测井、井径、岩性密度测井、补偿中子测井、电阻率测井(双侧向或者阵列感应测井)、元素俘获能谱测井和声波扫描测井。从表2-2-1中可见，除了一些常规油气藏采用的测井方法，在页岩气测井数据采集中还采用了一些测井新技术，包括元素俘获能谱测井、核磁共振测井、微电阻率扫描成像测井和声波扫描测井，这些测井

新技术的应用在页岩气勘探开发的初期是非常有必要的,有助于含气页岩储层特征的综合评价,也有助于指导石油公司后续的勘探开发,例如,运用微电阻率成像测井、声波全波列测井和井下声波电视可以确定裂缝性质;用元素俘获能谱测井能够确定岩石矿物组分含量并计算有机碳和无机碳含量。

对于页岩气测井评价,近年来国内测井技术得到快速发展,实现了通过测井数据计算 TOC、矿物含量、孔隙度、含气量、岩石力学参数,再经岩心进行校正,结合三维地震数据,由井外推到三维工区。

2.2.2 TOC 计算

TOC 是页岩气评价一个重要的参数,它反映了页岩中有机质含量的多少和生烃潜力大小。对于可效益开发的页岩储层,TOC 下限是 2%。Passey 等(1990)提出用电阻率和孔隙度曲线叠加的方法来评价 TOC,即 $\Delta \lg R$ 法。Daniel Rose 等(2008)提出用密度测井和自然伽马测井来对 TOC 进行评价。Daniel Coope 等(2009)提出了一种有限制的矿物模型,在这种模型下运用元素俘获能谱测井和核磁共振测井来计算 TOC,并得到了有效应用。Jacobi 等(2009)提出用密度测井和核磁共振测井来计算有机碳含量;Richard 等(2009)提出用脉冲中子来计算有机碳含量,随着测井新技术的推广和应用,国外开始采用元素俘获能谱(Elemental Capture Spectroscopy, ECS)测井对有机碳含量进行计算,这种方法将干酪根作为一种矿物,先计算干酪根的体积分数,然后再通过干酪根和 TOC 的关系来计算 TOC。

对于以上几种方法而言,$\Delta \lg R$ 方法相对简单,元素俘获能谱测井方法相对精确,在没有元素俘获能谱测井数据的前提下,用 $\Delta \lg R$ 方法也能得到有效的结果。$\Delta \lg R$ 方法的理论基础来源于阿尔奇公式、威利时间公式及 TOC 与 $\Delta \lg R$ 关系的经验公式,具体方法如下:

(1) 用自然伽马曲线和自然电位曲线剔除储集层、火成岩、低空层段、欠压实的沉积物和井壁垮塌严重的井段。

(2) 将刻度合适的孔隙度曲线(以声波时差曲线为例)叠加在电阻率曲线上(图

2－2－3)。在刻度时，声波时差曲线刻度从左至右减小，右侧为0，左侧刻度为50 μs/ft (164 μs/m)的倍数。电阻率从左至右增大。在叠加时，应保持声波曲线不动，变化电

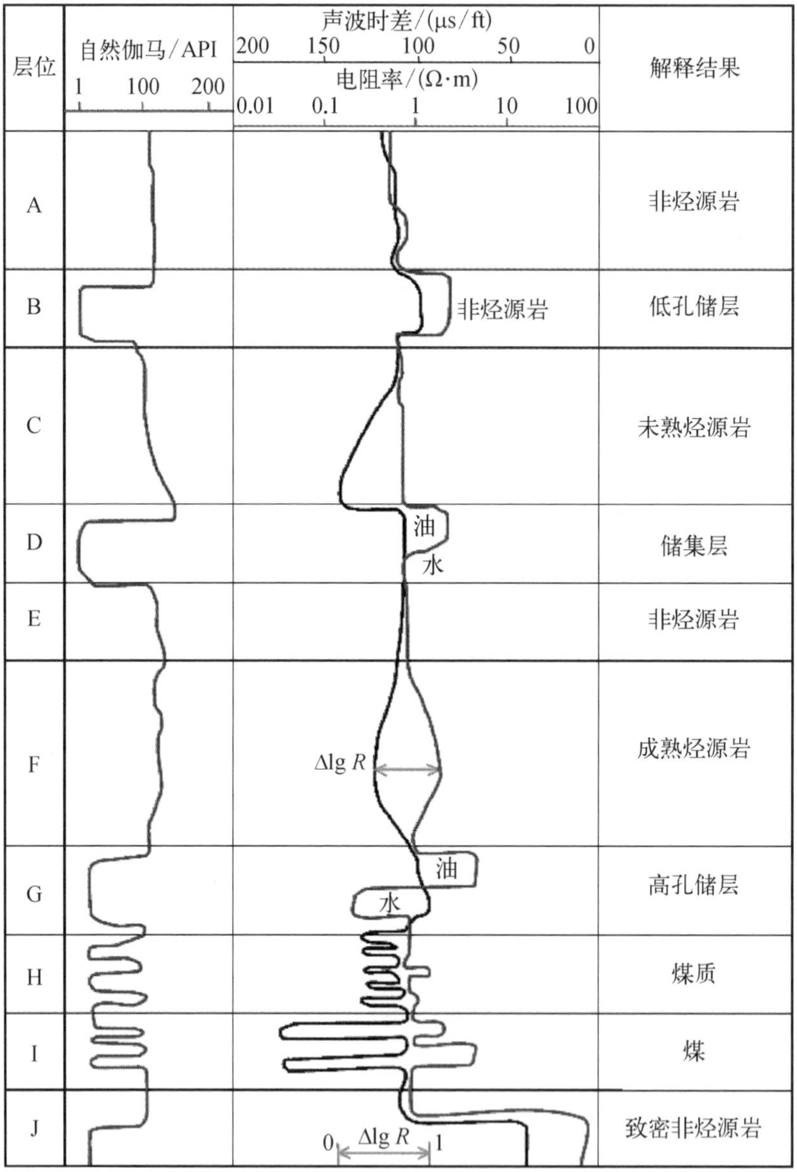

图2－2－3　Δlg *R* 法中电阻率－孔隙度曲线叠合图确定TOC

阻率曲线刻度进行变化，但应保持电阻率曲线每两个数量级对应声波时差为 100 μs/ft (328 μs/m)间隔的原则。2 条曲线在一定的深度范围“一致”或完全重叠，重叠段即为基线段。

（3）计算 $\Delta\lg R$ 公式

$$\Delta\lg R = \lg\left(\frac{R}{R_{基线}}\right) + 0.02 \times (\Delta t - \Delta t_{基线}) \tag{2-8}$$

式中，$\Delta\lg R$ 为电阻率曲线与孔隙度曲线幅度差在对应坐标上的值；R 为电阻率，Ω·m；Δt 为声波时差，μs/ft；$R_{基线}$ 为基线处的电阻率，Ω·m；$\Delta t_{基线}$ 为基线处的声波时差，μs/ft。

（4）利用 $\Delta\lg R$ 和 TOC 的经验方程来计算 TOC 的方程为

$$\mathrm{TOC} = (\Delta\lg R) \times 10^{(2.297 - 0.1688 \times R_o)} \tag{2-9}$$

式中，R_o 为含气页岩的热成熟度。

应该注意，在选择孔隙度曲线时，用声波时差与电阻率曲线叠加比密度或者中子与电阻率曲线叠加计算的 TOC 精度更高，因为井眼条件会影响到密度和中子测井值。另外，对于过成熟的含气页岩，由 $\Delta\lg R$ 方法计算得到的 TOC 偏低。

通过剖析泥质岩类的沉积特征，细化不同泥质岩类的岩性组合的地质和沉积意义，提出了基于水动力分段计算有机碳含量的方法，能够较好地解决目的层段因有机质出现碳化，表现出有机碳含量高的地层电阻率较低，$\Delta\lg R$ 法理论基础不适用，计算误差较大的问题。如图 2-2-4 所示为新的计算方法与 $\Delta\lg R$ 对比图。可以发现，新方法计算出的吻合性比常规 $\Delta\lg R$ 法精度更高，与岩心测试数据吻合得更好，体现了该方法的优越性。

2.2.3 矿物组分含量计算

对于页岩勘探开发，矿物组分含量计算显得尤为重要，因为它直接影响着后期压

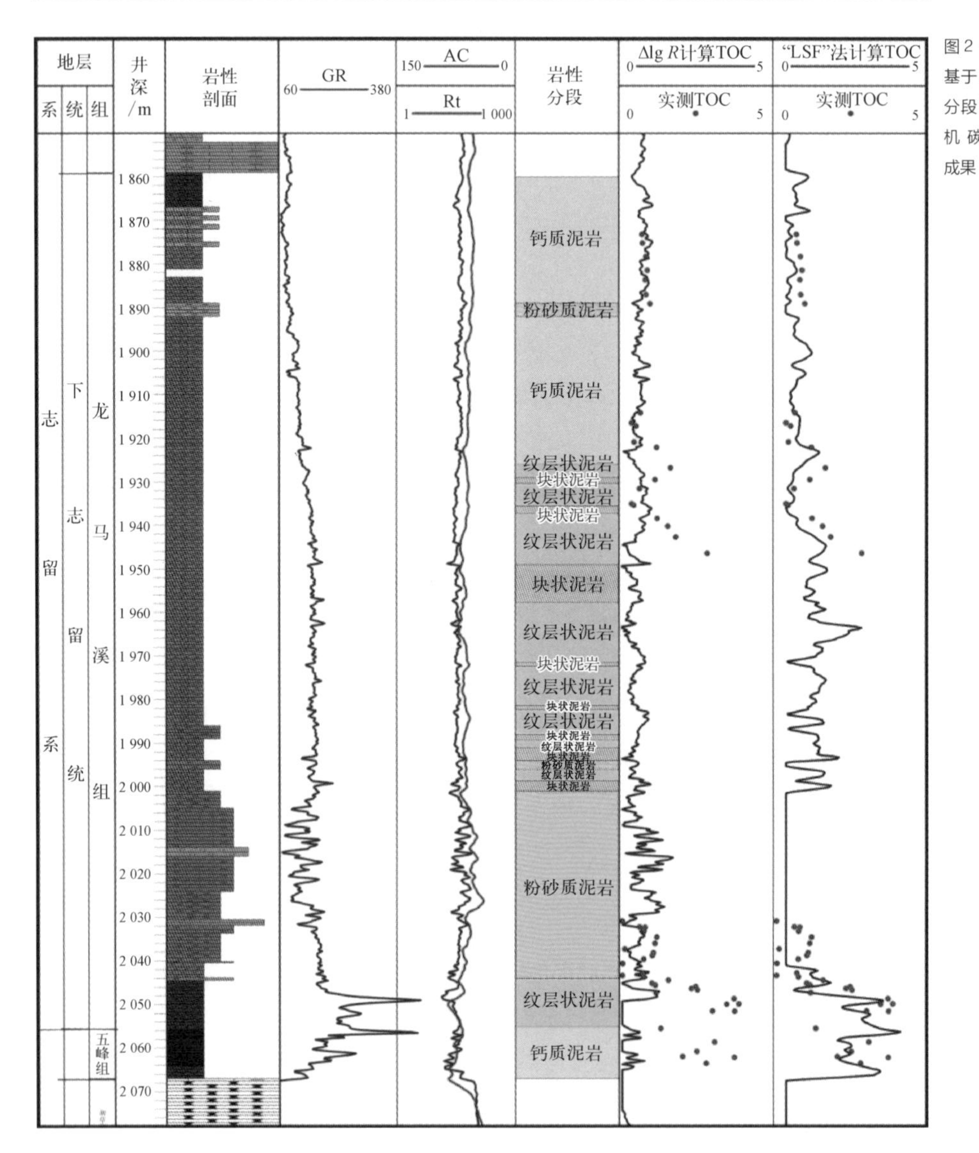

图2－2－4 基于水动力分段计算有机碳含量成果

裂/射孔井段的选择,其中脆性矿物(石英、方解石等)和黏土矿物含量是评价页岩储层脆性指数很重要的两个方面。在压裂时,应当选取黏土矿物含量相对少、脆性矿物含量相对多的层段,应用常规测井方法对矿物含量准确计算非常困难。

实验室定量分析页岩矿物成分的方法主要有 X -射线衍射法(X-ray Diffraction, XRD)、傅里叶变换红外透射光谱分析法(Fourier Transform Infrared Spectroscopy, FTIR)和 X -射线荧光分析法(X-ray Flucresence, XRF),各种方法都有其优缺点。XRD 方法对矿物的分析比较全面,但是对富含黏土矿物的页岩,如果实验时没有进行黏土分离,估算的石英含量会比真实值偏高。FTIR 法克服了上述方法的缺点,测量的黏土体积与测井资料吻合度较高,其缺点是进行矿物分析之前必须去除有机质。XRF 能定量分析元素丰度,将丰度按照化学计算分配给各矿物,因为多余的碳元素被分配给了干酪根,所以,XRF 方法通常不会高估石英石含量。

近几年,随着元素俘获能谱测井的推广应用,计算矿物含量方法逐渐成熟。特别是元素俘获能谱测井既可以应用于裸眼井,又可以应用于套管井,而且不受井眼条件的影响,这大大加大了其应用的空间。

元素俘获能谱测井利用 BGO($Bi_4Ge_3O_{12}$)晶体探测器测量快中子与地层中元素发生非弹性碰撞产生的伽马能谱,经过解谱可以得到 C、O、Si、Ca 等元素的相对产额;而对其中主要的俘获伽马能谱经过解谱处理可以得到 H、Cl、Si、Ca、S、K、Fe、Ti 和 Gd 等元素的相对产额。有了元素的相对产额,通过特定的氧化物闭合模型就能得到这些元素的含量。再通过元素丰度和矿物含量(岩心实验)之间的统计关系得到方解石、白云石、石英、长石、云母、硬石膏、黄铁矿等矿物的含量,最后将元素俘获能谱测井与常规测井曲线结合确定黏土矿物含量及类型。如图 2 - 2 - 5 所示为元素俘获能谱测井所得的地层矿物组分成果。

考虑到 ESC 测井方法成本问题,目前使用的最多的还是基于等效体积法的最优化测井原理法计算地层矿物组分模型。该方法通过建立储层矿物岩石物理模型,利用最优化测井解释方法反演获得。依据最优化测井解释原理,各个测井资料可以看成是地层岩性、物性和流体性质的综合反应。因此,采用约束最优化技术,增加各种地质约束条件,建立地层矿物最优化反演模型如下:

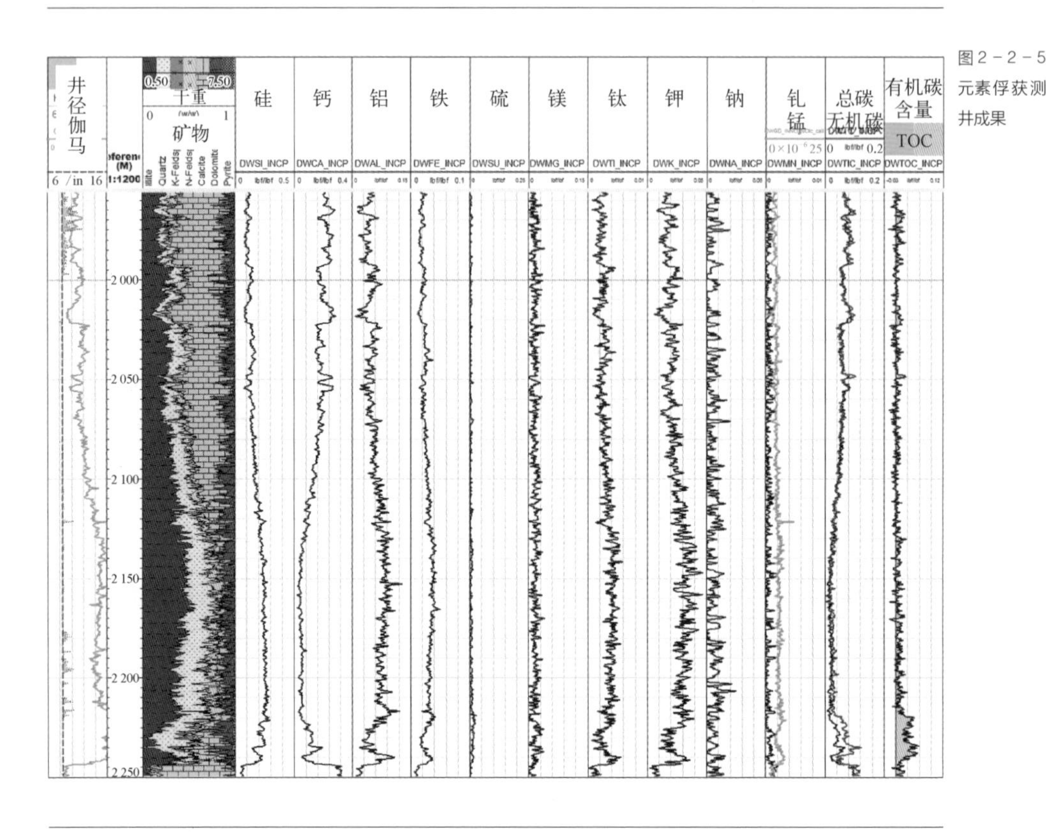

图 2－2－5 元素俘获测井成果

各矿物的骨架点测井响应参数 × 各矿物体积 = 实测测井曲线响应

通过矩阵联合求解各测井响应方程，反算出实际地层的储层参数及矿物相对含量，即最优化测井解释结果。在实际计算过程中可以选用中子、密度、声波、自然伽马、能谱测井以及光电截面指数建立体积响应模型求解出地层的矿物组分来。反演结果通过岩心和地层岩性描述以及计算出来矿物组分正演重构出来的输入测井数据进行验证。图 2－2－6 为最优化测井原理建立地层矿物组分模型计算出来的地层矿物组分成果，图中左侧红色曲线是反演出来的矿物组分结果（全井段），黑色点是岩心测试结果，蓝色曲线是在计算矿物组分的同时利用计算出来的矿物组分对输入曲线进行了正演，重新生成的输入曲线，黑色曲线是原始输入曲线。

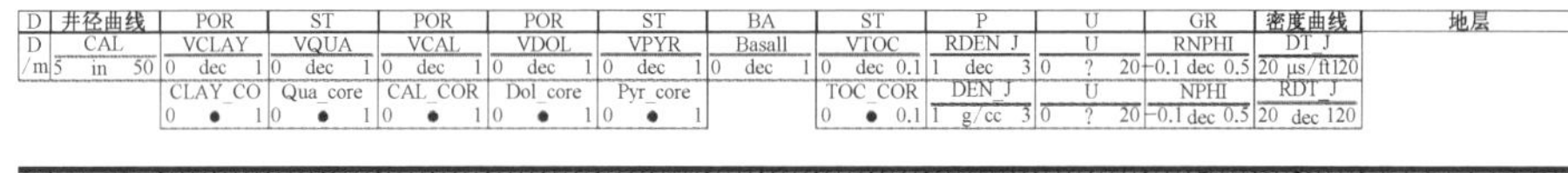

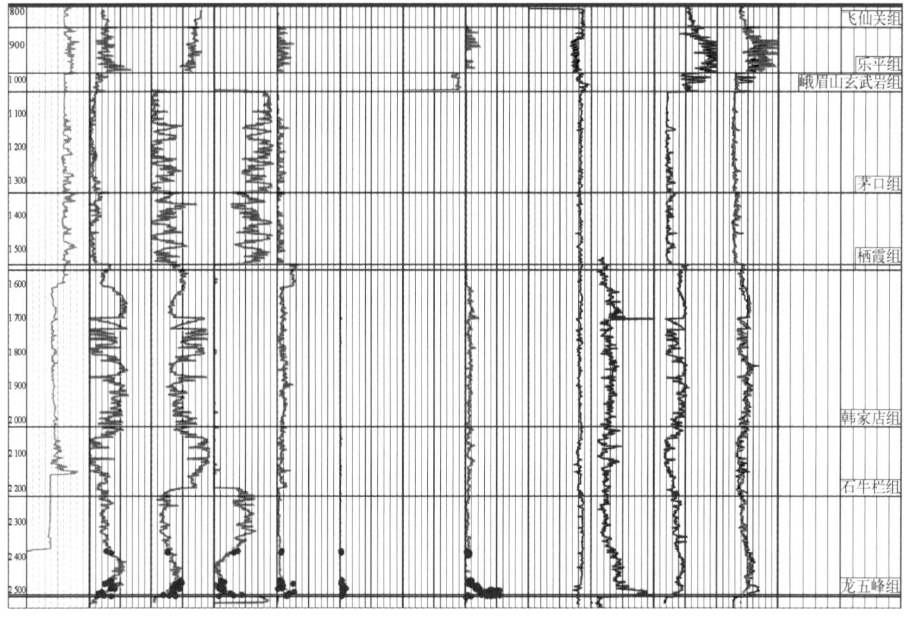

图2-2-6 最优化测井原理计算出来的地层矿物组分成果

地层矿物组分的计算方法还有神经网络法(Yang Yunlai 等,2004)和光电吸收界面指数法等。

2.2.4 孔隙度计算

孔隙度是计算页岩气中游离气含量的重要参数之一。对于含气页岩,孔隙存在于粒间孔隙、黏土矿物、干酪根和微裂缝中及其周围。由于含气页岩的孔隙度非常小,常规测井孔隙度计算方法已不再适用。下面介绍两种与页岩气估算孔隙度有关的方法。

2.2.4.1 元素俘获能谱测井计算孔隙度

首先,通过足够数量样品的矿物分析和地球化学实验,得到骨架密度值、中子值与

元素含量的关系式为

$$\rho_{ma} = 2.620 + 0.040w_{Si} - 0.2274w_{Ca} + 1.993w_{Fe} + 1.193w_S \quad (2-10)$$

$$N_{ma} = 0.408 - 0.889w_{Si} - 1.014w_{Ca} - 0.257w_{Fe} + 0.675w_S \quad (2-11)$$

式中，ρ_{ma} 为骨架密度值；N_{ma} 为骨架中子值；w_S 为硅元素含量；w_{Ca} 为钙元素含量；w_{Fe} 为铁元素含量；w_S 为硫元素含量。

然后应用计算得到的骨架密度值和中子值来计算密度孔隙度、中子孔隙度：

$$\phi_{td} = \frac{\rho_{ma} - \rho_b}{\rho_{ma} - \rho_f} \quad (2-12)$$

$$\phi_{tn} = \frac{N_{ma} - \phi_n}{N_{ma} - N_f} \quad (2-13)$$

式中，ϕ_{td} 为密度计算所得总孔隙度；ϕ_{tn} 为中子算的总孔隙度；ρ_b 为测得的密度值；ρ_f 为泥浆密度值；ϕ_n 为测得的中子值；N_f 为泥浆的中子值。

最后，取页岩的总孔隙度为

$$\phi_t = \min(\phi_{td}, 0.6667\phi_{td} + 0.3333\phi_{tn}) \quad (2-14)$$

2.2.4.2 脉冲衰减法计算孔隙度

先将页岩岩心粉碎(100 g 左右)，使其能够获得更多的非连通孔隙空间，然后将粉碎岩样筛析至一定粒级(一般为 20/35 目，目是指每平方英寸筛网上的空眼数目，20 目就是指每平方英寸上的孔眼是 20 个，35 目就是 35 个，目数越高，孔眼越多。除了表示筛网的孔眼外，它同时用于表示能够通过筛网的粒子的粒径，目数越高，粒径越小)，筛析后的粉碎岩样一般为 15 ~ 30 g。孔隙度的测定采用基于波耳定律的双室法。采用氦气测量，氦气压力一般控制在 100 ~ 200 psi[①]，在参考室输入一定的压力，测定平衡后样品室的压力，根据压力变化可测得进入样品孔隙的气体体积，进而计算得到孔隙度。在测量岩样孔隙度的同时需记录每一时刻的瞬时压力，最终选取合适的流动

---

① psi：磅/平方英寸。1 psi = 6.895 kPa。

机制模型,结合数值模拟和分析可以将测量得到的一系列瞬时压力转换成岩心样品的渗透率。若要测量干岩样的孔隙度和渗透率,则应该在岩样粉碎至一定粒级之后采用 Dean - Stark 抽提装置进行蒸馏抽提,溶剂可使用甲苯,直到产水量保持稳定为止。对经过抽提的样品进行恒温干燥,直到样品质量稳定为止再进行上述孔隙度和渗透率测量实验。

页岩孔隙度测量受多种因素影响,如从孔隙体系中去除水(毛细管水和黏土水)和液态烃的方法;由于页岩极低的渗透率,孔隙中充入气体(氦气、氮气、甲烷)的程度;岩样粉碎方法及选用粒级大小;粉碎岩样的称重等都会影响孔隙度的测量精度。

脉冲衰减法测量页岩渗透率的结果,主要与将测量得到的瞬时压力转换成岩心渗透率时所选用的流动机制模型有关,例如,相同的实验测量结果若选用达西流流动模型得到的渗透率为 $0.1\times10^{-3}\ \mu m^2$,而采用平滑流流动模型则渗透率为 $0.03\times10^{-3}\ \mu m^2$。可见,对页岩流动机制的深入认识将会对渗透率测量结果有较大影响,渗透率的测量结果一般需要做克努森因子校正才能得到比较准确的结果。渗透率的测量对粉碎颗粒的粒级大小有很强的依赖关系,颗粒减小,则逐渐消除了微裂隙对岩石骨架渗透率的贡献。

2.2.5 含气量计算

页岩气的赋存形式具有多样性,包括游离态(大量存在于岩石空隙与裂隙)、吸附态(大量吸附于有机质颗粒、黏土矿物颗粒、干酪根颗粒以及孔隙表面之上)及溶解态(少量溶解于干酪根、沥青质以及液体原油中),但以游离态和吸附态为主,溶解态仅少量存在。

页岩含气量是指每吨岩石中所含天然气折算到标准温度和压力条件下的天然气总量,包括游离气、吸附气、溶解气等,目前主要关注游离气和吸附气。

游离态页岩气主要储存于岩石孔隙与裂隙中,其含量的高低与构造保存条件密切相关。现在主要流行的页岩气资源潜力评价的方法有很多,主要包括容积法与类比分析法。可以根据研究区勘探程度的高低来选择不同的研究方法。容积法估算的是页岩孔隙、裂隙空间内的游离态页岩气与有机质、黏土矿物和干酪根颗粒表面的吸附态页岩气体积总和。类比分析法包括含气量类比法和资源面积丰度类比法两种,即对含气泥页岩层段大的厚度和面积有较高把握的评价区,选取地质、工程条件相似的类比标准或评价示范区(含气量的概率分布),采用类比法,得到评价区的含气量或资源面积丰度等的概率分布,然后进行评价区的资源量计算。

由于岩石中所含的溶解气量极少,故岩石的含气量可近似表示为吸附气含量与游离气含量之和。含气量数据的确定需进行可靠性分析,按照数据的可靠性程度来选择确定含气量的方法。下面分别具体介绍两种计算方法,可根据实际条件选择使用。

(1) 游离气计算

孔隙中游离气对页岩气区带和目标来说最为重要,Barnett 页岩气开发的核心区游离气在总原地气中所占比例一般在50%以上。游离气的主控因素是泥页岩有效孔隙度和气体饱和度,页岩气藏的有效孔隙度包括基质孔隙度和裂缝孔隙度,利用声波、中子、密度和核磁共振等测井资料可以测得较为可靠的基质孔隙度;通过双侧向测井资料则可以计算出较为精确的裂缝孔隙度。

游离气含量受页岩有效孔隙度和含气饱和度控制,根据研究建立的泥岩压实曲线,从最大埋藏深度可大致计算出页岩的孔隙度,另一方面,页岩中的天然气饱和度与孔隙度呈明显负相关关系,较低孔隙度下天然气饱和度较高。从泥页岩孔隙度和天然气饱和度,参考温压条件可计算出游离气含气量。

泥页岩有效孔隙度是页岩气储层评价的关键参数,页岩气藏的有效孔隙度包括裂缝孔隙度和基质孔隙度,通过双侧向测井资料可以计算出较为精确的裂缝孔隙度;利用声波、中子、密度和核磁共振等测井资料则可以测得较为可靠的基质孔隙度。利用测井曲线计算含水饱和度,计算含气饱和度,最后计算游离气量。

(2) 吸附气计算

吸附态页岩气对页岩资源潜力评价尤为重要,吸附气量的主控因素是有机质含量和有机质成熟度。泥页岩中固体有机质(干酪根)能够吸附大量天然气。吸附态页岩气含气量影响因素包括页岩中有机碳含量和页岩在黏土矿物表面的赋存形式和纳米孔隙的孔径分布。李剑认为,有机质对气的吸附量远大于岩石中矿物颗粒对气的吸附量,占主导地位;Nuttall(2005)认为,页岩中有机质为吸附气的核心载体,TOC 的高低会导致吸附气发生数量级变化,因而通过 TOC,可计算出吸附气含气量。

等温吸附模拟法是通过页岩样品的等温吸附实验来模拟样品的吸附特点及吸附量的,通常采用 Langmuir 模型来描述其吸附特征。根据该实验得到的等温吸附曲线可以获得不同样品在不同压力(深度)下的最大吸附含气量,也可通过实验确定该页岩样品的 Langmuir 方程计算参数。依据不同 TOC,测得的吸附气量,可以拟合本地区的吸附气量与 TOC 的关系,进行类推。

综上所述,页岩气气体赋存形式介于致密砂岩气与煤层气之间,主要呈现三种状态: 游离气,吸附气,溶解气,其中游离气与吸附气为主体部分,溶解气含量较少。游离气、吸附气含量的计算是页岩气资源评价工作中的重点和难点。吸附气的主控因素是有机质数量和有机质成熟度;吸附态页岩气含气量影响因素包括页岩中 TOC 和页岩在黏土矿物表面的赋存形式和纳米孔隙的孔径分布。

研究表明,影响含气量的关键参数除了埋深、TOC、镜质体反射率、顶底板条件等外,岩石比表面及孔径分布实验所得参数(包括 BET 比表面积、Langmuir 比表面积、BET 单点孔体积和 BET 平均孔直径)、岩石矿物成分(黏土矿物、石英、方解石和黄铁矿的含量)与含气量具有一定的相关性。实际工作中可以通过多元统计方法,形成一个多元相关关系,确定各参数的权重。采用确定性方程拟合,得到含气量的概率分布。

2.2.6 地应力预测

地壳中或地球体内,应力状态随空间点的变化,称为地应力场或构造应力场。地应力场一般随时间变化,但在一定地质阶段相对比较稳定。随着地质演化,一个地区常常经受多次不同方式的地壳运动,导致同一地区内,呈现出受不同时期不同形式地应力场作用所形成的各种构造及其叠加或改造的复杂景观。因此,只有最近一期地质构造,未经破坏或改造,才能确切地反映这个时期的地应力场。

应力场可按空间区分为全球应力场、区域应力场和局部地应力场；按时间区分为古地应力场和现今地应力场；按主应力作用方式区分为挤压、拉张和剪切地应力场。

预测地应力场可以通过地质分析、成像测井分析和地震预测得到。这里先介绍成像测井分析技术，在第五节介绍地震预测技术。

成像测井技术是应用最新的电子技术、计算机技术实现全方位、高分辨率数据采集的先进测井技术，更是一种用数学方法把许多通过声、电等途径得到的信息转化重建成二维图像的测井技术。目前世界上主要的成像测井系统有斯伦贝谢公司的 MAXIS－500、阿特拉斯公司的 ECLIPS－5700、哈里伯顿公司的 EXCELL－2000。成像测井仪器包括井眼微电阻率扫描成像测井仪 FMS/FMI、STAR－II、EMI 和井壁超声成像测井仪 UBI、CBIL、CAST。中国也有多家公司成功研发并得到推广应用的成像测井仪器，包括中国石油渤海钻探工程公司自主研发的 BH－ARI 远探测声波反射波成像测井仪；中国石油集团测井有限公司自主研制的随钻电阻率成像测井仪。

成像测井的资料处理是把由井壁及井壁附近地层的岩性、裂缝、孔洞、层理等变化引起的岩石声阻抗或电阻率的变化转换成为伪色度，从而使人们直观而清晰地看到地层的岩性及几何界面的变化，用来识别地质特征。同常规测井、地层倾角测井方法相比，成像测井的特点是具有较高的井筒覆盖率（CAST、CBIL 100%；EMI 64%；STAR 60%）、较高的垂向分辨率和可视性。这使得成像测井技术得到了广泛的应用，特别是在地质应用方面十分突出。

目前主要应用声、电成像测井资料和交叉偶极子声波测井来定性研究地应力和应力参数的定量分析。由于成像测井是通过研究图像上的颜色、形态来直接反映目标特征，因此，必须对原始测井资料进行处理，突出因目标而引起的岩石声阻抗和电阻率变化特征，弱化由钻井工程等因素造成的影响，同时结合其他测井资料，去伪存真，以达到精确解释的目的（图2－2－7、图2－2－8）。

利用成像测井来识别最大主应力方向，电成像处理成果图上的井眼崩落的方向对应于地层的最小水平主应力方向。图2－2－9 为页岩气的成像测井技术识别页岩气裂缝。

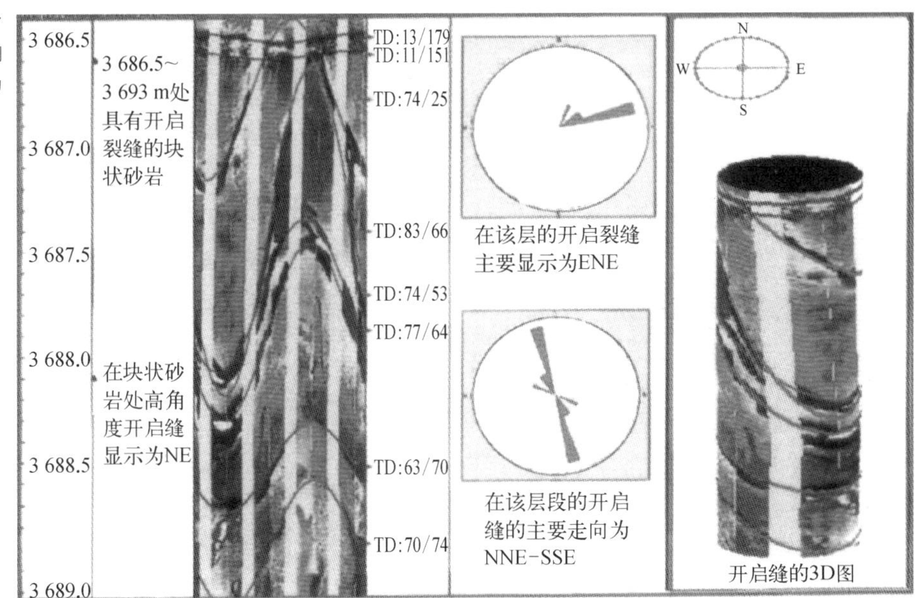

图2-2-7 FMI成像测井识别应力方向

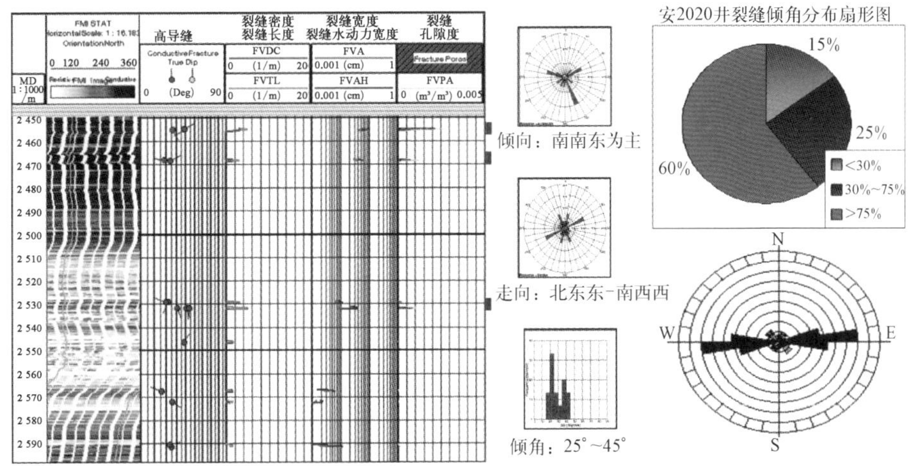

图2-2-8 FMI成像测井分析裂缝发育强度与方向

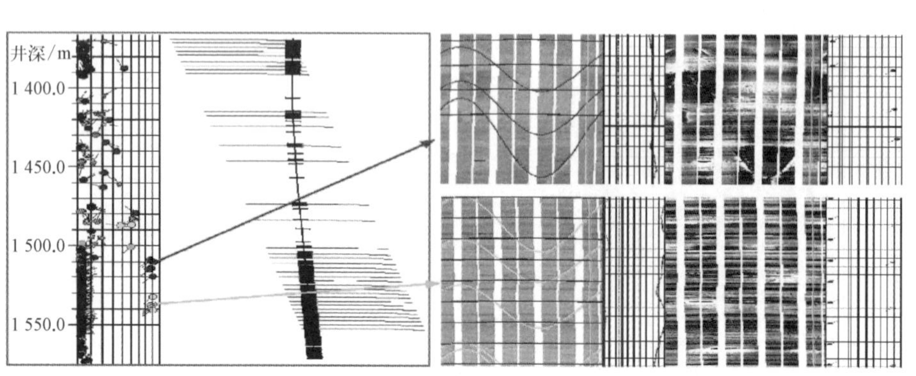

图2-2-9 地层层理、张开缝和充填缝对比图（据齐宝权等，2011）

2.3 页岩气非地震勘探技术及应用

非地震勘探技术包括重力、磁力、电法、化探等多种勘探手段，是油气勘探中不可或缺的重要技术手段。

一方面，随着勘探工作的不断深入，勘探工区地表地质条件更加复杂，地震勘探遇到了前所未有的困难，非地震技术为其提供了参考和补充，在区带评价和目标勘探等多种油气勘探领域取得了明显的效果。未来油气勘探将面临更为复杂的勘探难题，单一物探方法已不能满足勘探要求，多种方法联合勘探是必然趋势，非地震技术将扮演重要角色。电磁法勘探技术是油气勘探的传统技术之一，在复杂地区的油气资源区域地质调查、盆地基底结构探测等方面发挥着重要的作用。经过近三十年的研究和发展，电磁法勘探的成像精度和对电性异常的分辨能力不断提高，正逐步由区域勘探走向目标勘探和油气藏预测与评价，并取得了有效的应用成果。应用电磁勘探技术进行页岩气勘探与评价是一项全新的应用尝试，富有机质页岩含有黄铁矿微颗粒这一特征为应用电磁法勘探页岩气储层提供了优越可靠的岩石物理基础。

在页岩的电性特征方面，从已有的钻探测井资料和页岩岩石物性测试分析知，一般情况下页岩地层表现为低电阻率和低极化率特性，而对于富含有机碳的页岩地层，由于含有黄铁矿颗粒而表现为高极化率特性。可控源电磁勘探方法本身对低阻地层具有更好的敏感性，而低阻层中的高极化异常带易于识别。应用可控源电磁勘探技术系列中的复电阻率法（Complex Resistivity method，CR）可以对地面观测的资料进行处理。这样不仅可以得到地下介质的电阻率空间分布规律，进而揭示低阻泥岩层的空间分布，还可得到地下介质的极化率分布，与电阻率剖面和其他地球物理资料综合解释，可靠地评价高 TOC 泥岩层的分布，辅助实现对页岩气甜点区综合预测及评价。

2.3.1 时频电磁勘探技术概述

时频电磁法（Time-Frequency Electromagnetic Methods，TFEM），是一种建立在电磁感应原理的基础上，在时间域和频率域观测研究电磁感应响应场的人工源电磁探测方法。经过近十年的发展，目前已在油气勘探中被广泛应用，成为油气电法勘探的主流技术之一。

时频电磁法通过接地电偶源向地下发射不同频率的交流脉冲方波信号，利用接地电偶极和/或磁场传感器接收通过大地传送的电磁感应信号，在时间域和频率域同时进行数据分析和处理，进而提取探测目标电阻率和激发极化异常特征信息。依据发射点和接收点布设的空间相对关系，可将时频电磁法分为地面时频电磁法、井地时频电磁法两大类。

时频电磁法利用改变波形长度和频率高低进行不同深度电测深，大大提高了工作效率。TFEM 还引入 Cole-Cole（Brown，1985）模型进行激发极化信息研究。因此，TFEM 不但可针对复杂区进行高精度深部电性结构研究，还可以进行油气藏预测。时频电磁法野外施工采用轴向偶极装置，分为发射和接收两部分。发射端由多根并联的铜导线构成水平有限长度接地线源，采用大功率发射机按不同频率向地下发送一系列方波状脉冲电流，接收端通过接地线 MN 测量水平电场分量 E_x、通过高灵敏磁棒测量垂直磁感应分量（$\mathrm{d}B_z/\mathrm{d}t$）。

该方法具有如下特点：

① 使用人工场源信噪比高，无静态位移影响，纵向分辨率高；

② 同时测量电场分量和磁场分量，弥补只观测磁场分量对高阻薄层分辨率低的不足；

③ 同时研究电阻率、纵向电导率、极化率等多个参数。

我国南方地区的复杂地表条件和高陡构造地层，导致常规地震勘探方法的使用受到限制，高阻的碳酸盐岩地层阻挡了地震弹性波向下穿透，难以获取地层深部的可靠信息。时频电磁法勘探通过探测油气藏的电性及电化学异常来确定含油气状况，它不是检测油气藏中的烃类成分，而是直接探测油气藏本身。因此，时频电磁勘探方法具有其他非地震方法所不可比拟的优势。时频电磁法勘探激发场源强，是地面油气检测技术中最有潜力的方法之一。但是，常规油气藏的异常模式与非常规油气藏的异常模式有所不同，很难用现有针对前者的方法来全面有效地解决后者问题。

中国石油集团东方地球物理公司开展了时频电磁法勘探页岩气试验，初步证实页岩气藏具有特殊的电性和激发极化特性，在页岩储层 TOC 高值异常区分布预测方面具有潜力。

在南方碳酸盐岩发育区开展非地震勘探攻关工作，通过采集并测定试验区页岩和其他岩石标本，分析富有机质页岩的物性特征，研究富有机质页岩电磁特性和极化机理；通过采用多分量联合反演技术提高分辨率；通过结合钻井、地震、重磁等资料的联合约束反演技术和综合解释技术圈定页岩气“甜点”区，在上述研究成果的基础上形成页岩气的非地震勘探模式并制定了勘探规范。

2.3.2 地面时频电磁法

地面时频电磁法野外施工方式见图 2－3－1。发射源为长导线电流偶极源（AB），长度一般不超过 10 km，由大功率发电机组供电，由多根并联的接地铜导线向地下供不同频率的方波电流，激发波形一般为占空比 1∶1的正负方波，发射信号最高频率可达 256 Hz，最低频率为 256 s。从低频到高频连续激发，低频段和高频段均可多次重复激发。在偏离电偶源一定距离处布设电磁接收站，偏移距一般为几千米到十几千米，接收

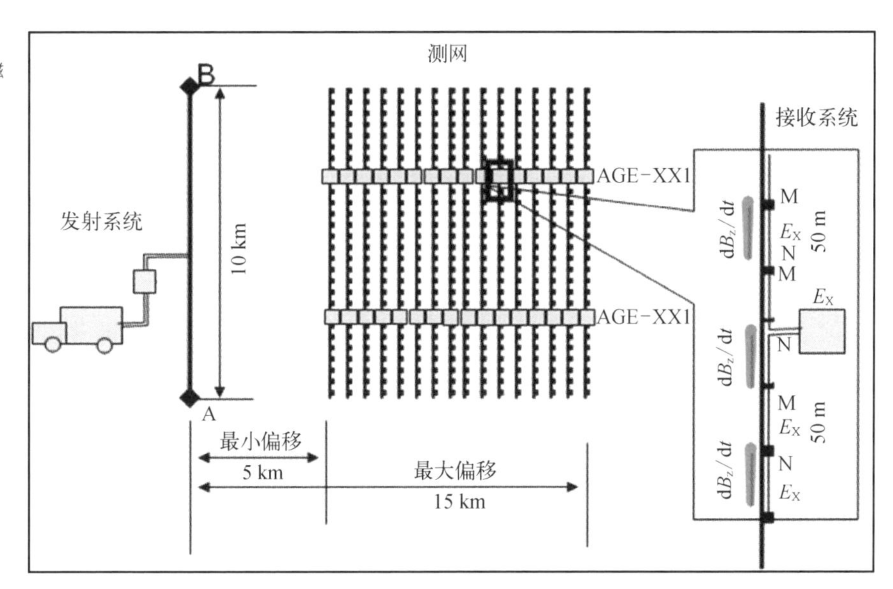

图2-3-1 地面时频电磁法布极示意图

站用不极化电极接收平行于 AB 的水平电场(E_x)信号、用垂直磁棒接收磁场(Hz)信号,站与站之间的距离一般为 50 ~ 200 m。

在资料处理和解释中,主要利用介质的导电性和极化性两类参数,通过对异常场的分析来研究电性构造并预测油气有利区。

2.3.3 井地时频电磁法

井地时频电磁法(Borehole Surface Electromagnetic Methods, BSEM)的野外施工方法见图 2-3-2,激发源电极 B 端埋置于地面井口附近,A 端下方到井中设计位置。施工采用大功率人工电磁场源,信号强,激发不同周期的信号。地面接收端测点 MN 方向为对井方向,测线可以有多种布设方式。信号的激发和接收需要同步,测点距一般为 50 ~ 200 m。

测线布设通常有三种方式,要求尽可能将测线方向与已知地下油气层的展布走向

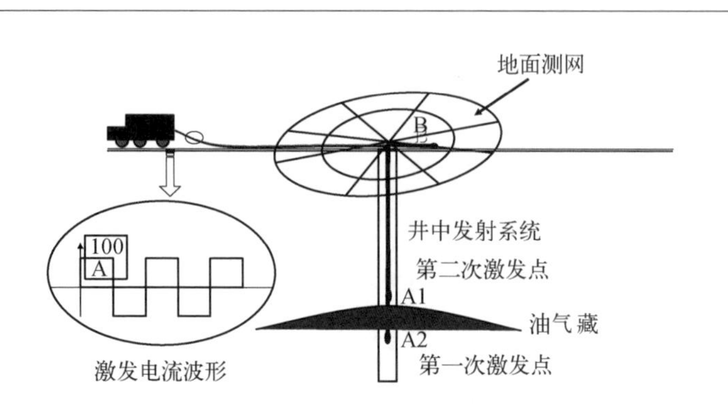

图2-3-2　井地时频电磁法示意图

垂直。一种是以激发井为中心的放射状测线：在地形平坦的测区，测线宜设计成以激发井为中心，放射性分布的测线，并根据勘探任务适当加测联络线，主要用于探测以井为中心的目标油气层的展布特征；第二种是以激发井为中心的井字型测网：规则测网式的测线，最好对应于地震测线测区内，主要适用于探测以井为中心型目标油层相邻的油层的展布特征和油水边界的情况；第三种是以激发井为中心的自由导线测网，在地形复杂区域，宜设计成自由测线，同时尽可能将测点均匀分布在测区范围内并且与地下构造或油层展布走向垂直布设。

2.3.4　综合极化率和电阻率预测页岩 TOC

地质沉积理论研究表明，深水沉积的还原环境下的海相沉积物中控制黄铁矿形成的基本因素是有机质的含量，这种环境中 TOC 和黄铁矿存在一定的相关性。利用 Solartron－1260A 阻抗分析仪在室温常压下对南方页岩气探区中某井多块富 TOC 的页岩岩心进行多次复电阻率扫频测量。测试与分析结果表明，高 TOC 页岩岩样的宽频复电阻率参数表现为低频时的高极化率异常，并总结出了高 TOC 页岩储层具有低电阻率、高极化率的异常特征。研究结果对使用时频电磁勘探技术和频谱激电法寻找高 TOC 优质页岩储层，以及页岩储层复电阻率测井方法的实现都具有重要的指导与借鉴意义。

中国南方海相页岩探区普遍自浅至深发育志留系龙马溪组、奥陶系五峰组、寒武系牛蹄塘组三套页岩层系，各套地层中又相应赋存灰黑色和黑色页岩。研究分析的6～25号样品为志留系龙马溪组灰黑色页岩，其垂直方向岩样和水平方向岩样电阻率、相位随时间变化曲线分别如图2－3－3、图2－3－4所示，图中纵坐标为电阻率和相位值，横坐标为时间（频率的倒数，左边为高频，右边为低频）。从图中可以发现三点规律。

① 在围岩样品电阻率普遍高于1 000 Ω·m的情况下，页岩垂直样岩芯的电阻率为70～120 Ω·m，平均为100 Ω·m，水平岩芯电阻率较小，平均为30 Ω·m，与围岩相比均属于明显的低阻层。

② 垂直岩样和水平岩样电阻率差别较大，垂直岩样电阻率值高于水平样，反映了页岩层系存在明显的各向异性。

③ 在低频段（曲线右段，约1 s以后），样品电阻率值明显升高，而相位值逐渐降低，反映出页岩样品具有明显的激发极化效应。

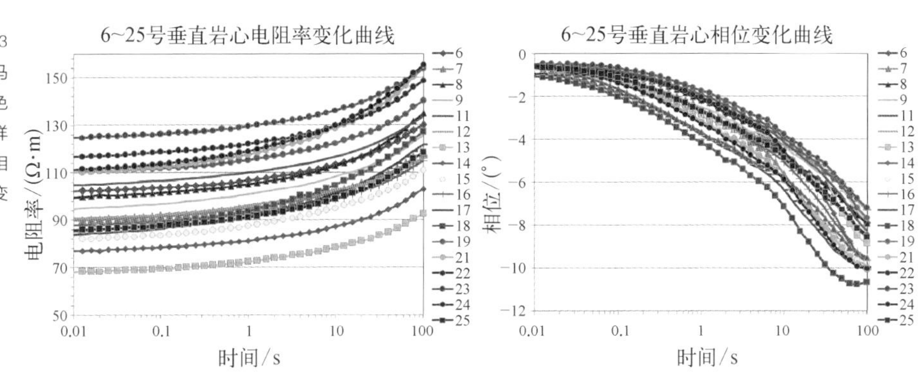

图2－3－3 志留系龙马溪组灰黑色页岩垂直样电阻率、相位随频率变化曲线

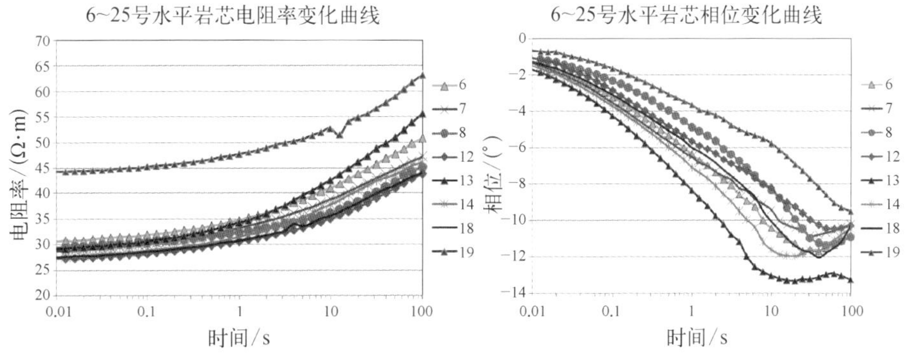

图2－3－4 志留系龙马溪组灰黑色页岩水平样电阻率、相位随频率变化曲线

研究分析发现,26 ~ 30 号岩样为志留系龙马溪组黄褐色粉砂岩,其电阻率和相位随时间曲线见图 2 - 3 - 5,电阻率相对较高,平均为 2 500 Ω · m,属次高阻。电阻率和相位随时间基本没有变化,表明志留系龙马溪组黄褐色的粉砂岩没有激发极化效应。

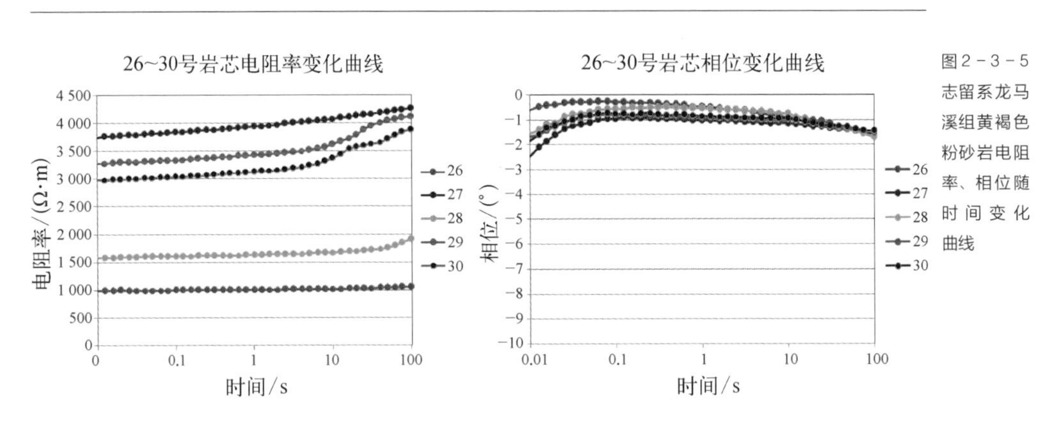

图 2 - 3 - 5 志留系龙马溪组黄褐色粉砂岩电阻率、相位随时间变化曲线

研究分析的 31 ~ 40 号岩样是志留系龙马溪组黑色的页岩,其电性规律如图 2 - 3 - 6、图 2 - 3 - 7 所示。

① 垂直岩样的电阻率平均为 150 Ω · m,水平岩样电阻率平均为 45 Ω · m,均高于灰黑色页岩,表明页岩富含有机质时,其电阻率值就会升高。

② 垂直岩样的电阻率值高于水平岩样的电阻率值,样品各向异性特征明显。

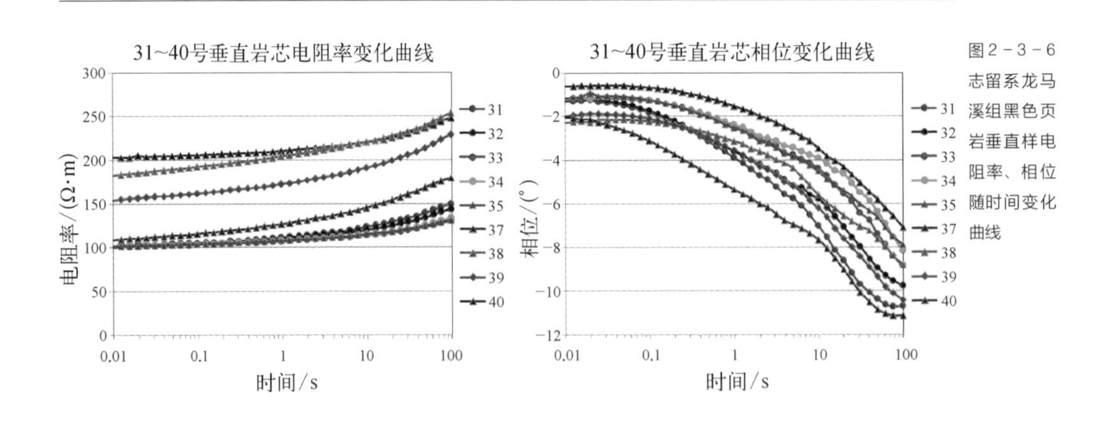

图 2 - 3 - 6 志留系龙马溪组黑色页岩垂直样电阻率、相位随时间变化曲线

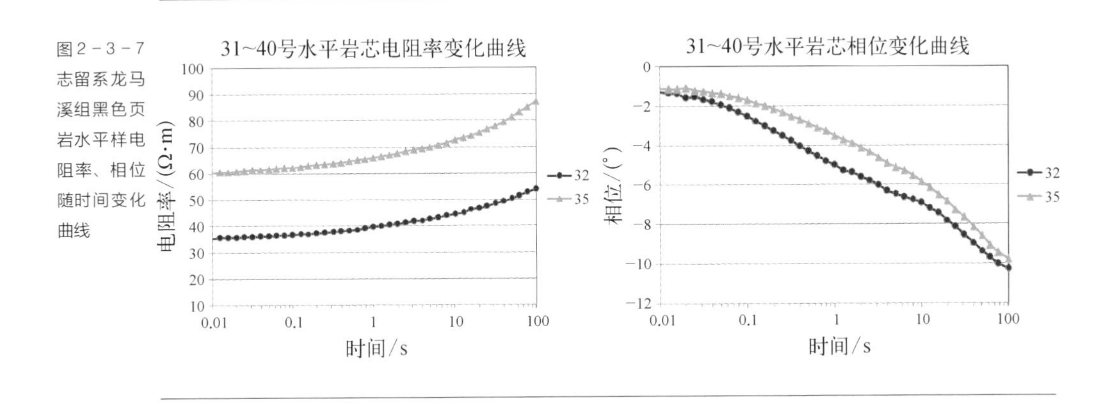

图2-3-7 志留系龙马溪组黑色页岩水平样电阻率、相位随时间变化曲线

③ 在低频段(曲线右段,约1 s以后),样品电阻率值明显升高,而相位值逐渐降低,反映出页岩样品具有明显的激发极化效应。

研究分析的41~70号样品是奥陶系五峰组黑色页岩,其垂直样和水平样的电阻率、相位随时间变化曲线如图2-3-8、图2-3-9所示。与龙马溪组页岩样品几乎呈现同样规律：属于低阻地层;垂直岩样的电阻率值高于水平岩样,呈现明显的各向异性;低频段呈现明显的激发极化效应。

研究分析的71~75号岩样是奥陶系中统组灰黑色灰岩电阻率、相位随时间变化曲线见图2-3-10,电阻率较大,大于10 000 Ω·m,属于高阻层。电阻率随时间有变化,但相位从0.1 s后基本无变化,说明灰岩没有激发极化效应。

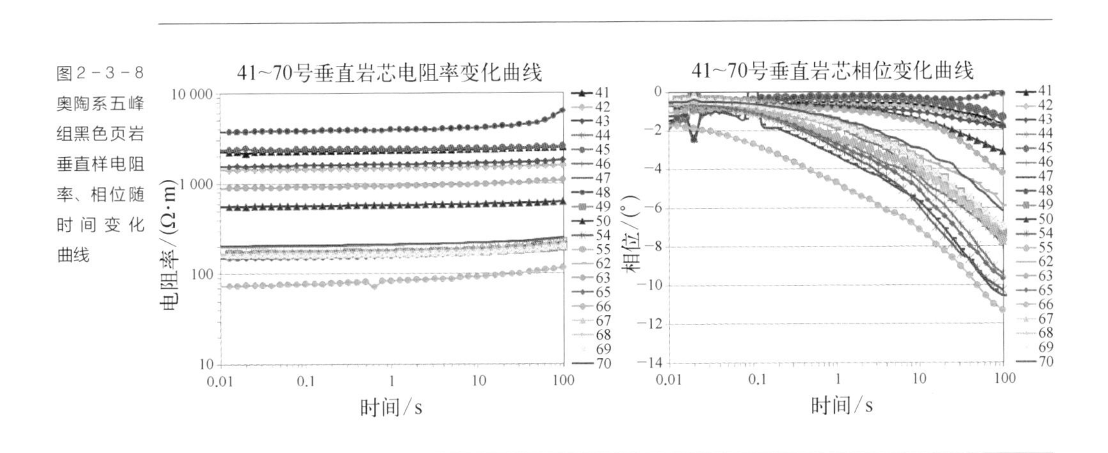

图2-3-8 奥陶系五峰组黑色页岩垂直样电阻率、相位随时间变化曲线

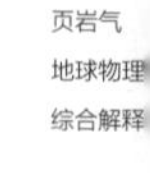

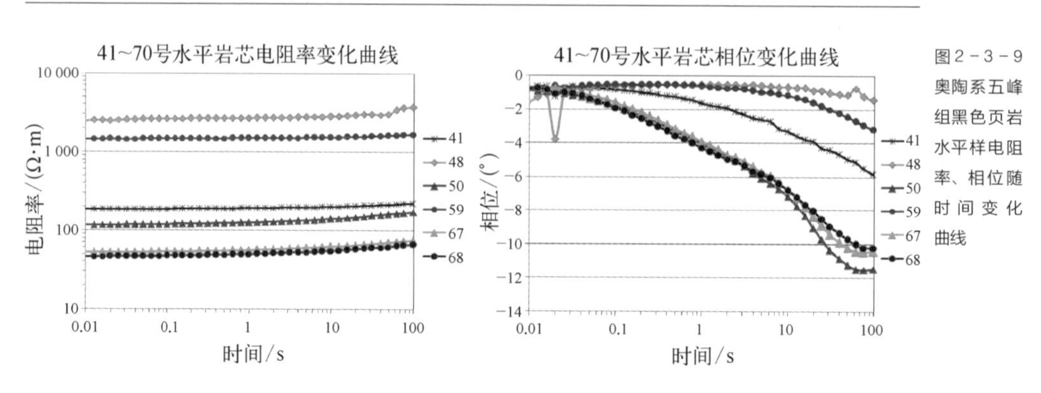

图2-3-9 奥陶系五峰组黑色页岩水平样电阻率、相位随时间变化曲线

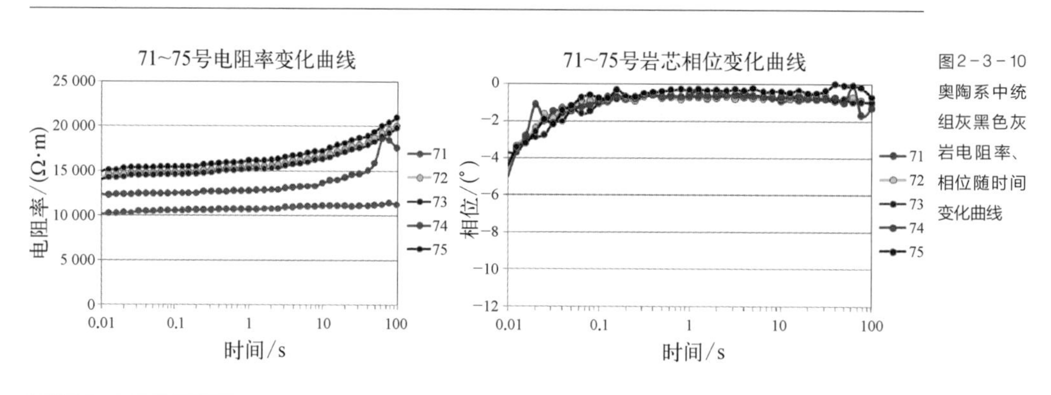

图2-3-10 奥陶系中统组灰黑色灰岩电阻率、相位随时间变化曲线

2.3.5 综合地震、时频电磁预测页岩储层 TOC

在地震勘探对富有机质页岩层系的埋藏深度、厚度及构造特征准确预测的基础上，充分利用时频电磁法约束反演有机质页岩层系内部电阻率和极化率分布，实现对页岩储层 TOC 高值异常区的预测，具体技术流程图见图 2-3-11。

2.3.5.1 综合三维地震和时频电磁预测页岩 TOC

通过进行地震解释成果建模约束反演，获得了反映试验区目的层系电阻率与极化率异常变化的分布特征。由图 2-3-12 可见，约束反演后龙马溪组-五峰组页岩层系

图2－3－11　综合地震、时频电磁预测页岩储层 TOC 技术流程图

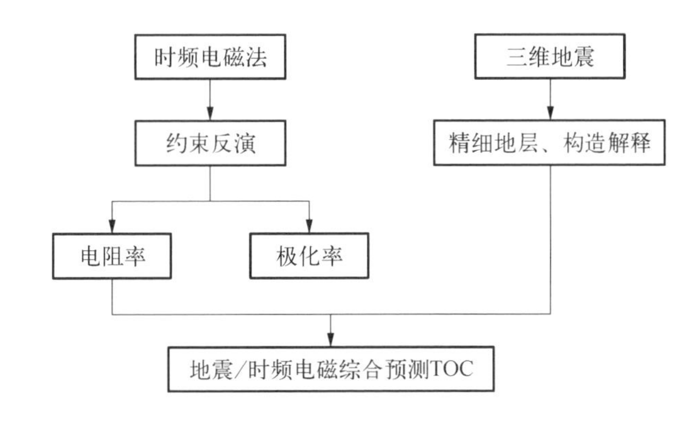

图2－3－12　约束反演电阻率三维显示图和约束反演电阻率三维切片图

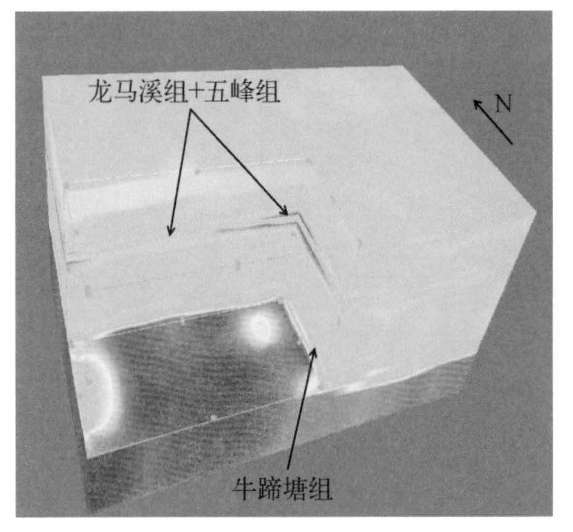

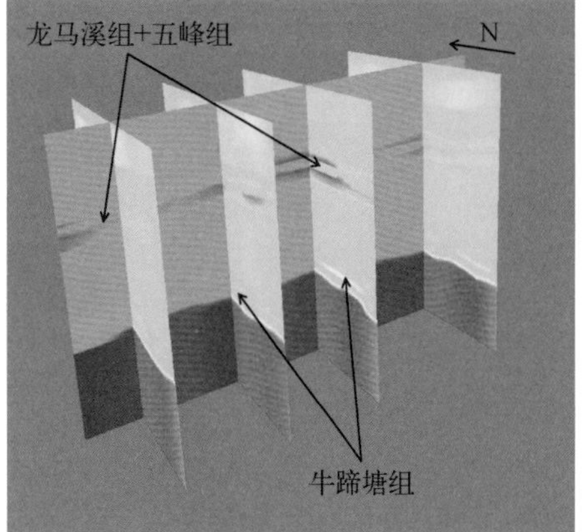

和牛蹄塘组页岩层系的低电阻率背景中，存在一套相对高的电阻率异常分布，与该异常分布所对应的是极化率异常峰值分布。

试验区所取得岩样的物性实验测试和勘探综合认识结果表明，具有较高 TOC 值分布的富有机质页岩层位，与其自身同时所具有的高极化率特性之间，存在较为显著的对应关系。反演结果表明，该区龙马溪组和牛蹄塘组两套富有机质页岩层系具有低密度、低磁性、低电阻率、高极化率、高 TOC 的物性特征。

利用三维时频电磁法所取得的电阻率、极化率勘探结果，对目的层位的高值 TOC 分布区进行预测，即通过电阻率相对高异常、极化率极大值异常在平面上的分布特征，可以较好地圈定出高值 TOC 分布区。

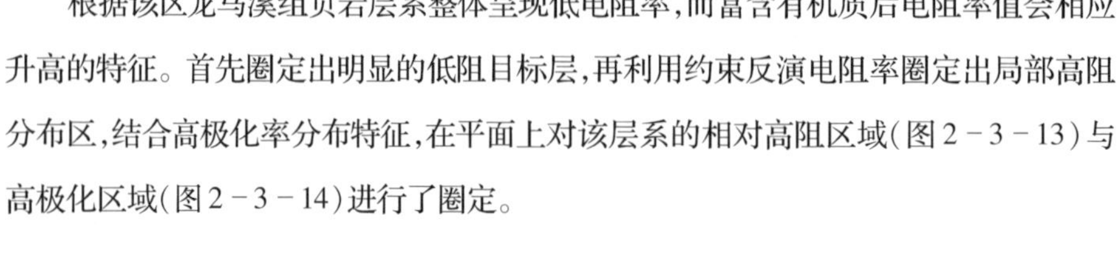

根据该区龙马溪组页岩层系整体呈现低电阻率，而富含有机质后电阻率值会相应升高的特征。首先圈定出明显的低阻目标层，再利用约束反演电阻率圈定出局部高阻分布区，结合高极化率分布特征，在平面上对该层系的相对高阻区域(图 2－3－13)与高极化区域(图 2－3－14)进行了圈定。

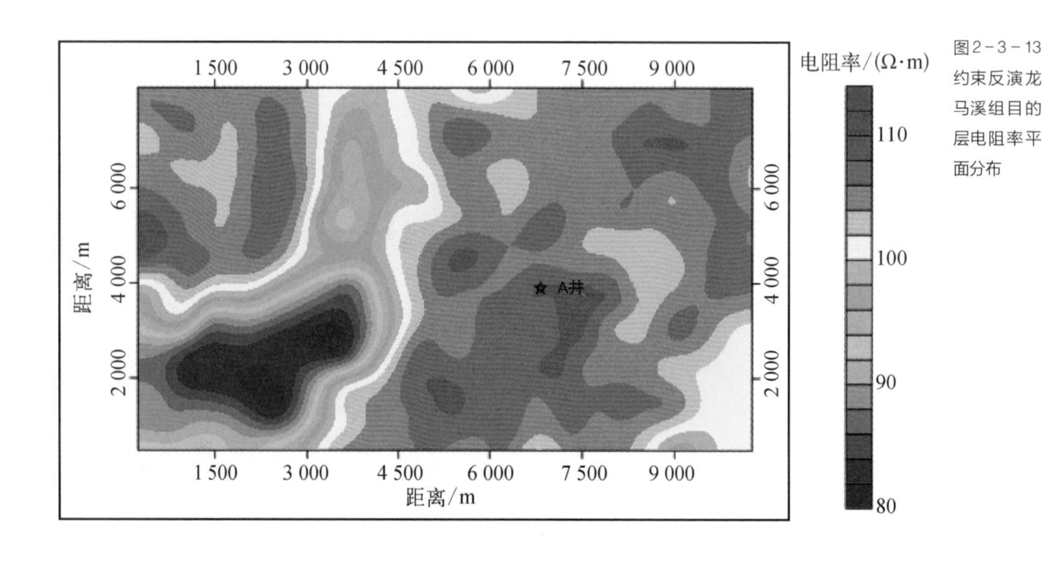

图2－3－13 约束反演龙马溪组目的层电阻率平面分布

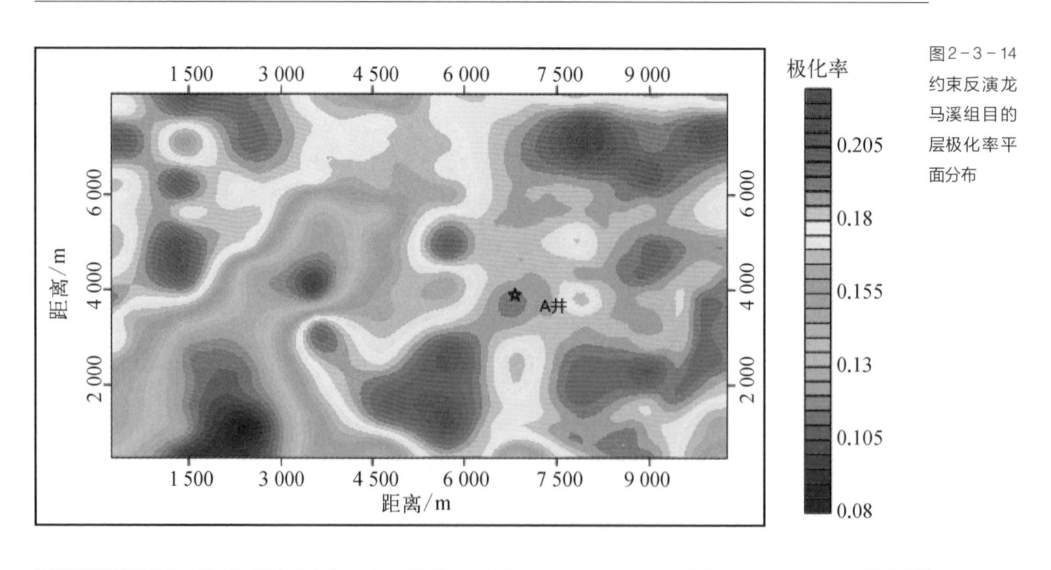

图2－3－14 约束反演龙马溪组目的层极化率平面分布

将电阻率、极化率两种异常的分布相互叠加(图 2 - 3 - 15),可以看到电阻率和极化率的平面变化特征较为一致。高电阻率和高极化率的重叠区域,判断为预测的高值 TOC 高值分布区。TOC 高值分布区分为东、西两个区域,东部区域范围较大,西部区域范围相对较小。

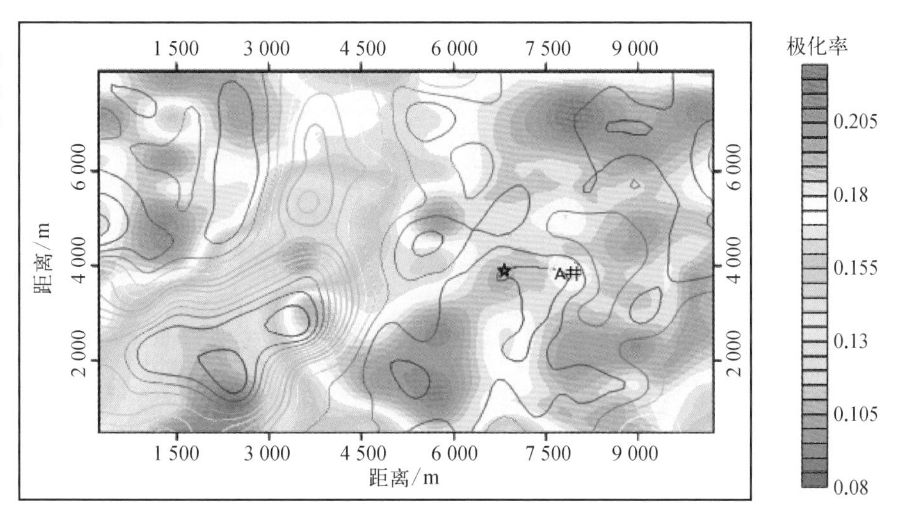

图2-3-15 龙马溪组目的层电阻率异常与极化率异常叠合图

2.3.5.2 综合二维地震和时频电磁预测页岩 TOC

利用电阻率反演剖面所解释的富有机质页岩层系的深度和厚度,解释出低阻层在平面上的分布范围及平面方向目的层电阻率的变化情况,如图 2 - 3 - 16 所示。页岩层系泥质含量高,生烃能力更强。两条测线的交点位置为相对低阻区,规模最大,另有三处相对低阻区分布于 D1 测线的南段、L2 测线西南段及 L2 测线东北段。利用极化率反演结果提取高极化率异常区(异常值的确定,20% 以上为有利区),见图 2 - 3 - 17。图中显示两条测线位置除 L2 测线 185 ~ 215 号测点范围极化率异常值低于 20% 以外,其他区域极化率值均高于 20% ,显示为高极化率异常特征,据此评价试验区页岩气整体发育条件良好。同时结合页岩层系内部相对低阻异常区的分布范围推测,D1 和 L2 测线交叉点位置及其附近高极化异常和页岩层系内部的低阻分布在平面上较为稳定,

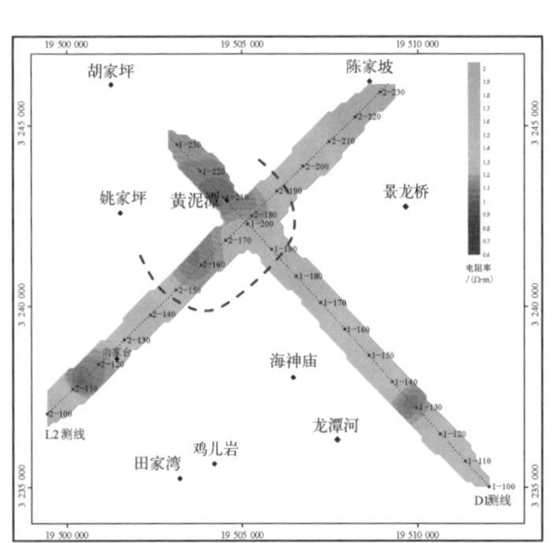

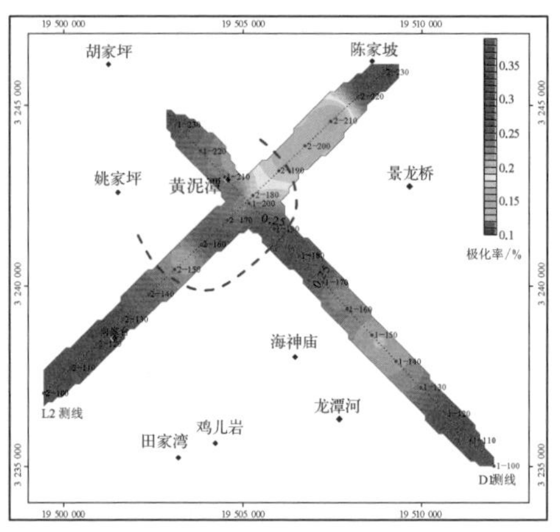

图2-3-16 目的层电阻率平面图(左)、常规反演的目的层极化率平面图(右)

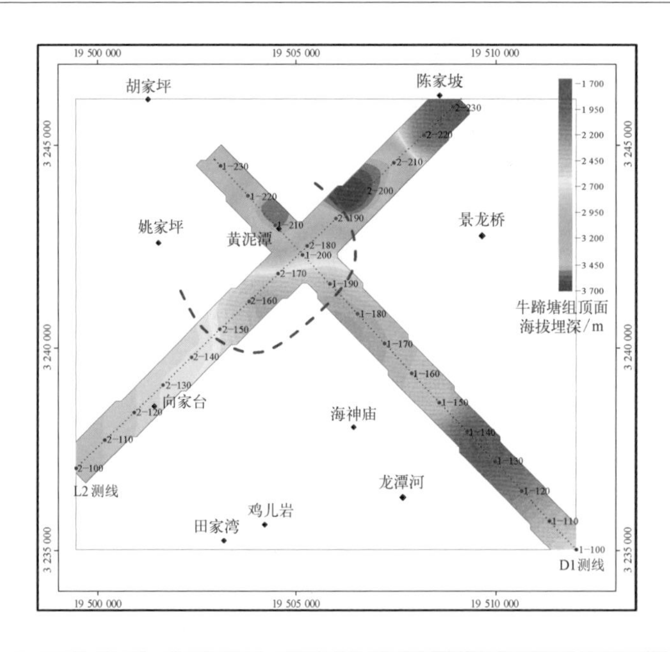

图2-3-17 牛蹄塘组顶面海拔埋深与高极化、低电阻区域叠合图

认为交点及其附近位置页岩气发育条件良好,见图2-3-17中蓝色虚线圈定范围。

将页岩层低电阻区域(图2-3-16中蓝色虚线区域)叠合到牛蹄塘组顶面海拔埋深图上(图2-3-17),可见其重叠区域为D1测线233号~193号测点范围,L2测线的148号~192号测点范围。两侧线交点位置主体部分牛蹄塘组顶面海拔埋深-2 000~

-3 000 m。D1 的东南段和 L2 测线的东北段牛蹄塘组埋深相对较浅,顶面海拔埋深一般在 -2 500 m 以上。

2.4 VSP 技术及应用

垂直地震剖面法(Vertical Seismic Profiling, VSP)是一种检波器沿井筒放置,在近地表激发地震波,在地下接收的地震勘探技术。VSP 作为一种井中地震勘探方法,其思想的起源可以追溯到 20 世纪 20 年代,当时人们已经尝试将震源或检波器放在井中进行勘探。从 20 世纪 50 年代到 70 年代,研究人员一直坚持不懈地努力,研究出了 VSP 观测的专门仪器,试验了野外工作方法,并发展相关的理论基础,使 VSP 成为一套完整的、独立的、新的地震勘探方法。随着 VSP 技术及相关专著在国内外的全面推广,VSP 技术也有了进一步的发展,尤其是资料处理和解释技术方面取得了明显进步,自 20 世纪 80 年代起,国内各探区的 VSP 测井数量迅速上升。

与地面地震相比,VSP 资料具有信噪比高、分辨率高、波的运动学和动力学特征明显等优点。由于 VSP 观测系统中接收到的地震记录只穿过一次低降速带和一次地层吸收衰减,地震波能量特别是高频成分相对于地面地震损失减少,具有更高的分辨率;VSP 记录中既包含上行波,又包含下行波,波场信息丰富;VSP 技术提供了地下地层结构与地面地震勘探之间最直接的对应关系,可以为地面地震资料的处理和解释提供精确的时深转换及速度模型,能够可靠地识别地震反射层的地质层位,改善地面地震资料的解释效果,甚至可以利用 VSP 资料直接研究岩性和储层物性。

近年来,由于地震资料采集仪器、计算机技术的发展,以及 VSP 采集方法的逐步完善和处理手段的不断改进,从零井源距 VSP(Zero-Offset VSP)和非零井源距 VSP (Offset VSP)发展到变偏移距 VSP(Walkaway VSP),见图 2-4-1、变方位 VSP (Walkaround)、逆 VSP(Reverse VSP, RVSP)、随钻 VSP(SWD)、三维 VSP(3D VSP)、井地联合勘探等多种方式。

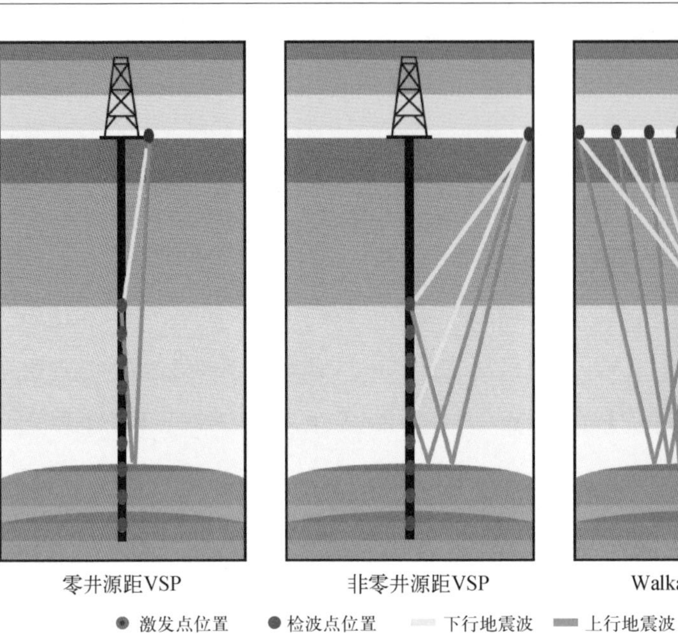

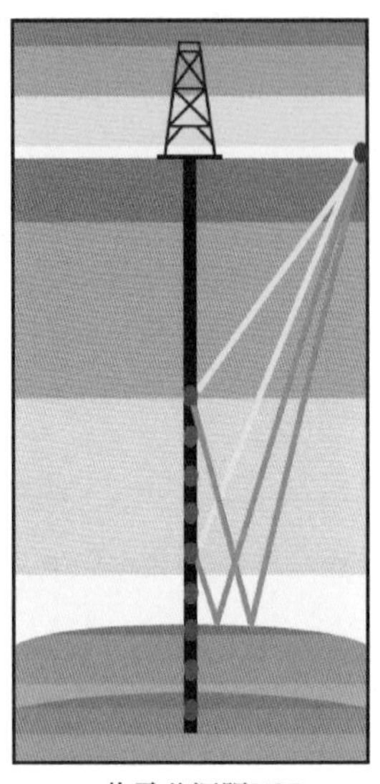

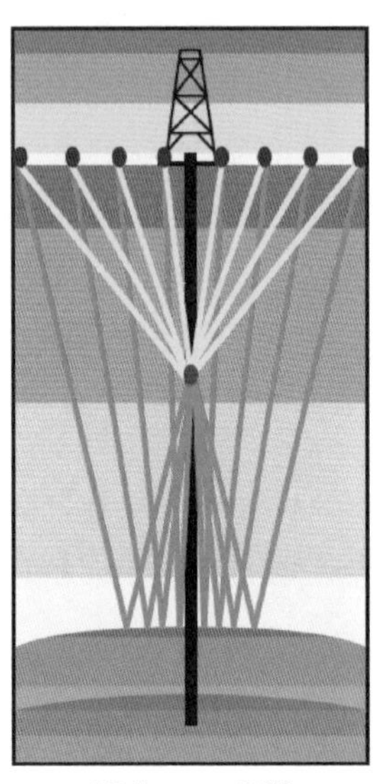

图2-4-1 不同VSP观测方式示意图

(1) 零井源距VSP。激发点一般在探井井口200 m以内。在零井源距VSP采集系统中,能够求取精确的地层平均速度、层速度等速度资料;以VSP资料为标尺,综合测井、钻井、录井和地面地震资料,在过井地震剖面上,准确标定各地震反射层的地质层位;钻井地层预测;识别多次波;提取 Q 值(地层品质因子)研究地层吸收衰减规律,见图2-4-2。

Q 因子求取: 利用VSP资料吸收衰减规律,采用谱比法求取吸收衰减 Q 因子。

假定地震信号的振幅谱是随时间按指数衰减,用式(2-15)表示并求取品质因子 Q:

$$a_2(f) = a_1(f) \cdot \mathrm{e}^{-\frac{\pi \cdot f \cdot \tau}{Q}} \tag{2-15}$$

式中,$a_1(f)$ 为参考时窗内的振幅谱;$a_2(f)$ 为滑动时窗内的振幅谱。

由式(2-15)得

$$Q = -\frac{\pi\tau}{\ln\dfrac{a_2(f)}{a_1(f)}} \cdot f \tag{2-16}$$

图2-4-2 下行子波记录(左上)、下行子波频谱(左下)和求取地层Q值(右)

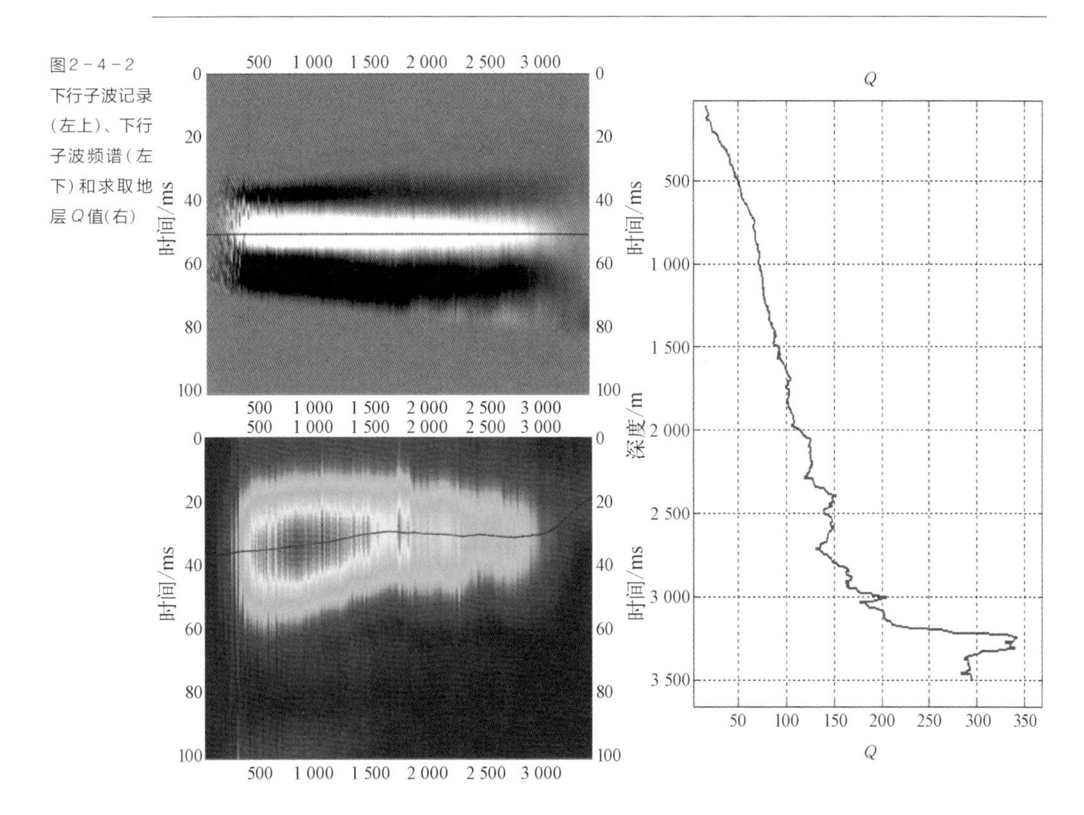

(2) 非零井源距 VSP。一般激发点与探井井口之间有一定距离,通常在 900 ~ 3 100 m 。非零井源距 VSP 技术的主要任务是探明井周区域的地质构造。由于非零井源距 VSP 同时能观测到 P 波和 P-SV 波,得到两种波的井旁反射剖面,主要用于描述储层和井旁精细构造等。

(3) 变偏移距 VSP。变偏移距 VSP 技术的激发点沿过井测线逐渐移动。变偏移距 VSP 记录可以抽成共炮点地震剖面和共检波点地震剖面。利用 Walkaway-VSP 可以提取地层各向异性参数,为地面地震资料处理提供准确各向异性参数,其采集示意图见图 2-4-3。

(4) 变方位 VSP。变方位 VSP 技术是在井旁不同方位激发地震波,以此来探明不同方位地质情况变化特性的一种方法。

(5) 三维 VSP。三维 VSP 技术是激发点按所设计的观测系统,围绕井孔逐点激

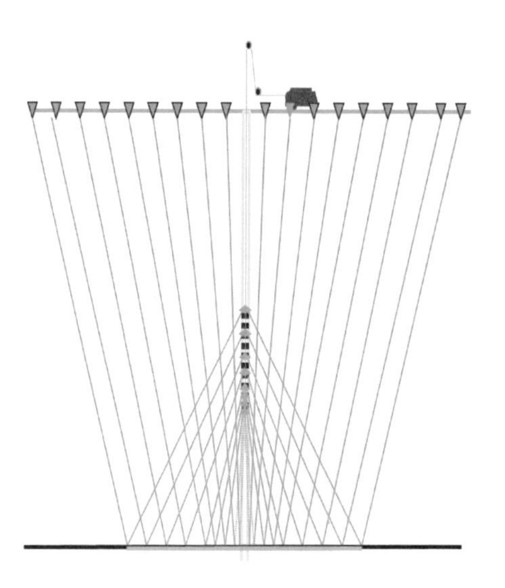

图2-4-3 变偏移距(Walkaway)VSP 采集示意图

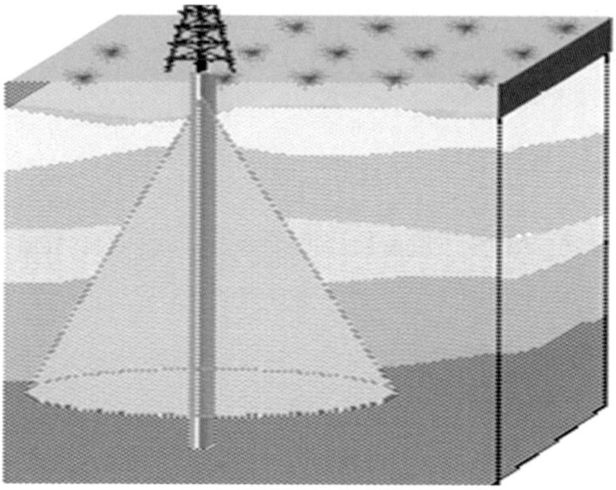

图2-4-4 三维 VSP 采集示意图

发的一种方法,其采集示意图见图 2-4-4。

(6) 逆 VSP。RVSP 技术是采用井中激发,地面全方位接收的一种观测系统,其采集示意图见图 2-4-5。RVSP 技术在保持了资料高分辨率的基础上又扩大了井周区域的成像范围,具有较高的应用价值。

图2－4－5 逆VSP采集示意图

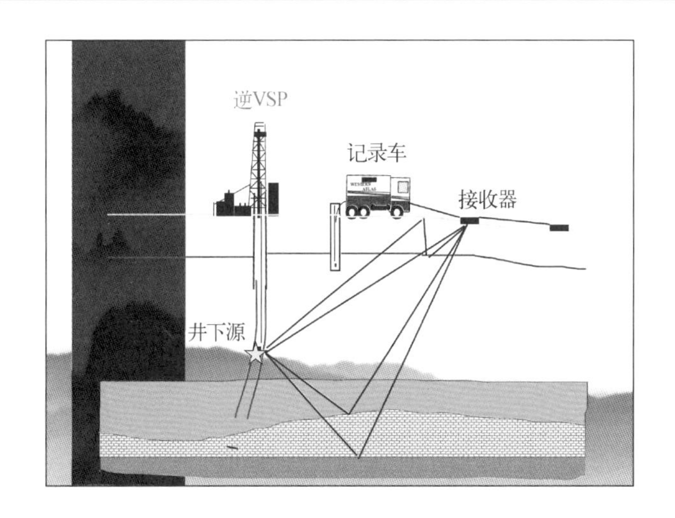

（7）VSP井地联合地震勘探。井地联合勘探是地面地震勘探和井中VSP技术结合起来形成的一项新型地震勘探方法，实现地面与井中地震数据采集的结合，达到同步采集、同步处理的目的。可提供高精度的地震勘探资料，实现地面与井中资料的联合对比与解释，提高目的层反射的信噪比与分辨率。有利于识别特殊地质体，精细地开展储层预测，研究砂体及岩性圈闭；精细研究井旁周围地层的构造、储层及油层的变化特征。

为适应各种地质目的，井中地震技术在观测方法上已从最开始的直井的零井源距VSP、非零井源距VSP技术，扩展到斜井VSP、水平井VSP技术，再从只能接收到井附近信息的零井源距、非零井源距VSP技术，扩展成沿测线采集的Walkaway VSP和三维VSP，以及将振源置于井下的逆VSP（Reverse VSP）技术和多井观测的井间VSP技术。

在油气勘探方面，VSP技术可用于勘探的全过程，包括油田开发、储集层描述和油藏工程。为了降低油气勘探开采成本，特别是在油田开发后期，VSP技术在提高地震资料处理解释精度、研究小结构、小薄层及小断层等方面正发挥越来越明显的作用，这项技术的应用将提高地震在空间方面的分辨能力，加强油气藏的空间描述能力，优化油气田开发和油气藏管理。

2.4.1 层位标定

层位标定是建立地震-地质对应关系的基础,更是确保构造解释可靠与否的关键。VSP 技术提供了地下地层结构与地面测量参数之间最直接的对应关系,为地面地震资料处理解释提供精确的时深转换及速度模型,为零相位子波分析提供支持。

VSP 层位标定方法有两种,一是利用 VSP 测井桥式标定(图 2-4-6)、零偏走廊镶嵌剖面以及非零偏成像剖面镶嵌图进行目的层同相轴反射特征的对比与确认;二是利用 VSP 的精确时深关系进行标定。通过 VSP 层位标定,可以把测井、钻井、录井和地震资料结合在一起,达到准确认识目的层反射特征的目的。

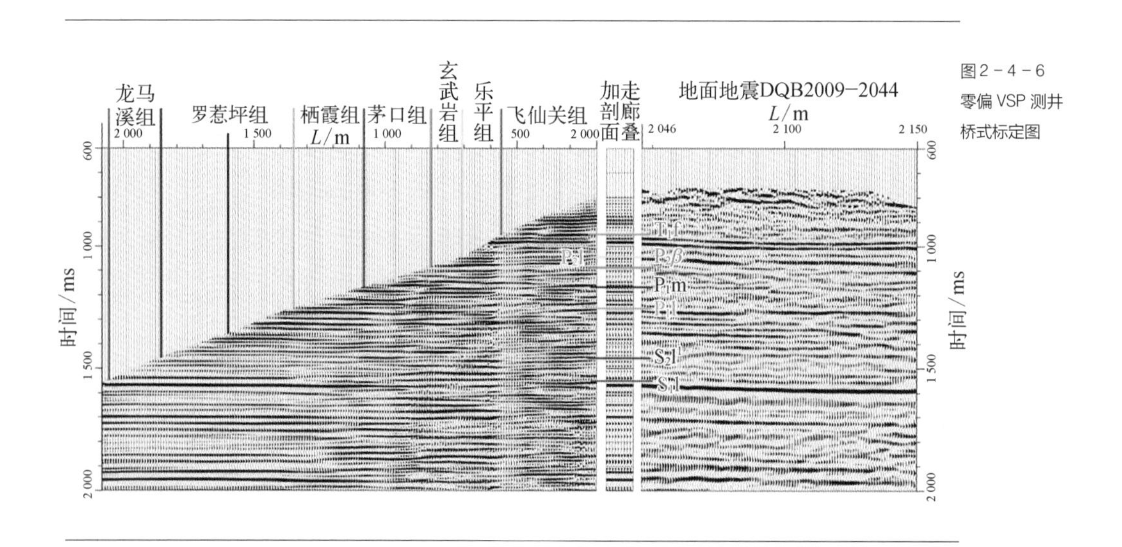

图 2-4-6 零偏 VSP 测井桥式标定图

2.4.2 钻前地层埋深及倾角预测

1. 钻前地层埋深预测

钻前深度预测：多波交会法可以充分发挥 VSP 波场信息丰富的特点,能够大幅度

图2-4-7 钻前地层埋深预测

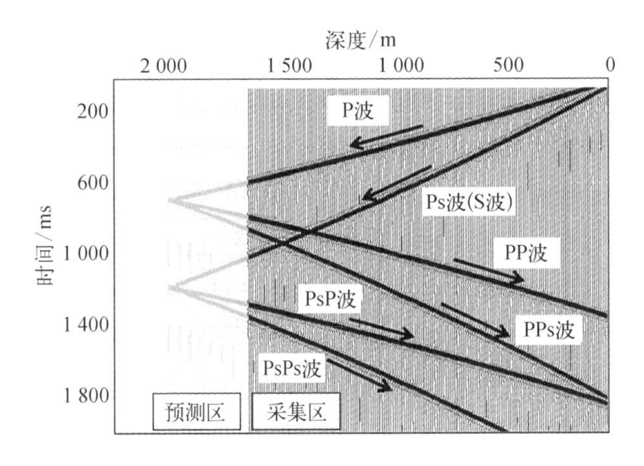

提高钻前深度预测精度，为钻井工程提供可靠的钻前地层深度数据支持。

2. 钻前地层倾角预测

估算地层倾角就是利用VSP原始资料的有关信息，运用几何地震学原理求取地层的视倾角。这种方法不仅能预测已钻遇的地层的倾角值，而且还能预测井底以下未钻遇地层的倾角值，提供地层倾角测井无法得到的信息。

2.4.3 地层品质因子估算

地层的品质因子对衡量地震波传播过程中的能量衰减具有重要意义。衰减是指地震波在地下介质中传播引起总能量的损失，是介质内在的属性。引起地震波衰减的因素有内部因素和外部因素：内部因素是介质中固体与固体、固体与流体、流体与流体界面之间的能量耗损；外部因素主要来自大尺度的不均匀性介质引起的散射。

目前VSP常用的5种提取品质因子的方法，即频谱比法、中心频率偏移法、上升时间法、振幅衰减法和解析信号法。在实际应用中，可以采用多种方法联合使用。

Domenic 在做“声波在水中空气泡中的散射”实验时发现油气饱和度的变大增加了频率衰减。Dilay 等发表的有关储层内部以及储层上、下方地震资料的功率谱，分析了含油气层对地震信号功率谱的影响。研究结果表明，在含油气层的内部及其下部，地震波的能量将发生明显的高频衰减。基于这样一个事实，有关学者提出一种计算地震信号能量衰减梯度的分析方法。

地震波吸收衰减梯度技术的核心是求取信号谱的指数衰减系数(图 2－4－8)，求取信号谱的低频段指数衰减系数。假定研究区的地层岩性相对稳定，不会发生剧烈变化，也就是说，地层的品质因子 Q 衰减在层与层之间缓慢变化，即波的衰减很慢，将这种因地层因素造成的缓慢衰减称为背景能量衰减。为了突出拾取因地层中含油气因素引起的衰减，必须设法消除上述背景能量衰减值。

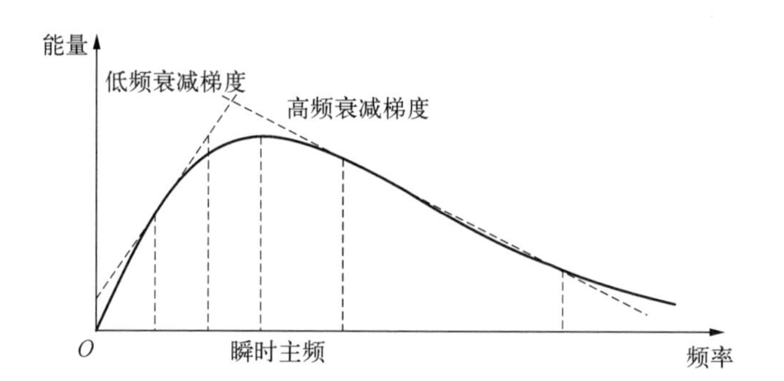

图2－4－8　计算吸收衰减梯度示意图

2.4.4　地层各向异性参数求取

利用非零井源距 VSP 及 Walkaway VSP 数据偏离对称轴不同入射角的旅行时和极化量来估计目的层的各向异性参数(Thomsen 参数)。提供各种地震属性用于表征低孔低渗储层的裂缝或应力场。图 2－4－9 为数据中的各向异性显示。

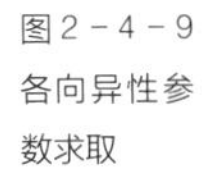

图2-4-9 各向异性参数求取

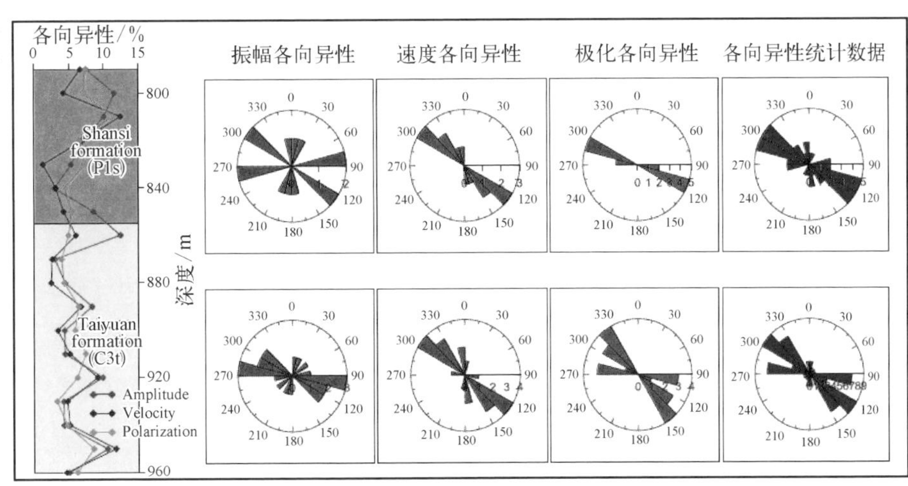

2.5 页岩气地震资料解释技术

页岩气地震勘探包括野外数据采集、室内数据处理、地震资料综合解释三个环节，地震资料解释是综合地震、测井、钻井、非地震、微地震监测等数据成果进行分析研究的关键一环。和其他类型油气藏勘探开发一样，页岩气藏的勘探开发也离不开地震解释技术，尤其是三维地震解释技术有助于准确认识复杂构造、储层非均质性和裂缝发育带等关键地质成果，预测页岩气甜点，为有效指导井位部署、井轨迹设计、压裂方案设计及优化提供地质成果，提高页岩气井开发产量，实现页岩气效益开发的目的。

页岩气地震资料综合解释重点围绕以下几方面开展：

① 地层特征包括目标泥页岩层发育特征，埋深，横向变化，以及可能存在的水层、岩溶和隔挡层；

② 构造特征包括目标泥页岩层区块地层构造位置、构造演化特征、构造发育特征；

③ 区域沉积特征包括目标泥页岩层区域地层沉积环境及沉积相划分;

④ 页岩气层段分布特征包括页岩气层段纵、横向分布变化及埋藏深度;

⑤ 页岩气层段储层特征包括页岩气层段孔隙、裂缝发育及展布特征;

⑥ 岩石力学特征包括目标页岩气层段弹性参数(泊松比、杨氏模量等)及地层压力和应力等特征。

页岩气储层具有裂缝性、有效孔隙度低等地质特点及岩石脆性强、应力延展性差等地球物理特征,这些特点增加了页岩气储层地震勘探难度。近年来,页岩气藏地震研究热点及难点包括页岩气藏地震岩石物理理论及地震响应机理,页岩气地层脆性及可压裂性预测,裂缝几何参数反演及甜点识别等多个方面。

其发展方向为: ① 页岩气地震勘探技术,即二维地震勘探主要是为页岩气勘探选区工作提供方向,三维地震勘探才是页岩气勘探的有效途径,它能为页岩气水平井部署和提高单井产量提供良好的技术支撑;② 页岩气井中地震技术,即借鉴国外成功经验,该项技术能有效监测压裂效果,为压裂工艺提供部署,优化技术支撑,这是页岩气勘探开发的必要手段。

2.5.1 优质页岩埋深和厚度预测技术

页岩储层埋深是评价页岩气藏能否工业开采的一个重要的参数。页岩埋藏深度,尤其是含气优质页岩的埋藏深度,一方面可以反映其保存条件,另一方面可以直接影响到开采的经济效益。

目前,美国投入商业开采的页岩气井一般小于 3 500 m,如果过深,则开采成本过高,经济效益不明显,美国产量最高的福特沃斯盆地 Barnett 页岩埋藏深度约为 1 900 ~ 2 600 m。美国目前商业开发的含气页岩深度超过了 3 000 m。加拿大页岩气的开采区深度一般在 1 220 ~ 5 000 m。Burnama 等(2009 年)提出页岩气钻采深度宜小于 3 352. 8 m,目前美国页岩气井中,Haynesville 页岩钻井最深,达到了 3 505. 2 m。考虑到我国页岩复杂地表和地质条件,配套技术和装备处于快速发展阶段,综合开发技术难度及工区实际情况,一般把 3 000 m 内浅埋深的页岩作为重点开发区域。

无论从生烃角度还是气体赋存角度，泥页岩的厚度都是一个重要的影响因素，直接关系到页岩气资源量的大小。泥页岩生烃，并要成为页岩气藏，其厚度必须超过烃类排烃压力所对应的厚度，这样才能有足够的滞留烃赋存于储集层内部，而不同地区的地质背景不一样，其排烃厚度也有所不同。美国学者研究认为，在靠近储层 14 m 左右的烃源岩层才能有效地排烃，考虑上下层，总厚度 28 m 左右的烃源层能有效地排烃。根据国内学者研究，随着泥页岩厚度的增加，排烃效率急剧减小。因此只有页岩储层厚度超过有效排烃厚度的情况下才能有效成藏。根据美国页岩气开采的经验，其有效页岩单层厚度均超过 30 m，同时，较厚页岩层也便于后期压裂开采，如果页岩层太薄，也不利于压裂。因此，国内外基本上均把优质页岩储层厚度确定在 30 m 以上。

经统计，美国已经进行商业开始的页岩气厚度一般在 30 m 以上，而加拿大页岩开采区页岩厚度约 100 m。Burnama 等(2009)提出，有机质含量高的页岩厚度至少是 45.72 m。总的来说，有机质含量高的泥页岩厚度越大越好，这便能充分保证一定规模的资源量及开发过程中的压裂改造需要。但同时也应该辩证考虑，页岩的有效厚度并不是一个定值，随着各地区具体地质情况而改变，也会随着页岩气勘探开发技术的进步而变化。总之，只要是在当时勘探开发技术条件下具有工业价值的页岩厚度都是有效厚度。

综上，考虑到我国的开发技术及实际开采难度等方面的因素，首先要选出最有利页岩层段，选择单层优质页岩厚度大于 30 m 作为有效页岩下限。

(1) 确定页岩气埋深图编制方法有两种：① 通过高程图 + 构造图即可完成埋深图的编制，但是此种方法较为烦琐；② 利用地震测量高程，通过下式计算，再网格成图。这种方法简便可行，计算公式为：埋深 = 时深转换深度 - (基准面 - 地震测量高程)。时间转换深度由声波测井可知，基准面、地震测量高程均为可测量。

(2) 确定优质页岩厚度是资源评价最重要的因素，可通过反演以及多种地震信息融合，预测优质页岩厚度分布情况。优质页岩与普通泥页岩的差别主要表现在自然伽马曲线上，虽然优质页岩速度并不一定比普通页岩层低，但是它的自然伽马数值要比普通泥页岩高。利用此特征，通过拟声波曲线重构，重构的曲线具有低频声波及高频自然伽马信息，它能够对优质页岩层进行很好的预测。图 2 - 5 - 1 为页岩的自然伽马反演剖面，利用页岩的高自然伽马值确定其顶底界面，再预测其厚度。图 2 - 5 - 2 为由地球物理方法预测的页岩厚度分布。

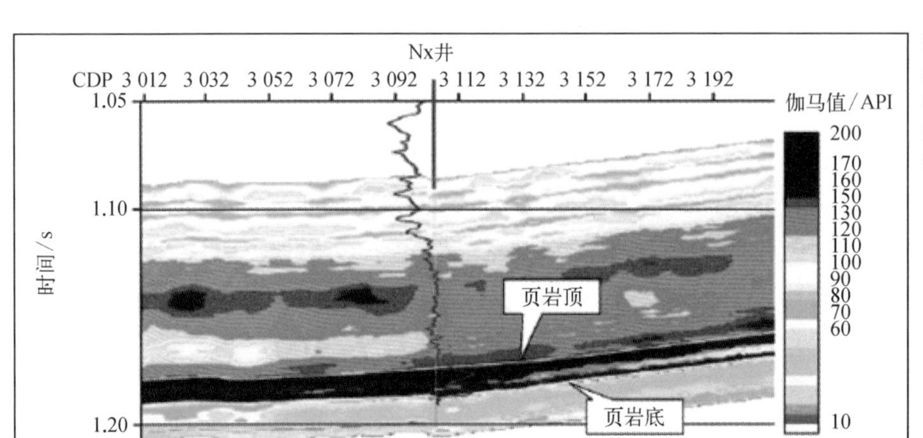

图2-5-1 页岩自然伽马反演剖面(据李志荣等，2011)

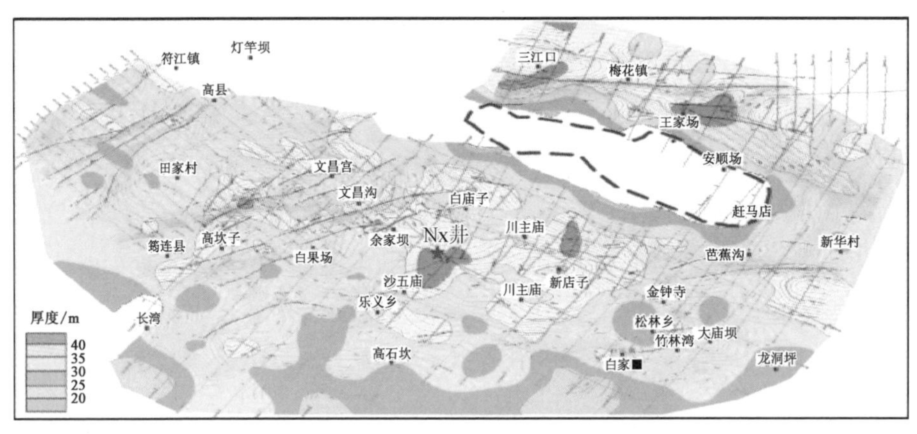

图2-5-2 有利页岩气厚度预测(据李志荣等，2011)

2.5.2 叠后裂缝预测技术

“叠后裂缝预测技术”也可以称作“大尺度断层预测”。地下有各种各样的裂缝系统,成因复杂,其中,由地壳运动引起的裂缝是地下裂缝系统的最主要部分。构造运动时,主应力与剪应力同时作用于地层,常形成交错网状的断裂系统,在地层中成片成带分布。其中,大尺度断层由于地震响应较明显,可以用叠后技术加以预测。常用的叠后断层预测技术有相干法、曲率法、边缘检测法、波形聚类分析法、三维可视化及图像处理法、应力分析法、波阻抗、分频属性、属性融合、属性体及属性差异体等。

目前，页岩储层裂缝识别方法主要分为基于叠前地震数据的和基于叠后地震数据的两种分析方法，基于叠后地震数据的裂缝识别方法主要以相干、曲率、方差、边缘检测等属性来研究裂缝的发育情况；基于叠前地震数据的裂缝识别方法主要建立在AVAZ① 相关理论基础上，通过分方位的速度、振幅以及频率信息预测裂缝发育的强度和方向，实现寻找有利裂缝带，为页岩气勘探开发提供重要依据。

2.5.2.1 页岩储层裂缝的地质特征

由于构造力及其他力的作用，泥页岩中极易生成裂缝，裂缝的生成原因可分为以下两点：第一种是构造及区域地质力形成的裂缝，地壳运动使泥页岩地层发生褶曲，从而形成很长的裂缝带，可以观察到延伸几十千米长的断层裂缝带，构造地质力除了会造成大的裂缝之外，还会造成大量的细小裂缝；第二种是受物理和化学作用形成的，在一定的温度和压力下，泥页岩自身脱水、收缩、干裂形成裂缝，这种裂缝多是细小的微裂纹。从成因上区分，泥岩裂缝主要存在四种类型的裂缝，即构造缝、层间页理缝、成岩收缩缝和异常压力缝。

泥页岩所受到的力可分为三种：上覆岩石压力、侧向最大应力和侧向最小应力。垂直于岩层的上覆岩石压力是最大主应力，平行于岩层的侧向最小应力是最小主应力。这与电测解释的结果是一致的，在取出的岩心中也观察到垂直于地层的裂缝分布，很少有和岩层平行的裂缝，平行于岩层的裂缝，在上覆岩层压力作用下极易闭合。

从泥页岩中裂缝的几何形态来看，基本有四种类型，即垂直裂缝（构成 HTI 介质）、水平裂缝（构成 VTI 介质）、倾斜裂缝（构成 TTI 介质）和网状裂缝。根据岩芯观察和测井解释发现大多数裂缝是垂直或近似垂直的裂缝。

裂缝有一定的宽度，细小的裂缝宽度是微米级的，裂缝的长度通常在几十微米到几百微米，大的裂缝宽度是毫米级的。裂缝的长度在几米到十几千米之间，大的裂缝可延

---

① AVAZ：Amplitude Vaniation with Incident Angle and Azimuth。AVAZ 主要是利用 P 波振幅随方位角的变化。

长几十千米，小的裂缝相互交叉构成网状结构，网状结构也可延伸几千米到几十千米。

裂缝的间距通常是比较小的，大体是在几十厘米到几百厘米之间。裂缝的宽度小，间距就小；裂缝宽，间距就大。裂缝的分布密度在不同的部位是不同的，在受挤压的核心部位高达几十条每米，而在翼部可能每千米只有几十条。

裂缝不仅是储集空间，也是流体的渗流通道。泥页岩裂缝储集层，是指天然存在的、对储集层内流体的流动具有重要影响的储集层。裂缝储集层能为油、气从基质孔隙流到井眼提供通道。裂缝储集层有孔隙度和渗透率，具有含油、气饱和度。只有互相连通的裂缝才是有用的。泥页岩裂缝可以增加储集层的渗透性和孔隙度，也可以是增加储集层渗透率的非均质性。裂缝的分布密度、宽度，决定了储集层的生产能力。

裂缝研究的基础是介质的各向异性理论。裂缝是跟油气藏关系比较密切的各向异性。描述定向裂缝的特征有四要素：① 走向，即裂缝发育的方向；② 密度，即裂缝发育的程度，通常定义为单位体积内的裂缝的条数；③ 倾角，即裂缝面的倾角；④ 倾向，即裂缝面的倾向。

2.5.2.2 相干属性裂缝预测技术

相干技术是利用相邻地震信号的相似性来描述地层和岩性的横向不均匀性的。目前相干体算法已从第一代基于互相关的算法（简称 C1 算法）、第二代利用多道相似性的算法（简称 C2 算法），发展到第三代基于特征结构的相干算法（简称 C3 算法）。Bahorich 和 Farmer 提出的 C1 算法适用于高质量的地震资料，而不适用于存在相干噪声的地震资料；1998 年，Marfurt 等提出的沿倾角计算的多道 C2 算法具有较强的抗噪能力，但分辨率低；1999 年，Marfurt 提出的 C3 算法具有最佳的横向分辨率，但对大倾角不敏感，不如同等情况下 C2 算法的分辨率高，为此，Marfurt 等对 C3 算法进行了修正，提出了 C3.5 算法，虽然 C3.5 算法改进了 C3 算法对倾角的敏感程度，但计算成本要高 N[倾角对(p, q)的个数]倍，且分辨率仅能达到与 C2 算法相同的水平。为了解决 C3.5 算法存在的问题，Marfurt 等又发展了沿更平滑的区域倾角来计算相干的 C3.6 算法；Randen、Bakker 从地震数据的结构特征出发，提出了基于 GST（Gradient Structural Tensor）的相干体方法，该方法用梯度矢量来描述地质体的倾角和方位，用梯度张量矩阵的特征值来描述地震数据的结构特征，在断裂、河道、乱岗状结构、平行与亚平行结构、倾斜层理、波状层理等地震相的描述中有明确的物理意义和良好的应用效果;2002 年,Cohen 和 Coifman 提出局部结构熵相干算法,该方法把地震数据估计的局部结构熵作为相干测定,先构造一个分析数据体,并将它分为 4 个子数据体,再利用 4 个子数据体的互相关形成 4 ×4 的相关矩阵,将该矩阵的归一化道作为局部熵估计;2004 年,Dossary 等提出了一种新的算法,该算法是将叠前地震数据按照方位角和炮检距进行分类,然后计算具有相同炮检距、不同方位角的地震数据之间的相干性。这种方法能较好地避免前面的不足,使得边界更加明显,从而使得更微小的地质构造细节得以显现。

相干体裂缝预测技术是在偏移后的三维地震数据中,在某一固定时窗内,计算某道中每一点的数据与相邻测线邻近点的相干性,从而获取反映波形相似性的三维相似系数或相关值。相干数据体是反映原始数据中不同线道上样点的信息,相当于在异常体中抽取某种共性,然后空间加权体现到新的数据体上。与常规振幅数据体相比,它的信噪比和分辨率更好。因此,可以为三维地震解释提供有力的工具。地震相干分析是利用局部(相邻地震道)的地震波形相似性来描述地层的横向变化。利用三维相干体属性的水平层位切片,可以在地震解释过程中提高解释人员的速度与精度,同时也对加快了解整个研究工区断层构造的空间位置特征有所贡献。

1. 基于互相关的相干体技术

第一代相干算法 C1,是基于互相关的相干体技术。该算法是针对数据体中的某一点 A 所在的地震道,结合其纵、横测线方向上相邻的地震数据 B、C,来分析它们的相关性,如图 2 - 5 - 3 所示。

图2-5-3 相干值计算示意图

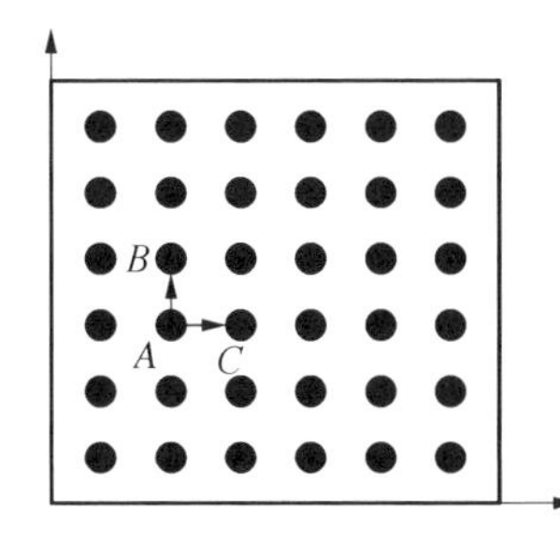

图 2-5-1 中，$A(x_i, y_i, t)$ 为所求点，$B(x_i, y_{i+1}, t)$、$C(x_{i+1}, y_i, t)$ 分别为点 A 在横、纵测线方向的相邻地震道。以 $A(x_i, y_i, t)$ 点所在的地震道为中心，定义一个时窗长度，τ_x、τ_y 分别为 B、C 两道在 t 时刻与 A 道的相干延迟。

因此，C1 相关系数定义为

$$c_{xc} \equiv \sqrt{[\max_{\tau_x} \rho_x(t, \tau_x, x_i, y_i)][\max_{\tau_y} \rho_y(t, \tau_y, x_i, y_i)]} \tag{2-17}$$

式中，$\rho_x(t, \tau_x, x_i, y_i)$ 是 A 与 B 的互相关系数；$\rho_y(t, \tau_y, x_i, y_i)$ 是 A 与 C 的互相关系数。C1 相关系数是沿 x 方向（Inline）若干目标道和 y 方向（crossline）的若干目标道归一化相关系数极大值的乘积，对于高质量的资料，此时 τ_x、τ_y 近似等于 x 和 y 轴的视时间倾角。

2. 基于多道相似的相干体技术

第二代相干算法 C2，是基于多道相似的相干体技术。算法中，定义一个如图 2-5-4(a)、(b)所示，以分析点 $A(x, y)$ 为窗口中心，a 是主轴，其方位角为 φ_a，b 是径向轴，包含 J 道的椭圆或矩形分析时窗。

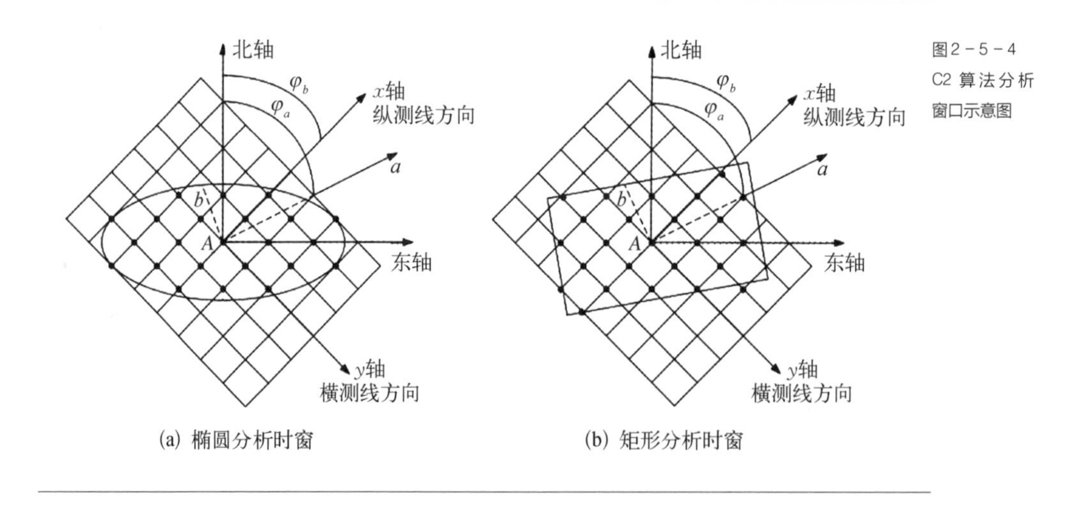

(a) 椭圆分析时窗　(b) 矩形分析时窗

图 2-5-4 C2 算法分析窗口示意图

相似系数 $\sigma(\tau, p, q)$ 可表示成分析时窗内平均道的能量与所有道的能量的平均之比，即

$$\sigma(\tau, p, q) = \frac{\left[\sum_{j=1}^{J} u(\tau - px_j - qy_j, x_j, y_j)\right]^2 + \left[\sum_{j=1}^{J} u^H(\tau - px_j - qy_j, x_j, y_j)\right]^2}{J\sum_{j=1}^{J}\{[u(\tau - px_j - qy_j, x_j, y_j)]^2 + [u^H(\tau - px_j - qy_j, x_j, y_j)]^2\}} \tag{2-18}$$

式中,下标 j 表示指定分析时窗里的第 j 道; x_j 和 y_j 代表第 j 道与指定分析时窗的中心点 A 分别在纵横测线、y 方向上的距离;相似系数 σ 在时间 t 处定义了一个局部平面同向轴, p 和 q 分别表示分析时窗内中心点 A 处的局部反射界面在 x、y 方向上的视倾角。H 是 Hilbert 变换或是在实际地震道 u 的正交分量。

当遇到噪声的影响时,通过式 2-18 得到的相似系数 σ, 对一些相干值较小的同相轴的表示相对不太准确。因此,可以在一个垂直时窗高度为 2ω(ms)或半高度为 $k=\omega\Delta\tau$ 的范围内求取样点的平均值,从而得到如下的一个平均相似系数,即

$$c(\tau, p, q) = \frac{\sum_{k=-K}^{+K}\left\{\left[\sum_{j=1}^{J} u(\tau + k\Delta t - px_j - qy_j, x_j, y_j)\right]^2 + \left[\sum_{j=1}^{J} u^H(\tau + k\Delta t - px_j - qy_j, x_j, y_j)\right]^2\right\}}{J\sum_{k=-k}^{+k}\sum_{j=1}^{J}\{[u(\tau + k\Delta t - px_j - qy_j, x_j, y_j)]^2 + [u^H(\tau + k\Delta t - px_j - qy_j, x_j, y_j)]^2\}} \tag{2-19}$$

式中, x_j 和 y_j 表示第 j 道与主道在 x 和 y 方向的距离; Δt 为采样时间间隔,由于总是以(0, 0)为时窗中心点,截距时间可用 $\tau=t$ 替换。

3. 基于特征结构的相干体技术

根据目标区的地质情况和地质特点,采用 C3 相干算法对四川某工区进行相干体计算,重点介绍基于协方差矩阵特征结构来计算波形相似性的第三代相干体技术。该方法应用了主元素分析的思想,并选取分析时窗里的多道参与计算。

在第三代相干算法 C3 中,地震波形的相似性是沿倾角面来计算的。其中,倾角面的确定通过在三维空间中定义的道数及其采样点来获得,而波形相似性则是以某时间窗内的中心采样点为对象进行相邻道计算的。与前两代相干体算法相比,第三代计算方法对道集间的相干特征描述更为准确。

生成 C3 相干算法中的协方差矩阵 $\boldsymbol{C}$ 的方式如下: 首先从设定的分析时窗提取

地震数据,并通过样点插值法生成样点矢量,从而生成矩阵 $\boldsymbol{C}$ 的行;在此基础上,对新数据的列开展自相关和互相关计算,从而生成协方差矩阵 $\boldsymbol{C}$。对新的协方差矩阵 $\boldsymbol{C}$ 特征分解,所得到的特征值与特征向量,可分别代表地震道的相干成分和不相干成分。

当分析时窗中有 J 道地震数据, u_{jn} 表示第 J 道的第 N 个采样点,坐标为 (x_j, y_j) 时,计算以时间 $t_0 = (0, 0)$ 为时窗中心,沿着视倾角 (p, q), $N = 2M + 1$ 个样点的协方差矩阵 $\boldsymbol{C}$, 即:

$$\boldsymbol{C}_3(p, q) = \sum_{m=n-M}^{n+M} \begin{bmatrix} \bar{u}_{1m}\bar{u}_{1m} & \bar{u}_{1m}\bar{u}_{2m} & \cdots & \bar{u}_{1m}\bar{u}_{Jm} \\ \bar{u}_{2m}\bar{u}_{1m} & \bar{u}_{2m}\bar{u}_{2m} & \cdots & \bar{u}_{2m}\bar{u}_{Jm} \\ \vdots & \vdots & \ddots & \vdots \\ \bar{u}_{Jm}\bar{u}_{1m} & \bar{u}_{Jm}\bar{u}_{2m} & \cdots & \bar{u}_{Jm}\bar{u}_{Jm} \end{bmatrix} \tag{2-20}$$

式中, $\bar{u}_{jm} = u_j(m\Delta t - px_j - qy_j)$, 其代表地震道沿着视倾角方向在时间 $t = m\Delta t - px_j - qy_j$ 的内插值。

定义矩阵的迹为

$$\mathrm{tr}(\boldsymbol{C}) = \sum_{j=1}^{J}\sum_{n=1}^{N} d_{nj}^2 = \sum_{j=1}^{J} c_{jj} = \sum_{j=1}^{J} \lambda_j \tag{2-21}$$

该式表示矩阵中所有特征值的和,其反映初始观测点的总信息,可以代表分析时窗内地震数据的能量总和。由上,使用矩阵的迹来定量描述数据体的变化程度。

因此,在视倾角 (p, q) 方向,C3 相干值可以定义为协方差矩阵 $\boldsymbol{C}$ 的主特征值与矩阵的迹的比值:

$$\boldsymbol{C}_3(p, q) = \frac{\lambda_1}{\sum_{j=1}^{J} \lambda_j} = \frac{\lambda_1}{\mathrm{tr}(\boldsymbol{C})} \tag{2-22}$$

式中, $\lambda_j = (j = 1, 2, \cdots, J)$ 为协方差矩阵 $\boldsymbol{C}$ 的特征值。由于降序排列, λ_1 是最大特征值。令视倾角 p 、方位角 q 均为零,即可知该算法的相干值。

4. 三代相干算法的优缺点比较

算法	算法优点	算法缺点
C1	计算量小；分辨率高；易于实现	对地震资料噪声质量要求较高；前提假设地震道振幅均值为零
C2	算法稳定、抗噪性强(对资料质量限制不严)；可较准确地计算有噪声数据的相干性、方位角和倾角(得到相干数据体时也得到倾角数体)；对垂直分辨率好；较快的计算速度	对波形敏感；横向分辨率不好
C3	多道参与计算；采用了主元素分析方法(线性滤波)，对噪声能有较好的分辨率(优于前两种方法)；横向分辨率好	对大倾角不敏感；计算耗时

叠后地震属性主要反映了几何特征、统计特征，提取地震道间的不连续性质或弯曲程度，表征裂缝发育的强弱。其预测技术主要包括相干分析技术、曲率分析技术、方差分析技术以及边缘检测技术等。

相干分析技术进行高精度相干计算时，应注意以下两个参数的选取：

(1) 空间孔径 J，即参与相干计算的道数，是计算相干属性的一个主要控制参数。一般参与相干计算的道数越多，平均效应越大，横向分辨率越低，这时主要突出大的横向变化；相反，参与相干计算的道数越少，平均效应越小，就会提高分辨率，突出细节的横向变化。

(2) 时间孔径 t，它是计算相干属性的另一个非常重要的控制参数。时间孔径的选择一般由地震剖面上反射波视周期 T 决定，需要反映断层时，通常取 $T/2$ 到 $3T/2$。在计算时窗大于 $3T/2$ 时，因为时窗大，多个反射同相轴同时出现，此时计算出的相干数据值小的区带可能反映同相轴的连续性，不是断层的反映。在计算时窗小于 $T/2$ 时，因为时间孔径小、视野窄，因此，在波形突变的地方，波峰顶或波谷底的位置都会被认为是波形的不连续，从而计算出低的相干数据值，图 2-5-5 为基于本征结构的相干(C3)算法的效果。

5. 断层自动提取技术(AFE)

断层自动提取技术由 Dorn 和 James 在 2005 年提出，融合了地质先验知识的信号处理技术实现断层自动提取。检测结果基于方向性加权相干，是在三代本征值(C3)相干后，锐化的基础之上进行进一步的方向性滤波得到的。通过对地震资料的初步处理，确定应力和断层及构造性裂缝发育带的方向，通过一定的算法检测裂缝相干值的梯度变化方向，进行定向滤波。定向滤波如图 2-5-6 所示。

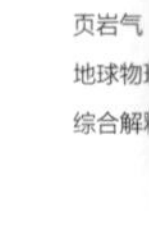

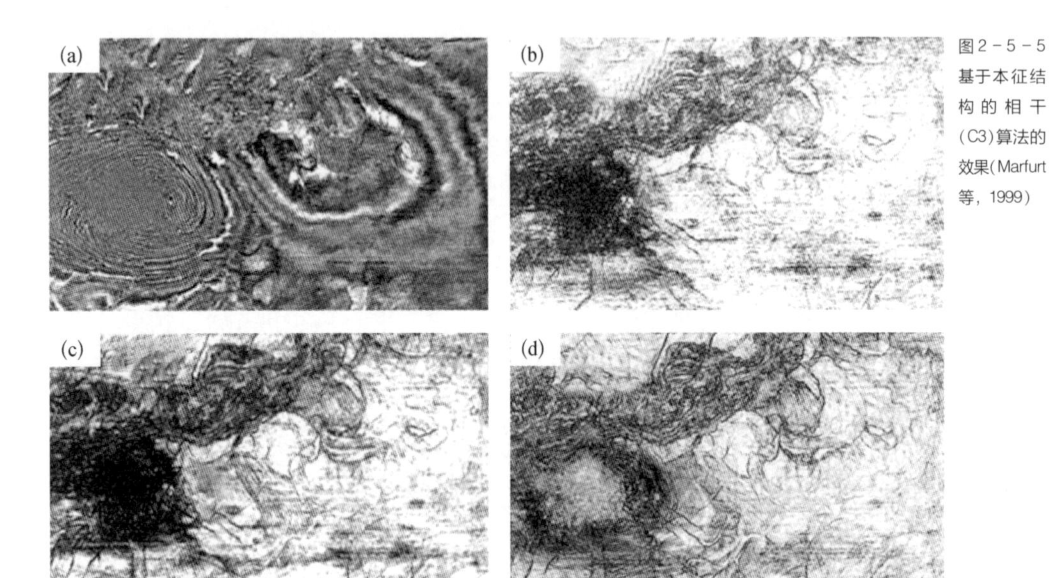

(a) 原始时间切片;(b) C1 相干;(c) C2 相干;(d) C3 相干

图2-5-5 基于本征结构的相干(C3)算法的效果(Marfurt等, 1999)

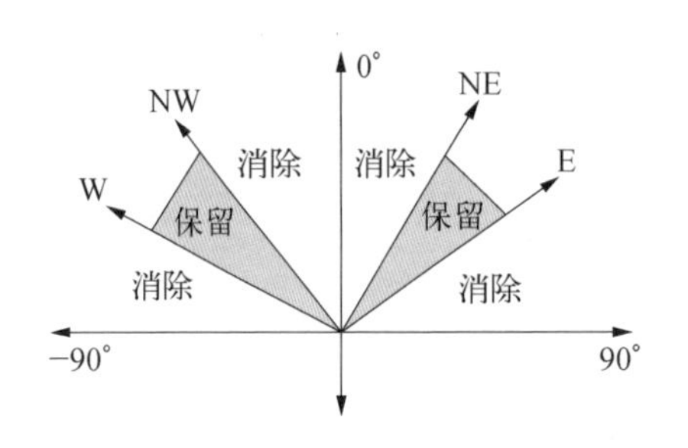

图2-5-6 AFE滤波示意图

具体实现过程为

① 首先使用基于本征结构分析的相干算法计算相干数据体;

② 对相干体使用经典条带去除算子,在每一个水平切片上估算和去除残余的采集脚印;

③ 在每一个时间或者深度切片上通过增强线性特征来达到断层增强的目的;

④ 进行断层增强处理,剔除一些非断层的响应,例如河道的边界、尖灭点和不整合等;

⑤ 分别沿垂直方向和水平方向提取断层线矢量,最后进行断层线的优选和组合,在地震相干基础上,对相干体进行线性加强,得到研究区 AFE 属性体。

2.5.2.3 曲率属性分析方法

近年来,以二阶导数为基础的曲率属性作为一种比较新的地震属性。在国内外地球物理界都受到了关注,在构造解释上得到迅速发展和广泛应用。1994 年,Lisle 论述了高斯曲率与在一个露头上测量的张开裂缝之间的关系;2001 年,Roberts 详述了曲率属性的基本理论,提出了第一代曲率分析方法——层面曲率属性(surface curvature attribute)的计算和工作流程,表明曲率属性对断层和裂缝走向等构造几何特征的提取十分有效,为曲率属性在地震资料构造解释中的推广和应用奠定了基础。2002 年,Hart 等指出在新墨西哥州西北部地层的走向曲率与张开裂缝有密切的关系;2003 年,Sigismondi 和 Soldo 在不同尺度上计算出最大曲率,并提取出了比原来时间-构造剖面图上小得多的地下特征;Massaferro 等阐述了地震反射曲率在裂缝预测中的应用;Bergbauer 等在 $k_x - k_y$ 空间通过对拾取地层进行滤波计算出不同波长上的曲率;2006 年,Al-Dossary 和 Marfurt 利用地震数据体所包含的空间方位信息,得到了第二代曲率分析方法——体曲率属性(Volumetric curvature attribute),并在此基础之上采用分波数傅里叶变换实现了体曲率属性的多尺度分析(Fractional curvature attribute)。2008 年,Chopra 和 Marfurt 把多谱曲率应用到三维地震解释中。2011 年,Chopra 和 Marfurt 则将曲率属性与相干属性融合显示用以进行构造上的识别和解释,并将地震几何属性应用于地震资料预处理中,用以监控地震数据处理的质量。

曲率属性用于描述地质体的几何变化,与地震反射体的弯曲程度相对应,对岩层的弯曲、褶皱和裂缝、断层等反应敏感,是寻找地层构造特征的有效手段。从地球物理学的角度来看,地震属性是描述刻画岩性、物性及地层结构等信息的地震特征量,是地震数据中反映不同地质信息的子集。因此,在储层预测和油藏识别中,曲率属性对应于地震反射体的弯曲程度,对地层褶皱、弯曲、断层、裂缝等反应敏感,对寻找地质体构造特征效果显著。其地质含义如图 2-5-7 所示,当地层为水平层或斜平层时定义曲率为零,当地层为背斜时定义曲率为正,向斜时为负。层面弯曲变形越厉害,曲率的绝对值就越大。一般曲率的绝对值越大,地层所受到的应力越大,裂缝也就越发

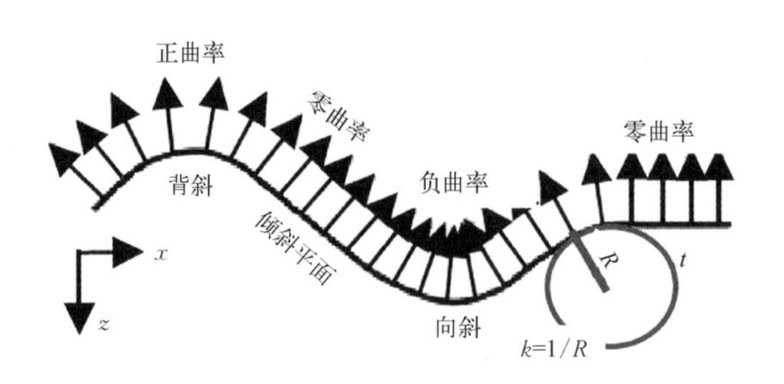

图2-5-7　曲率的地质含义

育。因此,曲率属性与裂缝之间的关系表征了地层所受应力的程度,进而可以用层位曲率的大小预测裂缝的发育情况。上述过程奠定了利用曲率属性进行裂缝预测的基础。图 2-5-8 为二维层面曲率及三维空间中的曲率示意图显示。

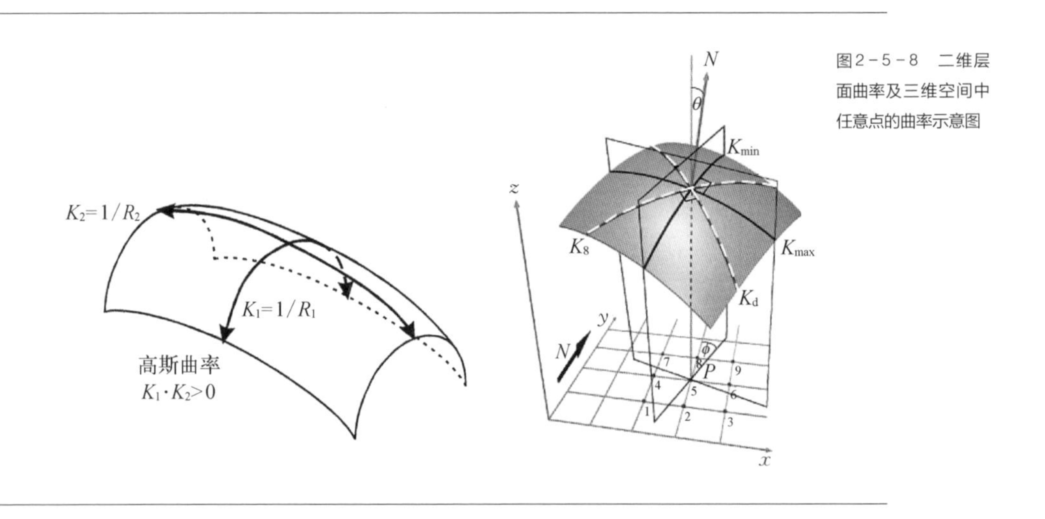

图2-5-8　二维层面曲率及三维空间中任意点的曲率示意图

为计算某一点的曲率,采用最小二乘法一次逼近二次曲面方程:

$$z(x, y) = ax^2 + by^2 + cxy + dx + ey + f \tag{2-23}$$

假设采用了图 2-5-9 所示的 3×3 网格,$z_1 \sim z_9$ 是曲率计算孔径中所示层面各网格结点的值,Δx 是网格结点间的距离。对于二维构造图中任一个点的所在的曲面,用其周围 8 个网格点的值对局部二次曲面进行最小二乘法拟合。采用该 3×3 网格单

图2-5-9　曲率计算的孔径

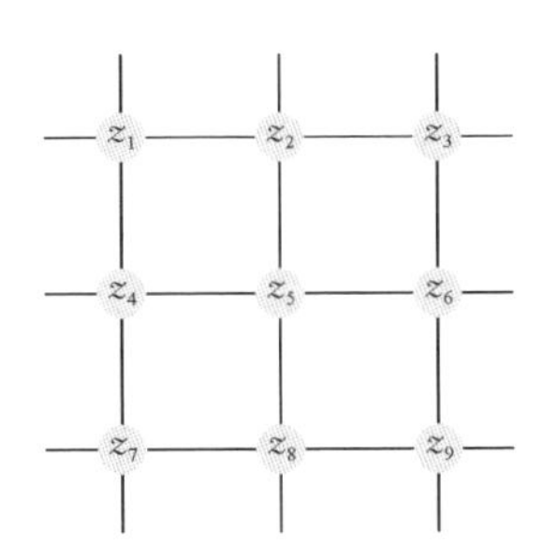

元作逼近后,那么式(2－23)中系数的计算就可以简化为一系列简单的算术表达式。(也可以用更大的计算孔径,如5×5网格计算曲率,但计算量会随之增加。)

1. 体曲率属性

在几何地震学中,三维地震反射体在空间上的任意反射点 $r(x, z, y)$ 可以认为是时间标量 $u(t, x, y)$,那么梯度 grad(u)反映的是反射面沿着不同方向的变化率,即反射面沿着方向矢量所在的法截面截取曲线的一阶导数,其结果为该反射点的视倾角向量:

$$\mathrm{grad}(u) = \frac{\partial u}{\partial x}\vec{i} + \frac{\partial u}{\partial y}\vec{j} + \frac{\partial u}{\partial t}\vec{k} = p_x\vec{i} + q_y\vec{j} + r_t\vec{k} \qquad (2-24)$$

式中,p_x、q_y、r_t 分别是沿 x、y 和 t 方向上的视倾角分量。其中,θ 是真倾角,φ 是倾角方位,如图2－5－10所示。

图2-5-10　地震反射倾角、方位、视倾角及其关系图(Marfurt, 2006)

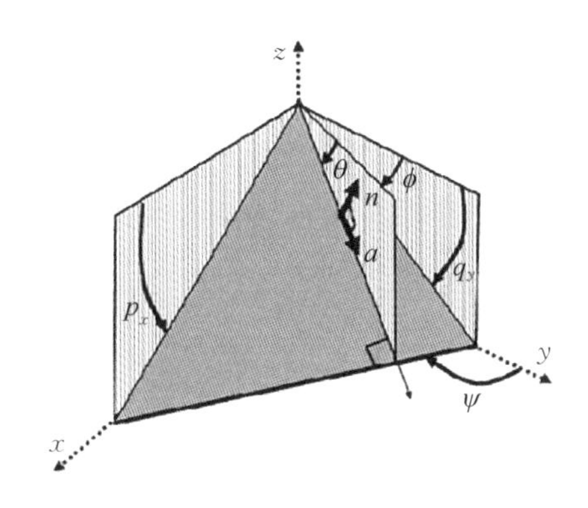

曲率是曲线的二维性质，用于描述曲线上任意一点的弯曲程度，其在数学上可表示为曲线上某点的角度与弧长变化率之比，也可表示为该点的二阶微分：

$$\kappa = \frac{\mathrm{d}\alpha}{\mathrm{d}s} = \frac{|\mathrm{d}^2 y/\mathrm{d}x^2|}{[1 + (\mathrm{d}y/\mathrm{d}x)^2]^{3/2}} \tag{2-25}$$

将视倾角 p_x、q_y 带入式(2-25)中，得到沿 x 方向和 y 方向的曲率分量为：

$$\begin{cases} \kappa_x = \dfrac{\partial^2 u}{\partial x^2} \Big/ \left[1 + \left(\dfrac{\partial u}{\partial x}\right)^2\right]^{3/2} = \dfrac{\partial p_x}{\partial x} \Big/ (1 + p_x^2)^{3/2} \\ \kappa_y = \dfrac{\partial^2 u}{\partial y^2} \Big/ \left[1 + \left(\dfrac{\partial u}{\partial y}\right)^2\right]^{3/2} = \dfrac{\partial q_y}{\partial y} \Big/ (1 + q_x^2)^{3/2} \end{cases} \tag{2-26}$$

同样，可将一个三维地震数据换算为倾角数据体，再在此基础上计算任意点的曲率值。

2. 三维多尺度体曲率

三维多尺度体曲率(MSVC)是三维体曲率属性的一种。此方法中，计算多尺度特征时要考虑空间-波数域的微分算子，将多尺度分析变成了分波数分析，从空间上描述目标体的多尺度地质特征。根据傅里叶变换的微分性质，Al-Dossary 和 Marfurt(2006)运用波数域分数导数计算多尺度体曲率属性，将地震体从空间-时间 $x-y-t$ 域变换到波数-时间 k_x-k_y-t 域，其一阶导数形式可表示为

$$F_\alpha\left(\frac{\partial u}{\partial x}\right) = (-ik_x)^\alpha F[u(x)] \tag{2-27}$$

式中，$u(x)$ 为沿空间方向的地震信号；F 是 Fourier 变换；k_x 是波数；α 是波数域的尺度算子，其中 $i=\sqrt{-1}$。

在实际操作中，若振幅谱随尺度算子加权变化，但保持相位在常数值 i 不变，可以保存地层信息，式(2-27)可改写为

$$D_x = F^{-1}\{-i(k_x)^\alpha F[u(x)]W(k_x)\} \tag{2-28}$$

式中，F^{-1} 为 Fourier 逆变换；$W(k_x)$ 为波数域高阻滤波器(Al-Dossary 和 Marfurt，2006)。

为了改善不同尺度下的波数选择,可采取自适应性高斯滤波器,其包含与波数相关的可变方差因子。该因子 σ(窗宽参数)与波数 k_x 的关系如下:

$$\sigma = \frac{\beta}{k_x} \tag{2-29}$$

式中,β 是一个与波数 k_x 相关的自适应调节因子。波数域高阻滤波器 $W(k_x)$ 可写作:

$$W(k_x) = \frac{|k_x|}{\sqrt{2\pi}\beta} e^{\frac{\beta^2 x^2}{2k_x^2}} \tag{2-30}$$

在波数域和空间域中,自适应微分算子都随着不同尺度因子变化而变化。如图2-5-11所示,随着尺度因子 α 的增大(空间尺度小),波数域算子的峰值向高波数方向移动,具有更高波数并对应于短波长。大尺度因子更有利于描述地层横向局部细节特征以及揭示地层垂向和水平的假象。相反,随着尺度因子 α 减小(空间尺度大),则波数域算子的峰值向低波数方向移动,即具有较低波数并对应于长波长(波长越长,滤波效果越明显;用于提取更宏观的构造特征细节;但也不是 α 越小越好)。小尺度因子更有利于对地下相对更大型构造特征的描述,比如断层和褶皱。图2-5-12对比了体曲率属性与相干属性的优势,曲率属性与相关属性相比,更能刻画地下裂缝展布。

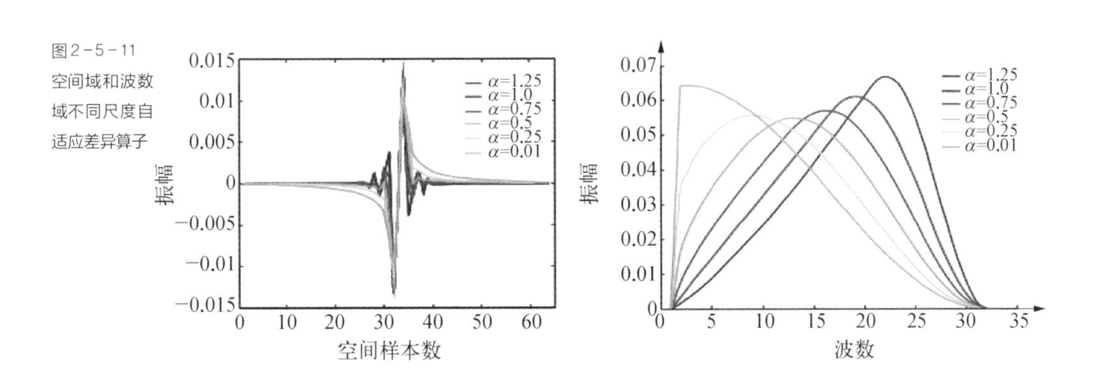

图2-5-11 空间域和波数域不同尺度自适应差异算子

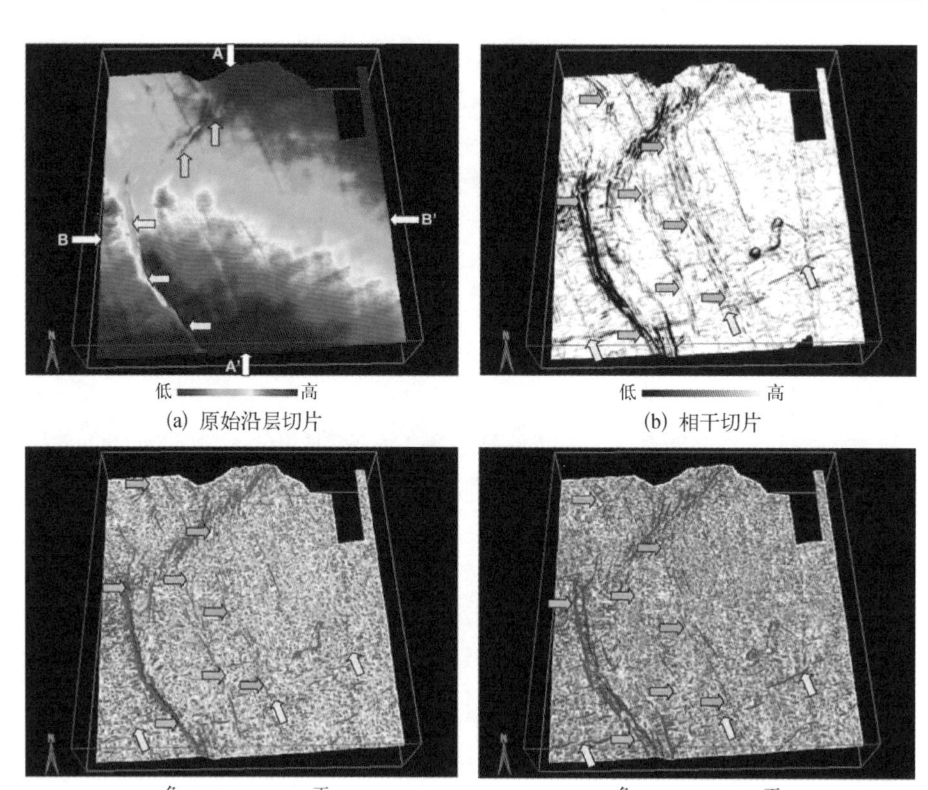

图2-5-12 沿层曲率体切片（据Marfurt，2002）

2.5.2.4 方差体及边缘检测技术

1. 方差体检测技术

方差数据体技术的理论基础是误差分析理论，是利用相邻道地震信号之间的相似性来描述地层、岩性等的横向非均匀性，特别是在识别断层以及了解与储集层特征密切相关的砂体展布等方面非常有效。当遇到地下存在断层或某个局部区域地层不连续变化时，一些地震道的反射特征就会与其附近地震道的反射特征出现差异，而导致地震道局部的不连续性。这样，通过检测各地震道之间的差异程度，即可检测出断层或不连续变化的信息。

方差体的计算即在所选目标区对一个时间样点或深度样点求取方差值。根据周围所选地震道及计算方法不同，有多种选取方式，现主要以 3×3 为例说明计算方法（图 2－5－13）：首先选取地震数据道和数据样点，从左侧“平面图”看，求取方差时在当前点周围八个方向取点进行方差计算；从右侧“剖面图”中可以看到，纵向取点是以当前样点为中心，上下各取半个周期的时间窗长度来计算方差值。计算时窗上、下两端取 0 值，计算点处取值 1，中间各点权值由线性内插求得，以此作为整个时间窗的权重函数值。

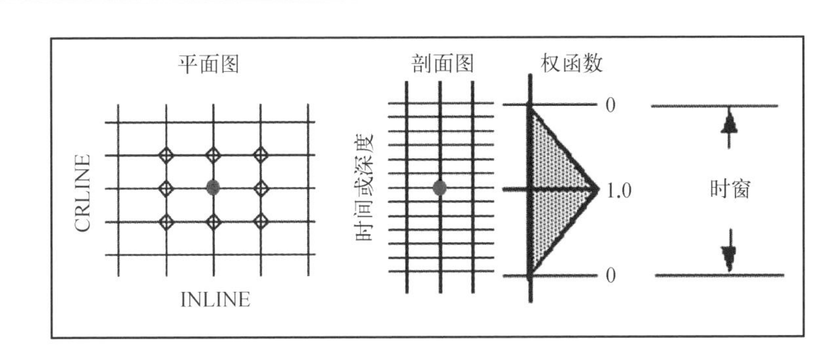

图2－5－13　方差计算数据点选取范围示意图

按照上述方法确定了方差计算取样范围后，任意一点方差值 σ_t^2 为

$$\sigma_t^2 = \frac{\sum_{j=t-L/2}^{t+L/2} w_{j-t} \sum_{i=1}^{I} (x_{ij} - \bar{x}_j)^2}{\sum_{j=t-L/2}^{t+L/2} w_{ij} \sum_{i=1}^{I} (x_{ij})^2} \tag{2-31}$$

式中，w_{j-t} 为三角形权重因子函数；x_{ij} 为第 i 道第 j 个样点的地震数据振幅值；$\bar{x}_j$ 为所有 i 道数据在 j 时刻的平均振幅值；L 为方差计算时间窗口的长度；I 为计算方差时选用的数据道数。

根据式（2－31）计算出整个三维数据体每个采样点的方差值，最终得到三维方差数据体，图 2－5－14 为数据体沿层方差切片。

2. 边缘检测分析方法

根据裂缝的波动方程和实验模拟可知，通常有裂缝时振幅较弱，无裂缝时振幅较

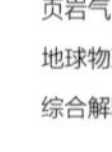

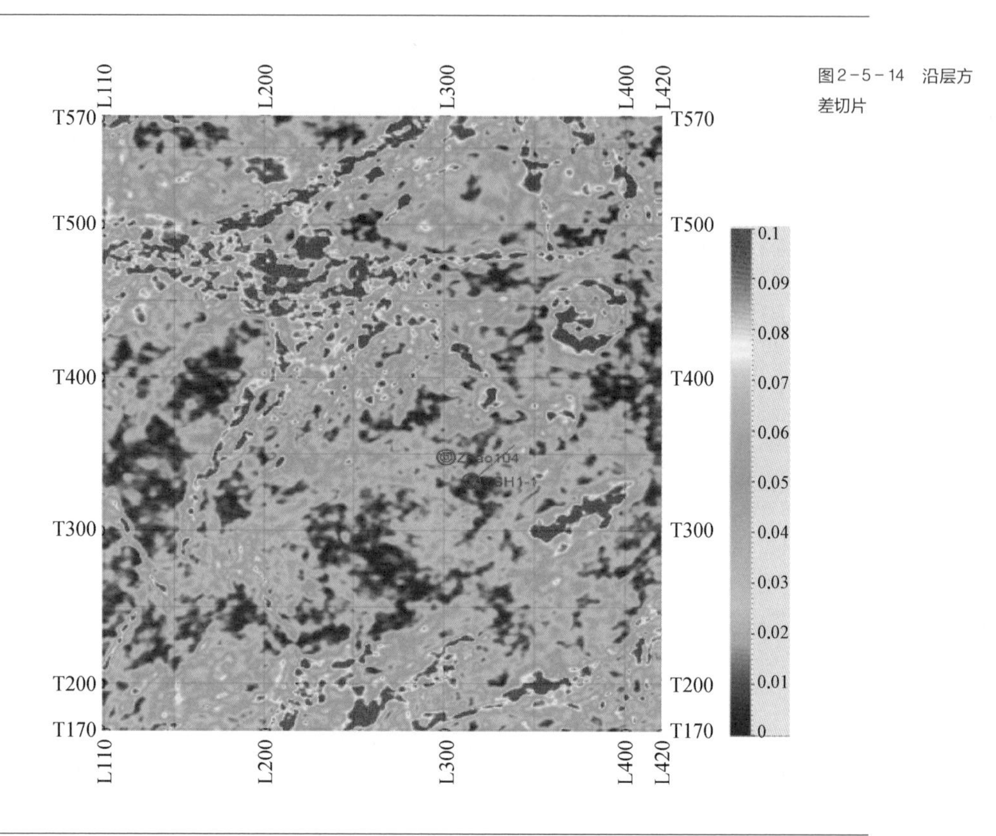

图2-5-14 沿层方差切片

强。因此,振幅强弱之间必然有一条界线或过渡带,这条界线或过渡带能反映裂缝带的分布。检测裂缝带分布的实质就是检测振幅强弱的横向分布与变化。应用边缘检测技术能够直观地描述数据中的边缘特征,即不连续性。与相干体技术相比,边缘检测技术具有其独特的优势,最大的优点在于其多尺度特性。目前除采用 Roberts 算子、Sobel 算子、Prewitt 算子、Laplace 算子和 Canny 算子等几种常用的图像边缘检测分析方法外,还有小波多尺度边缘检测、分形边缘检测、模糊边缘检测、最优滤波二阶差分边缘检测、多维边缘检测以及基于广义希尔伯特变换(Generalized Hilberf Transforn, GHT)的边缘检测等。

GHT 裂缝检测方法是一种基于广义希尔伯特变换的边缘检测方法。该方法首先采用二维去噪进行时间域振幅切片的去噪处理,然后采用频率域加时窗的广义希尔伯特变换(GHT),通过优选时窗和阶次进行二维切片的边缘检测,不仅有很强的抑制噪声能力,而且具有很高的边缘检测精度,可以有效地进行裂缝发育带识别和预测(图2-5-15)。

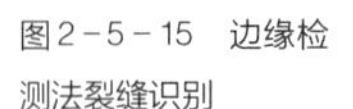

图2-5-15 边缘检测法裂缝识别

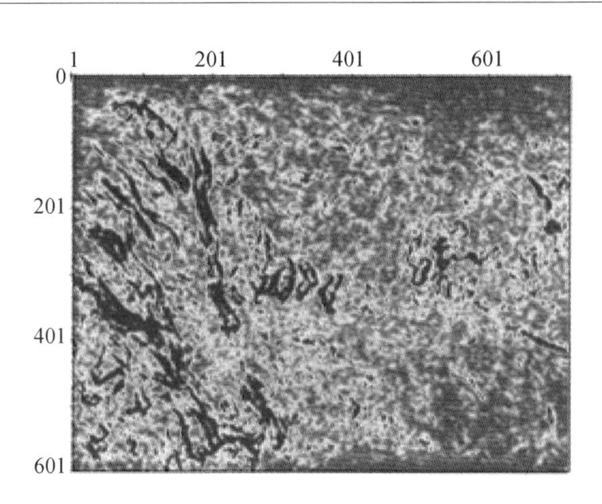

2.5.2.5 多属性融合裂缝预测技术

近年来,数学算法原理的发展与计算机运算能力的提升促进了地震属性的多样化发展。尽管如此,我们在使用时更要有针对性地选择工区所适用的属性。一方面,若盲目引入大量地震属性,不仅增加了计算机储层的空间和时间,同时由于有些地震属性的内部之间存在着互相关性,会导致大量信息冗余和浪费;另一方面,地震属性蕴含丰富的信息与各储层参数间关系复杂,局限于单一属性的分析存在片面性,会带来多解性问题。因此,针对该问题,人们采用多个地震属性开展联合研究,提出了地震多属性融合技术,以突出有利于反映目标体的地震反射特征、提高地震属性信息利用效率、减少地震属性多解性。

地震多属性融合是在确定工区的储层物性、地质规律、沉积特征等地质特征的指导下,综合考虑不同属性的物探与地质意义,将两种及两种以上的地震属性进行一定的数学运算后通过计算机技术综合显示,从而得到融合后的地震属性。

在进行地震多属性融合之前,首先需要对地震属性进行优选:分析属性与研究目标储层的相关性,选择那些对目标地质特征比较敏感的属性。其次,在所挑选的同种类型的属性中进行相关性分析,保证优化后的属性尽可能的相互独立,同时尽可能地降低属性维数。由于不同地震属性的单位和量纲存在差异,因此要先进行预处理以避免不合理现象发生,如属性特征的数量级差异大时,会降低预测精度。一般来说,上述对数据的预处理可以通过数据标准化、平滑处理两个步骤来完成。数据标准化方法将优选出的属性做归一化处理,将地震数据变换到某种规范下,使它们具有统一的标准尺度。平滑处理是由于在采集地震数据时,受到相干噪声和随机干扰的影响较大,需要对归一化后的属性信息进一步做平滑处理。

数据体融合的方法很多,可以使用属性比例融合方式来生成一个新地震属性数据体,从而得到断层属性信息。如图 2-5-16 所示,将属性数据体 A 和 B 按比例输出新数据体 C。首先,在数据 C 中选择一个合适的值作为分界点 C_X,使得 $C_{\min} \leqslant C_X \leqslant C_{\max}$。然后,可选择数据体 A 中相应的数值范围 $A_{\min} \leqslant A_1 \leqslant A_2 \leqslant A_{\max}$,输出到数据体 C 的中值之下的($C_{\min}$, C_X)数据区域内,使得 $A_1 = C_{\min}$、$A_2 = C_X$;将数据体 B 中相应的数值范围 $B_{\min} \leqslant B_1 \leqslant B_2 \leqslant B_{\max}$,输出到数据体 C 的中值之上(C_X, $C_{\max}$)数据段,使得 $B_1 = C_X$、$B_2 = C_{\max}$。输出的新数据体 C 融合了两种特性信息,提高了解释的可靠性。

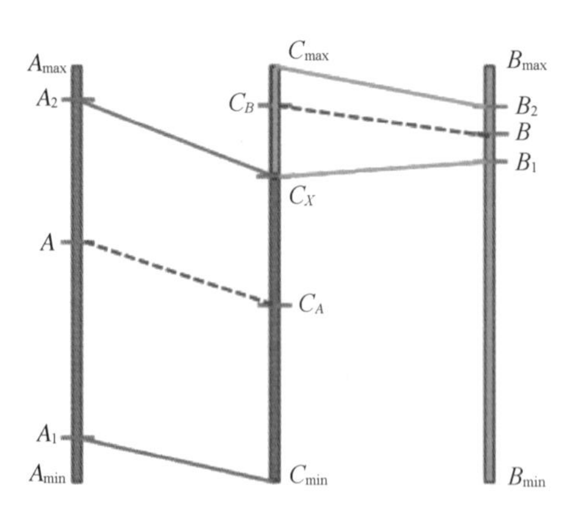

图 2-5-16　属性比例融合方式

计算公式如下：

$$C_A = C_{\min} + \frac{(A - A_1)}{(A_2 - A_1)}(C_X - C_{\min}) \tag{2-32}$$

$$C_B = C_X + \frac{(B - B_1)}{(B_2 - B_1)}(C_{\max} - C_X) \tag{2-33}$$

多属性融合技术的优点就是能够充分挖掘数据潜在的内涵信息,去除重复冗杂信息,降低地震属性集维度,属性间独立性增强。融合后的地震属性让目标体特征突出,使得地震属性解释工作中多解性的问题得到明显改善,属性分析的可靠性得以增加,从而提高目标识别的精确度。因此,在地震资料解释的工作中地震多属性融合的技术是一个必要的方法和环节,是一项地震属性分析及综合解释技术。

含有裂隙的储层是一种典型的各向异性介质。储层描述时,常常需要知道裂隙的密度、走向和连通性等特征参数,如果我们能通过地震观测数据提取裂隙的密度、走向等储层的特征参数,将有助于预测页岩气甜点,辅助确定井位及井轨迹。

多数的裂隙型储层发育的裂隙系统都是定向排列的垂直裂隙,这可能与地壳的运动主要是水平运动有关。从理论上看,含垂直裂隙的介质是一种具有水平对称轴的横向各向同性介质(HTI)。多年来,地球物理学家们主要是通过研究裂隙介质的横波响应来提取裂隙储层的特征参数和解决其他复杂的各向异性地质问题。但是,由于多波(包括横波)多分量记录的采集和处理技术复杂且花费较大,所以没有得到普遍应用。相比之下,纵波的采集和处理不仅便宜而且技术成熟,研究表明,纵波对各向异性介质的振幅响应也很强烈。地震纵波在通过各向异性介质时,除了不具有双折射之外,在振幅和极化响应的敏感性方面与横波相当,但横波的旅行时响应较纵波显著,这是因为横波的速度较纵波低。实践证明,纵波和横波的各向异性响应有很好的相关性。大量的研究结果表明,利用地震纵波记录的各向异性特征,特别是分方位振幅(AVAZ)技术,能够有效地识别出裂隙的存在和方向(图2-5-17)。

如果岩石介质中的各向异性是由一组定向垂直的裂缝引起的,那么,根据地震波动理论,当P波在各向异性介质中平行或垂直于裂缝方向传播时具有不同的旅行速度,且速度随着方位呈椭圆变化关系。方位速度的这种变换关系,可以预测裂缝发育

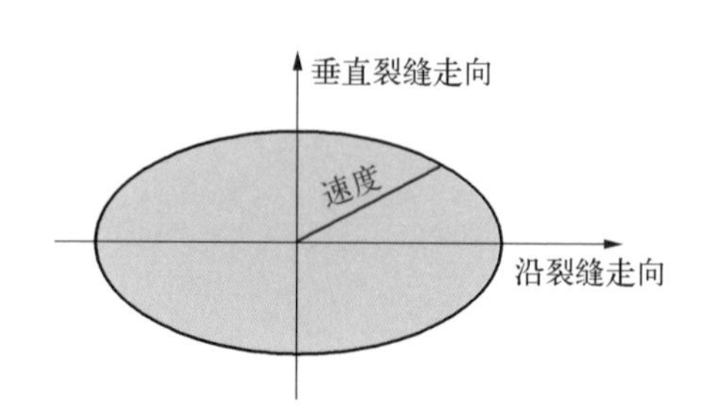

图 2-5-17 裂缝介质速度分析示意图

的方位和强度。假设椭圆的长轴为 B，短轴为 A，则椭圆的长轴方位即为裂缝的发育方位，B/A 定义为裂缝的发育强度。

分方位裂缝预测流程为

（1）对宽方位或全方位三维地震资料进行分方位速度分析，获得 3 个以上方位的速度资料和成像资料；

（2）沿目的层提取方位速度或振幅；

（3）对目的层的方位速度或振幅进行反演，获得裂缝发育方位和强度；

（4）联合相干体或曲率体对成果进行分析，去伪存真。

目前，页岩气储层裂缝识别方法分为叠前和叠后两种，叠后裂缝识别方法主要以相干属性、曲率属性等；叠前裂缝识别方法主要有 AVO 分析法、AVA 分析法、FVO 分析法。通过寻找有利裂缝带，为后续井位布置提供依据。相干属性、曲率属性在裂缝识别应用中已经较为完善。叠前裂缝识别方法主要是建立在 AVO 的相关理论上，地层中裂缝的存在会造成地震属性的变化，利用这些对裂缝敏感的叠前地震属性[纵波速度、横波速度、纵横波速度比、密度、振幅随炮检距（或入射角）变化量、纵波阻抗、横波阻抗、弹性波阻抗、截距、梯度、烃类指示因子、流体因子、泥质含量、孔隙率、泊松比、拉梅系数、体积模量、剪切模量以及一些复合参数]可以预测出页岩气储层中裂缝发育带及其含气性。

裂缝是油气藏聚集的主要场所，相干属性、曲率属性在页岩气裂缝识别中发挥重要作用。页岩气储层为强各向异性，这给页岩气的储层解释带来了困难，为了解决这一问题，Joanne Wang 等将不同地震数据的属性进行重构，如构造属性、岩石属性和各向异性属性，将这些属性联合分析解释研究页岩气储层的非均质性，并评估页岩气储层三维工区的脆性及地应力展布，取得了较好的效果。

图2-5-18为目的层段曲率和地震相属性融合显示，不同颜色代表不同的地震相，反映页岩的不同成分在沉积构造上的不均性质，曲率属性能够清晰地刻画断层。沿目的层段的地震高频属性，强能量可能与碳酸盐沉积相关。图2-5-19为目的层脆性分布图，目的层段应力分布和曲率融合显示，暖色代表有更高的应力差异。

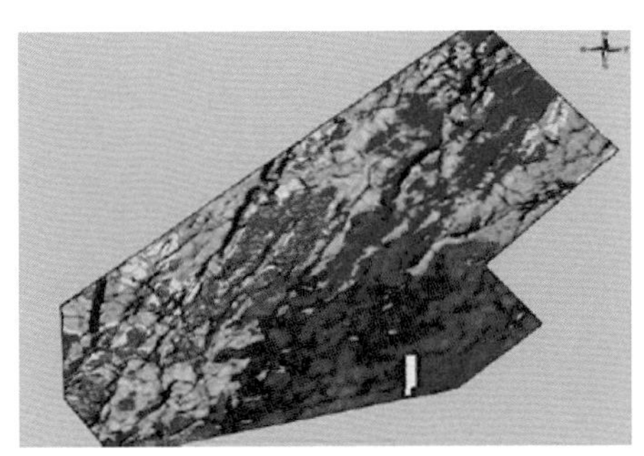

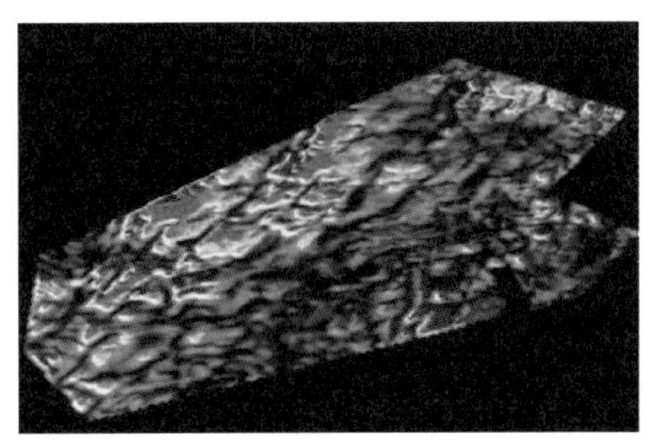

图2-5-18 曲率属性和地震相属性融合显示（左），目的层段地震高频属性（右）

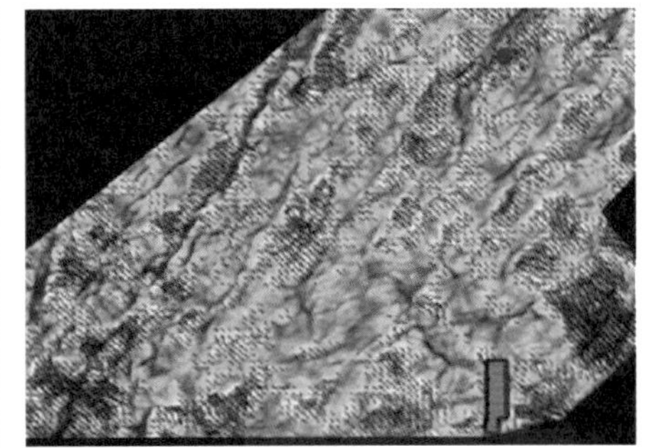

图2-5-19 目的层脆性分布（左），应力分布和曲率融合显示（右）

2.5.2.6 综合三维地震、微地震裂缝解释

水力压裂诱发的微地震事件受很多因素的影响，如地应力、天然裂缝、地质构造、储层特征（如矿物组分）等。相干属性、曲率属性已经被证明能够较好地描述天

然裂缝展布特征,微地震事件趋于沿天然裂缝方向延伸。同时,储层特性也对微地震事件分布产生影响,岩石脆性强度大的地方总是易于破裂。而相干、曲率及储层特性均可从地震数据中获取。将相干、曲率、储层特性与微地震事件信息相结合(图2-5-20、图2-5-21、图2-5-22),综合考虑多种信息,将更有利于评估储层压裂改造效果,合理地解释微地震事件分布特征。

在水力压裂过程中,岩石组构、应力各向异性、断层对人工裂缝的传播影响极大。已有学者引入一个新的地震属性,即岩石组构特征,这种新的地震属性通过在地震剖面上识取不连续体来获取更多的岩石不均一性地质信息。这种属性已经与微地震事件相联系,实际结果表明,岩石组构程度影响微地震事件的空间分布,岩石

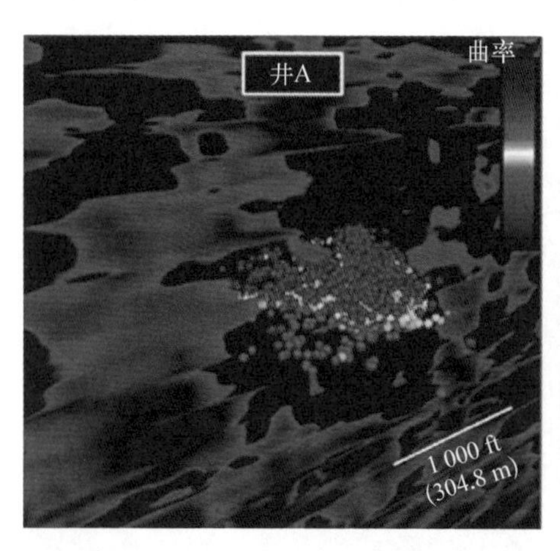

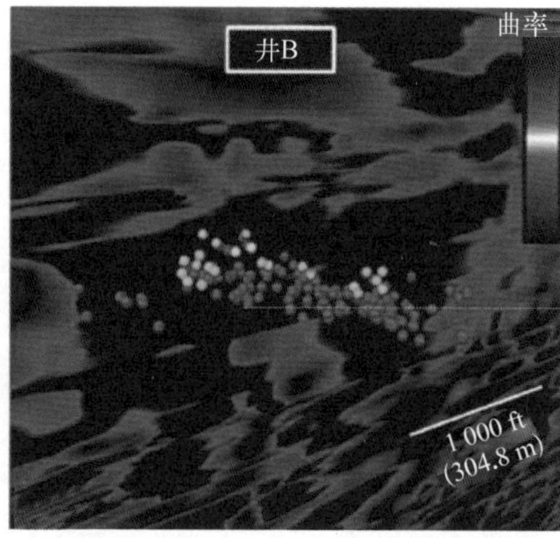

图2-5-20 微地震事件与曲率属性联合显示

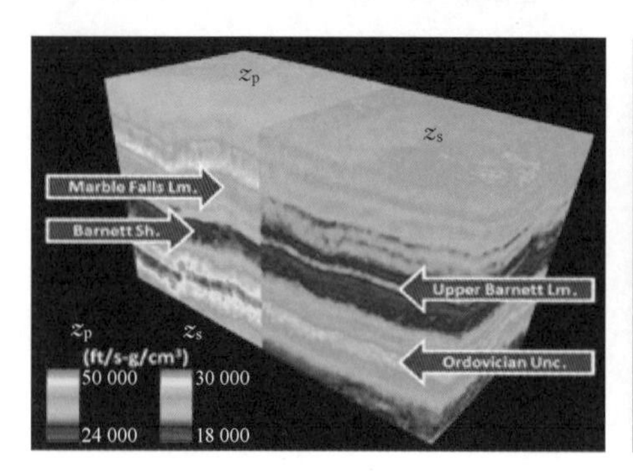

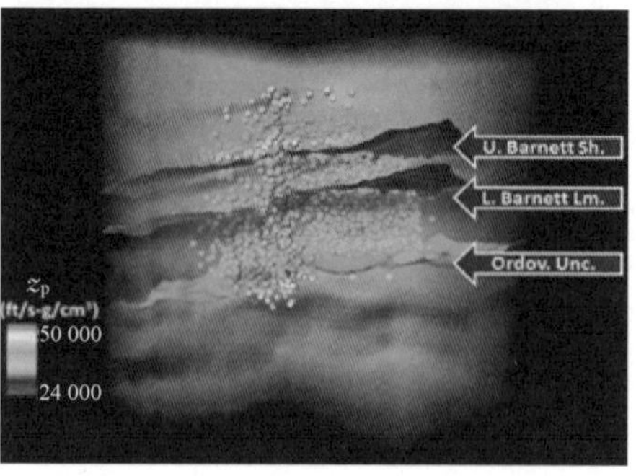

图2-5-21 微地震事件与纵横波阻抗联合显示

图2-5-22 微地震事件发生量级与三维地震属性及储层弹性参数分析

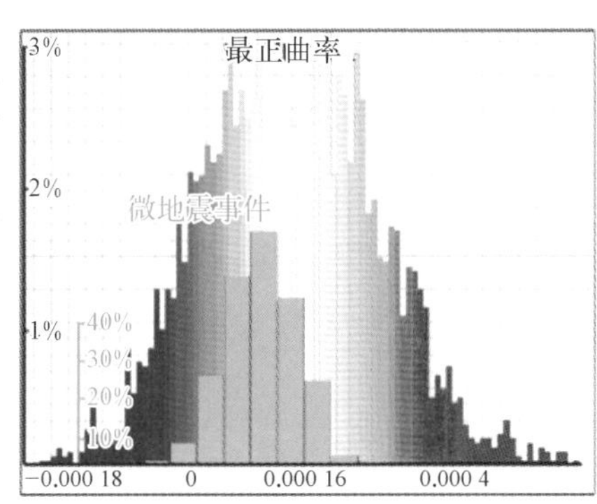

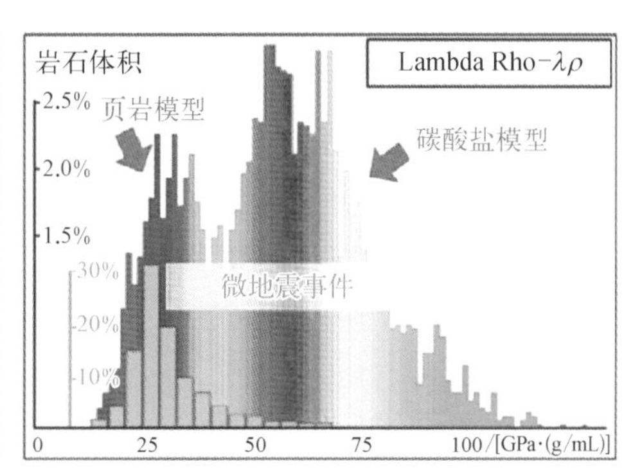

组构程度大的地方人工裂缝的发育复杂，岩石组构程度小的地方被激发的裂缝主要在一个平面内延伸。

研究表明用三维地震圈定岩石组构特征具有重要意义，表明将微地震与地面地震相结合在描述页岩气储层特征中的重要性。图2-5-23为微地震事件与泊松比及岩石组构结合综合分析，其中图2-5-23(a)和图2-5-23(b)分别为泊松比和岩石组构与微地震事件综合显示。井C北东方向有高的泊松比、高的岩石组分。在各向异性介质中，低泊松比与低的水平应力相联系，这将有利于裂缝传播。水平应力比被假设

图2-5-23 微地震事件与泊松比及岩石组构结合综合分析（据M.Haege, 2013）

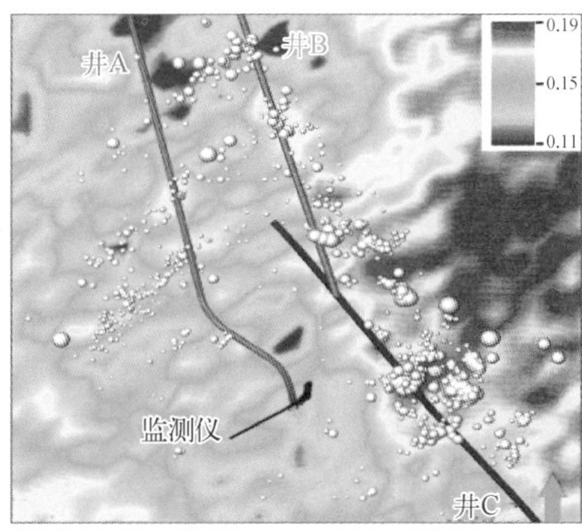

(a) 泊松比　　(b) 岩石组构

为决定裂缝生长。高应力各向异性导致裂缝在一个平面内生长,但是低的应力各向异性则形成一个复杂的层间裂缝生长。水平应力差异小区域的压裂,水平应力差异比小,则说明各向异性差。复杂裂缝体系能够实现储层更多的缝网沟通,这对后期井位优化设计至关重要。

高水平应力差异比可能由于高矿物组构的存在而受到干扰(即结果不准确),井C周围裂缝的形态可以解释为一个复杂的交互作用影响,即地应力干扰、岩石性质和岩石组构的变化。

由于微地震事件诱发的裂缝方向及分布受多种因素的影响,这给微地震解释及后续储层压裂改造评价带来困难,将微地震与地震相结合的裂缝联合解释技术,将地震相干属性、曲率属性、储层脆性指数、泊松比与微地震相结合,对微地震事件方向及分布特征进行分析,得到以下认识:

(1) 微地震事件方向总是趋于最大主应力方向,区域地质构造对微地震事件方向存在影响,使得微地震事件有时可能产生一个次方向。

(2) 微地震事件总是容易在天然裂缝附近发生,因此,可以结合天然裂缝比较敏感的相干属性、曲率属性来理解微地震事件产生原因及分布特征。

(3) 储层特性也影响微地震事件分布,在脆性越大区域,越易发生微地震事件。

(4) 矿物组分的不同导致储层内部存在不同的矿物弥合带,在水力压裂时,这些弥合带更易激活,触发微地震事件。

2.5.3 叠前P波各向异性裂缝预测技术

关于各向异性裂缝预测的相关研究,国外最早开始于二十世纪七十年代,经过四十余年的不断发展,已成为一套成熟的理论知识体系。裂缝介质是强烈的非均质介质,存在强烈的各向异性。在各向异性的研究中,Hudson(1981年、1986年)在Ehelby(1957年)经典理论基础上,提出了求解裂隙介质中等效弹性参数的计算方法。Crampin(1984年)领导的研究小组对地震各向异性进行深入研究,做了大量开创性研究,取得了许多有益的成果。Thomsen(1995年)引入一套各向异性参数,使得这一理论得到了进一步发展,这些研究成果为裂隙介质理论研究、数值模拟和实际裂缝检测方法研究奠定了理论基础。

地震波的方位各向异性,是指地震波波场特征会随传播方向或观测方向的改变而变化。根据波动理论的研究,裂缝介质是强烈的非均质介质,存在强烈的各向异性,地震波在通过裂缝发育带时会产生各向异性特征。这些特征包括振幅随方位角变化(AVAZ)、视速度随方位角变化(WAZ)、子波频率随方位角变化(FVAZ)、频率衰减随方位角变化(QVAZ)等。这些各向异性特征使得可以通过检测这些变化或异常来检测裂缝(特别是高强度、高密度裂缝)发育的方位和发育密度。纵波在裂缝介质中传播时,具有方位传播特性,如振幅、旅行时、速度、频率、阻抗、吸收等。这些变化与裂缝方向和强度相关。因此,可利用纵波方位特性,进行叠前裂缝预测。

Neidell 和 Cook(1986 年)利用纯纵波资料,使用差异层间速度分析法(DIVA)预测裂缝获得了较好的效果。Banik(1987 年)研究了弱各向异性介质 AVO 曲线。AVA/AVO 研究依靠反射振幅,而不依靠速度。Mallic 等(1998 年)定量研究了纵波资料在固定炮检距条件下振幅随方位的变化,其研究结果显示,振幅随方位角的变化是以 2ϕ 为周期的,ϕ 是测线方位与裂缝走向的夹角。Ruger(1997 年)用裂隙储层振幅随炮检距的变化(AVO)响应的解析和模拟研究来阐述了与纵波反射系数有关的裂隙信息,并给出了在弱各向异性假设下反射纵波在扩容各向异性介质(Extensive Dilatancy Anisotropy, EDA)介质中的近似反射系数公式。Tsvankin(1997 年)给出了 EDA 介质中地震波的动校正速度公式和介质的参数估计的分析。Craft 等(1997 年)利用纵波群速度随方位与炮检距的变化函数来检测裂缝(VVA)。

目前,叠前裂缝预测方法主要有横波分裂法、转换波探测裂缝技术、多方位 VSP 检测裂缝法、纵波分析检测裂缝法等。综合考虑,P 波更低的采集成本和相对成熟的处理技术,更具实用性。基于叠前 P 波各向异性裂缝识别技术,是利用振幅、频率、衰减、走时等地震波动力学及运动学属性在具有各向异性的介质中(由于裂缝存在)传播时,会随方向和方位产生变化,其平面属性拟合图形为一椭圆。

2.5.3.1 HTI 介质方位各向异性分析

HTI(Horizontal Transverse Isotropy)介质是描述各向同性介质中分布着一组平行

的定向排列的垂直裂隙所构成的各向异性介质模型，它属于方位各向异性，地震波在该类介质中传播，速度随方位变化的特性不仅表现在随着相位角的变化而变化，而且随着观测方位的变化而变化（图 2－5－24）。一般认为，方位各向异性是由应力和定向排列的垂直裂隙所引起的。

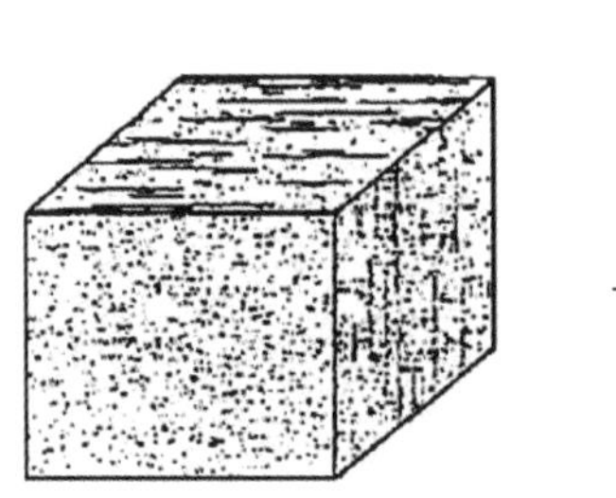

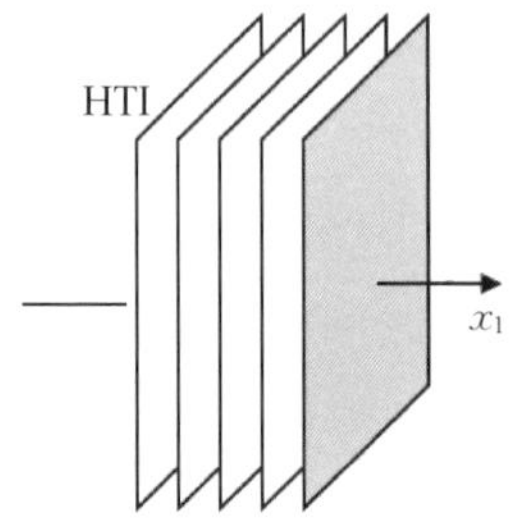

图 2－5－24　HTI 介质模型及地震波传播示意图

地震波在 HTI 各向异性介质中传播时，纵波沿裂缝走向传播时旅行时最短，能量最强；随着地震波传播方向与裂缝走向的夹角的增大，旅行时增大，能量变弱；当地震波垂直于裂缝方向传播时旅行时最长，能量最弱。

2.5.3.2　P 波振幅各向异性裂缝预测技术

AVO（Amplitude Versus Offset）是反射振幅随炮检距变化而变化；AVA（Amplitude Versus Angle）是反射振幅随入射角变化而变化。因为水平叠加的前提是经过动校正后变为自激自收的形式，叠加后的地震资料没有炮检距信息显示，因此，AVO 是一种适用于叠前资料的技术，它以弹性波理论为基础，直接利用 CMP 道集或 CRP 资料分析反射振幅随炮检距变化的规律。AVAZ（Amplitude Variation with Incident Angle and Azimuth）是反射振幅随炮检距和方位角变化而变化，AVOA（Amplitude Variation with Offset and Azimuth）是纵波振幅随入射角和方位变化而变化。基于 P 波振幅的各向异性，利用含有 AVAZ 或 AVOZ 特征的地震数据能够预测页岩储层裂缝走向。

在弱各向异性条件下，Ruger 推导的公式（2－34）是各向异性介质中纵波反射系数随方位角和入射角变化的公式，奠定了利用 AVOA 预测裂缝的理论基础。该方法适用的前提条件为：假设岩石在受到水平和纵向应力场作用时，可以近似为水平横向均匀介质；分界上下面两侧为对称轴的走向一致的弱各向异性 HTI 介质，且入射角较小，最大取值为(30°,40°)。此时，弱各向异性 HTI 介质 P－P 波反射系数可近似地表示为

$$R(\theta,\ \phi) = \frac{\Delta Z}{2\bar{Z}} + \frac{1}{2}\left\{\frac{\Delta\alpha}{\bar{\alpha}} - \left(\frac{2\bar{\beta}}{\bar{\alpha}}\right)\frac{\Delta G}{\bar{G}} + \left[\Delta\delta + 2\left(\frac{2\bar{\beta}}{\bar{\alpha}}\right)^2\Delta\gamma\right]\cos^2\phi\right\}\sin^2\theta$$

$$+ \frac{1}{2}\left(\frac{\Delta\alpha}{\bar{\alpha}} + \Delta\varepsilon\cos^4\phi + \Delta\delta\sin^2\phi\cos^2\phi\right)\times\sin^2\theta\tan^2\theta \qquad (2-34)$$

式中，R 为纵波的反射系数；$Z = \rho\alpha$ 为纵波阻抗(ρ 为介质密度，α 为纵波速度)；$G = \rho\beta^2$ 为横波切向模量(β 为横波速度)；γ、δ 和 ε 为各向异性参数，用于描述介质各向异性；$\Delta[\cdot]$ 表示上、下界面物理量之差；$[\bar{\cdot}]$ 表示上、下界面物理量均值。

当入射角一定时，$\sin^2\theta$ 为定值，可忽略式(2－34)右边第4项，该式可简化为反射系数随方位角变化关系式：

$$R(\phi) = P + G(\phi)\cos^2\phi \qquad (2-35)$$

其中，

$$P = \frac{1}{2}\frac{\Delta Z}{\bar{Z}} \qquad (2-36)$$

$$G(\phi) = G_{\text{iso}} + G_{\text{ani}}\cos^2(\phi - \phi_{\text{sym}}) \qquad (2-37)$$

$$G_{\text{iso}} = \frac{1}{2}\left[\frac{\Delta\alpha}{\bar{\alpha}} - \left(\frac{2\bar{\beta}}{\bar{\alpha}}\right)^2\frac{\Delta G}{\bar{G}}\right] \qquad (2-38)$$

$$G_{\text{ani}} = \frac{1}{2}\left[\Delta\delta + 2\left(\frac{2\bar{\beta}}{\bar{\alpha}}\right)^2\Delta\gamma\right] \qquad (2-39)$$

式中，P 为纵波垂直入射时的反射振幅，与入射角度无关的截距；G 为方位 AVO 梯度；G_{iso} 为振幅随偏移距的变化率，各向同性介质中的 AVO 梯度；G_{ani} 为振幅随偏移距和方位角的变化率，指示了介质各向异性部分影响 HTI 介质中地震波垂直裂缝发育方向传播时的 AVO 梯度；ϕ_{sym} 为裂缝介质对称轴的方位角，由于 ϕ_{sym} 一般是未知的，因

此，应采用观测方位和它们之间差值表示；ϕ 为测线的方位角。

式(2-37)是 AVOA 分析的基本公式，有三个变量，G_{iso}、G_{sym} 和 ϕ_{sym}。结合式(2-34)并参考前人利用单组垂直定向排列的裂缝物理模型验证的 HTI 介质的纵波振幅方位各向异性实验结果，进行多方位观测时，可以看出 $G(\phi)$ 为一椭圆，形态如图 2-5-25 所示。HTI 介质表明，裂缝介质顶、底界面反射波振幅大致以 90°方位角为对称轴周期性变化特征。图中，沿裂缝走向传播时（$\phi = 0°$），反射波振幅最强，反射波振幅衰减最快；垂直裂缝走向传播时（$\phi = 90°$），反射波振幅最弱，反射波振幅衰减最慢，这种差异随炮检距的增大而增大。裂缝方位可由椭圆长、短轴的方位确定；裂缝密度决定于长短轴长度之差，差值越大，裂缝越大；且随各向异性强度的增大，椭圆扁率增大。因此，也可以通过分析方位 AVO 梯度预测裂缝发育方向和密度。

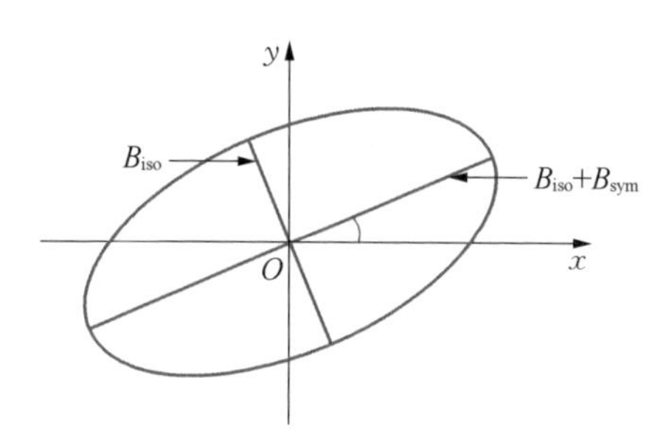

图2-5-25 AVO 梯度振幅随方位角变化椭圆

2.5.3.3 P 波速度各向异性裂缝预测技术

VVA 是 P 波速度随方位变化的简写。如果岩石中的各向异性是由一组定向垂直裂缝引起的，那么纵波平行或者垂直于裂缝传播时，具有不同的旅行速度。平行裂缝传播时，以快波速度传播；垂直裂缝传播时，以慢波速度传播。对于正常时差速度的方位变化而言也是一个椭圆。

弱各向异性 HTI 介质中，群速度可表示为

$$v(\theta, \phi) = v_0[1 + (\delta - 2\varepsilon) \sin^2\theta \cos^2\phi + (\varepsilon - \delta) \sin^4\theta \cos^4\phi] \quad (2-40)$$

式中，θ 为入射角；v_0 为垂直传播纵波速度，m/s；δ、ε 为 HTI 介质的 Thmosen 参数，一般为负数；ϕ 为方位角，是射线平面即炮检方位与 HTI 介质对称轴的夹角。

固定入射角并忽略式(2-40)右边第三项，该式可简化为

$$v(\phi) = \bar{v} + \eta\cos 2\beta \tag{2-41}$$

式中，$\bar{v}$ 为地层平均速度；η 为与方位速度有关的调制因子；$\beta = \phi - \psi$，弧度；ϕ 为激发点到检波点观测方位，弧度；ψ 为裂缝走向方位，弧度。

从式(2-41)可看出，当观测方位与裂缝走向平行时，速度最大；随着观测方位与裂缝走向之间的夹角的增大，速度逐渐减小，当夹角为 90°时速度达到最小；此后，速度随着夹角的增加而逐渐增大，夹角为 180°时又达到最大，变化周期为 180°。速度随着方位角度的变化关系可用如图 2-5-26 所示的椭圆来表示。

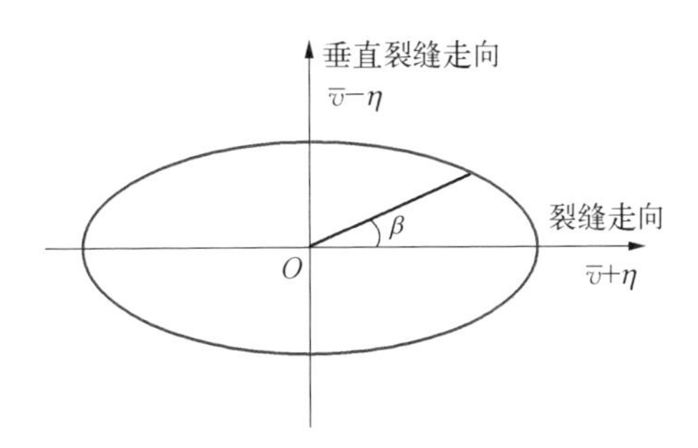

图 2-5-26 速度随方位角变化

椭圆长轴为 $\bar{v} + \eta$，是沿着裂缝方向的速度，椭圆短轴为 $\bar{v} - \eta$，是垂直裂缝方向的速度。椭圆曲率为 $(\bar{v} - \eta)/(\bar{v} + \eta)$，反映了方位各向异性强度。

理论上，式(2-41)只要知道 3 个或者 3 个以上方位的速度就可以求解该方程的 3 个参数，从而得到方位速度椭圆方程。对于宽方位或者全方位地震数据，假定偏移距和方位角均匀分布，常常在给定的 CDP 位置，具有多个方位(一般大于 3 个)的地震观测数据，这时求解式(2-41)就变成了一个超定问题。如果定义从正北方向为零度，按照顺时针方向分选各个观测方位 $\phi_i (i = 1, 2, \cdots, N)$ 的地震数据，那么对应的方位角的速度为：

$$v_i = \bar{v} + \eta\cos 2(\phi_i - \varphi),\ (i = 1, 2, \cdots, N) \tag{2-42}$$

对于具有 $N(N > 3)$ 个观测方位的地震数据,可用最小二乘法拟合求取式(2-42)的参数值,定义变量 e 为:

$$e = \sum [v_i - \bar{v} - \eta\cos 2(\phi_i - \varphi)]^2 \tag{2-43}$$

对式(2-43)中的 $\bar{v}$,η 和 φ 求偏导数,并分别令其等于零,得到如下的方程组:

$$\frac{\partial e}{\partial \bar{v}} = 2\sum [v_i - \bar{v} - \eta\cos 2(\phi_i - \varphi)]^2 = 0 \tag{2-44}$$

$$\frac{\partial e}{\partial \eta} = 2\sum [v_i - \bar{v} - \eta\cos 2(\phi_i - \varphi)]\cos 2(\phi_i - \varphi) = 0 \tag{2-45}$$

$$\frac{\partial e}{\partial \varphi} = 2\sum [v_i - \bar{v} - \eta\cos 2(\phi_i - \varphi)]\eta 2\sin(\phi_i - \varphi) = 0 \tag{2-46}$$

求解方程组可得到:

$$\tan 2\varphi = \frac{N\sum v_i\cos 2\phi_i \sum v_i\cos 2\phi_i\sin 2\phi_i - N\sum (\cos 2\phi_i)^2 \sum v_i\sin 2\phi_i}{N\sum v_i\sin 2\phi_i \sum v_i\cos 2\phi_i\sin 2\phi_i - N\sum v_i\cos 2\phi_i \sum (\sin 2\phi_i)^2}$$

$$\frac{+\sum v_i\sin 2\phi_i \sum (\cos 2\phi_i)^2 - \sum v_i\cos 2\phi_i \sum \cos 2\varphi_i \sum \sin 2\phi_i}{+\sum v_i\cos 2\varphi_i \sum (\sin 2\phi_i)^2 - \sum v_i\sin 2\phi_i \sum \cos 2\varphi_i \sum \sin 2\phi_i} \tag{2-47}$$

$$\eta = \frac{N\sum v_i\sin 2(\phi_i - \varphi) - \sum v_i \sum v_i\sin 2(\phi_i - \varphi)}{N\sum \sin 2(\phi_i - \varphi)\cos 2(\phi_i - \varphi) - \sum \sin 2(\phi_i - \varphi) \sum \cos 2(\phi_i - \varphi)} \tag{2-48}$$

$$\bar{v} = [\sum v_i - \eta\sum \cos 2(\phi_i - \varphi)]/N \tag{2-49}$$

由式(2-47)、式(2-48)和式(2-49)可得到 ϕ、η 以及 $\bar{v}$ 的准确值,从而得到各向异性椭圆方程。

2.5.4 OVT 域 P 波各向异性裂缝预测技术

基于叠前地震各向异性分析的裂缝预测技术具有以下几个主要优势：基于OVT(Offset Vector Tile,通常译为"炮检距矢量片")域的地震数据包含了方位角和偏移距信息;保留了地质体更为真实可靠的反射特征;能够综合利用不同方位角地震数据中包含的信息,更好地建立振幅、频率衰减等地震属性与裂缝特征之间的响应关系。

近年来,随着宽方位地震资料处理技术迅速发展并逐渐成熟,如 Vermeer(1998,2002,2005)提出的炮检距向量槽(Offset Vector Slots, OVS)及后来从 OVS 演变而成的炮检距向量片(Offset Vector Tile, OVT)处理技术,Cary(1999,2001)提出的共炮检距向量(Common Offset Vector, COV)处理技术及 Paradigm 公司的 Earth Study 360 处理技术等。尽管以上处理技术名称不同,但它们都表达了同一个含义,即采用分片技术构建同时拥有炮检距和方位角的共反射点道集,并针对这些共反射点道集以片(Tile)为单位进行处理。

2.5.4.1 OVT 处理技术概述

21 世纪以来,地质勘探目标更为复杂、地震勘探精度更高,宽方位地震勘探已成为地震勘探技术发展的主流和方向。由于宽方位地震勘探具有大炮检距、高密度采样等优点,且增大横向炮检距和横向采样密度有利于改善地下地质体的照明度、衰减多次波并改善复杂构造的成像效果,宽方位地震采集率先在海上得到快速发展,并随后在陆上得到推广应用。

在地震资料采集中,区分宽/窄方位角采集的指标是横纵比,即排列宽度与排列长度的比值。一般地,当横纵比大于0.8 时为宽方位角采集,由图2-5-27 可知,窄方位角在横向测线上接收较大的炮检距数据效果相对较差,而这方面宽方位角在各个方位上的采集几乎是均匀的。

与窄方位角勘探方法相比,宽方位角勘探进行的是全方位数据观测,具有更好的方位角分布特征(如远炮检距和近炮检距随方位角是均匀分布的、采集数据覆盖次数高且分布均匀等)。因此,它在纵横向方向上均能获得比较均等的地震波场信息,可用

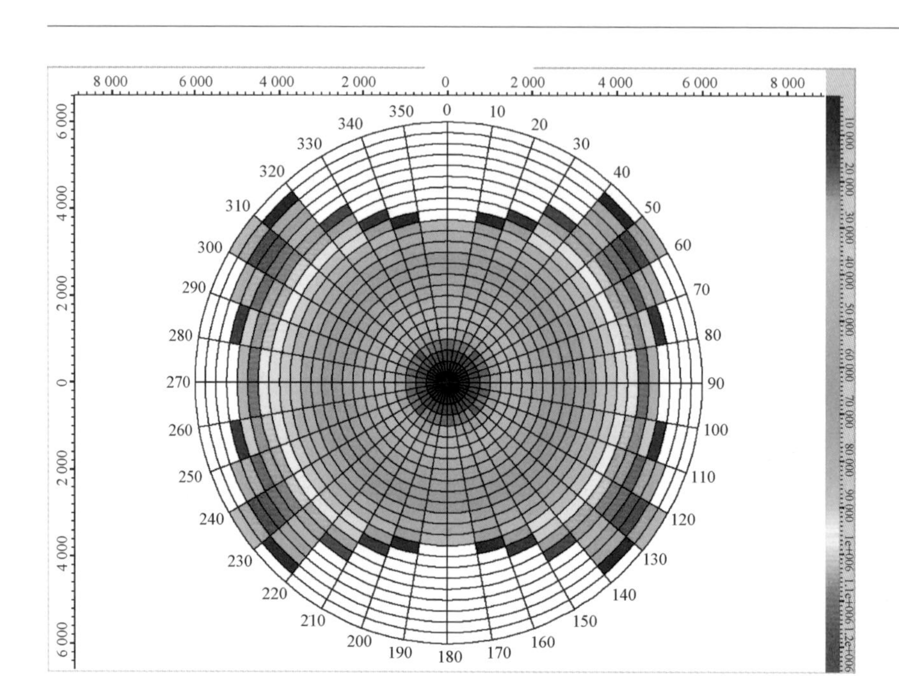

图2-5-27　三维地震采集观测系统玫瑰图

于研究振幅随炮检距及方位角的变化、地层速度随方位角的变化等。这些相关属性的研究对识别小断层、储层裂缝和地层岩性的变化都是非常有利的。与窄方位采集不同,宽方位资料的大炮检距的分布是比较均衡的,因此可以更好地对陡倾角构造进行成像,从而获得更加丰富的振幅成像信息;此外,宽方位角采集方法对压制近地表的散射干扰是非常有利的,这在一定程度上可以提高资料的信噪比、分辨率和保真度。随着地震勘探技术的发展,"两宽一高(宽方位、宽频带、高密度)"的资料采集技术已成为解决复杂地质构造问题的关键技术,越来越受到人们的青睐。但是,传统的地震资料处理方法主要还是沿用处理窄方位角数据的思路,没有充分考虑宽方位数据中重要的方位角信息,因而没能解决方位各向异性问题。简单的偏移叠加往往难以体现宽方位地震观测的优势,有时甚至会带来更差的成像结果。在地震资料解释中,基于宽方位地震数据中丰富的方位各向异性信息开展纵波裂缝预测是一项关键解释技术。

随着勘探技术的发展,纵波方位各向异性的研究在数据要求上也有了新的进展,从传统的窄方位地震数据发展到宽方位地震数据。OVT 即炮检距向量片,是十字排列道集中按炮线距和检波线距等距离划分的数据子集。其具有较小限定的偏移距和方位角范围,由此构成的 OVT 体等同于一个完整单次覆盖的三维叠后数据体,可用于独立偏移,并且偏移后可保留方位角和炮检距信息并用于方位角分析。OVT 域地震资料处理技术的提出最早始于 20 世纪 90 年代末,距今不足 20 年的历史,是国际上比较先进的处理思路。作为面向宽方位地震资料的处理技术,其在国外的发展历程大体上可划分为三个阶段:萌芽阶段、发展阶段以及应用探索研究阶段。

第一个阶段主要是关于 OVT 概念提出的背景。对于成像来说,最理想的情况是拥有遍布整个探区的单次覆盖数据集。为了更好地了解宽方位角观测系统,Padhi 和 Holley(1997)提出了最小数据集的概念,指出宽方位三维采集设计和处理应该考虑最小数据集;Cary(1998)提出了一种抽取最小数据集的算法;Gesbert(1998)对最小数据集采集需要满足的条件进行了研究。但由于地下地质状况复杂,理论需求的这种最小数据集并不存在,因此必须寻找一个这样的数据集,可延伸至整个探区并且尽可能地接近最小数据集,基于这个想法,Vermeer(1999)提出了拟最小数据集的概念。OVT 道集就是一种相对理想的拟最小数据集。

第二个阶段主要是明确的 OVT 的概念以及 OVT 道集的形成方法。其主要代表人物是 Vermeer 和 Cary。1998 年,Vermeer 基于十字排列的观点,最早提出了 OVT 的概念(1998 年称之为 Offset/Azimuth Slot,2000 年称之为 Offset Vector Slot,2001 年之后在其发表的文章中多称为 Offset Vector Tile,沿用了 Vermeer 最后的称呼方法);1999 年,Cary 从二维共炮检距角度出发,几乎同时独立地提出了这一概念,称为 COV(Common Offset Vector);Starr(1999)的专利中也含蓄地描述了 OVT 道集创建和偏移的方法。在常规处理域中,地震道的炮检距往往用一个标量表示,丢失了炮点指向检波点的方向信息。而炮检距矢量的概念则是强调了炮检距是长度和方向的组合。

第三个阶段主要是 OVT 域处理的实际应用探索及研究。可能是一直以来缺少合适的地震数据以及对方位角信息价值的忽视,工业上使用 OVT 道集进行地震资料处理的进程比较缓慢。直到 2008 年,在 Cary 和 Li 发表了用拟 COV 道集进行数据规则化的文章,以及 Vermeer(2009)再次重申了基于 OVT 的处理后,才陆续有关于 OVT 域处理的文章发表。

在裂缝预测方面,Stein(2009)等提出了一种针对裂缝油气藏的 OVT 域处理技术,指出 OVT 域处理结果能很好地指示裂缝的方位和密度;Calvert(2011)等通过对十字排列去噪和 OVT 域叠前时间偏移后资料的分析认为 OVT 域资料处理可以较好地保留资料方位速度信息;Schapper(2012)等通过对科罗拉多州西北部达勒姆牧场三维资料的处理,也证明了用 OVT 域数据进行叠前时间偏移时在各向异性速度分析方面的优势;Calvert(2012)等对方位速度各向异性的测量方法和 OVT 的相关知识进行了归纳,并进行了宽方位资料成像和方位速度分析,结果表明,OVT 域处理比常规共炮检距处理能获得更好的浅层成像效果。目前国内有关 OVT 域地震处理技术的研究已经处于工业性生产阶段。东方地球物理公司的曹孟启等对 OVT 技术进行了深入研究及应用。段文胜等应用 OVT 域处理技术进行了全方位高密度三维资料处理,并对 OVT 技术的特点和优势进行总结。

OVT 处理技术主要包括以下技术要点。

(1) 最小数据道集: 对于成像来说,地震采集最理想的情况是拥有遍布整个探区的单次覆盖数据集,但是实际上,这些数据集存在空间不连续性,这样就会产生偏移假象,要使偏移假象最小,就要使采集数据的空间不连续性最小,这种具有最小空间不连续性的数据集叫作准最小数据集。在实际生产中,由于地下地质状况的复杂性,理论需求的这种准最小数据集并不存在,因此必须寻找一个这样的数据集,可延伸至整个探区并且尽可能地接近最小数据集,基于这个想法,Vermeer(1999)提出了拟最小数据集的概念。如图 2-5-28 所示,即为六个相邻十字排列的向量片和由 OVT 形成的拟最小数据集。

(2) 十字排列与 OVT 道集: 近年来,宽方位地震资料处理技术迅速发展并逐渐成熟,如 Vermeer(1998,2002,2005)提出的炮检距向量槽(OVS)及后来从 OVS 演变而成的炮检距向量片(OVT)处理技术、Cary(1999,2001)提出的共炮检距向量(COV)处理技术、Paradigm 公司的 Earth Study 360 处理技术和 GeoEast OVT 处理技术等。尽管以上处理技术名称不同,但它们都表达了同一个含义,即采用分片技术构建同时拥有炮检距和方位角的共反射点道集,并针对这些共反射点道集以片(Tile)为单位进行处理。

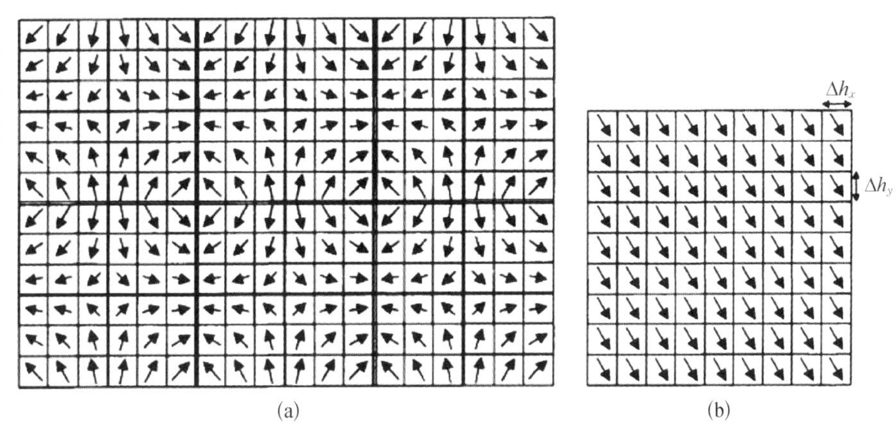

图2-5-28 (a) 六个相邻十字排列的向量片和(b) 由OVT形成的拟最小数据集

鉴于OVT概念能够更好地表达这一技术的精髓,因此,我们将以上技术统一称为OVT处理技术,而将利用OVT技术所处理得到的叠前地震道集称为OVT道集。

OVT技术的出现,是宽方位地震资料处理技术的一大进步,充分挖掘高密度、宽方位地震资料的潜力。

OVT能拓展到整个探区,并且使空间不连续性幅度最小。对于三维正交观测系统,十字排列是一种典型的最小数据集。在十字排列道集中应该包含一条炮点线和与之相交的一条检波点线的所有数据,其中炮线和检波线的交点构成十字排列的中心,其地下空间分布和一个单次覆盖的三维CMP叠加类似,因此,十字排列道集可代表地下一部分数据体的照明。但是由于受到最大有效炮检距范围的限制,它也是一个具有有限范围的最小数据集,并不能覆盖整个探区。单个OVT片是OVT道集的基本组成单元,它是由单个十字排列内一些相邻CMP点组成的数据子集,其大小等于相邻两条炮线和接收线所覆盖的范围,能拓展到整个探区,并且空间不连续性幅度最小。对于覆盖次数为N的观测系统,十字排列的面积可以细分为N个OVT,多个具有相同相似特征的OVT片重组后形成的一个单次覆盖的数据集,道集中的数据具有相似的传播路径方位和炮检距,且每个OVT道集都能对地下地质构造单独成像(图2-5-29、图2-5-30)。

图2-5-29描述了十字排列中OVT划分方法,图中的箭头方向表示对应OVT

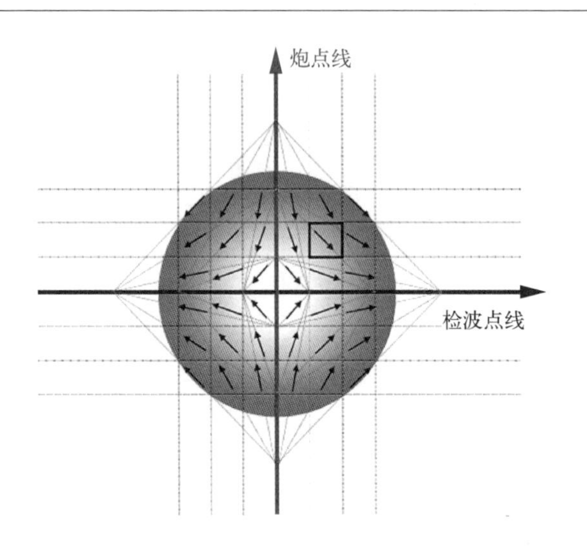

图2-5-29　十字排列与 OVT 关系示意图

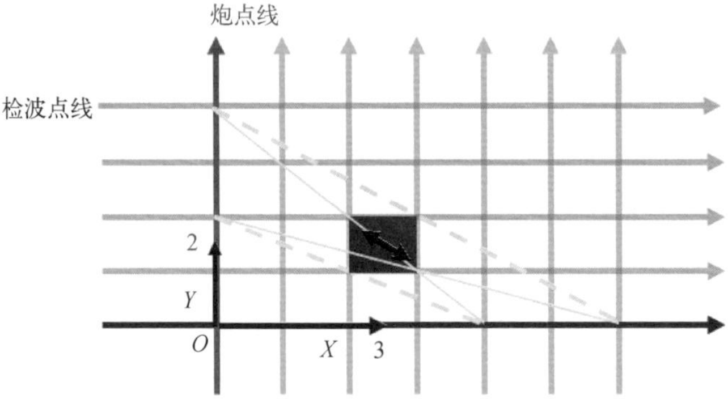

图2-5-30　十字排列中的单元(网格)大小的 OVT

道集中的中心方位。

进行叠前时间偏移处理时,传统共炮检距域处理由于 CMP 面元内炮检距分布不均(一般近远炮检距分布较少,而中炮检距分布较密集)致使偏移后 CRP 道集振幅不均衡,造成振幅随炮检距变化不能较好反映地下储层物性参数的变化。此外,传统的共炮检距偏移不能保存方位角信息,而 OVT 道集内各道炮检距和方位角相对恒定,是叠前时间或叠前深度偏移的理想数据集。偏移前先计算每个 OVT 道集的平均炮检距和方位角,作为该道集代表性的炮检距和方位角。OVT 道集偏移后的 CRP 道集整体能量均衡,近、中、远道能量趋于一致,能更好地保存炮检距和方位角信息,有利于进行方位各向异性分析、叠前反演和裂缝预测;OVT 偏移后数据可自由叠加组成不同分扇区数据体用于叠后裂缝预测。

由于 OVT 道集偏移后能够保留所有方位角的信息,经方位各向异性校正处理可消除方位各向异性对宽方位地震成像的影响,进一步提高宽方位地震勘探的成像精度。OVT 道集偏移后可按炮检距和方位角分选成“蜗牛道集”(Snail Gathers)进行方位各向异性分析和校正。

2.5.4.2 OVT 处理技术

对采集好的宽方位、高密度三维数据体需要用到 OVT 域资料处理技术,图 2-5-31 所示为 OVT 处理流程,按图中步骤抽取得到 OVT 道集,并进一步分析。

图 2-5-31 OVT 域资料处理流程图

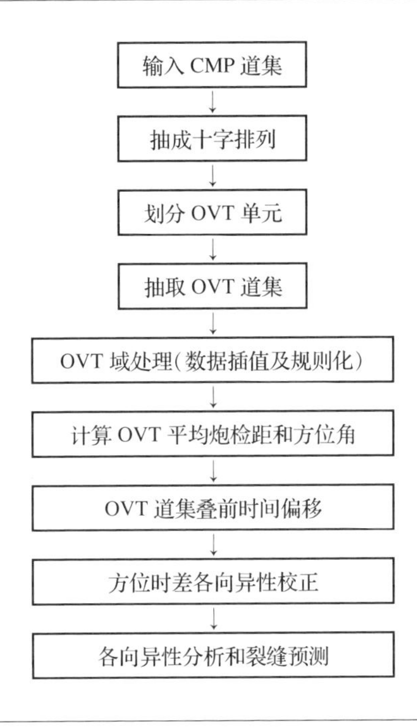

分选 OVT 道集: OVT 道集的分选是 OVT 域处理中最为核心的关键技术,正确分选 OVT 道集是后续 OVT 域处理的基础。

正交观测系统是由一系列十字排列组成的数据集,每个十字排列又可以划分成多个不同的 OVT 片。分选 OVT 道集就是重新将工区中所有可能十字排列道集中具有相对相同位置的 OVT 片取出来,并重新组合形成新的数据体。如图 2 - 5 - 32 所示,图 2 - 5 - 32(a)为不同十字排列中具有相对相同位置的两个 OVT 片,图 2 - 5 - 32(b)为重新组合形成的单次覆盖的 OVT 道集。每个十字排列道集都是具有有限照明范围的单次覆盖数据集,因此,在满覆盖区,十字排列对面元贡献的数量就等于工区的覆盖次数,即在满覆盖为 M 的地方,就可以分选出 M 个不同的单次覆盖的 OVT 道集。

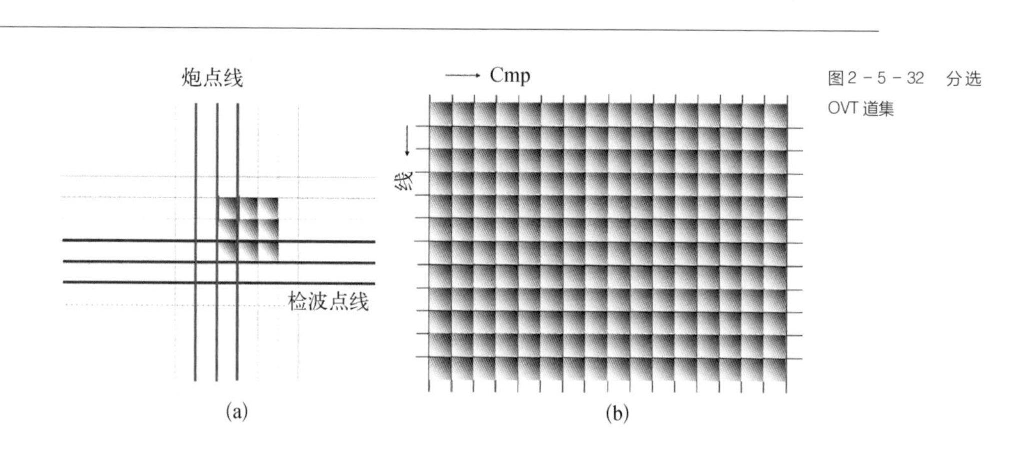

图 2 - 5 - 32　分选 OVT 道集

目前分选 OVT 道集主要分四步实现:

① 分选十字排列;

② 提取观测系统信息;

③ 分别沿着炮点线和检波点线方向对 OVT 片进行编号;

④ 根据 OVT 编号分选不同的 OVT 道集。

OVT 域插值规则化:在地震数据布线采集的过程中,往往由于地形、交通等原因,不可避免地使观测系统的设计不够规则化,从而导致炮检距、方位角和覆盖次数的分布也不规则,使得道集抽成不同方位角的共方位角道集、不同炮检距的共炮检距道集道数也就不同,这会影响地震偏移成像效果,给研究人员进行直观的解释带来了困难,也给多维道集应用带来影响。

目前常规域处理中,三维数据插值规则化技术一般是在共炮检距域进行的,其计算插值因子所用的区域内地震数据来自不同的方位。而在 OVT 域内,道集数据具有固定的方位角和炮检距范围,数据具有一致性,数据的相似性更好,插值因子求取更合理,可以获得更好的插值效果。进行五维插值可以把采集数据沿着炮检距、方位角、主测线、联络测线和时间的五维傅里叶谱作为约束条件来定义缺失道的自然属性,能更好地消除覆盖次数、炮检距和方位角差异。

作为宽方位地震勘探的配套技术,OVT 处理和解释技术既可生成高品质叠前地震道集,又能充分发挥宽方位地震勘探技术的优势而利用叠前地震信息进行叠前地震属性分析,并将其应用于地层的各向异性分析和裂缝预测。OVT 域叠前地震属性分析技术突破了传统的叠后地震资料构造解释技术的局限性,以 OVT 道集为基础实现了各向异性分析,显著提高了地震资料构造分析和储层预测的精度和准确性。

2.5.4.3 OVT 域裂缝预测技术优势

叠前地震正演模拟技术,可以模拟裂缝的方向、密度和所含流体变化时产生的地震响应特征,包括模拟地震反射振幅随方位角变化的特征和模拟地震振幅椭圆与裂缝发育方向的交互分析等,有助于指导后期制订分方位角叠加方案及确定解释本地区裂缝发育特征的地震属性,从而实现裂缝的定量描述。

对于窄方位观测三维地震数据,常规的裂缝预测方法采用的是分方位预测,即将数据按不同的方位分成多个方位数据,然后对这些分方位数据分析属性变化进行椭圆拟合确定裂缝走向(图 2－5－33)。进行 AVAZ 处理和解释前,首先对研究区观测系统参数进行分析,在正演结果指导下分选出最能反映裂缝特征的方位角道集数据体。对叠前地震道集进行分方位角处理时,还要充分考虑各个观测面元的覆盖次数和偏移距均衡的情况。此外,还要考虑研究区域的构造与断裂是否复杂,地震资料信噪比情况,避免方位角分得过多以至于覆盖次数不够,反而降低了预测准确性。因此,在保证裂缝预测精度要求的前提下,综合以上几方面因素的考虑,多次反复试验和调整,才能确定方位角划分方案。

页岩气三维地震采集观测系统普遍具有宽方位观测特点,有利于 OVT 处理技术的实施。目前,OVT 三维地震处理已经成为基本处理要求。常规处理数据进行分方位预测时,是先将地震数据体按方位一次性叠加分好,无法再改正,每部分叠加数据体的样点个数有限,预测精度也有限,特别是窄方位时椭圆拟合可信度不高,预测效果

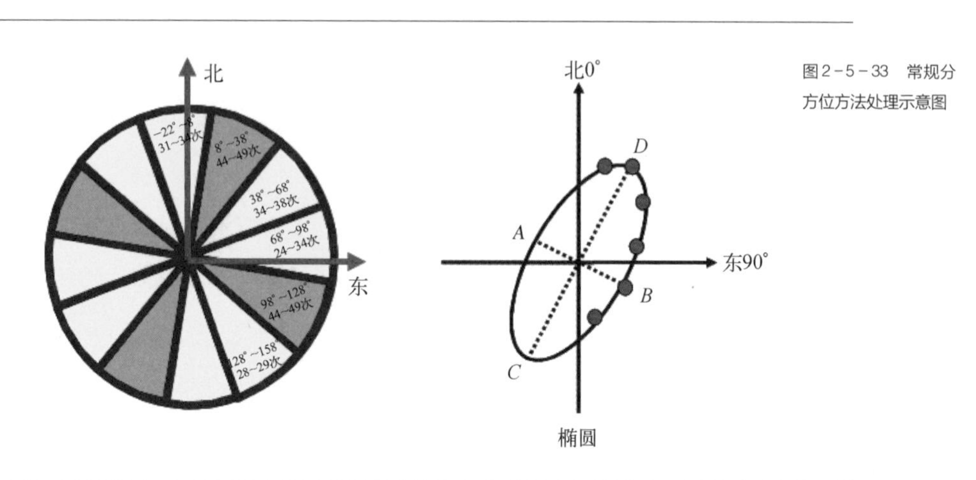

图2-5-33　常规分方位方法处理示意图

差。而基于 OVT 域的宽方位、高密度五维螺旋道集则优势明显，直接利用 OVT 道集进行预测，道集本身是全方位的，可以细分出更多方位，样点更多，方位角和炮检距信息可以进行交互分析，选择叠加范围更合理，椭圆拟合更可靠，裂缝走向预测精度大大提高。

图 2－5－34 为 OVT 处理流程与常规分方位处理流程示意图，与常规叠前处理

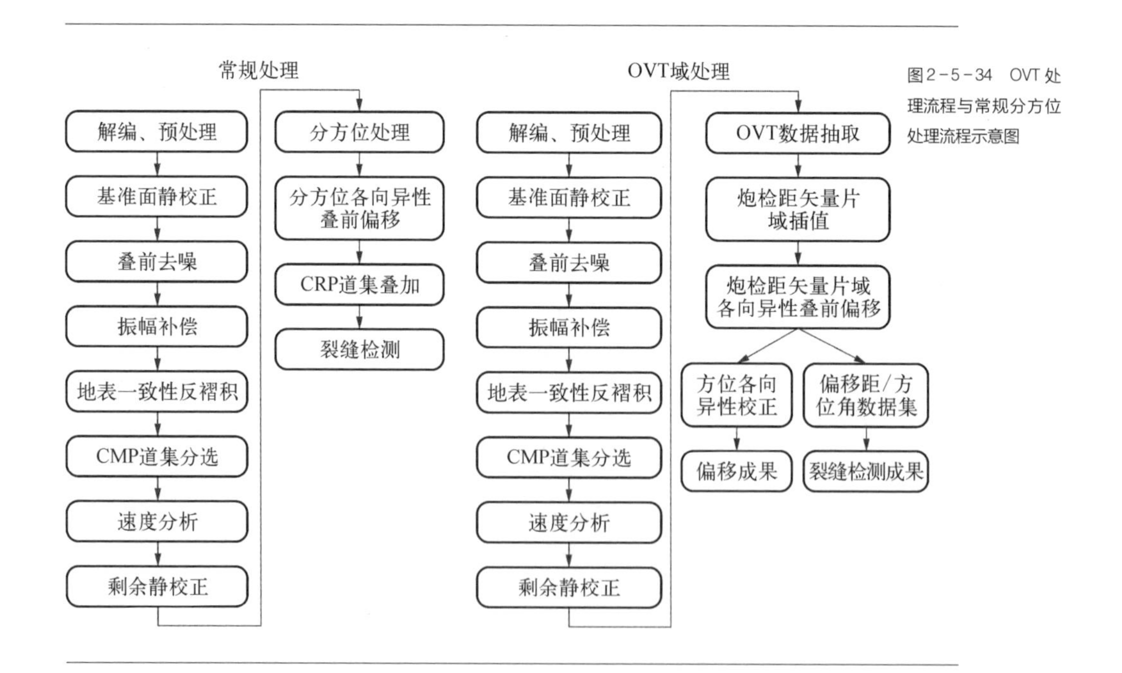

图2-5-34　OVT 处理流程与常规分方位处理流程示意图

CRP 道集相比，基于 OVT 域抽取合成道集具有更加保真、保幅；更好保留方位角信息；更好进行不同方位对裂缝敏感性和置信度分析等能力及优势。

2.5.5 单井 TOC 含量及脆性计算方法

TOC 含量是页岩气聚集成藏最重要的控制因素之一，不仅控制着页岩的物理化学性质，包括颜色、密度、抗风化能力、放射性和硫含量，也在一定程度上控制着页岩裂缝的发育程度，更重要的是控制着页岩的含气量。因此，TOC 含量是页岩储层评价的一项重要指标。通过已知钻井揭示的页岩岩心、样品 TOC 含量测试等统计资料对测井曲线进行标定，建立 TOC 含量与测井曲线对应的图版。在此基础上，根据 GR、岩性密度、中子、声波时差、电阻率等相关曲线对有机碳含量表现出来的特殊响应特征进行分析，综合各有利曲线来识别 TOC 含量，利用测井曲线对全井段进行 TOC 识别和预测，从纵向上划分有利目的层段。

目前，TOC 含量的求取方法主要是通过弹性参数与 TOC 含量的关系，通过三维地震反演确定 TOC 值域，识别出 TOC 富集区。基于地震叠后数据，利用地震纵波阻抗有效预测 TOC 含量。

2.5.5.1 TOC 含量影响因素分析

1. TOC 含量与水动力条件

沉积水动力条件与有机质含量有着密切的关系。弱水动力条件下，水体安静，为缺氧还原环境，有利于有机质的保存，有机质含量高；强水动力条件下，水体动荡，为氧化环境，有机质含量低。强弱水动力带对应的泥页岩构造为块状泥岩和纹层状泥岩（图 2－5－35、图 2－5－36）。

块状泥岩是海相沉积中一种十分常见的岩石，主要成分是黏土，多夹杂粉砂质成分，不具备明显的层理。块状泥岩多反映了沉积水体动荡、沉积速率快等特征。紊流、相对强烈的水体扰动是此类岩石的典型沉积环境。块状泥岩的结构和构造特征主要有：各成分分布较均匀，很少表现出成层性，黏土颗粒（或黏土鳞片）无明显定向（空间

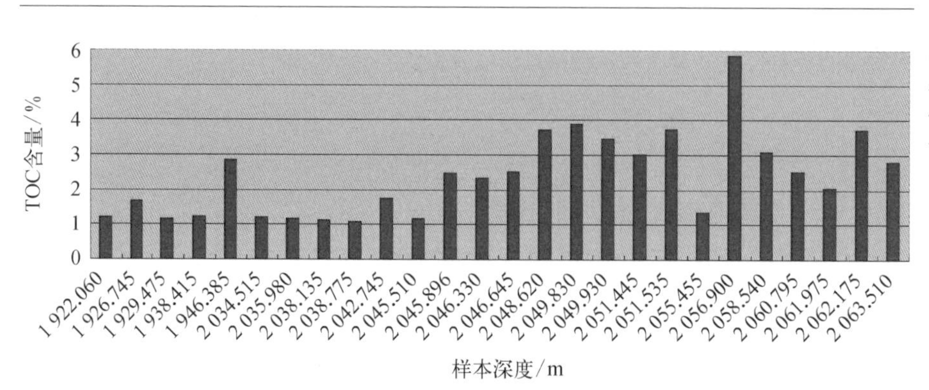

图2－5－35 弱水动力条件下的TOC含量分布

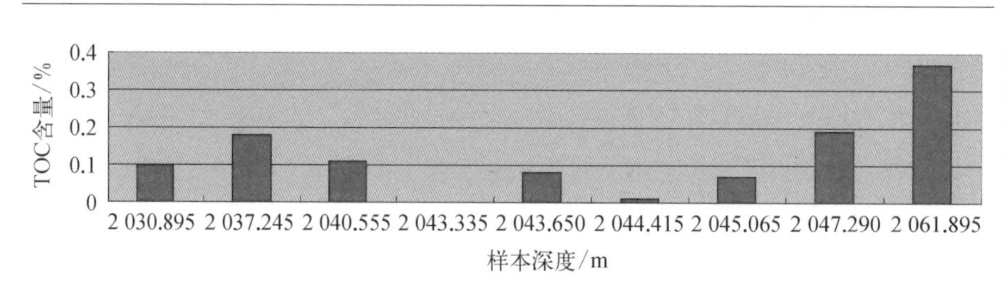

图2－5－36 强水动力条件下TOC含量分布

上杂乱排列，偏光显微镜下不具有统一消光。少量粗大颗粒可以定向，如介壳、碳屑、白云母等，定向程度反映沉积的速率和水体扰动程度）。

块状泥岩的成因主要是紊流状态下的泥质沉积，这类成因发育的泥岩都反映了当时较强的沉积水动力环境，见图2－5－37。沉积水体处于紊流状态，该状态下的紊流所

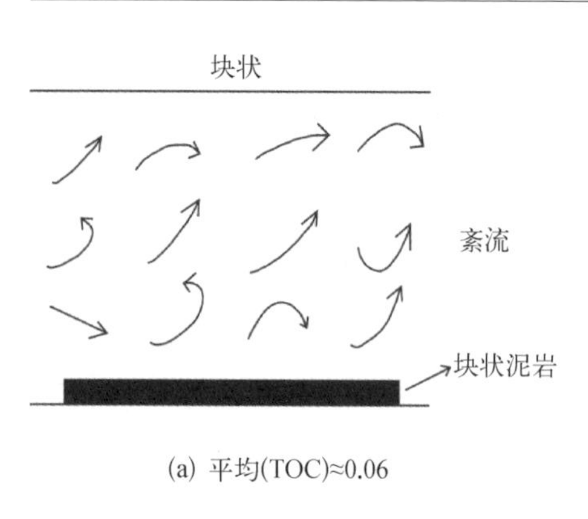

(a) 平均(TOC)≈0.06

(b)

图2－5－37 块状泥岩沉积机理图

发育的泥岩主要反映了水体有一定的扰动，但不是很剧烈，其福劳德数要远小于1。在水体持续扰动的条件下，表层沉积物的季节性变化很难被记录下来，无法形成明显的层理。

图2－5－38和图2－5－39为南方页岩气A井岩性分析，可以看到，块状泥岩无

图2－5－38 块状泥岩扫描电镜图

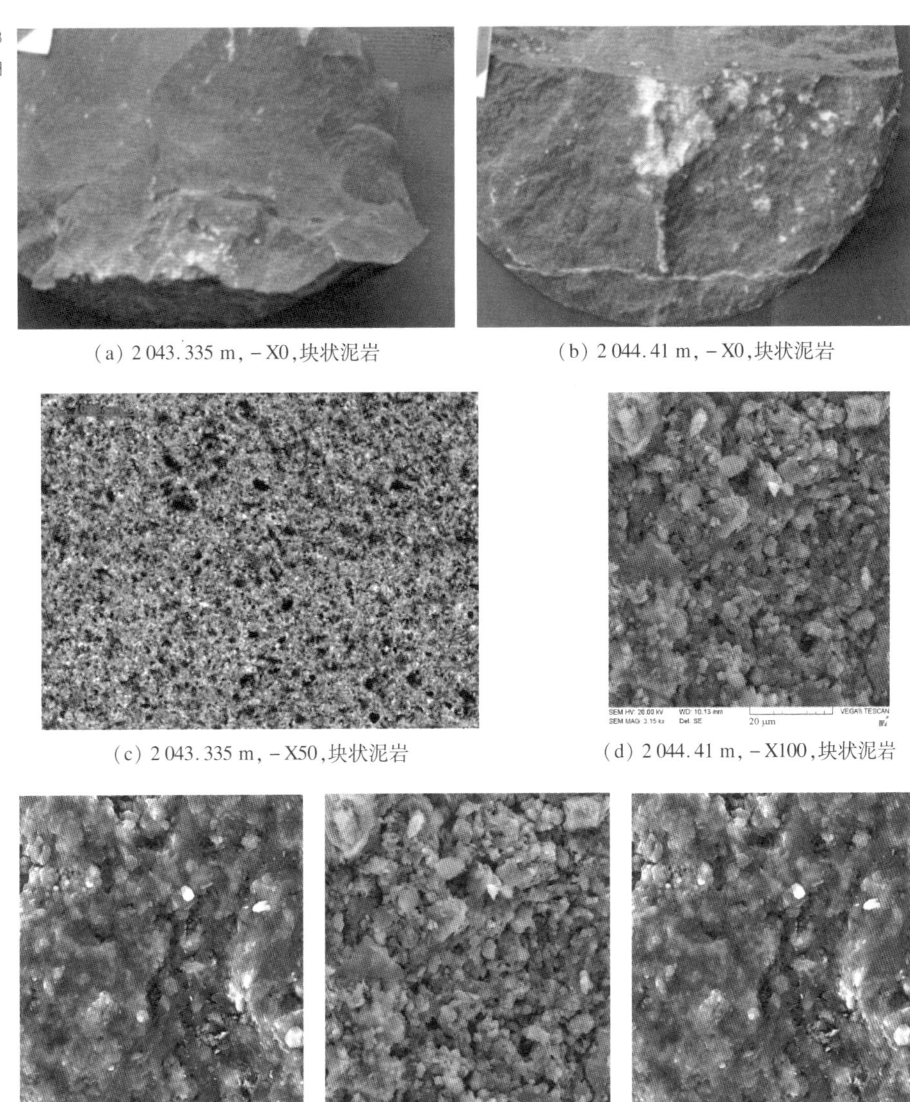

(a) 2 043.335 m，－X0，块状泥岩　(b) 2 044.41 m，－X0，块状泥岩

(c) 2 043.335 m，－X50，块状泥岩　(d) 2 044.41 m，－X100，块状泥岩

(e) 2 043.335 m，－X200 块状泥岩　(f) 2 043.65 m，－X200 块状泥岩　(g) 2 044.41 m，－X200，块状泥岩

(a) 2 043. 335 m,块状泥岩

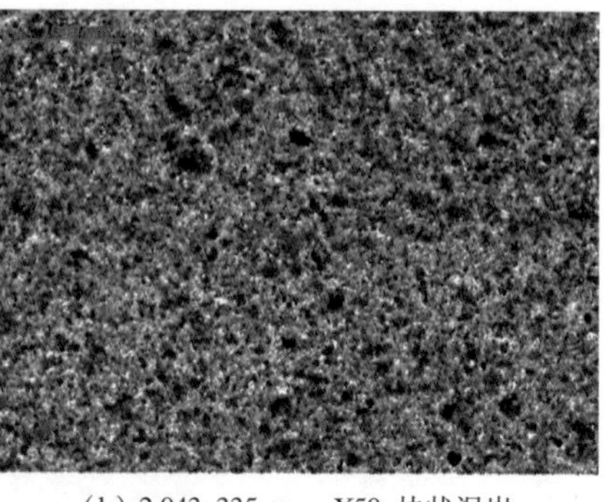

(b) 2 043. 335 m, - X50,块状泥岩

(c) 2 043. 335 m,块状泥岩

图 2 - 5 - 39 块状泥岩宏观-微观图

明显成层性,黏土颗粒空间上杂乱排列。

块状泥岩由于沉积水体动荡、沉积速率快,导致有机质难以较好保存。块状泥岩中有机质以局部富集型和分散型为主。块状泥岩中黏土矿物和碎屑矿物含量变化很大,相应的有机碳含量也波动较大,总体 TOC 含量较小。

纹层状泥岩段主要发育黏土 + 有机质纹层,该段纹层界线清晰可见,连续性很好。这代表了沉积水体较深,远离物源,水体水动力极弱等特征(图 2 - 5 - 40)。黏土矿物含量很高,有机质以顺层富集型为主,有机碳含量很高。

纹层状泥页岩的纹层界线清晰可见,连续性很好。黏土矿物定向排列,多见黄铁

图2-5-40 纹层状泥页岩沉积机理

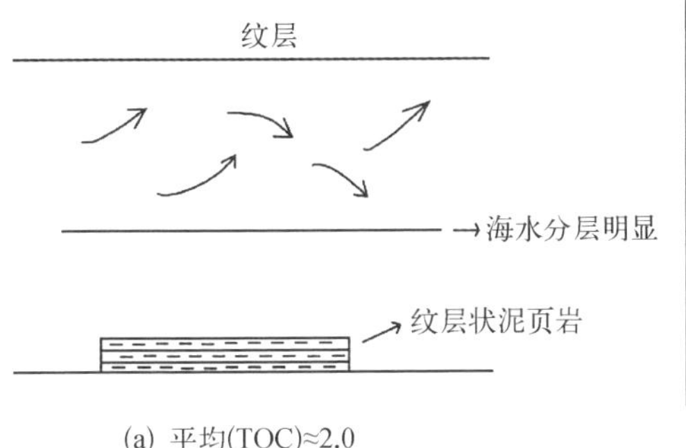

(a) 平均(TOC)≈2.0

(b) A井，2 038.14 m，纹层状泥页岩

矿（图2-5-41、图2-5-42）。

纹层状泥页岩主要是在海水分层的条件下形成的，反映了水体相对稳定的沉积环境，与块状泥岩的沉积水动力条件形成了明显差异；但是，在水体相对稳定的环境下，也存在着不同水动力条件的差异，这种差异性影响着海水的分层情况，而海水分层情况的不同进而会产生不同的纹层组合，导致黏土矿物含量和自生矿物含量明显不同，最终反映在相应层段的 TOC 含量存在显著差异。

2. TOC 与有机质含量

有机碳载体是有机质，有机质含量越高，有机碳含量越高。大量的研究试验表明，有机质含量与放射性有着极为紧密的联系。Beer（1945）利用自然伽马曲线识别出了

图2-5-41 纹层状泥页岩扫描电镜图

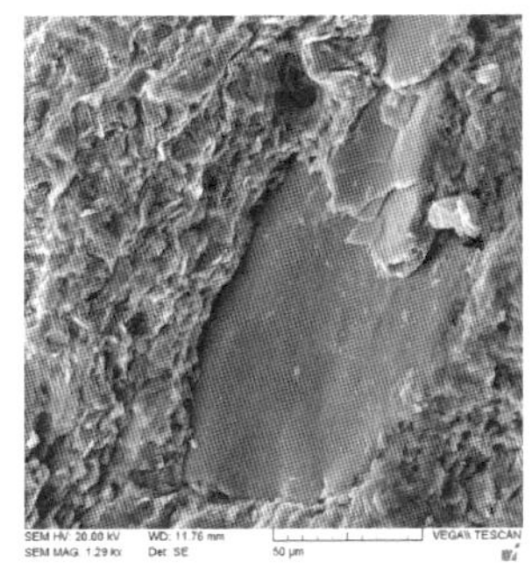

(a) 2 051.535 m，纹层状泥页岩

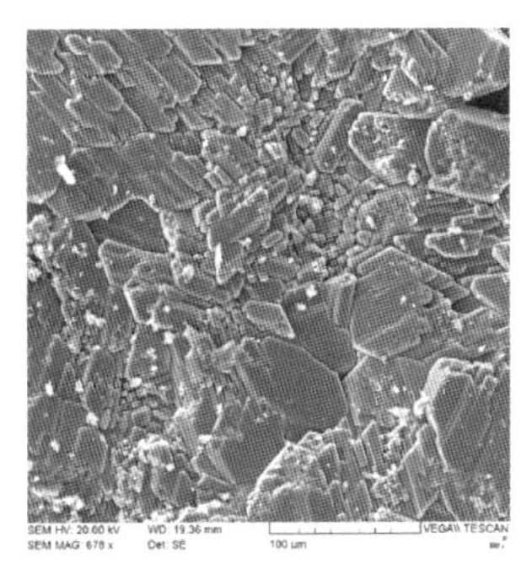

(b) 2 058.54 m，纹层状泥页岩

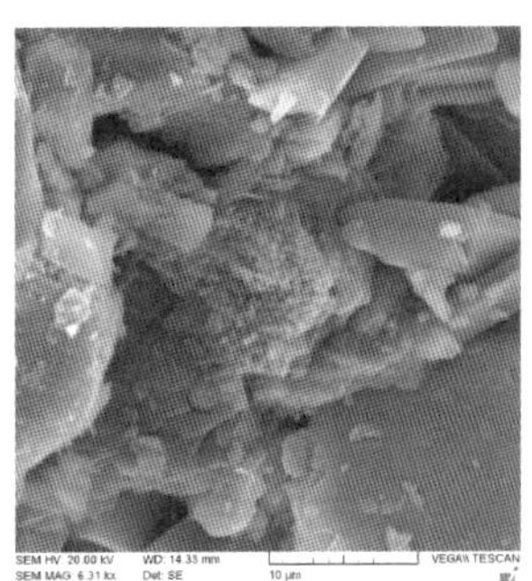

(c) 2 061.895 m，纹层状泥页岩

(a) 2 038.14 m，纹层状泥页岩

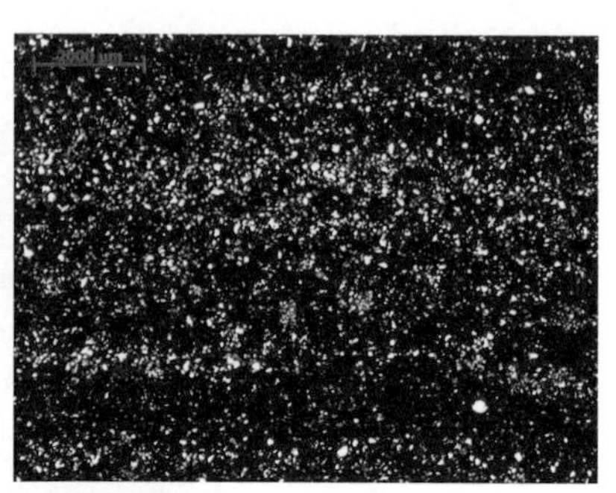

(b) 2 041.57 m,-X25,纹层状泥页岩

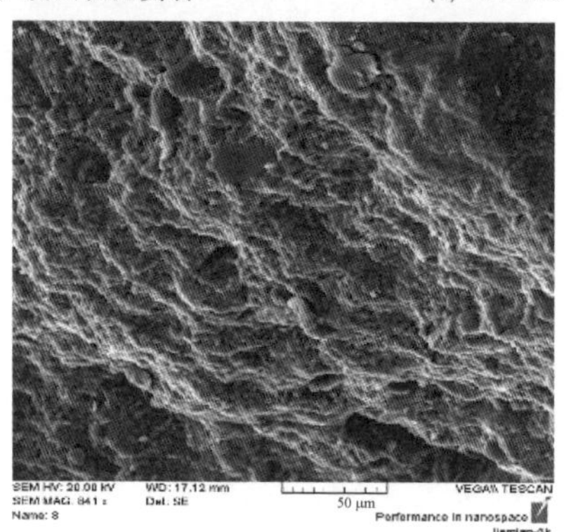

(c) 2 038.14 m，纹层状泥页岩

图2-5-42 纹层状泥页岩宏观-微观图

烃源岩;Swamson(1960)等人认为,自然伽马曲线异常与铀(U)含量有关,U含量与有机质含量之间存在一定的相关性;Murray(1968)发现,Williston盆地中Bakken泥岩多条测井曲线存在异常,其中自然伽马曲线尤为明显;Bjorlykke(1975),Schmoker(1981),Fertl(1988)指出烃源岩与自然伽马高值具有较高的相关性,可以用自然伽马来识别烃源岩段。烃源岩在自然伽马曲线上表现为高异常,主要原因是浮游生物可以吸附大量的U离子,而在海相环境中铀离子和其他微量元素又广泛富集,海相泥页岩中一般富集U元素;同时泥页岩粒度较细,比表面积大,对有机质吸附能力强,泥页岩中有机质含量较高,而有机质又与U元素有一定正相关关系。所以,泥页岩的自然伽马曲线表现为高异常(图2-5-43、图2-4-44)。

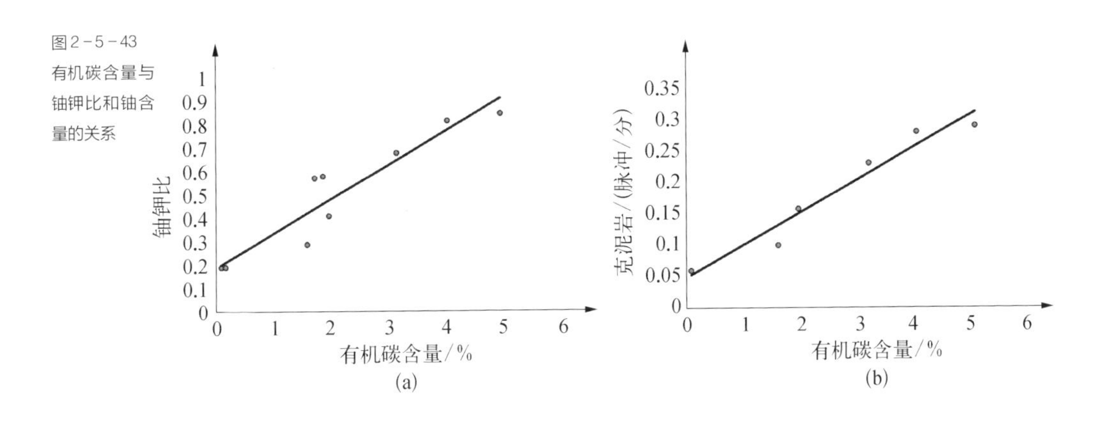

图2-5-43
有机碳含量与铀钾比和铀含量的关系

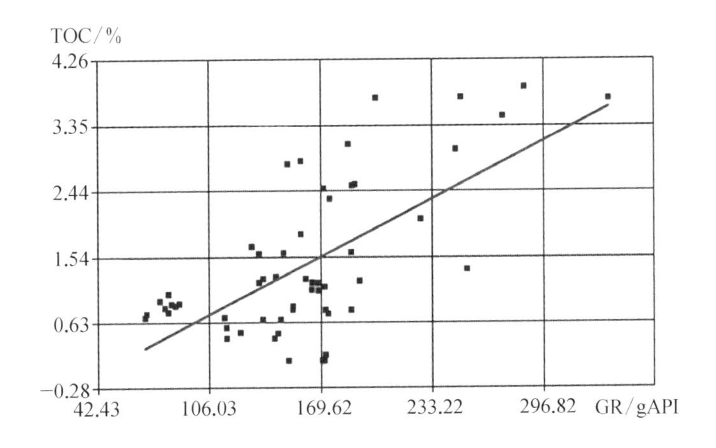

图2-5-44
TOC含量与放射性关系

3. TOC与碳酸盐含量

碳酸盐含量在目的井段有明显变化(图2-5-45),碳酸盐含量的高低反映了沉积环境的差异,碳酸盐含量也直接影响了有机质的赋存,必须加以考虑。在实际计算时,采用统一公式,误差较大。

针对上述影响有机碳含量的重要因素,在计算有机碳含量过程中采用了计算模型中添加有机碳反映敏感曲线和储层模式划分的手段来提高有机碳含量计算精度。

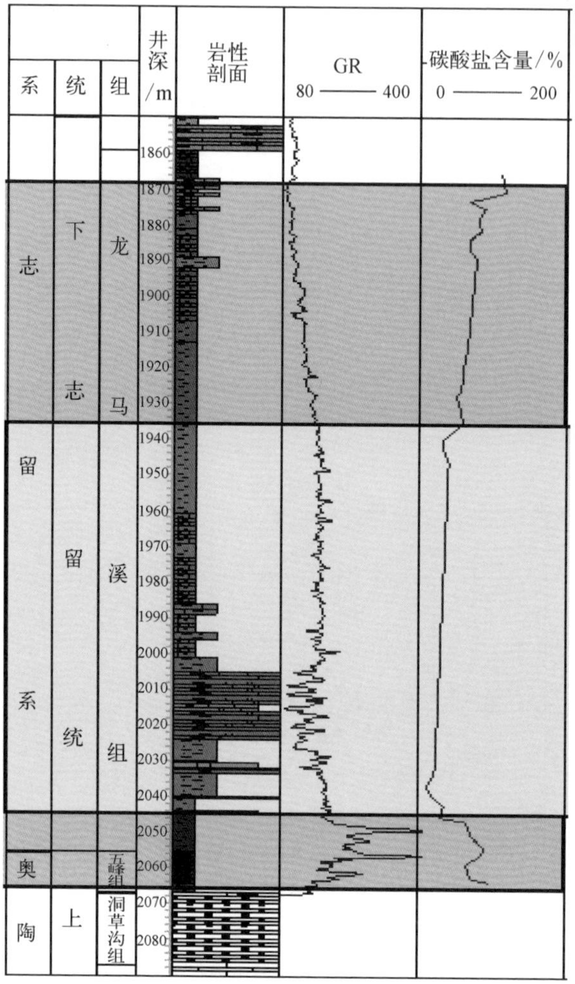

图2-5-45　A井碳酸盐含量分段

2.5.5.2　常规 $\Delta\lg R$ 法

$\Delta\lg R$ 法将泥页岩岩石简化为如图 2－5－46 所示的模型，在非源岩中，岩石组分包括岩石骨架和孔隙水；在未成熟源岩中，岩石组分包括岩石骨架、孔隙水和有机质；在成熟源岩中岩石组分包括岩石骨架、孔隙水、有机质和流体烃类。

$\Delta\lg R$ 法是根据电阻率和孔隙度与有机碳含量响应关系，利用电阻率-孔隙度曲线叠合图来确定 TOC 含量。有机质相对岩石骨架来说密度较低,声波时差在有机质中的传播速度低。因此,有机质含量增加导致声波时差增大,声波曲线向左偏移(图 2-5-47);

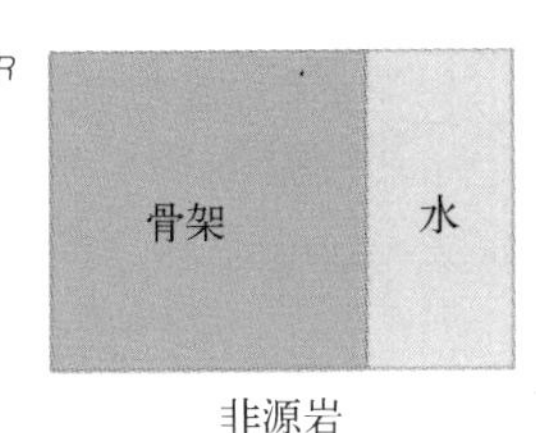

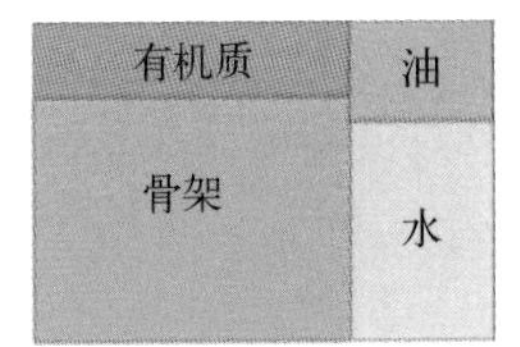

图2-5-46 ΔlgR法地质模型

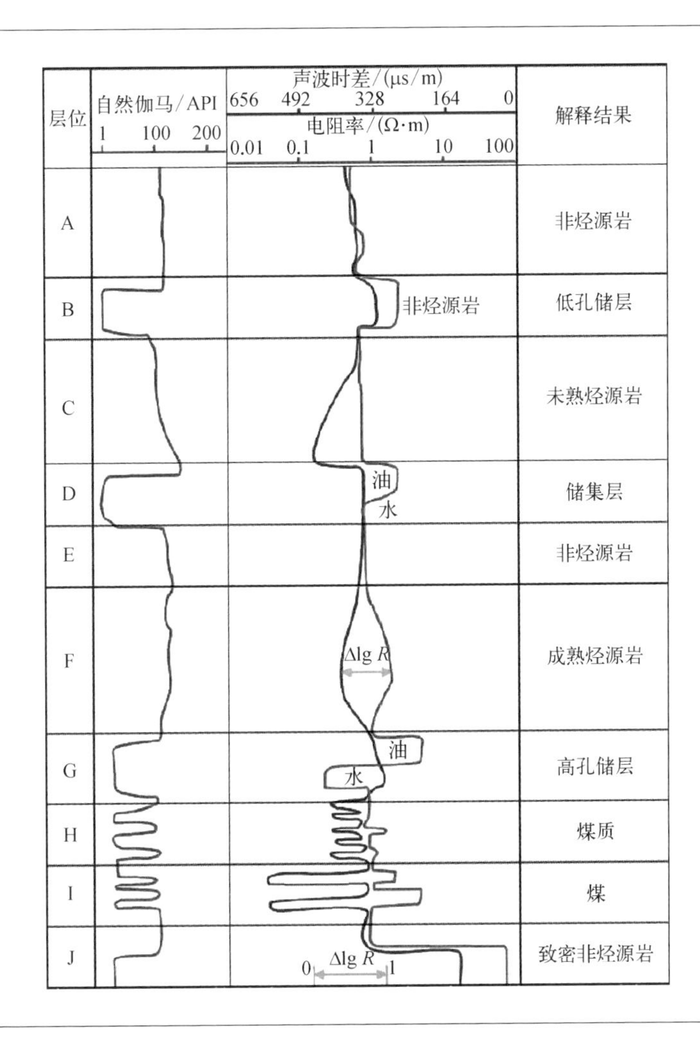

图2-5-47 ΔlgR法原理图

随着有机质成熟度的增加,有机质生烃排水,导致地层电阻率增大,电阻率曲线向右偏移,即高有机质使得地层声波曲线和电阻率曲线分离,间距即成为 $\Delta\lg R$,求出此值再结合该地区有机质成熟度即可直接求出有机碳含量。

2.5.5.3 脆性计算方法

通过对页岩全岩矿物分析,硅质含量在页岩储层中占有很大的比例,而页岩硅质含量直接影响页岩的脆性以及后期压裂效果,从而影响页岩气藏的开发效益。同时,硅质含量还会影响页岩微裂缝的发育,而页岩微裂缝对于页岩储层又有双重作用,一方面会增大页岩孔隙度,为其赋存提供更好的条件,并增大页岩储层的渗透率,使烃类气体充满整个页岩层,同时也对后期开采提供渗流通道;但另一方面如果所形成的裂缝太大,与上覆渗透层相连通,则会破坏已经形成的气藏,对气藏后期保存不利。

页岩的脆性是泊松比和杨氏模量的函数。这两个参数用偶极声波测井或是直接常规岩心测试可以获得。大多数产气页岩具有泊松比远小于 0.25,杨氏模量远大于 2.0 的明显特征。石英含量的多少对于脆性有着显著的意义。页岩中的石英含量通常大于40%,一般是粉砂岩且有着大量有机成因(海绵骨针和放射虫类)的石英组分。对于美国及加拿大含气页岩,其硅质含量大多都达到了40%以上,根据统计分析,开采下限应该在硅质含量25%以上,这主要是因为页岩气藏的开采需要进行压裂改造,储层需要较高脆度,否则压裂效果会大打折扣。目前,威远地区页岩中硅质含量已达到35%以上,具有较好的脆性,对天然形成裂缝或后期人为的压裂改造都有利。经对页岩全岩矿物分析可知,威远地区龙马溪组和筇竹寺组页岩硅质含量较高,均超过40%,脆性好,便于后期压裂开采。

Sondergeld 等(2010)提出地层脆性与岩石矿物组分关系:

$$\text{脆性指数} = \frac{\text{石英含量}}{\text{石英含量} + \text{碳酸盐含量} + \text{泥质含量}} \tag{2-50}$$

即当泥质含量增加时,脆性降低;当石英含量增加时,脆性升高。

Rickman 等(2008)对 Barnett 页岩区多口井进行统计,得到地层脆性与岩石矿物

组分关系图谱,并用岩石力学方法定义脆性指数:

$$E\_B_{\mathrm{RIT}} = [(E\_C - 1)/(8 - 1)] \times 100$$

$$\nu\_B_{\mathrm{RIT}} = [(\nu\_C - 1)/(0.15 - 0.4)] \times 100 \qquad (2-50)$$

$$B_{\mathrm{RIT}} = (E\_B_{\mathrm{RIT}} + \nu\_B_{\mathrm{RIT}})/2$$

式中, E_B_{RIT} 为杨氏模量指数; ν_B_{RIT} 为泊松比; B_{RIT} 为脆性指数。

图2-5-48为地层脆性与岩石矿物组分关系图谱,可以看出,当泥质含量增加时,脆性降低;当石英含量增加时,脆性升高。

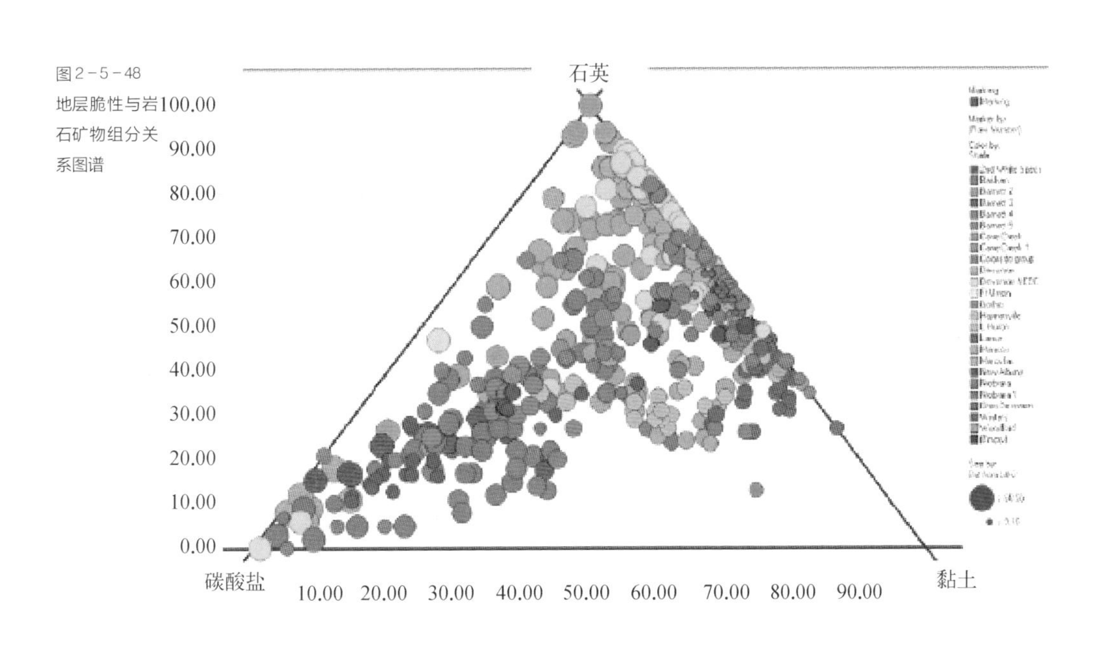

图2-5-48 地层脆性与岩石矿物组分关系图谱

国外有学者指出,即使在同一个区块,页岩储层的物性、岩性及岩石力学参数均存在很大差异。因此,必须根据工区实际储层情况,选择脆性指数最为敏感的弹性参数预测页岩储层脆性分布。

2.5.6 三维地震数据叠前反演

在常规油气藏勘探中,AVO 反演技术已经取得了很多成效,通过不同角度道集的数据体反演出不同的弹性参数,如纵横波阻抗、泊松比等。这些弹性参数在一定程度上反演了储层流体特性,如含烃储层一般表现为低的纵横波阻抗、低泊松比等,通过反演出的弹性参数为后续确定井位提供依据。与常规油气藏相比,页岩气的赋存方式不仅有离游气,还有吸附气和溶解气,页岩气储层与常规储层存在很大差别,主要表现在:储层均由细粒物质组成,岩石成分复杂,不仅有无机矿物,还有有机质,并且页岩气储层中存在大量吸附气;储层孔隙空间多样,特别是裂缝或裂隙更是影响页岩气产能的重要因素。页岩气的这些特点也决定了页岩气储层的解释与评价方法,与常规油气藏也存在较大区别。

2.5.6.1 弹性参数的意义

叠前地震反演技术的目的是获取与流体有关的岩层的弹性参数,首先介绍常见的几种弹性参数。图 2-5-49 为岩石介质理论物理模型示意图。

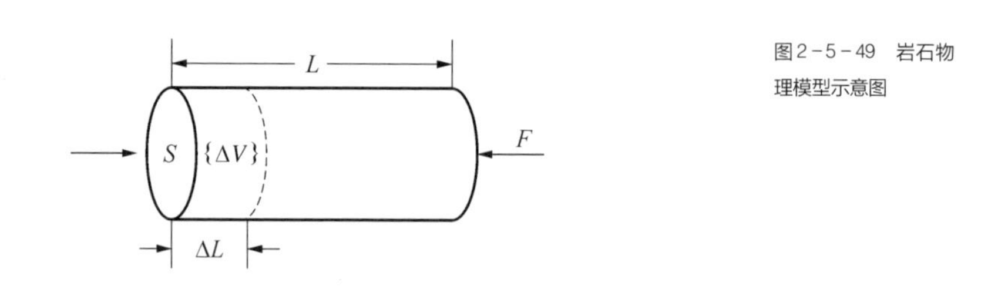

图 2-5-49 岩石物理模型示意图

(1) 杨氏模量 E(Young's Modulus),表示当纵向应力作用时所产生的纵向应变量,E 可表达为

$$E = \frac{\text{应力}}{\text{应变}} = \frac{F/S}{\Delta L/L} \tag{2-52}$$

杨氏模量 E 可以认为是表示物体抗拉伸或挤压的力学参数,E 越大,抗拉伸或挤压的阻力越大。

（2）剪切模量μ（Shear Modulus），表现为一种刚性，描述剪切应力与其相应的剪切应变间的关系，其表达式可为

$$\mu = \frac{剪切力}{剪切形变} = \frac{F/S}{\varphi}（\varphi 为切变角） \tag{2-53}$$

这里的剪切模量μ可以认为是表示物体阻止剪切应变的力学参数，其单位与应力相同，所以μ越大，剪切应变越小，另外液体中$\mu = 0$。

（3）体积模量K（Bulk Modulus），表现为一种不可压缩性，描述体应力（在物体的各个方向上产生均匀作用的力，即流体静压力）与物体相应的体积变化量之间的关系，所以其表达式可为

$$K = \frac{静压力}{体积相对变化} = \frac{F}{\Delta V/V} \tag{2-54}$$

式中，F代表流体静压力；$\Delta V/V$代表体积的相对变化。体积模量K可以认为是表示物体的抗压性质，所以又可称为抗压缩系数。

流体的体积模量是AVO分析中使用较多的弹性模量。从中可以看出，固体和流体的体积模量有很大的差值，同时，不同流体的体积模量也有明显的差别，比如气与水之间的体积模量差别巨大，达到100个数量级。在一定条件下，可以利用地层岩石的体积模量的差别来区分一些岩性和流体（油、水、气）。

（4）拉梅常数λ，该参数也是AVO分析中经常用到的一个弹性模量，与前文介绍的几种弹性模量不同，它不能在实验室中直接测量得到，另外也不像其他几种弹性模量那样具有明确的物理意义。不过也有学者给出了拉梅常数λ的含有明确物理意义的定义：阻止物体侧向收缩所需要的侧向张应力与纵向的拉伸形变之比。其表达式为

$$\lambda = \frac{横向应力}{纵向应变} = K - \frac{2}{3}\mu \tag{2-55}$$

式中，K和μ分别是岩石的体积模量和剪切模量。

（5）泊松比ν（Poisson's Ration），轴向应变与纵向应变之比，其变化大小往往用来衡量地层是否含有流体。其表达式可写为

$$\nu = \frac{\text{横向拉伸(或压缩)}}{\text{纵向压缩(或拉伸)}} = \frac{\Delta d/d}{\Delta L/L} \tag{2-56}$$

可以认为，ν 反映的是物体的横向拉伸（或压缩）对纵向的压缩（或拉伸）的影响，ν 越大，影响越小。其中，负号表示两个应变的方向相反，另外泊松比与速度的关系可表示为：

$$\nu = \frac{(v_{\mathrm{P}}/v_{\mathrm{S}})^2 - 2}{2 \times [(v_{\mathrm{P}}/v_{\mathrm{S}})^2 - 1]} \tag{2-57}$$

由上式可见，在自然界中，泊松比应该在0~0.5范围内变化，一般未胶结的砂土 ν 值较高，而坚硬岩石的 ν 较小；ν 为0.25的介质被称为泊松固体；而流体的 ν 为0.5。

岩石泊松比在进行振幅与炮检距的研究中有着非常重要的作用。在进行AVO岩性解释时，地层岩石的泊松比是识别岩性和流体的主要参数；因为不同岩石的泊松比与同一岩石含不同流体的泊松比，相对于速度、密度参数而言具有更明显的差别，存在很小的迭合现象。所以，岩石的泊松比更有利于识别岩性和流体。

影响岩石的泊松比的因素较多，一般认为其受到岩石成分、孔隙度、固结程度、原始地下条件（如温度和压力）、流体类型和孔隙形态等多种因素的影响。因此，我们也不能单一地利用地层泊松比变化来判断储层是否含流体。对于沉积岩而言，上面的影响因素可以分为两大类，即沉积岩的岩性和岩石物理特征，不同的沉积岩之间，其泊松比是有差别的，除去上面所述的这些有明确物理含义的可以反映流体的岩石弹性参数外，国内外学者还提出了下面这些用以识别流体的组合型参数，可以称之为流体识别因子。

Goodway 等（1997）推导出流体识别因子 λ_ρ，其表达式为

$$\lambda_\rho = Z_{\mathrm{P}}^2 - 2Z_{\mathrm{S}}^2 \tag{2-58}$$

式中，ρ 为岩石密度；Z_{P} 和 Z_{S} 分别为纵波阻抗和横波阻抗。

Russell 等（2001）在 Biot－Gassmann 理论的基础上推导了带调节参数 C 的识别因子，可以将其表达为

$$\rho f = Z_{\mathrm{P}}^2 - CZ_{\mathrm{S}}^2 \tag{2-59}$$

式中，f 为 Russell 等提出的流体因子。

贺振华等(2006)提出了具有高灵敏度的流体识别因子 HSFIF,其表达式为

$$\mathrm{HSFIF} = \frac{Z_P}{Z_S} Z_P^2 - B Z_S^2 \tag{2-60}$$

式中,B 为调节参数。

2.5.6.2 AVO 属性分析

AVO 技术是以弹性波理论为理论基础,研究地震反射振幅随炮检距(入射角)变化而变化的规律以及与地层岩性的关系,如图 2-5-50 所示。地震资料采集普遍为纵波入射产生的纵波数据。而 Zoeppritz 方程考虑了纵横波同时入射的复杂情况。结合实际,只考虑平面纵波入射的情况,这时 Zoeppritz 方程(C T Richter, 1958)为

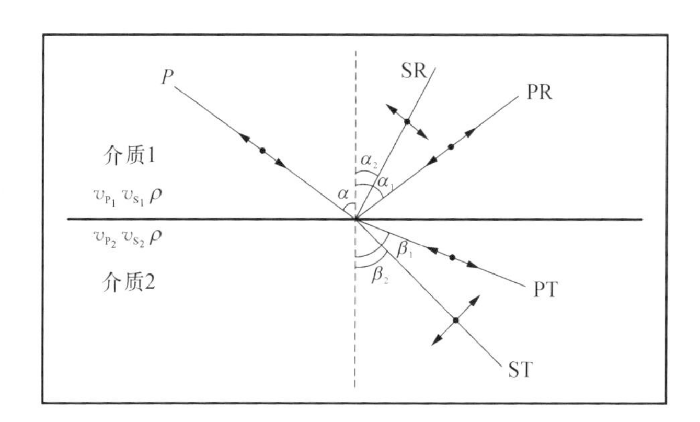

图 2-5-50 平面纵波入射时地震反射波和折射波示意图

$$\begin{bmatrix} \sin\alpha_1 & \cos\alpha_2 & -\sin\beta_1 & -\cos\beta_2 \\ \cos\alpha_1 & -\sin\alpha_2 & \cos\beta_1 & \sin\beta_2 \\ \sin 2\alpha_1 & \dfrac{v_{P1}}{v_{S1}}\cos 2\alpha_2 & \dfrac{\rho_2}{\rho_1}\cdot\dfrac{v_{S2}^2}{v_{S1}^2}\cdot\dfrac{v_{P1}}{v_{P2}}\sin 2\alpha_2 & \dfrac{\rho_2}{\rho_1}\cdot\dfrac{v_{P1}v_{S2}}{v_{S1}^2} \\ \cos 2\beta_1 & -\dfrac{v_{S1}}{v_{P1}}\sin 2\beta_1 & -\dfrac{\rho_2}{\rho_1}\cdot\dfrac{v_{P2}}{v_{P1}}\cos 2\beta_2 & \dfrac{\rho_2}{\rho_1}\cdot\dfrac{v_{S2}}{v_{P1}}\sin 2\beta_2 \end{bmatrix} \begin{bmatrix} A_{PR} \\ A_{SR} \\ A_{PT} \\ A_{ST} \end{bmatrix} = \begin{bmatrix} -\sin\alpha_1 \\ \cos\alpha_1 \\ \sin 2\alpha_1 \\ -\cos 2\beta_2 \end{bmatrix} \tag{2-61}$$

式中,A_{PR}、A_{SR}、A_{PT}、A_{ST} 为由入射波振幅 a_P 归一化处理了的反射波与透射波振幅,

亦可称为纵横波的反射与透射系数。

式(2-61)表示了反射纵波、反射横波、透射纵波和透射横波之间的能量分配关系。只要知道地层弹性参数,再由斯奈尔定律求得入射角以及投射角,最后根据式(2-61)就可求得产生的四个波的反射、透射系数。反之,如果知道了反射、透射系数与入射角、透射角,也可以根据该式求得地层的弹性参数。

基于 Zeoppritz 近似方程的 AVO 属性反演,主要以 Aki & Richards 近似公式和 Shuey 线性近似公式为基础。

(1) Koefoed(1955)给出了将泊松比与反射系数直接联系起来的 Zoeppritz 的近似方程,他利用 17 组纵波速度、密度和泊松比参数,较为详细地研究了泊松比对两个各向同性介质之间反射/折射面产生的反射系数的影响。1980 年,在 Koefoed 研究的基础上,K. I. Aki 和 P. G Richards 更进一步地研究了泊松比对反射系数的影响,并对 Zoeppritz 方程作了简化处理。经过研究,在大多数地球物理介质中,相邻两层介质的弹性参数变化较小,因此 $\Delta v_P/v_P$、$\Delta v_S/v_S$ 和 $\Delta\rho/\rho$ 与其他值相比较均为小值,从而纵波的反射振幅的表达式可写作:

$$R(\alpha) \approx \frac{1}{2}\left(1-4\cdot\frac{v_S^2}{v_P^2}\cdot\sin^2\alpha\right)\frac{\Delta\rho}{\rho}+\frac{\sec^2\alpha}{2}\cdot\frac{\Delta v_P}{v_P}\cdot\sin^2\alpha\cdot\frac{\Delta v_S}{v_S} \tag{2-62}$$

式中,$v_P=(v_{P1}+v_{P2})/2$ 为平均纵波速度;$\Delta v_P=(v_{P2}-v_{P1})$ 为纵波的速度差;$v_S=(v_{S1}+v_{S2})/2$ 为平均横波速度;$\Delta v_S=(v_{S2}-v_{S1})$ 为横波的速度差;$\rho=(\rho_1+\rho_2)/2$ 为平均密度;$\alpha=(\alpha_1+\alpha_2)/2$ 为反射角和透射角的平均值,大多数情况下认为反射角和透射角近似相等。

经过重新排序整理后式(2-61)可变形为

$$R(\alpha) \cong \frac{1}{2}\times\left(\frac{\Delta v_P}{v_P}+\frac{\Delta\rho}{\rho}\right)+\left(\frac{1}{2}\times\frac{\Delta v_P}{v_P}-4\times\frac{v_S^2}{v_P^2}\frac{\Delta v_S}{v_S}-2\times\frac{v_S^2}{v_P^2}\frac{\Delta\rho}{\rho}\right)\sin^2\alpha + \frac{1}{2}\times\frac{\Delta v_P}{v_P}(\tan^2\alpha-\sin^2\alpha) \tag{2-63}$$

式中第一项为法向入射反射系数,入射角稍大时要加上第二项,入射角较大时要加上第三项。可以看出按照式(2-63),要反演的参数有三个(密度反射率、纵波速度反射率和横波速度反射率)，所以又称为三参数 Aki & Richards 近似公式反演。理论上，利用叠前地震资料进行三参数反演是完全可行的。在实际应用中，由于噪声和振幅恢复不完全等因素的影响，常常造成密度项的反演结果不稳定，从而也导致了纵、横波速度反射率反演的不稳定。此外，就目前大多数实际资料而言，与速度相比，密度对振幅的影响是比较小的，密度一般对大炮检距情况下的振幅才有较大影响，而在大多数情况下，我们一般很少获得较大炮检距的资料。因此，基于这两点原因，为了保证反演结果的稳定，在实际中，利用 Aki & Richards 近似公式，有的软件常常只进行纵波速度反射率和横波速度反射率参数反演，具体做法就是利用 Gardner 公式给出的纵波速度和密度间的关系取代 Aki & Richards 近似公式中的密度项，这样可以得到如下关系式:

$$\Delta\rho/\rho \approx \frac{1}{4}\Delta v_P/v_P \tag{2-64}$$

将该式代入式(2-63)中，可以消去公式中的密度项，此时反演就可以建立如下的模型:

$$R(\alpha) \cong B\frac{\Delta v_P}{v_P} + C\frac{\Delta v_S}{v_S} \tag{2-65}$$

$$B = \frac{5}{8} - \frac{1}{2} \times \frac{v_S^2}{v_P^2}\sin^2\alpha + \frac{1}{2}\tan^2\alpha \tag{2-66}$$

$$C = -4\frac{v_S^2}{v_P^2}\sin^2\alpha \tag{2-67}$$

这样，只有两个参数需要反演，用最小二乘法进行拟合，反演出 $\Delta v_P/v_P$ 和 $\Delta v_S/v_S$。进而可以得到拟泊松比反射率、流体识别因子以及 P 波反射率等。

$$\sigma = \frac{\Delta v_P}{v_P} - \frac{\Delta v_S}{v_S} \tag{2-68}$$

流体识别因子:

$$\Delta F = \frac{\Delta v_P}{v_P} - 1.16\frac{v_S}{v_P}\cdot\frac{\Delta v_S}{v_S} \tag{2-69}$$

(2) 1985 年,R. T. Shuey 进一步研究了泊松比对反射系数的影响,并对 Zoeppritz 方程作了进一步的简化处理。根据该方程,人们在实际地震资料处理中产生了一整套深受解释人员欢迎的 AVO 属性剖面,从而促进了 AVO 技术在油气勘探中的应用。Shuey 认为,研究绝对振幅涉及的问题远比研究相对振幅复杂,因此 Shuey 给出了另外一个 Zoeppritz 方程的简化式子:

$$R(\alpha)/R_0 \approx 1 + A\sin^2\alpha + B(\tan^2\alpha - \sin^2\alpha) \tag{2-70}$$

其中,

$$R_0 \approx \frac{1}{2}\left(\frac{\Delta v_P}{v_P} + \frac{\Delta\rho}{\rho}\right) \tag{2-71}$$

$$A = A_0 + \frac{1}{(1-\sigma)^2}\cdot\frac{\Delta\sigma}{R_0} \tag{2-72}$$

$$A_0 = B - 2(1+B)\frac{1-2\sigma}{1-\sigma} \tag{2-73}$$

$$B = \frac{\Delta v_P/v_P}{\Delta v_P/v_P + \Delta\rho/\rho} \tag{2-74}$$

Shuey 近似公式中的 α 为入射角(认为入射角和透射角近似相等),当 α 在一个范围内连续变化时,弹性界面两边介质的弹性参数的变化和影响是有效的。研究表明:当入射角 α 为0°~ 30°时,函数 $\tan^2\alpha - \sin^2\alpha$ 趋近于零,此时可以认为第三项对反射系数没有影响,即方程为线性近似方程;当入射角 α 大于 30°时,第三项对反射系数起主导作用。

要研究绝对振幅只需将式(2-72)乘以 R_0,就可以得到绝对振幅表示的 Zoeppritz 方程的近似方程:

$$R(\alpha) \approx R_0 + \left[A_0 R_0 + \frac{\Delta\sigma}{(1-\sigma)^2}\right]\sin^2\alpha + \frac{1}{2}\frac{\Delta v_P}{v_P}(\tan^2\alpha - \sin^2\alpha) \tag{2-75}$$

在弹性性质百分比变化率比较小的前提下,若入射角 $\alpha < 30°$,则可将式(2-75)的第三项忽略不计,来自两个弹性介质之间的平面反射纵波的振幅与 $\sin^2\alpha$ 将呈近似的线性关系:

$$R(\alpha) = P + G\sin^2\alpha \tag{2-76}$$

式中，P 为该直线方程的截距；G 为该方程的斜率或梯度。依据 Aki 和 Richard(1980)以及 Shuey(1985)的结果，在一定的假设条件下，由于 $\Delta\rho$、Δv_P、Δv_S 分别相对于 ρ、v_P、v_S 比较小，且 $v_P/v_S=2$，于是可以得到：

$$P=R_0=R(0)=\frac{1}{2}\left(\frac{\Delta v_P}{v_P}+\frac{\Delta\rho}{\rho}\right) \tag{2-77}$$

$$G=\frac{1}{2}\left(-\frac{\Delta\rho}{\rho}+\frac{\Delta v_P}{v_P}-2\frac{\Delta v_S}{v_S}\right) \tag{2-78}$$

如果定义 $v_P\cdot\rho$ 为纵波阻抗，那么则可以将 $\Delta(\ln v_P\rho)$ 理解为纵波反射系数，同理也可以把 $\Delta(\ln v_S\rho)$ 理解为横波反射系数。于是可以得到：

$$P=\frac{1}{2}\left(\frac{\Delta\rho}{\rho}+\frac{\Delta v_P}{v_P}\right)=\frac{1}{2}\Delta(\ln v_P\rho)=\frac{1}{2}(\text{纵波反射系数}) \tag{2-79}$$

$$G=\frac{1}{2}\left(-\frac{\Delta\rho}{\rho}+\frac{\Delta v_P}{v_P}-2\frac{\Delta v_S}{v_S}\right)=\frac{1}{2}\left[\left(\frac{\Delta\rho}{\rho}+\frac{\Delta v_P}{v_P}\right)-2\left(\frac{\Delta\rho}{\rho}+\frac{\Delta v_S}{v_S}\right)\right]$$

$$=\frac{1}{2}[(\text{纵波反射系数})-(\text{横波反射系数})] \tag{2-80}$$

由以上两个式子可以看出，代表纵波反射振幅的截距 P 等于纵波阻抗自然对数的一半或纵波反射系数的一半；斜率 G 等于纵波反射系数与横波反射系数之差的一半。

根据前述简化的直线方程所求得的 P 和 G，可以进一步定义 S 波剖面：

$$S=\frac{1}{2}(P-G)=\frac{\Delta\rho}{\rho}+\frac{\Delta v_S}{v_S}=\Delta(\ln v_S\rho) \tag{2-81}$$

这个方程与讨论P波剖面时的方程相似，如果把 $v_S\rho$ 理解为横波阻抗，就可以把 $\Delta(\ln v_S\rho)$ 看作横波的反射系数，这就是我们为什么把 $P-G$ 的结果称作 S 波剖面的原因。为了便于解释对比，一般 S 波剖面是用 P 波的旅行时间显示出来的，S 波剖面的解释与 P 波剖面的解释相似。在正常极性显示下的剖面上，波峰表示 S 波阻抗的增加，波谷表示 S 波阻抗的减小。

泊松比差值剖面定义为

$$PR = \frac{4}{3}(P + G) = \frac{4}{3}\left(\frac{\Delta v_P}{v_p} - \frac{\Delta v_S}{v_S}\right) = \frac{4}{3}\Delta\ln\left(\frac{v_P}{v_S}\right)$$

$$= \frac{2}{3}\Delta\ln\left(\frac{v_P^2}{v_S^2}\right) = \frac{2}{3}\Delta\ln\left[\frac{2(1-\nu)}{1-2\nu}\right]$$

$$= \frac{2}{3}\frac{\Delta\nu}{(1-\nu)(1-2\nu)} = \frac{2}{3}\left(\frac{1}{0.5-\nu} - \frac{1}{1-\nu}\right)\Delta\nu \qquad (2-82)$$

因为在$0 < \nu < 0.5$范围讨论问题,故上式$\Delta\nu$的系数是恒大于零的,所以$P + G$的结果与$\Delta\nu$的变化是一致的,呈正比关系。在泊松比差值剖面上数值的符号反映了泊松比差值$\Delta\nu$的变化,在正常极性条件下,正值意味着泊松比增加,负值意味着泊松比减小。

2.5.6.3 叠前弹性参数反演

1. Connolly 的 EI 反演公式

Connolly(1999)首次给出了弹性波阻抗计算公式,该方法存在的主要问题是求取的弹性波阻抗数值随着角度的变化而变化,因此无法与声波阻抗相对比,而且求取的反射系数不稳定,其推导过程如下。

Shuey 的二阶 Zeoppritz 近似方程:

$$R(\theta) = A + B\sin^2\theta + C\sin^2\theta\tan^2\theta \qquad (2-83)$$

其中:

$$A = \frac{1}{2}\left(\frac{\Delta v_P}{\bar{v}_P} + \frac{\Delta\rho}{\bar{\rho}}\right);\ B = \frac{\Delta v_P}{2\bar{v}_P} - 4\frac{v_S^2}{v_P^2}\frac{\Delta v_S}{\bar{v}_S} - 2\frac{v_S^2}{v_P^2}\frac{\Delta\rho}{\bar{\rho}};\ C = \frac{1}{2}\frac{\Delta v_P}{\bar{v}_P} \qquad (2-84)$$

$$\bar{v}_P = [v_P(t_i) + v_P(t_{i+1})]/2$$

$$\Delta v_P = v_P(t_i) - v_P(t_{i+1})$$

$$\frac{v_S^2}{v_P^2} = \left[\frac{v_S^2(t_i)}{v_P^2(t_i)} + \frac{v_S^2(t_{i-1})}{v_P^2(t_{i-1})}\right]\Big/2 \qquad (2-85)$$

根据声波阻抗公式,可以假设

$$R(\theta)=\frac{f(t_i)-f(t_{i-1})}{f(t_i)+f(t_{i-1})}\approx\frac{1}{2}\times\frac{\Delta \mathrm{EI}}{\overline{\mathrm{EI}}}\approx\frac{1}{2}\Delta\ln(\mathrm{EI});$$

$$\frac{1}{2}\Delta\ln(\mathrm{EI})=\frac{1}{2}\left(\frac{\Delta v_{\mathrm{P}}}{\bar{v}_{\mathrm{P}}}+\frac{\Delta\rho}{\bar{\rho}}\right)+\left(\frac{\Delta v_{\mathrm{P}}}{2\bar{v}_{\mathrm{P}}}-4\frac{v_{\mathrm{S}}^2}{v_{\mathrm{P}}^2}\frac{\Delta v_{\mathrm{S}}}{v_{\mathrm{S}}}-2\frac{v_{\mathrm{S}}^2}{v_{\mathrm{P}}^2}\frac{\Delta\rho}{\bar{\rho}}\right)\sin^2\theta+\frac{1}{2}\times\frac{\Delta v_{\mathrm{P}}}{\bar{v}_{\mathrm{P}}}\sin^2\theta\tan^2\theta \tag{2-86}$$

若用 K 代替 $v_{\mathrm{S}}^2/v_{\mathrm{P}}^2$，则可将上式整理为

$$\frac{1}{2}\Delta\ln(\mathrm{EI})=\frac{1}{2}\left[\frac{\Delta v_{\mathrm{P}}}{\bar{v}_{\mathrm{P}}}(1+\sin^2\theta)+\frac{\Delta\rho}{\bar{\rho}}(1-4K\sin^2\theta)-\frac{\Delta v_{\mathrm{S}}}{\bar{v}_{\mathrm{S}}}8K\sin^2\theta+\frac{\Delta v_{\mathrm{P}}}{\bar{v}_{\mathrm{P}}}\sin^2\theta\tan^2\theta\right] \tag{2-87}$$

又 $\sin^2\theta\tan^2\theta=\tan^2\theta-\sin^2\theta$，故有：

$$\frac{1}{2}\Delta\ln(\mathrm{EI})=\frac{1}{2}\left[\frac{\Delta v_{\mathrm{P}}}{\bar{v}_{\mathrm{P}}}(1+\tan^2\theta)-\frac{\Delta v_{\mathrm{S}}}{\bar{v}_{\mathrm{S}}}8K\sin^2\theta+\frac{\Delta\rho}{\bar{\rho}}(1-4K\sin^2\theta)\right] \tag{2-88}$$

用 $\sin^2\theta$ 代替 $\tan^2\theta$，$\Delta x/x$ 近似为 $\Delta\ln x$，则有：

$$\Delta\ln(\mathrm{EI})=(1+\tan^2\theta)\Delta\ln(v_{\mathrm{P}})-8K\sin^2\theta\Delta\ln(v_{\mathrm{S}})+(1-4K\sin^2\theta)\Delta\ln\rho \tag{2-89}$$

把 K 视为常数，则上式为

$$\begin{aligned}\Delta\ln(\mathrm{EI})&=\Delta\ln[v_{\mathrm{P}}^{(1+\tan^2\theta)}]-\Delta\ln(v_{\mathrm{S}}^{8K\sin^2\theta})+\Delta\ln[\rho^{(1-4K\sin^2\theta)}]\\&=\Delta\ln[v_{\mathrm{P}}^{(1+\tan^2\theta)}v_{\mathrm{S}}^{-8K\sin^2\theta}\rho^{(1-4K\sin^2\theta)}]\end{aligned}$$

$$\mathrm{EI}=v_{\mathrm{P}}^{(1+\tan^2\theta)}v_{\mathrm{S}}^{(-8K\sin^2\theta)}\rho^{(1-4K\sin^2\theta)} \tag{2-90}$$

用 $\sin^2\theta$ 代替 $\tan^2\theta$，则：

$$\mathrm{EI}=v_{\mathrm{P}}^{(1+\sin^2\theta)}v_{\mathrm{S}}^{(-8K\sin^2\theta)}\rho^{(1-4K\sin^2\theta)} \tag{2-91}$$

该公式求取的 EI(θ)值随着角度的变化而变化,因此在综合分析声波阻抗与弹性波阻抗时,首先需要将弹性波阻抗变换为声波阻抗,这给实际工作带来了不便。

2. 归一化的 Connolly 的 EI 反演公式

2002 年,Whitcombe 对 Connolly(1999)的公式(2-89)进行了归一化,如下:

$$\mathrm{EI}(\theta) = \alpha^a \beta^b \rho^c \tag{2-92}$$

式中,$a = (1 + \sin^2\theta)$;$b = -8K\sin^2\theta$;$c = (1 - 4K\sin^2\theta)$;$K = \dfrac{\left(\dfrac{\beta_n^2}{\alpha_n^2}\right) + \left(\dfrac{\beta_{n+1}^2}{\alpha_{n+1}^2}\right)}{2}$,其值为 0.2 ~ 0.25,应根据实际资料来确定(一般取值为 0.21 或 0.22)。

归一化为

$$\mathrm{EI}(\theta) = \left(\frac{\alpha}{\alpha_0}\right)^a \left(\frac{\beta}{\beta_0}\right)^b \left(\frac{\rho}{\rho_0}\right)^c \tag{2-93}$$

为了与声阻抗对比,进一步改善为

$$\mathrm{EI}(\theta) = \alpha_0\rho_0 \left(\frac{\alpha}{\alpha_0}\right)^a \left(\frac{\beta}{\beta_0}\right)^b \left(\frac{\rho}{\rho_0}\right)^c \tag{2-94}$$

这样 $\mathrm{EI}(0) = \alpha_0\rho_0$ 即为声阻抗值。该式引入了常数 $\alpha_0\rho_0$ 作为参考值,把弹性波阻抗归一化到声波阻抗的尺度上。

3. Whitcombe 的扩展 EI 反演公式

2002 年 Whitcombe 提出了扩展弹性阻抗(EEI),其理论依据如下:

(1) 1996 年,Dong 由 Zoeppritz 方程推导出了关于体积模量的公式:

$$\Delta\kappa = \frac{(3A + B + 2C)\alpha^2\rho}{1.5} \tag{2-95}$$

$$R_\kappa = \left(\frac{\Delta\kappa}{\kappa}\right) = \left(A + \frac{B}{3 + 2f}\right)\left(\frac{3 + 2f}{3 - 4f}\right) \tag{2-96}$$

这种表达形式第一项可以认为是 AVO 的一阶近似方程:

$$R(\theta) = A + B\sin^2\theta \tag{2-97}$$

因此，$\sin_2\theta_\kappa = \frac{1}{3+2f}$。

由 Gardner 公式得 $f = 0.8$，从而得到 $\sin^2\theta_\kappa = 0.22$，即 $\theta_\kappa = 28°$。

（2）1996 年 Dong 给出了一个关于剪切模量的公式：

$$\Delta\mu = \frac{(C-B)\alpha^2\rho}{2} \tag{2-98}$$

$$R_\mu = \left(\frac{\Delta\mu}{\mu}\right) = \left(A - \frac{B}{f}\right)\left(\frac{f}{4\kappa}\right) \tag{2-99}$$

也有：$\sin^2\theta_\mu = -1/f = -1/0.8 = -1.25$，实际情况中没有角度能与之对应。

（3）1999 年，C. Sondergeld 给出了一个关于拉梅系数的公式：

$$\Delta\lambda = (2A+B+C)\alpha^2\rho \tag{2-100}$$

$$R_\lambda = \left(\frac{\Delta\lambda}{\lambda}\right) = \left(A + \frac{B}{2+f}\right)\left(\frac{2+f}{2-4f}\right) \tag{2-101}$$

同上可得到，$\sin^2\theta_\lambda = \frac{1}{2+f}$，因为 $f = 0.8$，故有，$\sin^2\theta_\lambda = 0.36$，即 $\theta_\lambda = 37°$。

结合以上理论依据，Whitcombe 把 Zoeppritz 方程的线性近似方程中的 $\sin^2\theta$ 由 $\tan\theta$ 代替后，

$$R = A + B\tan x \tag{2-102}$$

这样反射系数的取值就在正负无穷了，剪切模量系数也在其范围之内了。

$$R = \frac{(A\cos x + B\sin x)}{\cos x} \tag{2-103}$$

令 $R_S = R\cos x$，则

$$R_S = A\cos x + B\sin x \tag{2-104}$$

则弹性阻抗的公式变为

$$EEI(x) = \alpha_0\rho_0\left[\left(\frac{\alpha}{\alpha_0}\right)^p\left(\frac{\beta}{\beta_0}\right)^q\left(\frac{\rho}{\rho_0}\right)^r\right] \tag{2-105}$$

式中，$p = (\cos x + \sin x)$；$q = -K\sin x$；$r = (\cos x - 4K\sin x)$；

式(2-105)就是扩展的弹性阻抗，简写为EEI。其具有以下两个显著的优点：

① 由于用$\tan x$代替了$\sin^2\theta$，因此方程定义在±∞，而非$\sin^2\theta$所限制的[0，1]区间，可以计算一些具有特殊意义的弹性参数，可用于岩性和流体预测；

② 引入了常数v_{P_0}，v_{S_0}，ρ_0，把弹性波阻抗归一化到声波阻抗的尺度上。

4. 纵横波阻抗同步反演

这种反演方式是目前实际生产中应用较为普遍的叠前弹性反演的一种形式。在反演出弹性波阻抗后，利用前文提到的Zoeppritz方程简化式再进行计算，同时得到了纵横波阻抗、密度、纵横波速比等弹性参数。利用反演结果直接计算泊松比σ、拉梅系数λ等地下介质的与储层流体相关的弹性参数。这种方法可以比较快速地得到各种弹性参数数据体。

另外，在实际的生产研究中，叠前波阻抗反演主要包含了以下四项关键步骤：

① 基于流体替换模型的井中横波速度模拟；

② 与入射角度有关的子波提取；

③ 复杂地质构造情况下弹性波阻抗建模；

④ 纵横波阻抗、泊松比、拉梅系数和剪切模量反演。

2.5.6.4 叠前弹性参数与页岩气甜点预测

页岩气的地震甜点预测技术主要包括运用地球物理技术评价页岩气储层的有机质碳含量(TOC含量)、弹性参数[杨氏模量(E)]、泊松比、脆性(Britless)、矿物组分、含气饱和度等，通过求取这些储层参数最终确定页岩气甜点区。通过叠前地震信息反演出页岩气储层的弹性参数，如纵横波阻抗、密度、杨氏模量、泊松比、脆性、地应力等，为后续页岩气“甜点”预测和水平井设计提供依据。

目前，国内外求取甜点参数的主流方法是根据岩心及测井数据建立叠前弹性参数与TOC含量、脆性的关系，然后以井为约束，利用三维地震叠前反演外推到三维工区，这样就实现了TOC含量及脆性平面预测。

其主要步骤如下：首先，收集研究区页岩储层岩石薄片及弹性参数测试结果，这是保证后续研究的基础，然后将页岩气储层弹性参数（纵横波速比、纵横波阻抗、泊松比等）与储层特性（TOC 含量、气填充孔隙度等）作交互分析，标定拟合页岩气储层弹性参数与储层特性的关系，最后将标定拟合的这种关系运用到三维地震反演，由弹性参数反演出储层特性，同时也将弹性参数与页岩气储层岩性划分相关联。图 2－5－51 为利用岩心及测井数据结果过行的弹性参数交互分析，通过对图中弹性参数的交互分析，我们可以确定不同储层的岩相类型，确定优质页岩储层所对应的弹性参数范围。

图 2－5－52 为 AVO 弹性参数反演结果。根据这些弹性参数与储层特性的关系，

图2－5－51 利用岩心及测井数据结果过行的弹性参数交互分析

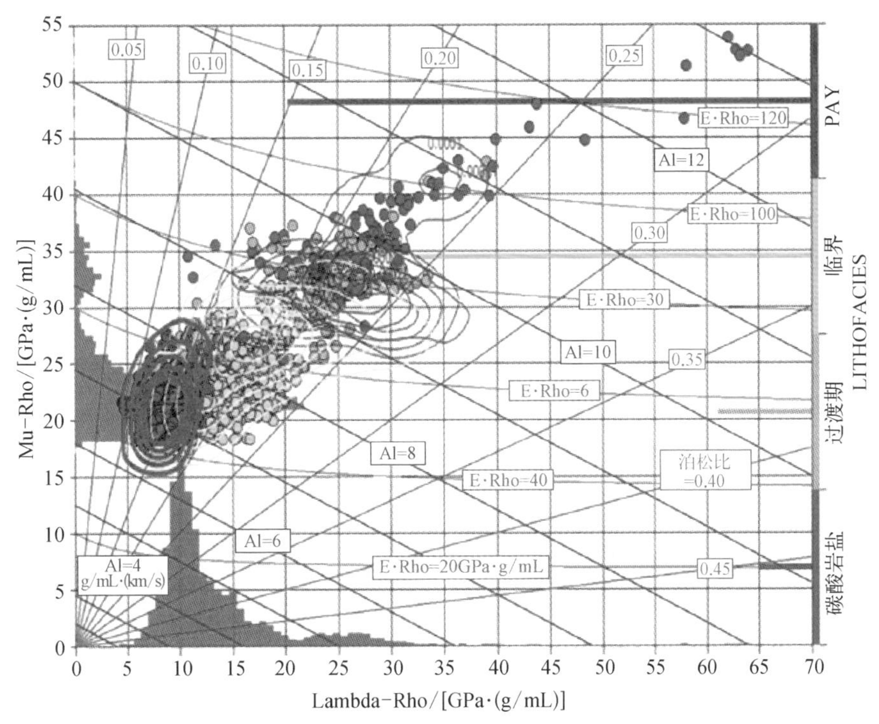

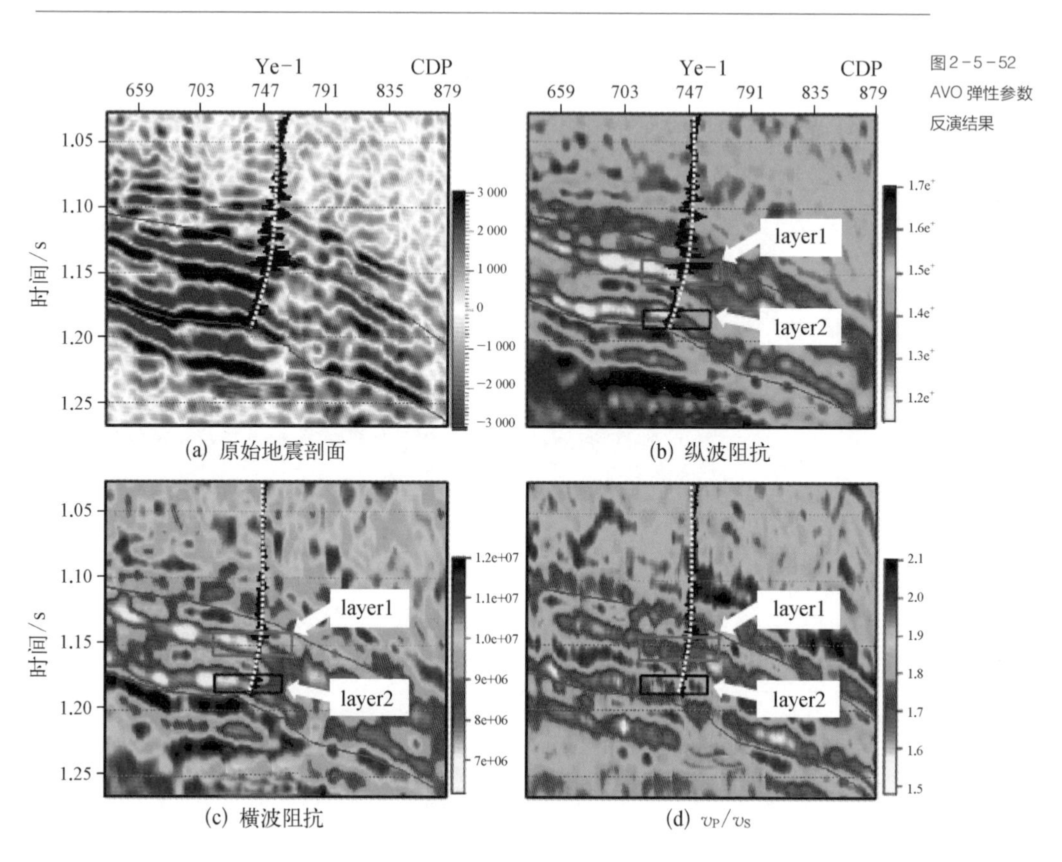

(a) 原始地震剖面　(b) 纵波阻抗　(c) 横波阻抗　(d) v_P/v_S

图 2-5-52 AVO 弹性参数反演结果

如图 2-5-51 中利用岩心及测井数据结果过行的弹性参数交互分析的成果,图 2-5-51 为 AVO 弹性参数反演成果,确定不同储层岩相类型后,运用反演出的这些属性外推到三维地震体即可确定整个工区岩相分布。图 2-5-53 为优质页岩储层类型划分,如图所示,根据前述测井岩石物理交互分析,我们将研究区储层类型划分为 4 种: 高 TOC 高含气性区、低 TOC 低含气性区、含油气过渡带区、碳酸盐区,图中颜色相对较红的为高 TOC 高含气性区,具有较好的勘探前景。

根据岩石物理交互分析,标定出弹性参数与石英含量、岩性的关系,最终反演出石英含量(图 2-5-54)和储层岩性(图 2-5-55),这对页岩气储层甜点预测及水平井轨迹的优化设计起着重要作用。

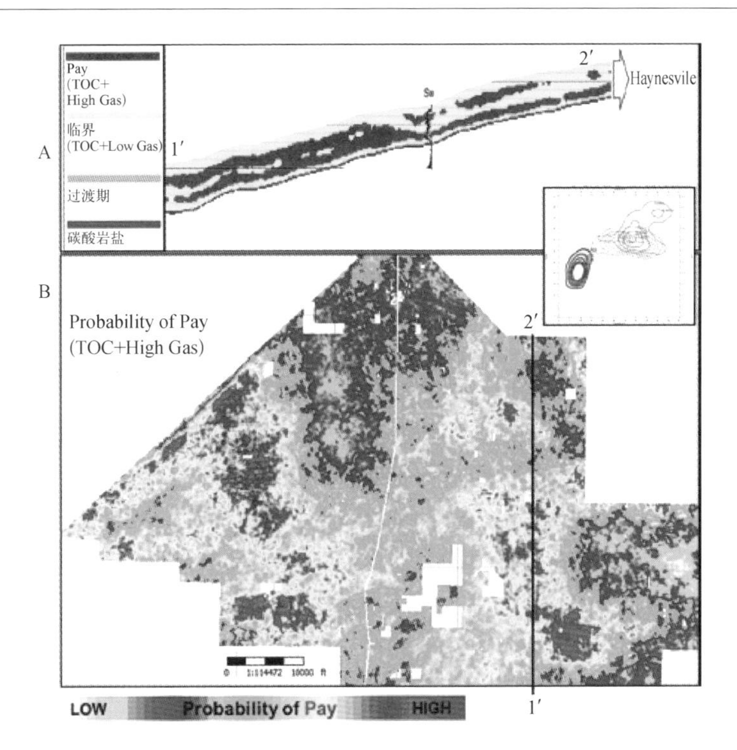

图2-5-53 优质页岩储层类型划分

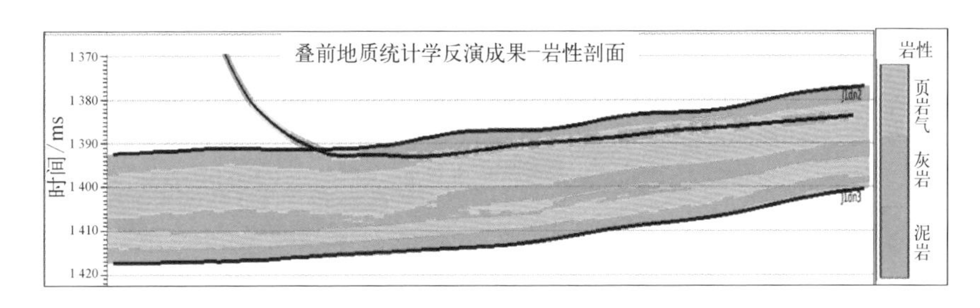

图2-5-54 叠前反演岩性剖面

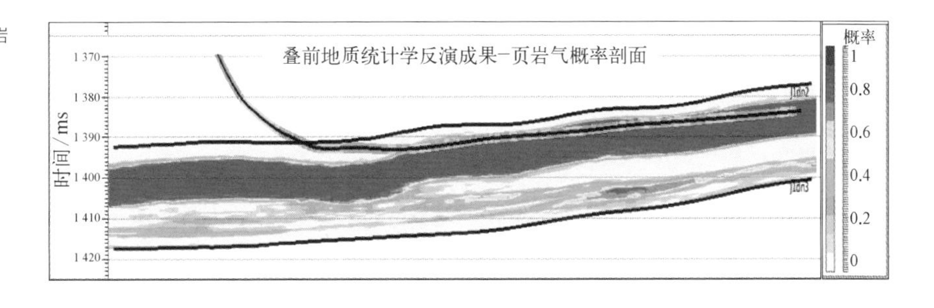

图2-5-55 页岩气概率剖面

2.5.7 地层压力预测技术

2.5.7.1 地层压力重要性

地层压力是油气勘探开发工作中的基础数据之一，对异常地层压力（特别是异常高压）的研究，越来越引起人们的注意。油气勘探实践表明，异常压力与油气的生成、运移和聚集有密切的关系。异常压力环境影响烃类组分的分布，并且有利于轻质烃类的生成。在相对较为封闭的系统中，烃类的大量生成能形成多相流动系统，从而增强非渗透性岩石对流体的封闭能力，这有利于异常压力单元中流体的保存。异常压力单元内部具有较高的孔隙度和渗透率，这有利于生成烃类的储集。异常压力单元的封闭层是由许多渗透层和非渗透层交替组成的，其中的渗透层在异常内部压力超过岩石的抗张强度而导致内层封闭层破裂后，能使异常压力单元内的油气聚集在其中。异常压力单元内的异常高压流体可形成水力压裂，它们为油气运移提供了通道。在异常压力单元的封闭层破裂后，异常压力单元内的油气能在箱内、箱边缘等合适部位形成油气藏。

在气藏开发过程中，特别是开发存在异常高压地层气藏时，如何在钻前精确预测地层压力就显得尤为重要。在钻井阶段预测地层压力可为平衡压差钻井提供地层压力依据，以便合理地选择井身结构、钻井泥浆密度，防喷防漏，减少钻井工程事故的发生，提高钻井效率、缩短钻井周期、降低钻井成本。同时，地层压力预测有助于防止泥浆大量侵入地层，能够加强对油气层（特别是天然气藏）的保护和提高测井质量等。因此，地层压力预测技术关系到能否安全、快速、经济的钻井，甚至影响到钻井的成败。它是油气勘探的一项前瞻性工作，具有特别重要的意义。

2.5.7.2 地层压力简述

对于地层压力，首先涉及以下几个基本概念，图 2 - 5 - 56 所示为各种压力关系示意图。

（1）静水压力（Hydrostatic Pressure）是指良好渗透性地层孔隙流体与地表水系在水动力连通条件下的地层压力，由垂直的液柱质量所产生的压力称为静水压力或流体静压力。静水压力的大小与液体的密度、液柱的高度有关，而与液柱的形状、大小无关。

图2-5-56　各种压力关系示意图

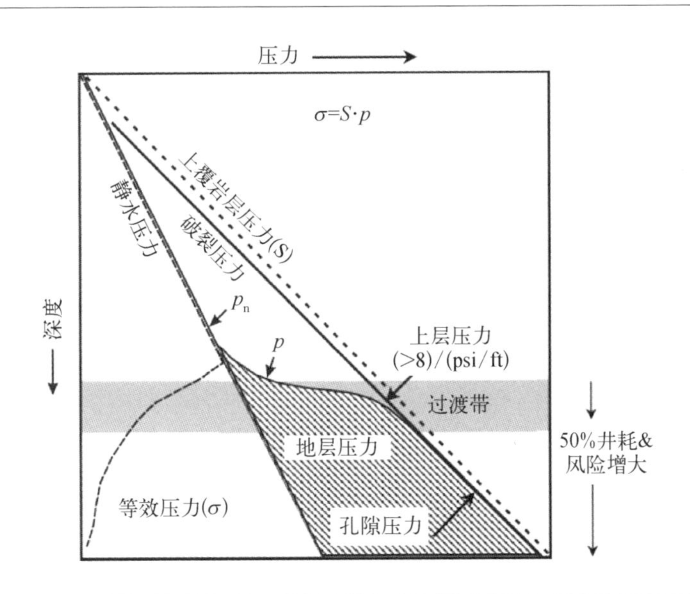

常具有以下性质(Dahlberg,1994):① 压力随深度而增加;② 压力变化率只依赖于水的密度变化;③ 代表压力增加最大速度的方向向量总是垂直地面的;④ 压力和深度的关系与流体容器的形状完全无关。静水压力相当于目的层到水源水柱的垂直高度。计算静水压力的公式为

$$p_{\text{water}} = \rho_{\text{f}} g h \tag{2-106}$$

式中,p_{water} 为静水压力,MPa;ρ_{f} 为液体平均密度,g/cm^3;g 为重力加速度,一般为 9.806 65 m/s;h 为液柱高度,m。需要注意的是,ρ 为地层水相对密度,而液体密度的大小主要取决于液体中溶解物质的质量以及温度的高低。液体溶解的固体物质越多,其密度也就越大;液体中气体含量的增加和温度的升高将会减小液体的密度。

静水压力梯度:指单位液柱高度静水压力的变化,是与深度无关的量,其大小完全取决于液体的密度。静水压力梯度通常用以下公式来计算:

$$G_{\text{water}} = p_{\text{water}}/h \tag{2-107}$$

式中,G_{water} 是地层流体压力随深度的变化率,MPa/m。局部静水压力梯度等于静水

压力-深度曲线的斜率(图2-5-56)。流体密度是正常静水压力梯度的控制因素。为方便对各种压力进行比较,常用等效液柱的流体密度来表示。由式(2-106)可知:纯水(密度为1.0 g/cm^3)的静水压力梯度约为1 g/cm^3;地层水的静水压力梯度一般为[1.04(落基山脉地区)~1.07(墨西哥地区)]g/cm^3。所以在计算静水压力时,需要根据实际地区的地层水密度测试结果来计算,例如四川盆地某研究区域地层水密度取为1.07 g/cm^3。

(2) 静岩压力(Lithostatic Pressure)也称为上覆岩层压力(Overburden Pressure),某处地层的上覆岩层压力是指覆盖在该地层之上的岩层骨架和孔隙中流体的总质量造成的压力,又称为地静压力。即:

$$p_{\text{overburden}} = \int_0^h \rho(z) g \mathrm{d}z \tag{2-108}$$

式中,$p_{\text{overburden}}$ 代表静岩压力,单位MPa,该值随深度的增加而增加;$\rho(z)$ 为深度 z 处的地层体积密度,与深度 z 处的岩层特性相关,可以由下式来计算

$$\rho(z) = \phi\rho_{\text{f}}(z) + (1-\phi)\rho_{\text{g}}(z) \tag{2-109}$$

式中,$\rho_{\text{g}}(z)$ 是深度 z 处岩层基质的密度;$\rho_{\text{f}}(z)$ 为岩层孔隙中的流体密度;ϕ 是岩层孔隙度。

可以看出,该压力主要取决于岩石骨架密度、孔隙流体密度及岩石孔隙度。对于整个沉积层段来说,沉积岩的密度不是固定不变的,而是随着埋深的增加,由低到高变化的。上覆岩层压力梯度的精度是影响地层压力的重要因素之一,需要准确地确定它的数值,在计算过程中主要考虑岩层体积密度的测量和计算(Dutta, 2002)。

(3) 地层压力(Formation Pressure):通常是指地层孔隙中流体的压力,又称为孔隙流体压力,常用 $p_{\text{p}}(z)$ 来表示,其中在含油、气区内的地层压力又被称为油层压力或气层压力,单位为MPa。孔隙流体压力全部由流体本身所承担。地层压力梯度又称为流体压力梯度,它是指单位深度的流体压力值,用 G_{p} 表示:

$$G_{\text{p}}(z) = p_{\text{p}}(z)/z \tag{2-110}$$

孔隙压力的大小一般用压力梯度或压力系数来表示。地层压力系数消除了深度对压力场评价的影响,是压力场划分的首选参数。压力系数(α_{p})是地层某处的

地层压力相对于该点正常压力的偏离程度是该点实际地层压力和静水压力的比值，量纲为1，即：

$$\alpha_p(z) = p_p(z)/p_{water}(z) \tag{2-111}$$

按压力系数的大小，可把压力状态分为异常高压、异常低压和正常压力。理论上，当 $\alpha_p = 1$ 时，地层压力与静水柱压力相等，此时流体压力属正常地层压力；当 $\alpha_p \neq 1$ 时，流体压力就称为异常流体压力；当 $\alpha_p < 1$ 时，则称低异常流体压力，简称为负压；当 $\alpha_p > 1$，则称高异常流体压力，简称为超压。异常压力在世界范围内普遍存在，在一定意义上讲，油气田与异常压力有着直接或间接的成因关系，尤其是异常高压与油气关系更密切。油层未被钻开之前，油层内各处的地层压力保持相对平衡状态。一旦油层被钻开并投入开采，油层压力的平衡状态将遭到破坏，在油层与油井井底压力差的作用下，油层内流体流向井底，甚至喷出到地面。不同国家和地区对异常压力的分类标准不一样，一般将超压的经济下限定为1.96(压力系数)(Law、Spencer，1998)。

(4) 有效应力(Effective Pressure or Differential Pressure)有效应力是指作用在地层岩石骨架颗粒上的应力。研究发现(Terzaghi，1925；Hubbert、Rubby，1959)，地层中任一点的上覆负荷都是由地层的颗粒和孔隙中的流体共同作用的，满足关系：

$$p_{overburden}(z) = \sigma(z) + p_f(z) \tag{2-112}$$

如图2-5-57所示，有效应力和地层压力互为消长(Magara，1978)，异常高的地层压力必然对应着低的有效应力，从而对岩石的力学性质和状态产生影响(Jeager、Cook，1979；Gretener，1981)。

岩石物理实验室的研究表明，地层有效应力与岩层的声波速度之间有着非常好的对应关系。纵波速度与有效应力之间存在强依赖关系。对于埋藏在地下的岩石，围压是上覆岩层的压力，当有连接孔隙到地表时，孔隙压力可能等于静水压力，但也可能大于或小于静水压力。有效压力是围压和孔隙压力的差，随着围压的增加，当有效压力升高的时候，速度会随之增加并逐渐趋向于某一“终端速度”。造成这一现象的原因是岩石中裂纹逐渐闭合：在低有效压力的情形下，裂缝是张开的，在应力增加的情况下易于闭合(具有较低的体积模量，速度低)；随着有效压力的增加，裂缝全部闭合，

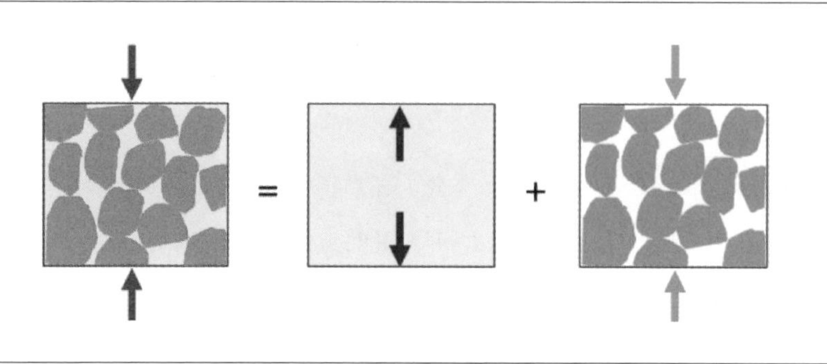

图2-5-57　上覆地层压力与孔隙压力和有效应力之间的关系(Terzaghi，1943)

体积模量上升,速度增大。因此在某一深度,当孔隙压力增加到大于静水压力时,有效压力降低,速度随之降低,异常超压通过其异常低的速度进行预测,大部分基于地层纵波速度的孔隙压力预测方法正基于此,比如 Eaton 法(1968)和 Bowers 在 1995 年提出的方法。

异常地层压力在世界各地都很普遍,其成因是多样的,可能是物理的、化学的或两者的综合作用。异常压力包括异常低压(负压)和异常高压(超压),从世界范围看,异常高压的成因机制类型及分布范围都要超过异常低压,而且异常高压对钻井的危害也要胜过异常低压,所以对高压的研究程度远远超过低压。

流体异常压力是含油气盆地一种普遍存在的现象,其中以异常高压或超压现象最为普遍。据 Hunt C (1990)统计,世界上已经发现有 180 个超压盆地,其中有 160 多个为富油气盆地,在中国一些含油气盆地中,也已发现 29 个地区具有超压,其中海域 8 个,陆地 21 个,研究异常压力的成因与分布,有助于对其进行预测,减少钻井与生产中的潜在危险,同时也有助于分析油气运、聚集过程和分布规律,发现新的油气藏。

这些流体储集层处于一种封闭的环境中,或者至少流体向外的流动是受限制的,孔隙流体承担了部分的上覆岩层负载。只有当地层被非渗透性阻挡层分隔,异常高压才会存在。异常高压的成因比较复杂,概括起来有以下几种成因机制: 泥岩欠压实;水热增压;有机质降解(生烃体积膨胀);压力传递(渗透);地层水渗透(渗透作用);密度差异(浮力作用);构造挤压(断层、褶皱、侧滑或平移、来自断层下降盘的挤压、盐丘或泥岩底辟运动、地震);气体运移;黏土矿物脱水;地层抬升剥蚀等。但对盆地而言,起主导作用的往往是其中几个因素甚至一两个因素。

针对上述成因机制,国内外学者对其进行了不同的分类。

赵靖舟等(2003)按成因将超压分为:沉积成岩型、成烃型和构造型三种;戴金星(1997)、马启富(2000)等将超压分为沉积型和构造型两种;刘晓峰、解习农(2003)及王振峰、罗晓容等(2004)把超压按所在地层的性质分为非渗透性地层超压和渗透性地层超压两大类。

Swarbrick、Osborne(1998)按主要作用过程把超压分为应力相关型、流体体积增加型、流体运动及浮力型三种;后来又将其分为应力相关型和流体扩张型两种;Chilingar、Serebryakov 等(2002)把超压的成因按体积变化情况归为岩石孔隙体积的变化、孔隙内流体体积的变化、流体压力(水压头)的变化及流体运动三类。

综上所述,国内学者的分类基本一致,以沉积型、成烃型和构造型三类为代表,对于理解超压成因有一定的笼统性。国外学者的分类也大体一致,分为应力相关型(岩石孔隙体积的变化)、流体体积增加型、流体压力变化及流体运动型,该分类标准明晰了超压成因的内在机制,便于对异常压力监测方法的研究。

通过对前人研究成果的分析,泥质岩欠压实、有机质降解生烃和构造挤压是最为常见、独立起作用或起主要作用的异常压力成因机制,而水热增压、渗透作用和矿物转变则是相对少见或相对次要,起辅助作用的成因机制。

2.5.7.3 地层压力预测方法

地层压力的大小及分布规律与地质条件、开采深度等因素有关。在实际生产中,地层压力一般涉及三个压力值。

(1) 原始地层压力:指油田未开采时测得的油层中部压力。

(2) 目前地层压力(静压):指油田投入开发后,在井点所测关井后油层中部恢复的压力值。

(3) 流动压力(流压):指在油井正常生产时测得的油层中部压力。

通常地层压力可以通过压力监测、检测和预测来获得。地层压力检测是在钻井之后或钻井过程中,利用已钻阶段的各种资料估算地层压力,与已有的压力预测结果进行对比,称为地层压力的检测。压力检测的结果既可用于对将要钻井地下压力分布的预测,也可用于未钻开地层的压力预测;地层压力的监测是在钻井过程中,利用直接测量正在破碎的地层内与压力有关的参数,实时地估算地层压力,其主要作用在于监视钻头附近地层压力的变化情况,实时地检验和修正压力预测的结果;地层压力的地震预测是利用工区地震资料、VSP 资料、速度资料及已有测井资料进行地层压力的估算。

地层压力预测主要可分为两类:一是利用测井资料,如声波和电阻率与地层压力之间建立关系进行预测。利用测井资料预测地层压力取得的结果精度较高、效果较好,但是其结果不是真正意义上的预测,此技术只能在钻井结束后应用,并且对井底以下的地层压力无法预测;二是利用地震数据(如地震速度)进行地层压力预测(图 2-5-26),利用地震资料能够在钻井前进行地层压力预测,为页岩气安全、快速、经济钻井提供成果保证,但是由于很难获得准确的速度参数,对预测方法及预测精度提出较大挑战。层速度的准确求取是地震法预测地层压力精度的关键。由于 VSP 资料可以提供更精确的时深转换及速度模型,因此可以综合 VSP 资料所提供的井点附近地层的平均速度和层速度,标定层速度,进而提高地层压力预测的精度。VSP 资料求取层速度常用的方法有:直线法、射线追踪折线法、反演法等。

从 20 世纪 60 年代初,人们开始意识到地层孔隙压力在油气钻井中的重要性,并开始探索不同的预测方法,至今已有 40 多年历史,已相继提出了许多预测方法。但严格来讲,到现在为止,准确预测地层压力的问题还是没有得到彻底的解决。目前世界上许多研究者还在研究探索新的方法,尤其是 20 世纪 90 年代以来,地层孔隙压力预测在地质、钻井、测井、物探等领域再次成为研究的热点。

地层孔隙压力预测方法的理论基础是压实理论、均衡理论及有效应力理论。一般说来,可以将地层孔隙压力预测方法研究分为两个阶段:经验半经验阶段(1965—1987 年)和逐步科学化阶段(1987 年至今)。经验半经验阶段提出的方法国内外一般称为传统方法,如 Eaton 法、地层可钻性法、岩石强度法等,主要预测方法都以平衡深度法为基础。这些方法已使用了数十年,目前在国内外仍作为标准方法来使用。但这些经典方法并非适合于任何地区,随着各项技术的提高,特别是地震采集、处理的提高,压力预测技术逐步进入了科学化阶段。因此,应针对具体地区找出适合该区的方法。预测评价一个地区或区块的地层孔隙压力,往往需要采用多种方法进行综合分析和解释。

利用地球物理方法预测地层压力的基础是孔隙压力与地层速度的关系。Pennebaker在用速度预测地层压力方面做了开创性的工作。Eaton 提出了利用纵波资料预测地层压力的幂指数公式,前提是给出一个假定的沉积压实条件,适用于碎屑岩地层。Bellotti 和 Giacca 在意大利波河盆地进行地层压力预测的研究中,提出岩石骨架应力计算公式,适用于页岩和一般的碎屑岩地层。Fillippone 在综合研究了墨西哥湾等地区测井、地震等资料的基础上提出了 Fillippone 公式,分别考虑岩石骨架速度和孔隙流体速度随深度变化的规律,而不考虑正常压实趋势。刘震修改了 Fillippone 公式,使其计算误差更稳定。Dutta 同时研究了温度、泥岩孔径和成岩因素等参数对岩石有效应力的影响。另外,Stone 和 Martinez 等人在地层压力预测方面也做了许多工作(图 2-5-58)。

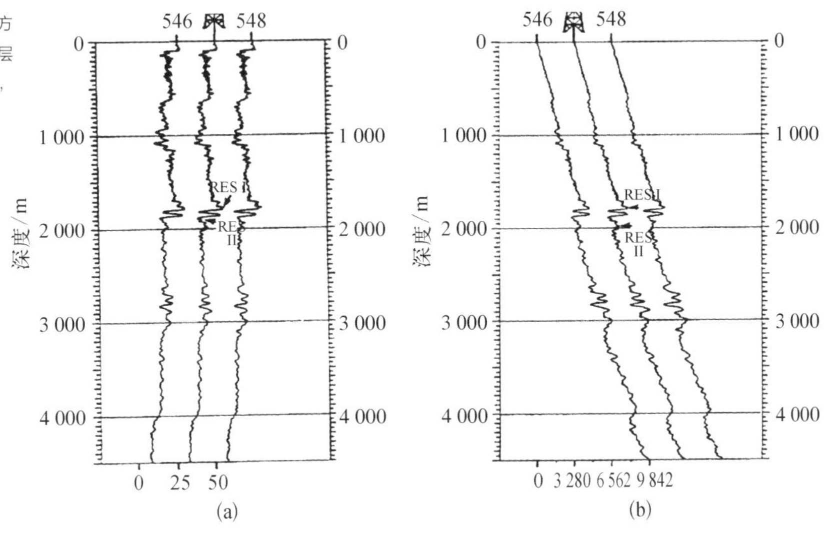

图 2-5-58 Martinez 方法计算的孔隙度(a)与地层压力(b)(据 Martinez, 1985)

下面对地层压力预测的一些常用方法进行简单介绍。

1. 测井声波时差法

测井资料受人为影响因素少,且能随井深连续变化,资料连续性好,纵向分辨率及可靠性高,地层的声波速度、密度、电阻率等参数都与地层孔隙压力存在一定关系,表现出一定的规律性。因此,测井方法被公认为是较理想确定地层孔隙压力的方法。在测井资料中，能检测地层岩石孔隙度变化的多种测井方法（如声波时差测井、补偿密度测井、电阻率测井以及中子测井等）都能用于检测地层孔隙压力。深测向电阻率和声波时差是两种常用于预测地层孔隙压力的方法。其基本原理是基于欠压实理论，在正常压实地层，随着埋深的增加，泥页岩的孔隙度减小，导致地层含水量减小，波速、电阻率升高。而在异常高压地层，地层孔隙度增大，导致地层含水量增大，波速、电阻率降低。根据这种反向关系预测地层孔隙压力。

由于声波测井较密度测井、电阻率测井等受井眼、地层条件等环境影响较小，声波测井资料齐全并容易采集，选用声波时差资料计算地层孔隙压力具有代表性、普遍性及可比性。利用声波测井资料对已钻井地区的单井或区域进行地层孔隙压力预测，是建立单井或区域地层孔隙压力剖面的一种常用而有效的方法。

声波在地层中的传播速度与岩石的密度、结构、孔隙度及埋藏深度有关。其大小取决于岩性、压实程度、孔隙度及孔隙空间流体含量。当岩性、地层水性质变化不大时，声波时差主要反映地层孔隙度的大小，而上覆地层压力为孔隙度的单值函数。对于沉积压实作用形成的泥岩、页岩、声波时差与孔隙度之间的关系满足 Wyllie 时间平均公式，即：

$$\phi = \frac{\Delta t - \Delta t_{\mathrm{m}}}{\Delta t_{\mathrm{f}} - \Delta t_{\mathrm{m}}} \tag{2-113}$$

式中，ϕ 为孔隙度，%；Δt 为地层声波时差，μs/m；Δt_{m} 为骨架声波时差，μs/m；Δt_{f} 为地层孔隙流体声波时差，μs/m。

在正常沉积条件下，可以导出：

$$\Delta t = \Delta t_0 \mathrm{e}^{-CH} \tag{2-114}$$

式中，Δt_0 是深度为 H 的地层的声波时差，μs/m；Δt_0 为起始声波时差，即深度为零的声波时差，μs/m；C 为压实系数。

在正常压力井段，随着井深增加，岩石孔隙度减少，声波速度增大，声波时差减少。利用这些井段数据建立正常压实趋势线。当进入压力过渡带和异常高压带地层后，岩石孔隙度增大，声波速度减少，声波时差增大，偏离正常压力趋势线。利用这一点即可以达到预测地层压力的目的。

2. VSP 资料预测

地层压力的预测方法很多,常分为测井法和地震法。多年来,不少国内外学者对如何提高地震法预测地层压力的精度进行了大量研究,研究结果表明影响预测精度的主要原因为地震资料分辨率不高、地层波速估算精度过低和预测方法的不合理。要从根本上解决地震法预测地层压力精度的问题,关键是求准层速度,提高求取精度。VSP 即垂直地震剖面,是一种地震观测方法,它不仅能接收上行波、下行波,而且能接收横波,具有观测点距小、反射振幅强、信噪比高、初至波清晰、保真度高、波场信息丰富、波的运动学和动力学特征明显等诸多特点,比常规地震方法更能体现地层岩石岩性、压实程度,可以提供精确的时深转换及速度模型。

VSP 能够把记录时间、记录波形和岩性信息三者有机地结合起来,准确提供井点附近地层的平均速度和层速度。VSP 资料求取层速度的常用方法有:直线法、射线追踪折线法、反演法等。反演法计算复杂、费时,且受计算机容量限制,而直线法具有简单、快速等优点。地层压力求取公式还是基于前文的 Fillippone 公式,只是速度的求取来自 VSP 资料。

地层压力预测最核心的是层速度的求取,好的层速度求取方法将计算出相对精确的地层压力,为后续钻井决策提供依据。VSP 资料与其他资料相比,精度相对较高,可以提供较好的速度参数。但 VSP 资料与声波测井资料一样,属于钻后预测,并且只对单线,而不能对三维工区整体进行地层压力预测。因此有必要将 VSP 资料、地震资料、测井资料三者结合起来,对三维工区地层压力作预测。

测井资料反映地层信息比较详细,受人为因素和环境因素影响较小,精确度高,能够比较准确地预测出地层压力。利用声波时差测井资料检测地层孔隙压力是最常用的方法。用声波时差法能预测出较准确的地层孔隙压力纵向剖面;对构造比较清楚的地区,借助于数口已钻井测井资料建立的地层孔隙压力剖面,可以分析地层孔隙压力纵横向的分布特征,为钻井设计和石油地质研究提供必要的基础参数。也有利于相邻构造或地区待钻井地层孔隙压力的预测。选用声波时差资料计算地层孔隙压力具有代表性、普遍性及可比性。但也有其不足之处:不适用于非泥岩的其他地层;无法获得比较复杂地层的连续地层压力纵向剖面图;不适用于不平衡压实以外其他形成机制引起的异常压力地层。此外,应用声波测井进行压力预测属于"事后"预测，同时，在井底以下数据还是未知的，难以预测井底以下的地层压力。

3\. 地震资料预测方法

地震波在岩石中的传播速度与岩石的基质类型、孔隙间流体成分、岩石颗粒间胶结物成分、岩石破碎程度以及地层压力因素有关。目前，用地震资料预测地层压力的方法还只限于压实理论的基础上，其基本原理是在正常压实地层中，随着深度的增加，地层逐渐被压实，地层岩石的孔隙度逐渐减小，地震波在岩石中的传播速度逐渐加快，而在异常高压地层中，表现为与正常压实趋势相反的变化，孔隙度比正常压实的孔隙度大，岩石密度比正常压实的密度值低，地震波波速比正常压实的波速小。根据这些异常就可以预测异常高压的存在，并可估算其压力的大小。

在沉积岩中，速度的空间分布规律决定于地层的沉积顺序及岩性特点。沉积岩的基本特点之一是成层分布。在各层中地震波传播的速度是不同的。因此，通过地震资料获取层速度剖面，根据所建立的地震波速与地层孔隙压力关系模型来进行地层压力计算，主要的方法有等效深度法、直接预测法、比值预测法和图版法等。

Hottman 和 Jahnson(1965)提出，在正常压实条件下，对于砂泥岩剖面来说，地震层速度(v)随深度(H)增加，且满足下列方程：

$$\ln v = A + KH \tag{2-115}$$

$$A = \ln(v_0) \tag{2-116}$$

式中，v 为层速度，m/s；H 为深度，m；A 为地表速度(v_0)的对数；K 为地层压实系数。

当存在异常地层压力时，地震层速度明显降低，偏离了正常趋势线，根据其偏离的幅度可估算地层压力。

Fillippone 法是 W. R. Fillippone(1978)通过对墨西哥湾等地区的地震、测井和钻井等多方面资料的综合研究，提出的一种不依赖于正常压实趋势线的地层压力计算方法，初始的公式为：

$$p_{\text{Fillippone}} = p_{\text{ov}} \frac{v_{\min} - v_{\text{inst}}}{v_{\max} - v_{\min}} \tag{2-117}$$

式中，$p_{\text{Fillippone}}$ 为预测得到的地层孔隙压力，MPa；$v_{\min}$ 为岩石刚性接近于零时的地层速度，近似于孔隙流体速度，m/s；v_{max} 为岩石孔隙度接近于零时的纵波速度（近似于基质速度），m/s；v_{inst} 为地震层速度，m/s；p_{ov}（$p_{overburden}$）为上覆地层压力，MPa。一般认为，v_{max} 和 v_{min} 分别是孔隙度接近于零和刚性接近于零时的地震波速度，前者近似于孔隙度为零时基质速度，后者近似于孔隙度达到上限时的流体速度，而预测公式中 v_{max} 和 v_{min} 是由经验公式计算的，决定着 Fillippone 法的具体实现方式。

在原始文献中，v_{max} 和 v_{min} 的求取公式为

$$\begin{cases} v_{max} = 1.4v_0 + 3KT \\ v_{min} = 0.7v_0 + 0.5KT \end{cases} \tag{2-118}$$

式中，$K = (v_Q - v_{Q_0})/(t_Q - t_{Q_0})$ 为速度随时间的变化率，t_Q 和 t_{Q_0} 为某一层底界面和顶界面的双程旅行时；v_Q，v_{Q_0} 为 t_Q 和 t_{Q_0} 时刻的均方根速度；$t = t_Q$；$v_0 = v_Q - Kt_Q$。

Fillippone 公式表达的是根据地震速度与固体颗粒和孔隙流体速度差异，孔隙压力在两种极端情况之间的插值。

注意到这一实现方式中涉及均方根速度及其对应时间的具体分层方式，在原始文献中，Fillippone（1979）对其公式提出四点适用条件：

① 时间和均方根速度的乘积远大于目的层所在时间；

② 对于砂岩与页岩，层速度介于 4 500 ~ 17 300 ft/s，对于碳酸盐岩，层速度不能大于 22 800 ft/s；

③ 时间必须逐渐增加，但是速度往往是在一定时间后逐渐增加；

④ 标准时间层不小于 50 ms。

从适用条件可以看出，Fillippone 公式在实际应用中是有很多限制的，特别是层时间间隔的选取方式和具体速度资料的特征要求。这里首先利用校正后的声波测井资料得到均方根速度及其对应的时间深度。这样选择合理的分层方式就尤为重要。另外，计算公式中的相关参数是具有地域特征的（针对墨西哥湾资料建立的），所以在实际应用时要考虑进行合理的调整。

其中，刘震（1990）通过对辽东湾辽西凹陷的压力测试资料的分析发现，在异常压力幅度不太大的中浅层深度范围内，地层压力与速度呈对数关系，于是他将 Fillippone

公式进行了修正(图 2-5-59)。

$$p_f = \frac{\ln(v_i/v_{max})}{(v_{min}/v_{max})}p_{ov} \tag{2-119}$$

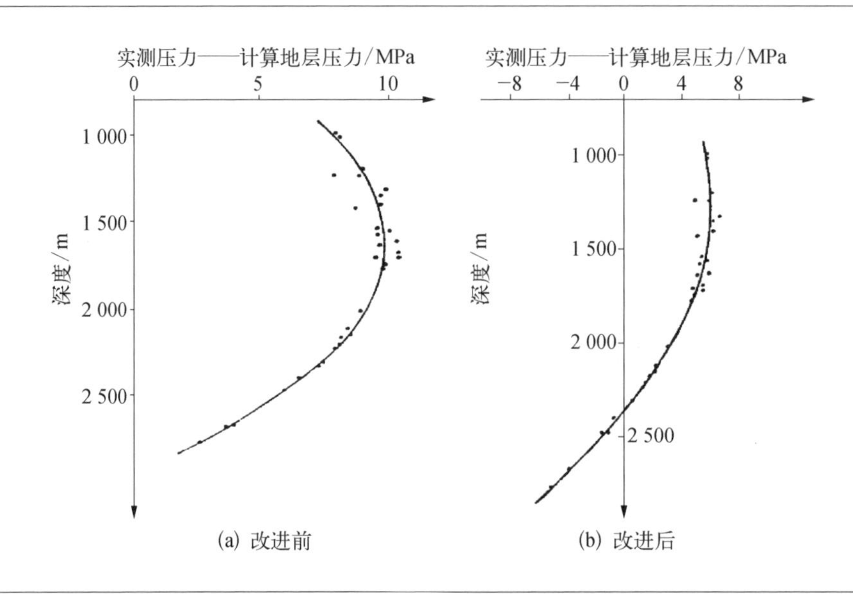

图 2-5-59 Fillippone 压力计算误差改进前后(据刘震，1993)

Eaton 法是常用地层压力预测方法，其基本原理是首先基于正常压实趋势来分析速度场的偏差，再根据模拟井建立与孔隙压力数据直接相关的速度扰动经验关系式，其中涉及关键参数有效应力 $\sigma_{effective}$(有效应力是指作用在地层岩石骨架颗粒上的应力)。基于 Terzaghi 在 1943 年建立的准则，孔隙压力、上覆地层压力和有效应力之间满足关系 $p = p_{ov} - \sigma_{effective}$。假设有效应力与地层速度存在关系(图 2-5-60)：

$$\sigma = (p_{ov} - p_w)\left(\frac{v_{inst}}{v_{normal}}\right)^n \tag{2-120}$$

结合 Terzaghi 准则，可以得到 Eaton 地层压力预测公式如下：

$$p_{Eaton} = p_{ov} - (p_{ov} - p_w)\left(\frac{v_{inst}}{v_{normal}}\right)^n \tag{2-121}$$

图2-5-60 岩石骨架有效应力与速度的关系

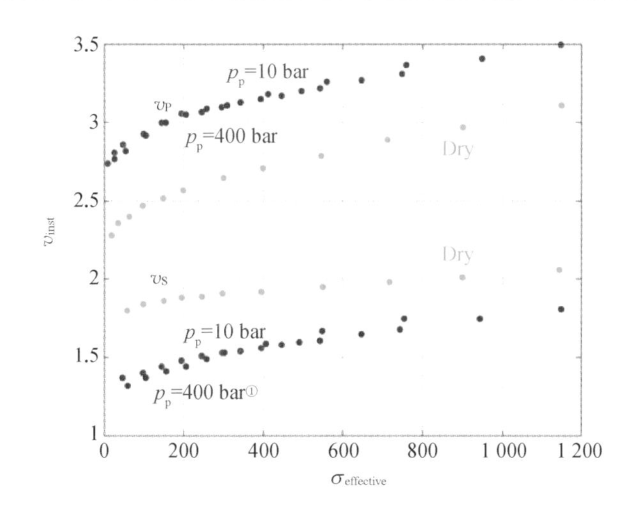

式中，v_{normal} 为正常压实速度；当地层速度 $v_{inst} = v_{normal}$ 时，地层正常压实，有效压力满足 $\sigma = p_{ov} - p_w$，p_w 即 p_{water} 为静水压力；n 为 Eaton 参数，其数值与具体的目标区域有关。需要注意这类方法假设不平衡压实作为主要异常压力机理，因为浅层的复杂条件和区域性横向变化，正常压实趋势的建立是十分困难的，并且实际上正常压实趋势的形态也不存在明确的一般规律。

在正常压实条件下，对于砂泥岩地层，地震层速度随地层深度增加而增大，线性正常压实速度趋势满足下式，B 为正实系数，表征岩石压实程度，不同区块储层压实系数不一样。

$$v_{normal} = v_0 + B \cdot \text{Depth} \tag{2-122}$$

Hottmann 和 Jahnson(1965)提出的指数型正常压实速度趋势则满足：

$$\ln(1/v_{normal}) = \ln(1/v_0) + B \cdot \text{Depth} \tag{2-123}$$

所有使用正常趋势线进行定量地层压力计算的方法都是以在泥岩段中确定趋势线为起点，其原理基于处于正常压实的泥岩段的孔隙度相对稳定，任何泥岩段内孔隙

---

① bar：压强单位。1 bar = 100 kPa = 0.1 MPa。

度的偏离都指示出地层压力的异常。从上面所列的定量计算公式中可以看到，由于正常趋势线直接影响到地层压力的计算结果，因此如何确定趋势线成为地层压力评价的关键点。有人将正常趋势线的设定比喻为“艺术”，其原因在于，在确定正常趋势线的过程中包含了个人对本地区地层压力的认知程度，以及许多定性方面信息的理解。就目前而言，虽然还没有文献明确给出如何准确地设定趋势线，但是仍有一些基本规则可循。主要的规则如下：

（1）需要在厚而纯的泥岩段内挑选设定趋势线的点。随钻压力预测可使用MWD伽马来协助挑选泥岩点，钻后地层压力评价可使用测井的自然电位。需要注意的是，测井曲线受井眼尺寸的影响，尽量避免选取井眼扩大段的数据。

（2）设定一条或多条趋势线取决于区域地质沉积史，并且同一区域内不同井的趋势线有时可以互相借鉴。

（3）随钻过程中可以通过泥浆密度或泥浆当量循环密度（Equivalent Circulating Density, ECD）与背景气、单根气间的关系对趋势线进行标定。最常见的方法是调节趋势线使得计算的地层压力与实际钻井情况相符。

（4）在钻井过程中一些定性数据，如掉屑的形状和大小，提下钻过程中有无挂卡，泥浆出口温度的变化等都可以用作趋势线的标定。

（5）地层压力实测数据、井涌或井喷都是对趋势线进行标定的最好方法。

2.5.8 地应力预测技术

2.5.8.1 地应力的重要性

在含油气盆地内开展地应力场研究，直接关系到油气生成、运移、聚集、保存、破坏等全过程。研究分析认为，地应力场研究与油气藏分布存在以下关系。

① 地应力场的性质控制着烃源岩有机质成熟演化的力学化学效应；

② 地应力场的性质影响着烃源岩和储集岩微裂缝的形成分布、储集层次生孔隙发育带的形成分布；

③ 地应力场的性质影响着油气初次运移和二次运移的方向、通道及强度；

④ 地应力场形成和演化直接控制各类二级构造带、各类构造圈闭、断层、裂缝以及地层不整合的形成与演化，影响油气运移和聚集，与油气藏的形成、类型及分布有密切关系；

⑤ 地应力场的发展变化与油气藏的保存或破坏也有着紧密联系。

总之，地应力场的特点与演化，对含油气盆地内油气藏、油气田、油气聚集带的形成、类型及分布具有重要的控制作用。可以这样说，地应力是油气运移、聚集的动力之一；地应力作用形成的储层裂缝、断层及构造是油气运移、聚集的通道和场所之一；古应力场影响和控制着古代油气的运移和聚集，现代应力场影响和控制着油气田在开发过程中油、气、水的动态变化；现在地应力的研究可为页岩气井轨迹设计及压裂方案优化提供理论支撑。

2.5.8.2 地应力综述

有关地应力的研究至今已有近百年的历史，从世界范围来看，地应力的研究涉及地质、水利水电、矿山、地震、铁路、石油等部门。早在1905—1912年间，瑞士著名地质学家海姆就提出了著名假说：岩体深处地应力的一个分量方向垂直，其大小与上覆的岩体质量相等，而水平应力与垂直应力相等。这个假说曾长期处于统治地位，影响较大。20世纪50年代初，瑞典科学家哈斯特博士通过测量地应力发现：地下介质处于压应力状态，其应力值随深度线性增加。1975年，南非的N. C. Gay等人建立了临界深度的概念。1977年，美国人Haimson在深5.1 km处进行了水力压裂地应力测量，并对此做了大量理论和试验研究。水力压裂是目前公认的测量地应力最有效的矿场方法。

20世纪70年代，斯伦贝谢测井公司开始研究应用测井资料解释地层力学问题，这其中，地应力是中间过程，在此基础上可用于解释石油工程中的地层破裂压力、地层坍塌压力及油层出砂等问题。目前，尽管地应力计算模式反映的物理本质和实际规律仍有差距，但通过测井资料得到的地应力剖面已能给出深井地层剖面的连续地应力值。

我国的地应力研究是在李四光教授的倡导下开展起来的。20世纪40年代，他就把地应力作为地质力学的一部分进行了研究。20世纪60年代以来，开始了地应力对地震预报的研究;1966 年在河北省隆尧县建立了我国第一个地应力观测台站;1980 年国家地震局首次进行了水力压裂地应力测量,从而迈出了我国深部应力测量的第一步。

在石油工业中,20 世纪 80 年代以来,辽河油田、北京勘探开发研究院、吉林油田、胜利油田、大庆油田、华北油田等都相继开展了地应力测量及应用研究工作。1983 年,中国石油大学(华东)黄荣搏教授进行地层破裂压力预测新方法研究时,提出了考虑构造应力影响的地应力预测模式,即黄荣搏模式。1993 年以来,中国石油天然气总公司主持了“地应力测量及其在油气勘探开发中的应用”研究项目的全国性攻关。研究内容包括: 多种地应力测量、计算、模拟、解释技术方法;储层裂缝的评价与预测;地应力演化、油气运移与富集;地应力状态与开发方案的选择;地应力场状态与油田改造方案选择和地应力在其他方面的应用等。其中,中国石油大学(华东)岩石力学实验室承担了分层地应力的研究工作,研究领域已由原来的钻井行业不断扩大到整个石油工业,特别是地应力分析、井壁稳定预测技术、套损机理研究、油层保护技术、水力压裂机理研究、破裂压力和坍塌压力预测等方面的研究。胜利油田的闫树纹在国内较早地开展了应用测井资料解释地层参数。这些研究,对于加快我国石油工业地应力研究及运用起到了很大的推动作用。

2.5.8.3 地应力预测主要技术

获取地应力数据手段主要有两种: 一种是地应力测试,这是获取地应力数据最直接的手段;另一种是地应力模拟和计算。理论上讲,地应力测试应该具有更高精度。但地应力计算比地应力测试更具方便性和经济性,不仅可以得到连续的地应力剖面,还能节省昂贵的地应力测试费用,对计算得到的连续地应力剖面还可以进行数学分层处理,利用地应力计算还可对油田开发过程中地应力场的变化规律进行分析。图 2－5－61 为全球地应力场数据库统计分布。

地震预测地应力法就是利用地质、钻井和测井资料,计算拉梅常数和剪切模量等参数,建立地质模型、力学模型及数学模型,运用三维有限差分数值模拟方法对应力场进行模拟,研究构造、断层、地层厚度、区域应力场等地质因素与裂缝分布的关系,预测与构造有关的裂缝分布及发育程度。地质模型的建立是做好应力场模拟的先决条件,

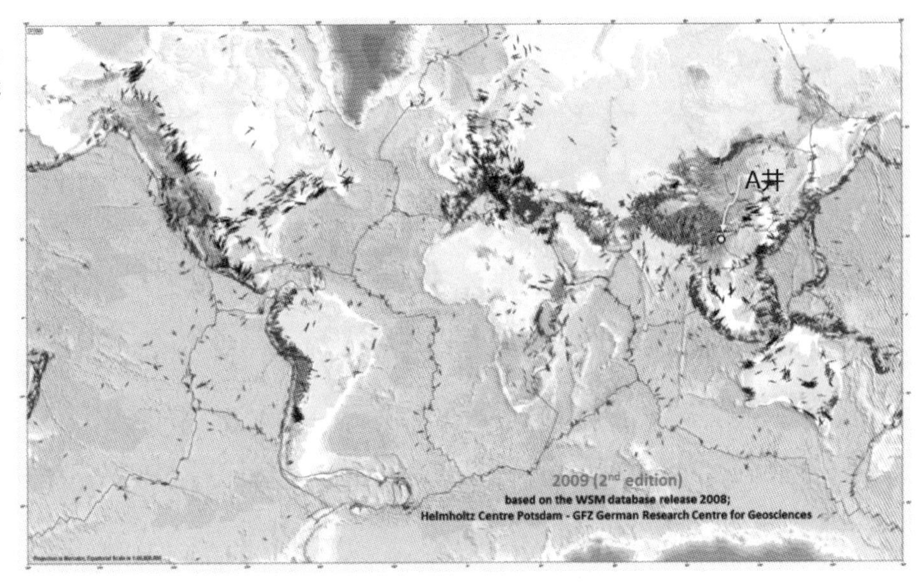

图2-5-61 全球地应力场数据库统计分布

首先将储层的目的层连同上下盖层和覆盖层作为一个岩石块体的隔离体来计算，然后从地质的角度提出构造成因、构造裂缝的特征、构造应力场的宏观特征及断层发育史。对于挤压构造，应取受挤压之前的古构造作为地质体；而对于伸展构造，考虑到伸展作用的长期性及伸展对构造缝所形成的控制作用，应取伸展之后的古构造作为地质体。但是，由于地质体是一个十分复杂的地下岩石块体，其地壳中各种地质构造形态、类型、成因是在漫长的地质演化过程中形成的，这种复杂的地质演化过程不可能恢复，只能用相对静止的观点和相对简化的方法去处理构造与古应力场的问题。

水平钻井技术是页岩气开发的一项关键技术，水平井的方向一般垂直于最大水平应力方向，有利于压裂形成复杂网状缝，提高压裂效果。通过反演求取页岩气的各种弹性参数，而这些弹性参数与地应力存在关系，最终通过弹性参数来预测地应力，为后续水平钻井提供依据。

当前油气藏地应力研究总体趋势是向系统化和多方法相互验证方向发展，同时强调地应力在油气勘探开发中的应用。到目前为止,地应力场在油气工程地质中的主要应用是在油气钻井工程、完井工程、致密储层改造(压裂设计、评估等)、致密油气藏开发井网部署等方面。

地应力测试主要有以下几种方法。

(1) 定性分析法: 利用地质等资料进行定性分析的方法,如火山喷道、断层类型、油井井眼稳定情况、取心收获率、区域应力场、地形起伏、地质构造、震源机制等,这些资料可以定性地给出大范围应力场的分布情况与特点,但是很难进行精确的应力场研究。

(2) 矿场应力测量法: 这些方法可以给出比较准确的地应力测量结果,精确地描述应力场特点,如水力压裂应力测量、井壁崩落法等。但是深部地应力测量,代价较大。至今,为了地应力测量的钻井深度不超过 1 500 m,国内大部分水力压裂地应力测量是结合油层水力压裂增产措施来进行的。

(3) 井壁崩落法: 用地层倾角测井资料分析钻孔近场地应力方向的一种方法。该方法资料来源丰富,精度易受井壁不均匀和钻孔倾斜的影响,目前有较广泛的应用,井下电视、井周成像测井也可以测出井壁崩落,但比较昂贵。

(4) 岩心测量法: 岩心测量可以在室内测定,不需要大量的现场设备和人员,已成为实验室地应力测量的主要方法,如: 差应变分析法、波速各向异性法、滞弹性应变分析、声发射法等。差应变分析法是用室内的等围压试验反推野外二维应力方向和应力比的方法。其理论是严谨可靠的,但要求同时测量多道应变,应变仪不同道间要有较好的一致性,实验技术难度较大,在一定程度上限制了该方法的推广使用。

(5) 波速各向异性法: 通过室内测得的岩心波速的各向异性来分析地应力方向的一种方法。该方法一般能够较方便地变换任意角度进行测量,能在岩心的垂直方向和水平方向任意角度测量,较准确地测出岩心各方向的波速,从而简单快捷地确定水平地应力方向。

(6) 滞弹性应变恢复法: 在现场直接测量新取出岩心的非弹性应变释放,判断应力比值和应力方向的一种方法。其结果易受失水、温度漂移等因素的影响。

(7) 声发射法: 是用室内单轴实验反推野外二维应力或平面应力的方法。该方法要求在岩心上指定的6个方向或3个方向上钻取小岩样。根据凯瑟效应[①],每个小样的测量结果反映该方向在历史上所承受的最大压应力。但并不是所有岩心都可以进行声发射实验。需要指出的是,地应力测量是一项综合性测试,岩心测量也不例外,往往需要几种方法结合起来对比使用来提高结果的可靠性。因此,结合实际条件,寻求一套简易可行的地应力测量方式组合是十分必要的。

(8)地应力测量法:是获取地应力数据较为直接的手段。理论上讲,精度较高,但有其不足之处,主要包括:① 测量数据有限,不能得到连续的地应力剖面,对没有实测数据的地层,只能大体估计;② 地应力测量成本高;③ 并非所有地层都可以进行地应力实测;④ 分层地应力测试困难,不易得到分层地应力数据。

(9)地应力计算方法:主要有以下四类,有限元数值模拟、应力历史方法、根据相对简单的地应力模式进行地应力测井解释、据钻井过程中井眼失稳状态反演原地应力。

在地应力计算这四种方法中,地应力测井解释和有限元数值模拟法应用较多。测井解释方法主要根据地应力分布规律和对影响地应力诸多因素的分析,建立起地应力计算的半经验模型,利用测井资料计算模型中的各个参数,计算出地应力,得到沿深度连续分布的剖面。

随着计算机技术的高速发展,数值模拟应用愈来愈广泛。其优点主要是可以方便地调整参数,改变边界条件和加力方式,模拟方案灵活可变,因此,该方法已逐渐成为油田应力场研究的有力工具。

2.5.8.4 基于曲率分析的构造应力场技术

先通过曲面拟合计算地层的曲率,然后通过测井资料建立地层的杨氏模量模型,最后根据推导得到的“曲率-应力-应变”公式进行构造应力场计算,从而实现基于叠后地震资料的构造应力场计算。

1. 弹性薄板弯曲基本方程的建立

薄板是指两个平面(基面)所包围的板状物体,两平面之间的距离(板的厚度)h 远

① 凯瑟效应:德国学者凯瑟于1950年发现,当金属材料第一次受单向拉伸卸载后,再次加载到第一次加载的荷载时,金属材料中出现明显的声发射现象。

远小于其他方向尺寸。薄板理论认为所研究的地层是均匀连续、各向同性、完全弹性的，并认为地层完全是由构造应力形成的。

假设以薄板中面为 $z=0$ 的坐标面，规定按右手规则，以平行于大地坐标为 x, y 坐标，以向上为正。沿 x, y 正方向的位移分别为 u_x, u_y，沿 z 方向的位移为扰度 $w(x, y)$。在直角坐标系中，如图 2-5-62 所示。

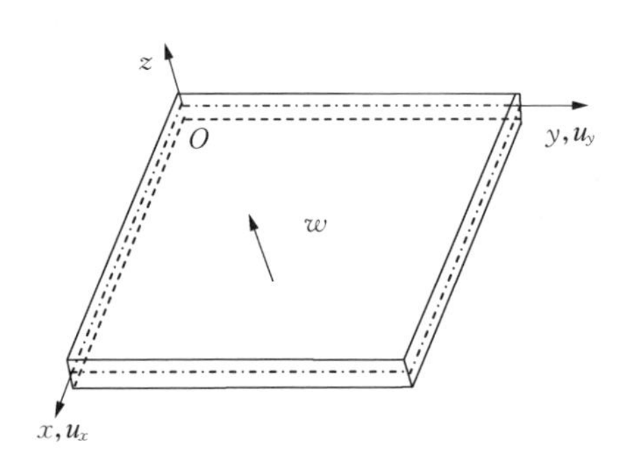

图 2-5-62　薄板模型示意图

弹性薄板弯曲（小挠度）理论建立在下列三个基本假设基础之上：

① 应力分量 τ_{zx}、τ_{zy} 及 σ_z 远远小于其他三个应力分量（$\sigma_x, \sigma_y, \tau_{xy}$）。因而对薄板的变形影响可以忽略不计，即：

$$\gamma_{zx}=0,\ \gamma_{zy}=0$$

这意味着变形前垂直中面的直线，当板弯曲时，仍保持直线，且垂直于中性曲面。忽略 σ_z 对变形的影响，则按虎克定律为

$$\begin{aligned}
\varepsilon_x &= \frac{1}{E}(\sigma_x-\nu\sigma_y) \\
\varepsilon_y &= \frac{1}{E}(\sigma_y-\nu\sigma_z) \\
\gamma_{xy} &= \tau_{xy}/G
\end{aligned} \tag{2-124}$$

由此可见薄板本构方程与平面应力问题相同。

② 应变分量 ε_z 也极其微小,可以忽略,则

$$\varepsilon_z = \frac{\partial W}{\partial z} = 0$$

这说明垂直于板面的任一直线上,各点在 z 轴方向的位移分量相等。

③ 中面上各点都没有伸缩及剪切变形,即

$$(u)_{z=0} = 0, \ (v)_{z=0} = 0$$

2. 基于曲率分析的构造应力场计算

基于公式曲率的定义,有

$$K_x = -\frac{\partial^2 z}{\partial x^2} = -2a, \ K_y = -\frac{\partial^2 z}{\partial y^2} = -2b, \ K_{xy} = -\frac{\partial^2 z}{\partial x \partial y} = -c \quad (2-125)$$

式中,K_x,K_y,K_{xy} 分别代表不同方向的曲率。

令图 2-5-62 曲面代表的地层厚度为 z(时间厚度,s),则该地层的应变可以表示如下:

$$\varepsilon_x = z\frac{\partial^2 z}{\partial x^2}, \ \varepsilon_y = z\frac{\partial^2 z}{\partial y^2}, \ \gamma_{xy} = 2z\frac{\partial^2 z}{\partial x \partial y} \quad (2-126)$$

式中,ε_x 和 ε_y 分别表示 x 和 y 方向的应变;

$$\gamma_{xy} = \varepsilon_x + \varepsilon_y$$

由式(2-125)和式(2-126)可以得到应变与曲率的关系:

$$\varepsilon_x = -zK_x, \ \varepsilon_y = -zK_y, \ \gamma_{xy} = -2zK_{xy} \quad (2-127)$$

根据薄板假设下的广义虎克定律,可以得到应力与应变的关系:

$$\sigma_x = \frac{E}{1-\nu^2}(\varepsilon_x + v\varepsilon_y), \ \sigma_y = \frac{E}{1-\nu^2}(\varepsilon_y + v\varepsilon_x), \ \tau_{xy} = \frac{E}{2(1+v)}\gamma_{xy} \quad (2-128)$$

式中,σ_x 和 σ_y 分别表示 x 和 y 方向的应力;E 代表杨氏模量;ν 代表泊松比。

由式(2-127)和式(2-128)得:

$$\sigma_x = -\frac{Ez}{1-\nu^2}(K_x + \nu K_y),\ \sigma_y = -\frac{Ez}{1-\nu^2}(K_y + \nu K_x),\ \tau_{xy} = -\frac{Ez}{(1+\nu)}K_{xy} \tag{2-129}$$

根据地震波的反射原理,叠后时间剖面上的时间,代表双程旅行时间,因此:

$$t = 2z$$

将其代入式(2-129)可得:

$$\sigma_x = -\frac{Et}{2(1-\nu^2)}(K_x + \nu K_y),\ \sigma_y = -\frac{Et}{2(1-\nu^2)}(K_y + \nu K_x),\ \tau_{xy} = -\frac{Et}{2(1+\nu)}K_{xy} \tag{2-130}$$

式(2-130)综合考虑了曲率、应力、应变的影响,此处定义为"曲率-应力-应变"公式。由此,可以计算该地层的主应力及其方向:

$$\sigma_{\max} = \frac{\sigma_x + \sigma_y}{2} + \sqrt{\left(\frac{\sigma_x - \sigma_y}{2}\right)^2 + \tau_{xy}^2} \tag{2-131}$$

$$t_g(\alpha) = \frac{\sigma_{\max} - \sigma_x}{\tau_{xy}} \tag{2-132}$$

式中,$\sigma_{\max}$ 为主应力;α 为主应力与 x 轴的夹角。

因此,已知曲率(K_x, K_y, K_{xy})和杨氏模量(E),根据式(2-130)、式(2-131)和式(2-132),就可以计算出目标地层的主应力及其方向,进而计算由此应力产生的裂缝。

2.5.8.5　基于各向异性反演的地应力预测

前述基于曲率的构造应力场预测技术,虽然能反映地下应力特征,但也存在一些局限性,薄板理论需满足三个假设,并且只考虑了构造作用对应力场的影响,没有考虑各向异性因素的作用。由于页岩储层微裂缝的发育,表现为水平各向异性(Horizontal Transverse Isotropy, HTI)特征,在研究时必须考虑到各向异性对应力场的影响。

地应力是描述岩石抗破裂程度的重要指标。Schoenberg(1991)和 Sayer(1992)等假设在平衡状态下地下水平应变为零,得到了一系列方程去解决三轴应力问题。垂直应力被假设为上覆岩层密度的积分,密度可由地震反演求出。最大水平应力和最小水平应力可以由杨氏弹性模量,泊松比,垂直应力,正交柔量求出,正交柔量与地震各向异性又存在关联。基于此,可得出水平应力差异比。

垂直应力、x 轴方向、y 轴方向的应力分别表示为: σ_z、σ_x、σ_y

$$\sigma_z(z) = g\int_0^z \rho(h)\mathrm{d}h \tag{2-133}$$

$$\sigma_x = v_z \frac{v(1+v)}{1+z_N-v^2} \tag{2-134}$$

$$\sigma_y = v_z \frac{v(1+z_N+v)}{1+Ez_N-v^2} \tag{2-135}$$

$$\mathrm{DHSR} = \frac{\sigma_y-\sigma_x}{\sigma_y} = \frac{Ez_N}{1+z_N-v^2} \tag{2-136}$$

$$z_N = \frac{\epsilon(\lambda+2\mu)}{2\mu(\lambda+\mu)} \tag{2-137}$$

式中,ϵ 为各向异性参数,可通过速度谱求取;σ_z 为垂直应力;σ_x 为 x 轴方向应力;σ_y 为 y 轴方向应力;z 为深度;g 为重力加速度;ρ 为地层密度;z_N 为正交柔度;E 为杨氏弹性模量;v 为泊松比;λ 为拉梅常数;μ 为剪切模量;DHSR(Difference Horizon Stress Ratio)为水平应力差异比。

目前,基于各向异性的地应力预测已经取得了一些进展。如图 2-5-63 为杨氏弹性模量和 DHSR 交会显示,图中面板的方向暗示裂缝形成的方向,图 2-5-64 为裂缝强度、方向与水平应力差异对比分析。

2.5.8.6 构造应力场模拟

在其他条件不变的情况下,地质构造控制了地应力场的分布形态。目前,构造应力场的数值模拟一般从宏观效果出发,近似地将地质体看作分块(三维模型)或分片(二维平面模型)均匀的岩石体,对于以砂岩为主的油层则将其视为脆性材料,按弹性

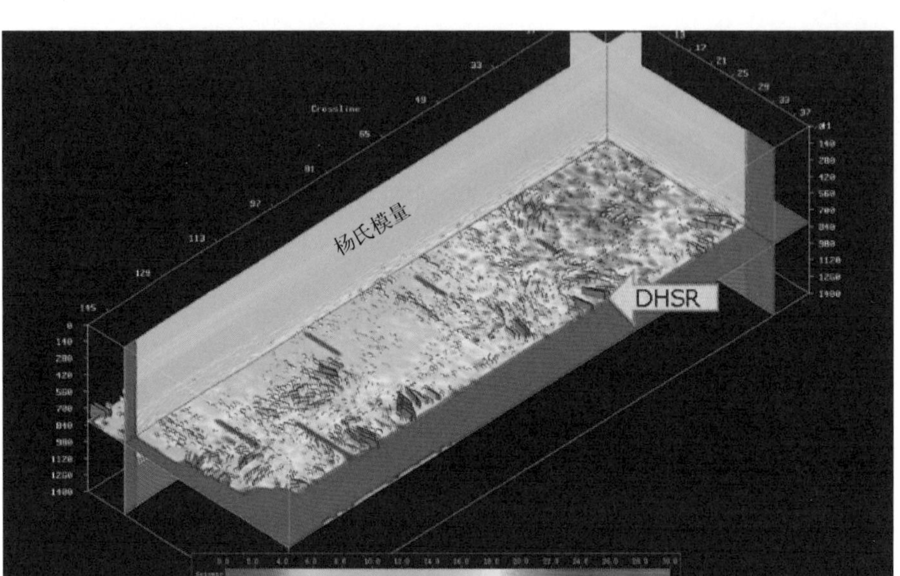

图2-5-63 杨氏弹性模量和DHSR交会显示（据 Boris Gurevich等，2003）

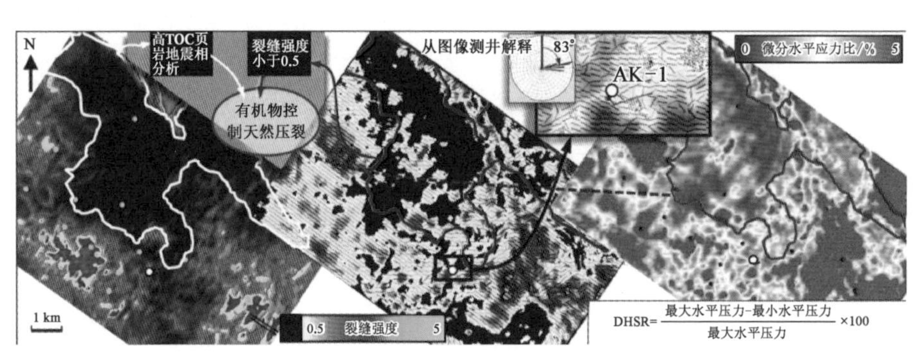

图2-5-64 裂缝强度、方向与水平应力差异对比分析

体来处理。计算区块顶面边界可采用自由的边界条件，底面边界通常采用法向约束条件，并在某些点上施以横向约束，使所施加的边界力在没有约束的方向上合力为零，以保证区块没有整体的刚体平动和转动。而区块四周各面边界条件的确定较复杂，这需要考虑板块挤压、断层、褶皱隆起等地质运动变化的影响，其最终边界条件经大量反演后确定。在断裂处，介质是不均匀的，断裂附近的应力大小和方向都将发生较大变化，通常对断裂带采用弱化断裂内介质力学参数的方法处理，同时在断层两侧适当距离内，充填岩体

的材料力学参数应适当降低一定比例,并且对断层附近的单元划分要相对密集一些。

通常,地应力建模可以分为以下三个步骤。

(1) 一维地应力建模

针对井孔,基于岩石力学试验及测井数据的一维地应力模型,求取精准的岩石力学参数(杨氏模量、泊松比、单轴抗压强度等)以及计算的力学结果(上覆岩层压力、地应力的大小、地层孔隙压力和破裂压力梯度等)。一维地质力学模型创建可以用来校准三维地震孔隙压力预测、预防井喷及井壁失稳等工程事件、优化泥浆密度以及套管程序等、完善钻井设计。图2-5-65为一维应力场建模示意图。

(2) 三维静态地应力建模

孔隙压力预测在油气勘探及钻井风险管理中起到关键的作用,在利用已有钻井求取地层孔隙压力的基础上,进一步利用地震层速度模型预测三维静态地层孔隙压力,建立三维地层压力模型。图2-5-66为有效应力比方法地应力建模示意图。

利用已有的构造模型、一维地应力模型数据,结合地震属性(密度、压力等)快速建立三维静态地应力模型,预测设计井井筒应力情况,指导工程应用。图2-5-67为利用该方法得到的三维地层孔隙压力模型。

图2-5-65 一维应力场建模示意图(据GNT公司)

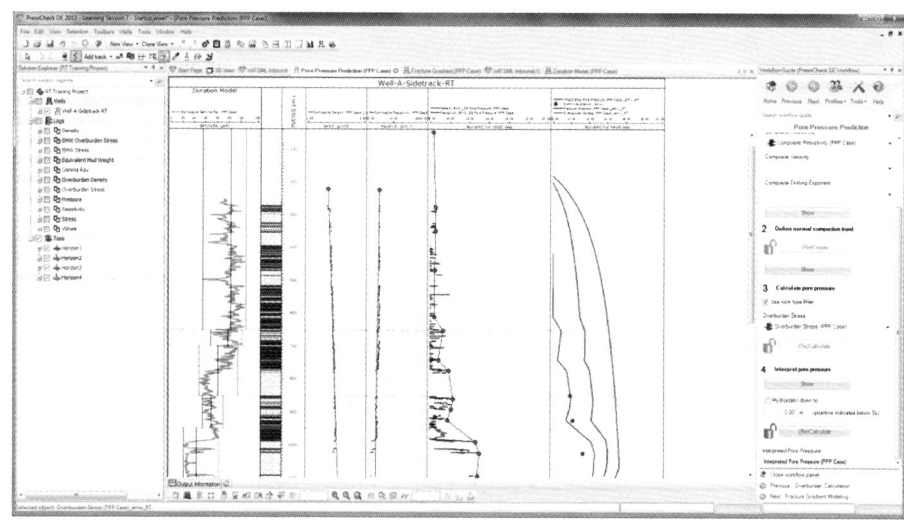

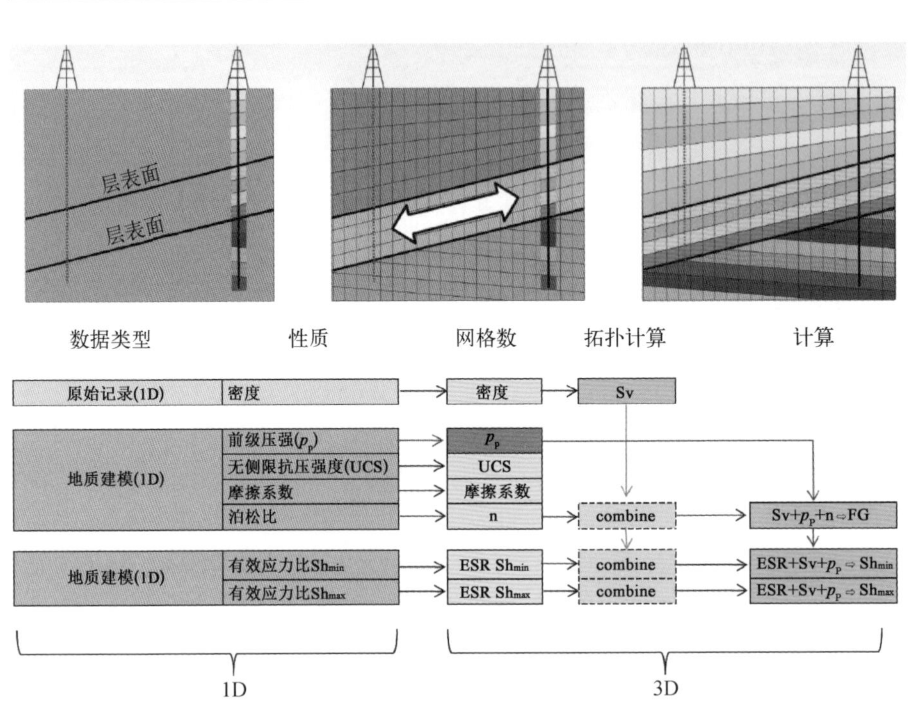

图2-5-66 有效应力比方法地应力建模示意图

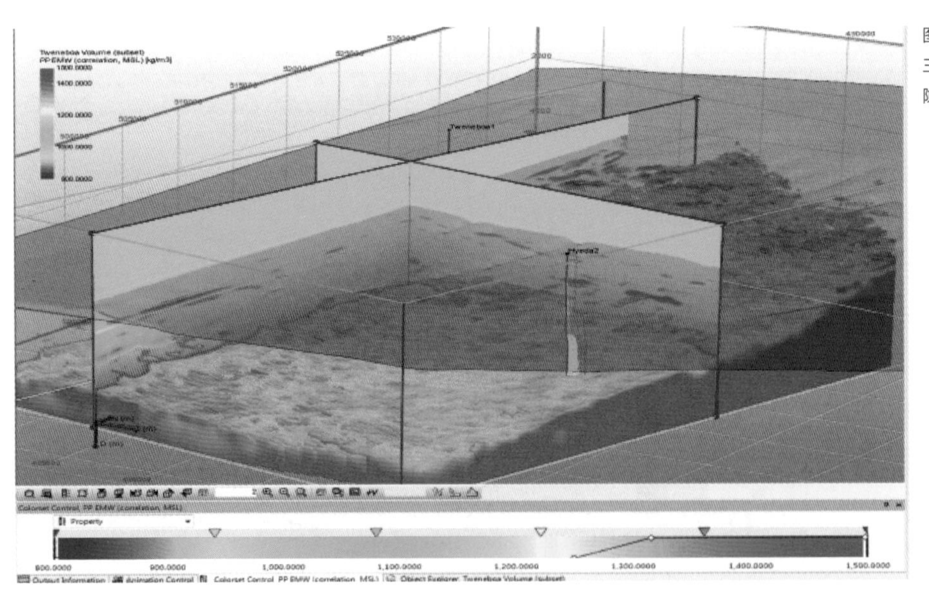

图2-5-67 三维地层孔隙压力模型

(3) 三维动态地应力建模

利用已有的构造模型、地质模型，使用有限元分析方法，建立有限元网格模型，及建立基于有限元方法的动态三维地应力模型，如图 2－5－68 所示。

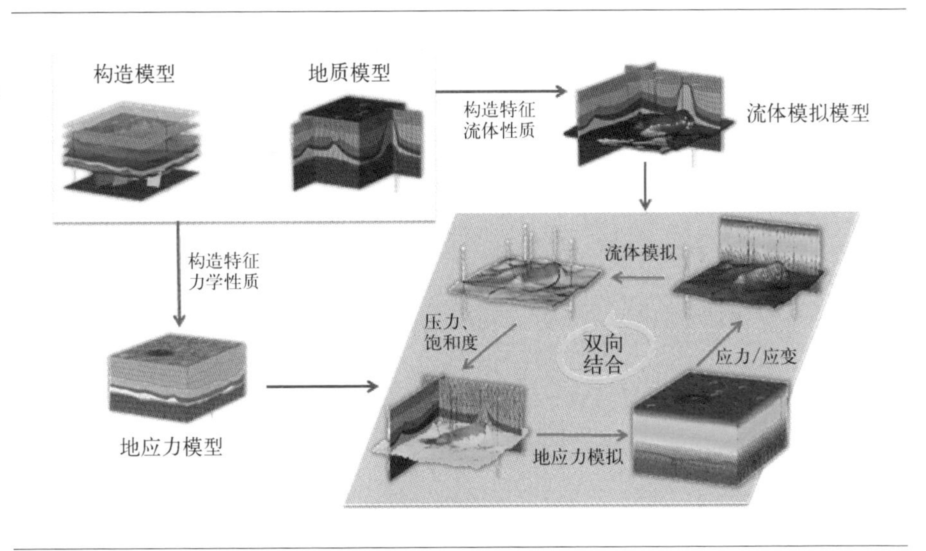

图2－5－68 三维动态地应力建模

确定有限元模拟过程中的初始边界，如顶、底、边框等实体，划分有限元网格，然后将已有非均质初始条件（地震、地质模型、试验数据），如孔隙压力、密度、孔隙度、渗透率、杨氏模量、泊松比等赋值到有限元网格节点。从而解决以下地应力问题，指导工程领域应用。

① 原地应力情况；

② 地层压实和沉降引起地应力动态变化；

③ 岩盐蠕变引起压力梯度变化；

④ 油藏开发过程中地层应力变化。

2.5.9 多属性甜点融合技术

2.5.9.1 甜点主控因素确定

影响页岩气产量的因素主要包括总有机质含量、脆性、地层压力、孔隙度、裂缝及地应力等因素。勘探前期,利用岩心测试及解压试验分析不同的甜点参数对产量的影响,确定影响页岩气产量的主控因素。随着水平井逐渐增加,利用单井采气测试能进一步优化影响产量的主要因素。

2.5.9.2 基于加权评价的甜点融合

在确定影响产能的因素后,根据属性与储层物性(TOC、含气性、脆性、地层压力等)的相关程度进行打分,按照对储层贡献大小进行加权,对多种属性数据进行融合,综合评价储层。

利用多属性分级交会分析,采用人机交互的方法,首先创建目的层段,提取相应的层段属性。一般而言,交会的甜点参数属性要求是相互独立的,例如裂缝、地层压力、脆性等。然后确定参与分类的各属性分布优先级,对分类结果起主要作用的属性排在最前面,作为主属性,按照主次顺序依次排列。优先级的确定不影响最终的分类结果,只是为了便于后期的合并调整。每种属性的分类数及分类界限,可以进行交互调整,调整的结果实时显示。确定了参与交会的属性个数以及每种属性的分类界限后,即获得初始的属性分类数,每种分类都赋予其相应的颜色代码。每种分类所代表的属性值域分布范围都可以显示,相应代码颜色可以进行改变和透明度调整,便于分析甜点的平面分布特征。

整体上,随勘探开发程度的提高和统计分析数据的不断增加,能够更好地总结出不同属性对甜点的贡献和影响的大小,得到更科学合理的基于加权评价的甜点融合的预测结果。

2.5.9.3 基于神经网络的甜点融合

前述基于加权评价的甜点融合方法,虽然是根据属性与储层物性(总有机碳含量、脆性、地层压力等)的相关程度进行打分,按照对储层的贡献大小进行加权,对多种属性数据融合,综合评价储层,但加权值很难合理确定,人为因素强,影响甜点区预测精度。因此,研究人员提出一种基于神经网络甜点融合的甜点相划分。

在使用三维地震属性去区分和理解地质单元间相似性或差异性模式时,需要同时考虑多属性数据特征。首先,提取出特征信号来表示原始数据的不同特征,然后将这些特征图像组合起来形成一个 N 维的特征空间,并采用合适的分类算法进行分析。处理过程中的关键部分在于合理选取特征图像以及合理构建特征空间。分类计算包括对构建的特征空间进行分析,并确定代表原始数据中不同组分的属性值所在组别。对于输入的属性体个数,理论上并没有限制。任何分类处理都依赖于如何去定义数据中某个点到底属于哪个类别。分类类别可以通过一系列划分属性空间的规则来确定。而最简单也是最常用的方法就是用距离来定义聚类边界。这使得用户能够在多达 N 维的属性空间中对信息进行分析并分类,在空间上和构造特征上都保持一致。

2.5.10 页岩气压裂微地震监测技术

岩石破裂会伴随产生强度较弱的地震波,称为“微地震”。微地震监测作为一门新型的地球物理技术,是指通过观测、分析生产活动中所产生的微小地震事件来监测生产活动的影响、效果及地下状态的地球物理技术,国外已在油田和工程上取得了很好的成效。近年来,微地震压裂监测配套技术及软件在国内得到了快速发展,结合中国页岩气特点,形成了良好的规模应用。

压裂裂缝监测技术一直是油气田生产中研究的重点。而目前常规的人工裂缝监测方法,如倾斜测量、建模法、井基测量等压裂监测技术,都有其自身的局限性,不能完全监测裂缝的长度、高度、宽度及方位角。但是,石油生产人员需密切关注压裂过程中产生的人工裂缝的长度、方向、宽度、高度,这是常规裂缝监测方做不到的,而微地震压裂监测技术正好可以解决这一问题。

压裂微地震监测方法不仅能指明裂隙的方向和展布,还可以提供裂隙的方位角、高度、长度、不对称性和延伸范围等。微地震压裂监测技术通过对裂隙的监测和控制,可以明确压裂裂缝的展布和范围,指导页岩气的生产开发。表 2－5－1 为压裂中裂缝的几种监测技术效果对比。

近年来,压裂微地震裂缝监测技术已成为页岩气压裂改造领域中的一项重要新技术。该项技术通过在邻井中(或地面或浅井)布设检波器来监测压裂井在压裂过程中

表2-5-1 压裂中裂缝的几种监测技术效果对比(据董世泰等，2004)

技 术	方位角	高度	长度	对称性	范围
微地震	★	★	★	★	远
井斜测量	★	■	■	■	远
压裂模型	○	★	■	○	远
RA 跟踪	■	■	○	○	井周
温度测井	○	■	○	○	井周
井基测量	○	○	■	○	远
生产数据分析	○	○	■	○	远

★—高确定性；■—低确定性；○—不可信。

诱发的微地震波来描述压裂过程中裂缝生长的几何形状和空间展布。它能实时提供压裂施工产生裂隙的高度、长度和方位角，利用这些信息可以优化压裂设计、评估压裂效果，提高页岩气的单井产量。

2.5.10.1 压裂微地震技术综述

微地震不同于常规地震勘探，其监测方式也与常规地震勘探不同，其基本原理是声发射学、断裂力学准则。计算机及先进检波仪器的发展也为微地震监测的应用提供了条件。图 2-5-69 为压裂微地震井下监测示意图。

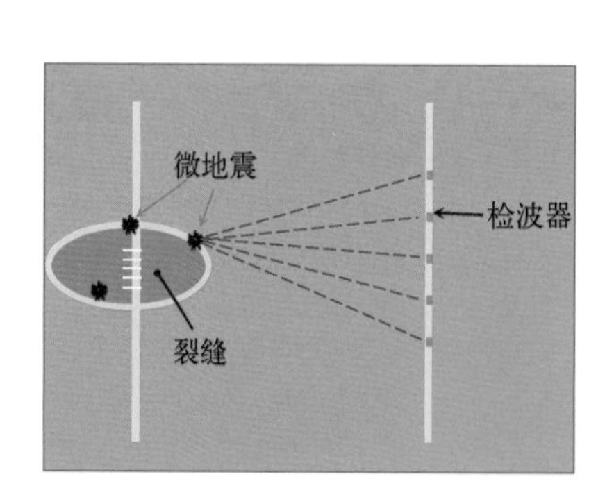

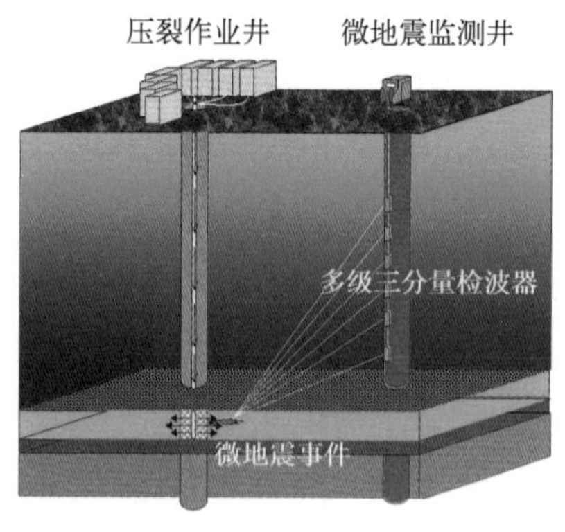

图2-5-69 微地震压裂井下监测示意图

微地震监测技术是一门服务领域和服务前景十分广阔的高新技术。微地震技术的工程应用、经验积累越来越多,其独有的特点正使其优势逐渐显现出来。

归纳起来,微地震监测有以下几个方面的应用。

① 储层压裂监测;

② 油藏动态监测;

③ 识别可能引起储层分区或充当过早见水流动通道的断层或大裂缝,描述断层的封堵性能;

④ 对于以裂缝为主的储层,微地震事件也可以作为位于储层内部的有效纵波和横波震源,用于速度成像和横波各向异性分析,对裂缝性储层有关的流动各向异性进行成像;

⑤ 对微地震波形和震源机制的研究,可提供有关油藏内部变形机制、传导性裂缝和再活动断裂构造形态的信息,以及流体流动的分布和压力前缘的移动情况;

⑥ 微地震监测和其他井中地震技术与反射地震技术结合起来,提供功能强大的常规预测工具,大大降低储层监测的周期和费用。

微地震事件发生在裂隙之类的断面上,裂隙范围通常只有 1 ~ 10 m。地层内地应力呈各向异性分布,剪切应力自然聚集在断面上。通常情况下,这些断裂面是稳定的。然而,当原来的应力受到生产活动干扰时,岩石中原来存在的或新产生的裂缝周围地区就会出现应力集中、应变能增高;当外力增加到一定程度时,原有裂缝的缺陷地区就会发生微观屈服或变形、裂缝扩展,从而使应力松弛,储藏能量的一部分以弹性波(声波)的形式释放出来产生小的地震,即所谓微地震。

注入作业期间引发的微地震事件在空间和时间上的分布是复杂的,但不是随机的,可以在 1 km 范围内用适当的灵敏仪器检测到。大多数微地震事件频率为 50 ~ 1 500 Hz,持续时间小于 1 s,通常能量介于里氏 −3 ~ +1 级。在地震记录上微地震事件一般表现为清晰的脉冲;微地震事件越弱,其频率越高,持续时间越短;能量越小,破裂的长度就越短。因此,微地震信号很容易受其周围噪声的影响或遮蔽。另一方面,由于岩石介质吸收以及不同的地质环境的影响,能量在传播当中也会受到影响。

基本做法是:通过在井中或地面或浅井布置检波器排列接收生产活动所产生或诱导的微小地震事件;并通过对这些事件的反演求取微地震震源位置等参数;最后,通过这些参数对生产活动进行监控或指导。目前,该方法主要用于油田低渗透储层压裂的裂缝动态成像和油田开发过程的动态监测,主要是流体驱动监测。它能实时提供压裂施工过程中产生裂隙的高度、长度和方位角信息,利用这些信息可以优化井位设计、优化井网等开发措施,从而提高采收率。

微地震监测分为地面监测、浅井监测、井中监测、井-地联合监测方式。地面监测就是在监测目标区域(比如压裂井)周围的地面上,布置若干接收点进行微地震监测。井中监测就是在监测目标区域周围临近的一口或几口井中布置接收排列,进行微地震监测。由于地层吸收、传播路径复杂化等原因;与井中监测相比,地面监测所得到的资料存在微震事件少、信噪比较低、反演可靠性较差等缺点。

微地震监测主要包括数据采集、数据处理(震源成像)和精细反演等几个关键步骤。

数据采集系统一般由传感器、前置放大器、后置放大器、滤波器、记录器,GPS、传输电路以及电池部分构成。传感器应埋置于地面下数米,多个监测设备根据监测实施环境合理设置布站以提高监测精度。

数据处理系统一般有相关滤波、初始波识别、速度模型、定位算法、傅里叶变换、频谱分析、聚类分析、三维显示等功能。

上述成像方法通常都假设速度场是均匀的、已知的,但实际情况并非完全如此。速度场的扰动是客观存在的,有时也是较大的,要想精确定位微地震源,并了解速度场的精细变化,微地震反演是十分必要的。反演的基本思路与 Geiger 法相同,但在具体做法上有所不同:

① 必须提供 3 维或 2 维初始速度模型,不同层位速度扰动量作为自变量出现;

② 用射线追踪方法计算理论到达时间和偏导数;

③ 采用多次迭代法逐步求取模型修正量,直到满足误差要求;

④ 必须有足够多的观测点和微地震事件;

⑤ 为了降低震源-速度联合反演的多解性,需要对模型施加一定的约束条件。

大量微地震源点在空间的分布,构成了一个在宏观上反映震源区域某种生产/地质信息的有一定统计分布规律的几何散点图。回归分析是对微地震监测结果进行定量解释的重要工具之一。

微地震监测的一般过程：

① 根据监测目的，确定监测方式；

② 根据地震、声测井、VSP 等资料建立工区 2 维或 3 维速度模型；

③ 设计观测系统，确定相关参数，实现数据采集；

④ 检测微地震事件，根据各测点 P 波时差计算震源到测点的距离；

⑤ 用基于 2 维或 3 维射线追踪的高精度震源反演技术，确定震源的准确位置，提供相关层位的高分辨率高覆盖速度参数；

⑥ 分析微地震发震次数、震源参数（震级、静应力降、震源分布等）、压裂参数（泵压、泵率、泵量等）等随时间的变化规律，指导页岩气开发。

2.5.10.2 压裂微地震监测数据处理

微地震有别于常规地震勘探，无论是地震频谱、地震波型、激发机制都与常规地震有较大区别，常规地震勘探的仪器及数据处理方式并不适用于微地震，所以，为了更好地了解微地震数据采集与处理的基本流程（图 2－5－70），有必要对微地震的波型、频谱、强度、发震次数作简要介绍。

图2－5－70 压裂微地震井中监测处理流程图

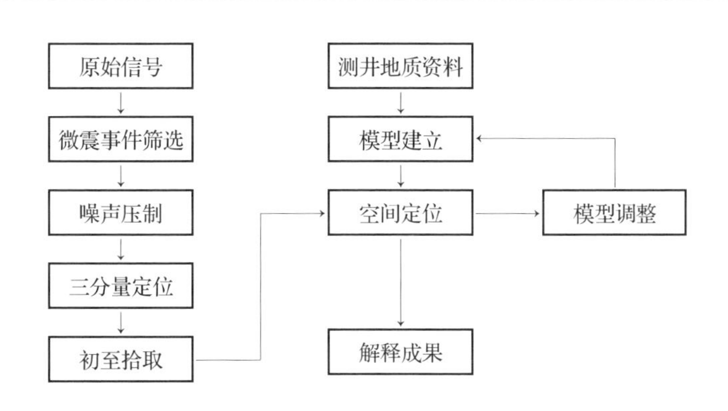

1. 微地震数据特点

微地震不同于常规地震，有时又称为无源地震，因为常规地震是人工震源激发地震波，在地面布设检波器来接收地震波信号，从而研究地下地质状况。微地震是指在石油生产中，特别是在水力压裂施工过程中，压裂施工导致井底压力大于岩石抗张强度，岩石破裂后发出地震波，通过在井中或地面或浅井布设检波器接收微震信号，从而对微地震事件进行定位。因此，微地震数据与常规地震数据有很大区别。

（1）波型

微地震波型主要以直达波、反射波和导波为主。而在常规地震勘探中，反射波是有用地震信号，直达波、导波通常被当作噪声被处理。

（2）频谱

微地震频率很高，一般主频在400 Hz左右，而常规地震资料主频一般为30 ~40 Hz。

（3）强度

微震事件强度极低，震源强度在里氏0级以下，一般在 -4 ~ -2级，无明显震感；而常规地震勘探以炸药激发和大吨位可控震源为主，强度较大，有明显震感。

（4）发生次数

微震发生次数不仅与检测仪器灵敏度有关，还与井况、地质条件、压裂参数有关；而常规发震次数取决于人为控制。

2. 微地震数据采集基本流程

微地震处理一般包括去噪处理、极化分析、三分量检波器定向、速度模型建立、震源定位、模型修改、精确震源定位。下面主要从这几个方面来讨论。

（1）微震数据去噪处理

在微地震数据采集过程中，常常存在很多干扰微地震监测的因素，如地面人为活动、仪器工作噪声等，导致监测到的微震数据含有很多背景干扰，故在采集过程中通常要进行滤波处理。通常，微地震监测系统都自带去噪功能，其方法是在微地震监测前期进行试验，结合施工过程中压裂参数及实际微震接收的信号来选取合适的阈值，这样就能最大限度地减少其他背景干扰。图2-5-71、图2-5-72分别为原始的微地震数据和经去噪处理的微地震数据。

当然，对于后续的精细处理也有其他滤波方法，如频域相干、时间空间域极化滤波方法、F-K域滤波方法、相关滤波方法等。

（2）极化分析方法

极化分析方法的基本思想是寻找一定时窗内的质点位移矢量的最佳拟合直线。

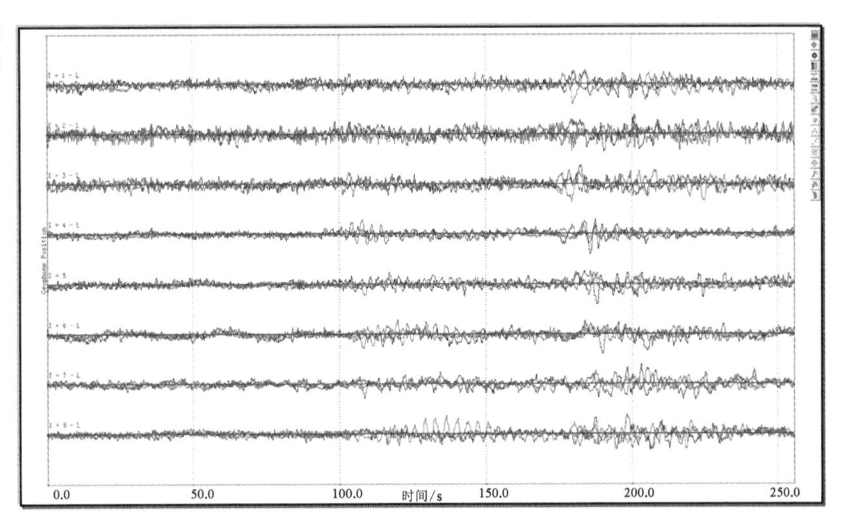

图2-5-71 典型的原始压裂破裂事件记录

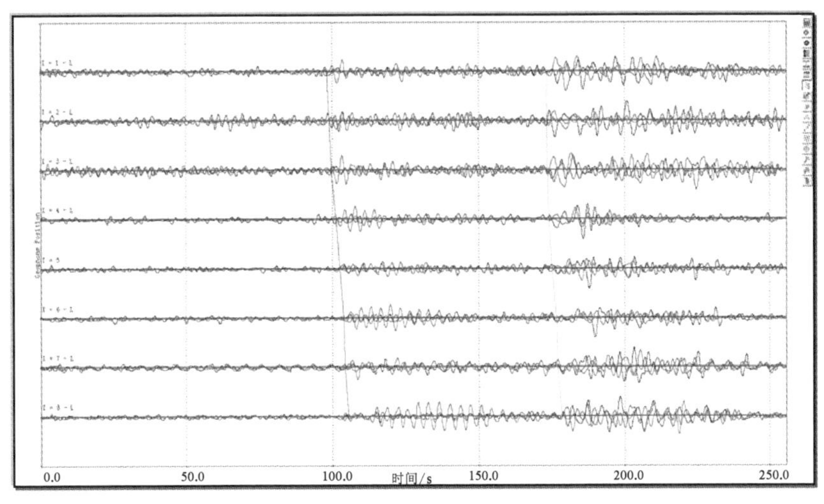

图2-5-72 经去噪处理的有效压裂破裂事件

如时窗内的波形被确定为P波，则该拟合直线即为波的传播方向；如时窗内的波形被确定为S波，则该拟合直线的方向与波的传播方向垂直。

极化分析的主要目的是确定波的传播方向；另一个是用来研究波的类型，此外还可以从大量微震中挑选出高品质微震。监测井中的三分量检波器记录到的原始数据有三个分量，即一个垂直分量（V）、两个水平分量（H1 和 H2）。极化分析的基础数据就是这三个微震分量。通常要求对这三个分量做极化分析,以确定波的传播方向。图 2－5－73 为用极化分析方法来进行三分量检波器定位示意图。

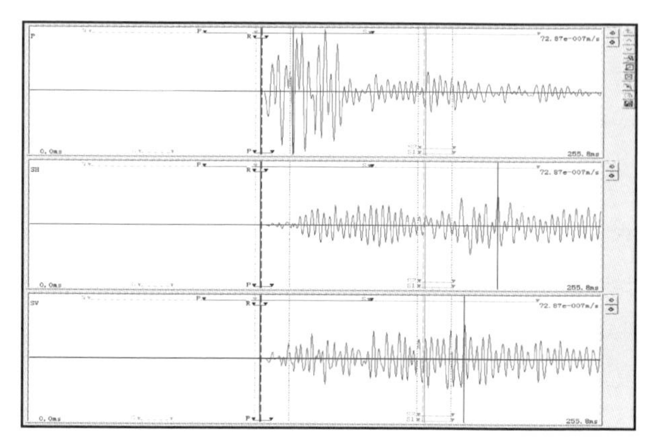

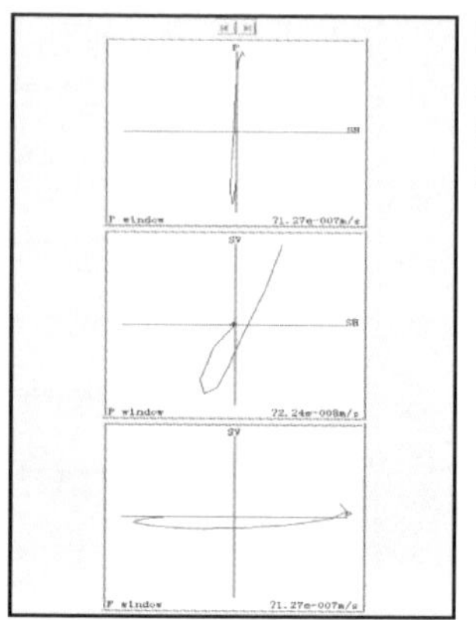

图2－5－73 三分量检波器定位示意图

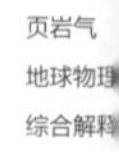

(3) 初至拾取

拾取微震的 P 波和 S 波初至时间,理论上讲,就是读出 P 波和 S 波的初至时间,用手工目测读数,或在工作站上交互式拾取。然而这在实际操作中是很困难的。这是因为微震能量很弱,初至往往淹没在噪声背景中。而 S 波初至常常受到 P 波能量的干扰,尤其是距震源较近检波点上记录到的微震。初至时间的拾取对后续震源定位的精度影响很大。

(4) 速度模型建立

速度是微震精确定位的关键因素,因此,建立速度模型是微震数据处理的一个重要环节。工区条件和数据采集设备条件不同,速度模型的建立方法也不同,所以速度模型精确定位也各不相同。

当工区地质条件较简单,目的层段速度横向变化不大,速度各向异性弱,压裂井和监测井距离较近时,则可用压裂井和监测井的声波测井资料建立速度模型,但这种方法给出的井间速度仅仅是推断值,当地下结构稍复杂些,就会带来较大误差。因此,这种方法仅在水力压裂微震监测施工设计阶段使用。

一般情况下,为建立速度模型首先要在水力压裂前作辅助放炮,即在压裂井中目的层段人工激发地震波,目前最多的是用射孔方法来获取速度。

(5) 震源定位

微地震的应用中,需要反演产生微地震的准确位置。如何精确反演出震源位置坐标是微地震的一项关键技术。微地震反演可分为均匀介质和非均匀介质两种情况。对于均匀介质,现在微地震震源坐标的确定大多采用解析法求解。目前,微地震震源定位的解析法主要有:纵横波时差法、同型波时差法、Geiger 修正法;其区别在于微地震资料初至速度的提取。

对于均匀介质,微地震震源定位一般可分为两种:一是纵横波时差法,另一种是同型波时差法。当记录上同时存在同一微地震事件足够信噪比的纵波信号和横波号,且纵横波速度都已知时,可采用纵横波时差法。在同一点记录的信号无法确定 S 波和 P 波的到时之差,但不同测点的 P 波或 S 波到时可以确定的情况下,可以采用同型波时差法。这两种方法的假设条件都是一样的,都假定介质模型为均匀介质模型。

① 纵横波时差法

设 $q_k(x_{qk}, y_{qk}, z_{qk})$ 点为第 k 次破裂时的破裂源,$p_i(x_{pi}, y_{pi}, z_{pi})$ 为第 i 个测点,d_{ki} 为 q_k 和 p_i 两点间的距离,则有:

$$d_{ki} = [(x_{pi} - x_{qk})^2 + (y_{pi} - y_{qk})^2 + (z_{pi} - z_{qk})^2]^{\frac{1}{2}} \tag{2-138}$$

设介质内纵波、横波的平均速度 v_P 和 v_S 已知,且在 p_i 点记录信号可以确定 S 波和 P 波的到达时间之差 Δt_{ki},则有:

$$\Delta t_{ki} = d_{ki}/v_P - d_{ki}/v_S \tag{2-139}$$

经整理得

$$d_{ki} = \Delta t_{ki} v_P v_S/(v_P - v_S) \tag{2-140}$$

联立公式可得

$$[(x_{pi} - x_{qk})^2 + (y_{pi} - y_{qk})^2 + (z_{pi} - z_{qk})^2]^{\frac{1}{2}} = \Delta t_{ki} \frac{v_P v_S}{v_P - v_S} \tag{2-141}$$

测点 p_i 的坐标是已知的,式(2-138)中仅含有 3 个未知数,即破裂源坐标 $q_k(x_{qk}, y_{qk}, z_{qk})$。当测点的个数 $i \geqslant 3$ 时,由其中任意 3 个公式都可以解出一组

$q_k(x_{qk}, y_{qk}, z_{qk})$，所以式(2－138)是求解 q_k 的基本公式。

当然，对上述公式的求解往往存在各种问题，如少定问题、多定问题以及病态问题，在解决上述问题方面有专门的研究，目前主要是运用范围逼近法求解。

② 同型波时差法

当在 p_i 点记录的信息上无法确定S波和P波的到时之差，但不同测点的P波或S波到时可以确定的情况下（以P波到时可以确定为例），也可以求解 $q_k(x_{qk}, y_{qk}, z_{qk})$：

$$
\begin{aligned}
&[(x_{pi}-x_{qk})^2+(y_{pi}-y_{qk})^2+(z_{pi}-z_{qk})^2]^{\frac{1}{2}} \\
&\quad -[(x_{pl}-x_{qk})^2+(y_{pl}-y_{qk})^2+(z_{pl}-z_{qk})^2]^{\frac{1}{2}} \\
&= v_{\mathrm{P}}(t_{ki}-t_{kl})
\end{aligned}
\tag{2-142}
$$

式中，t_{ki} 为第 k 次破裂的微地震信号在测点 p_i 记录上的到达时。

这样就通过求差回避了发震时刻不定的问题。当测点数不少于4时，可由上述公式求得 $q_k(x_{qk}, y_{qk}, z_{qk})$，图2－5－74为纵横波同差法与同型波时差法的算法流程图。

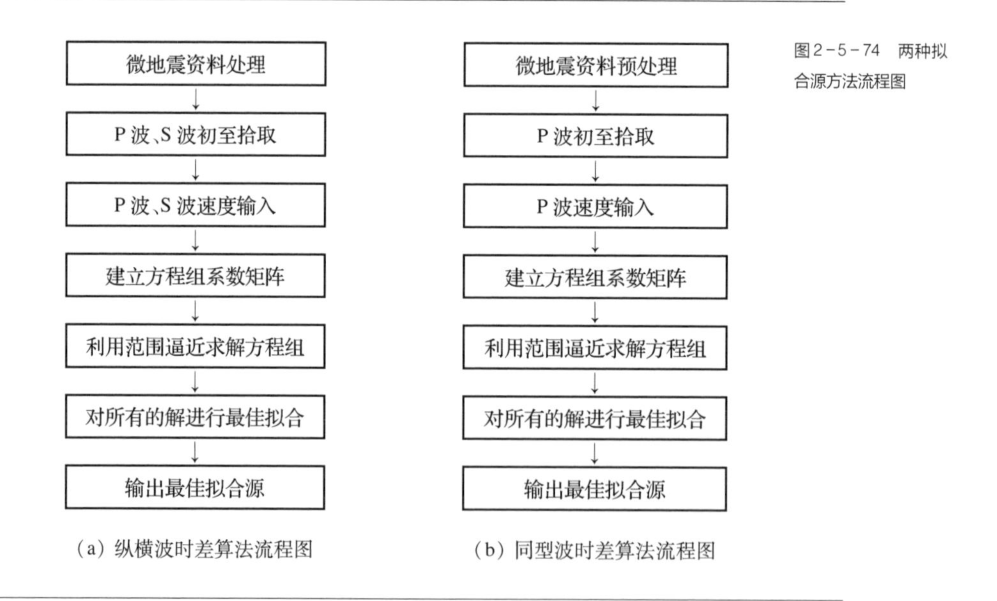

图2－5－74　两种拟合源方法流程图

2.5.10.3 压裂微地震解释

在进行水力压裂微地震监测时,检波器接收破裂能量信号并传输到地面仪器,再送入处理软件接口进行数据自动处理,经过筛选后得到有效压裂破裂微地震事件,之后通过反演定位找到有效事件发生的位置,从而实时初步判断压裂期间裂缝的空间展布与走向以及裂缝方位等信息。压裂微地震解释主要完成以下任务:

(1) 分析微地震事件出现的空间展布,计算裂缝网络方位、长度、宽度、高度;

(2) 随着压裂施工的进行,破裂事件不断发生,破裂事件出现的概率与压裂施工曲线的对应关系;

(3) 根据微地震事件出现的空间位置,结合地震剖面构造和岩性特征,解释裂缝的连通性;

(4) 评估压裂产生的裂缝网格体积(SRV)。

目前,微地震解释正朝着将三维地震资料与微地震事件相结合,综合三维地震资料的相干、曲率属性及储层弹性参数(如纵横波阻抗、杨氏模量、泊松比、脆性等)、地应力等分析微地震事件展布特征,实现优化压裂方案设计及评估压裂效果的目的。

第3章

页岩气地球物理技术综合解释

有效地预测地质甜点和工程甜点是提高页岩气单井产量,实现页岩气效益开发的重要技术保障。页岩气地球物理综合解释的主要目的是综合利用地震、地质、测井、微地震监测资料识别地质甜点和工程甜点,有效地指导页岩气勘探开发。由于页岩储层自身特点,在评价页岩储层时,不仅要考虑常规油气储层评价因素,如埋深、厚度、断裂构造展布、含油气性等,还要考虑TOC、脆性、地层压力、地应力等。而TOC、脆性、地层压力、地应力这些因素在常规油气储层中很少被关注,不是重点研究的对象。

总体而言,页岩气地球物理综合解释需要解决常规油气储层预测中更为复杂的问题,研究和应用问题涉及地震地质工程一体化技术。根据页岩气勘探开发进程,页岩气综合地球物理解释可分为页岩气有利区优选、页岩气甜点区优先、井位部署、压裂优化、压后评估;根据研究区地震资料条件分为页岩气二维地震资料综合解释和页岩气三维地震资料综合解释。本章重点针对研究区地震资料分类开展页岩气地球物理综合解释技术及应用阐述。

3.1 页岩气二维地震综合解释技术应用

目前,除中石化涪陵示范区、中石油长宁-威远、昭通示范区等主要页岩气勘探开发区块采用宽方位三维地震勘探开发为主,国土资源部对外油气公开招标页岩气部分区块,如重庆黔江区块和贵州正安-务川页岩气区块完成了宽方位页岩气三维地震勘探开发外,其他页岩气区块主要采用了二维地震勘探。

页岩气二维地震综合解释技术主要是通过该区已有的钻井、测井、测试等资料,准确标定各反射层的地质层位,对重新处理的成果剖面资料进行精细地对比解释,进一步查清并落实各局部构造形态及接触关系,搞清断层性质、位置、组合及展布规律。利用岩石物理建模技术、地震波阻抗预测优质页岩厚度展布、埋深情况、断裂构造展布、TOC及脆性展布,综合地球物理资料评估页岩气储层有利区。

图3-1-1为页岩气二维地震资料解释流程。具体技术流程如下:① 收集研究区的岩心、测井资料,利用岩心及测井数据进行弹性参数测试及测井曲线校正工作,开展矿物组分分析,确定TOC及脆性等最佳敏感弹性参数;② 收集研究区地震资料信

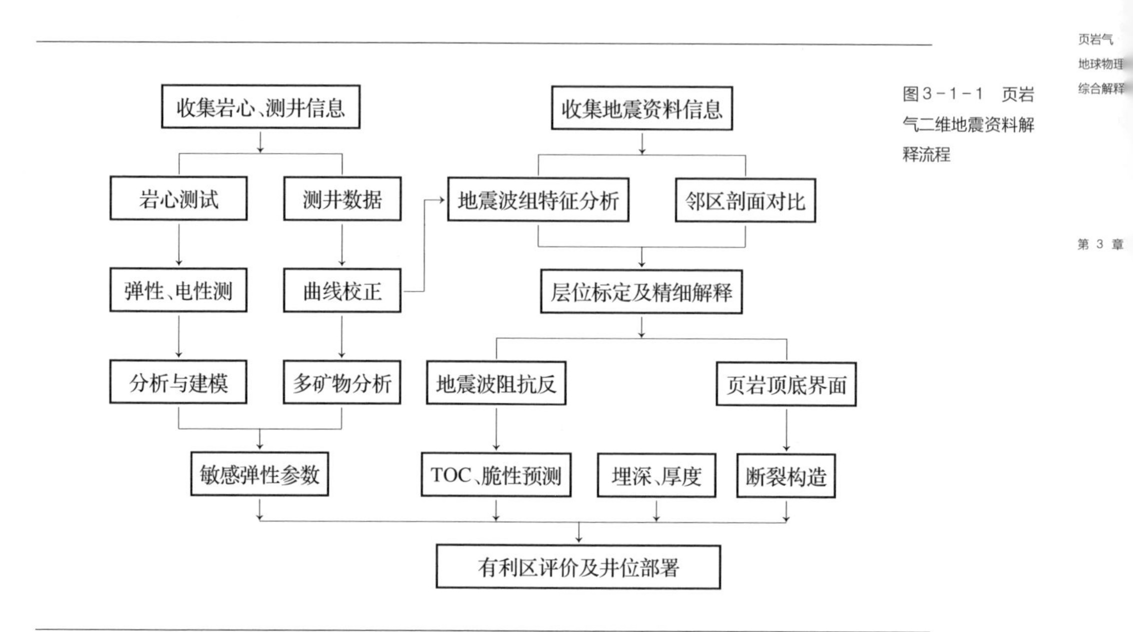

图3-1-1　页岩气二维地震资料解释流程

息,开展地震波组特征分析,并将邻近工区已有的地震剖面与本研究区地震剖面进行对比分析,综合测井及已有成果标定层位;③ 开展层位精细解释,在层位标定的基础上,综合测井成果开展地震波阻抗反演,落实优质页岩顶底界面;④ 利用反演成果、测井信息、层位信息落实研究区优质页岩储层的厚度、埋深、TOC 及脆性、断裂构造等展布;⑤ 综合考虑断裂构造、厚度、埋深、TOC 及脆性优选有利目标区。

3.1.1　层位识别和波阻特征分析

页岩气地质层位识别是地震资料解释的最基础、最关键的工作之一,直接影响到解释成果能否真实地反映地下的地质情况。如果探区存在探井,可以充分利用钻井、测井等资料进行层位标定;在勘探程度较低,没有探井分布工区,层位识别存在较大困难,可以通过充分借鉴邻区地震标定或测井资料,结合层位引入法及地质露头法对地震反射层位进行识别。

1. 地质露头法层位识别

地质露头法广泛应用于勘探程度较低,缺少井孔数据的区块。采用地质露头分析方法,将地面地质层位的顶底位置、出露断点位置及地层产状等要素标注于地震剖面对应的共深度点 CDP 处,然后利用露头剖面上的地质界线对地震剖面上反射层的对应情况进行识别。应用该方法识别的结果能够比较直观地展示地面、地下构造和层位的对应关系。对于南方海相页岩气山地,勘探程度较低的探区,地质露头法识别层位能够发挥非常重要的作用(图 3-1-2)。

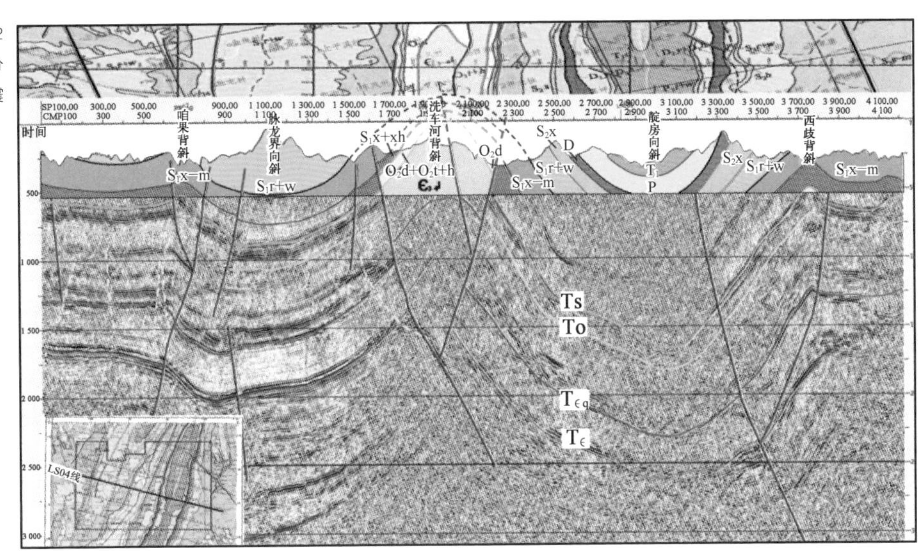

图 3-1-2 地质露头分析辅助地震资料解释

2. 邻区引层识别

利用测井曲线和分层对地震反射剖面进行井震联合识别是对地震层位进行识别的最常用手段。由于研究区缺少钻井资料,考察邻区,位于工区西部,距研究区仅 2 km 处有一口井钻遇五峰-龙马溪组和牛蹄塘组,且层位识别可靠,在沉积环境上,邻区古生界地层和研究区同属于上扬子地台区陆棚沉积,沉积环境基本一致,沉积岩性具有可对比性,厚度相当。因此,能够引入邻区的地震解释成果和工区的地震数据进行对比,将此条件作为研究区层位识别和追踪依据和参考标准之一。图 3-1-3 为研究区地震解释剖面与邻区地震剖面对比。

3. 目的层特征分析

将邻区引层识别及地质露头法相结合,确定研究区两个目的层地震反射特征,为

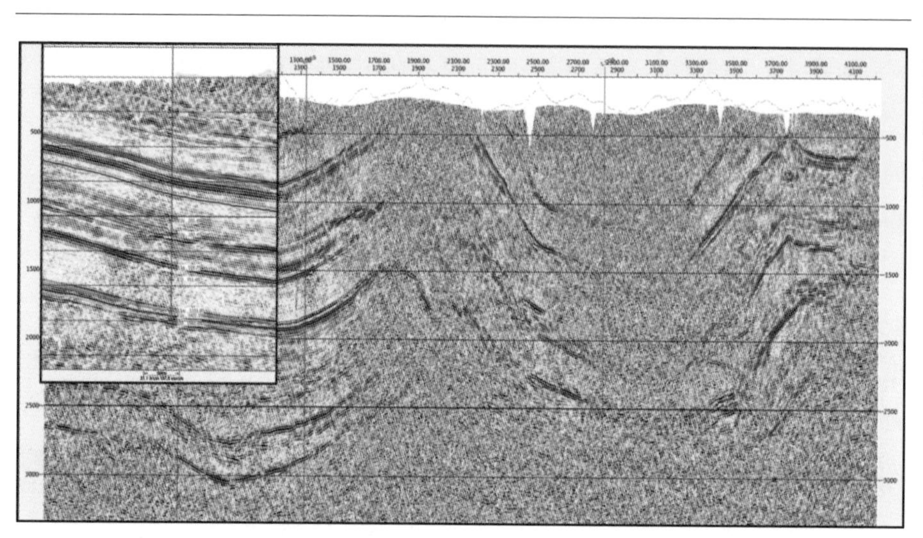

图3-1-3 研究区地震解释剖面与邻区地震剖面对比

全区地震资料解释提供依据:志留系溶溪组底界为一峰谷峰型,较连续、中等频率的地震反射;志留系底界反射特征为较连续、较高频率强反射,其下有一弱振幅复波反射;寒武系清虚洞组底界为一连续、较高频率的强反射;牛蹄塘组存在连续、较高频率强反射,其上有一强反射复波(图3-1-4)。

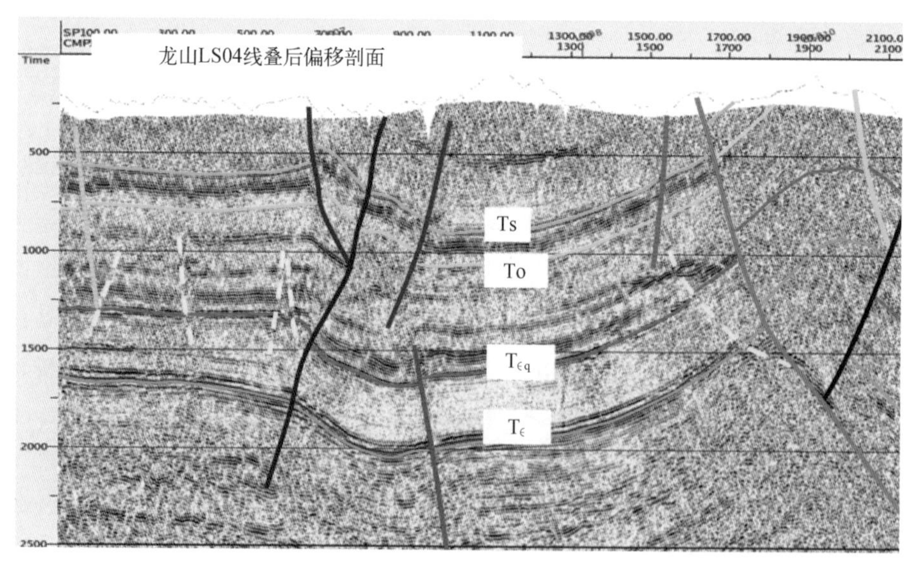

图3-1-4 目的层地震反射特征

3.1.2 地震资料解释

1. 地震资料对比解释

反射层对比解释在正确识别地质层位的前提下,根据相位、波组特征、层间 t_0时差及相邻剖面对比等方法追踪反射层同相轴,在剖面上确定构造高低点位置;在平面上落实断层的延伸方向及构造的轴线方向;在测线交点处对同层反射波组做闭合检查,确保反射层相位解释的一致性,如图 3-1-4 所示。

对于断层的解释,在剖面上主要依据相位或波组的错断,同相轴的能量强弱、产状、层间时差等特征以及断开层位的多少进行解释。在平面及空间上对断层的位置、规模的变化进行分析的基础上,完成断层的识别和组合。

在进行断层剖面解释和平面组合时,以地震资料为基础,以地表断裂系统为参考,结合区域逆断层多为北北东走向的地质特征。

2. 相位剖面辅助解释

研究区勘探程度较低,地震资料品质差异较大,东侧构造复杂区信噪比较低,成像效果差,无法对地层进行全面控制,而相位剖面忽略了层位横向的振幅差异,从而更能突出层位横向的连续性,对层位追踪及断层的识别有很好的辅助解释作用(图 3-1-5)。

3. 目的层厚度解释

区域地质分析及露头揭示表明,工区内发育两套碳质页岩层:五峰-龙马溪组和牛蹄塘组。五峰-龙马溪组碳质页岩厚度一般为 30 ~ 50 m,埋藏较浅,是研究区的主要勘探目的层之一。地震上的时间厚度约为 10 ~ 20 ms。利用常规地震剖面无法对其厚度进行刻画。牛蹄塘组煤层碳质页岩厚度一般为 100 ~ 200 m,埋藏较深,地震上的时间厚度约为 40 ~ 90 ms。

研究区五峰-龙马溪组厚度大约为 40 m,以 4 400 m/s 速度计算,在地震剖面上双层旅行时仅为 18 ms。因此,利用常规地震剖面无法对其厚度进行刻画;即使是牛蹄塘组厚度约为 140 m,可以利用追踪波峰或者波谷的办法确定其顶底,但其上为一宽缓的复波,其顶面的追踪同样存在难度。

在有钻井的地震探区,一般采用波阻抗反演方法对薄层进行厚度刻画,但是本研究区无钻井资料可用。只能考虑利用相对阻抗进行厚度刻画,但是通常的道积分方法

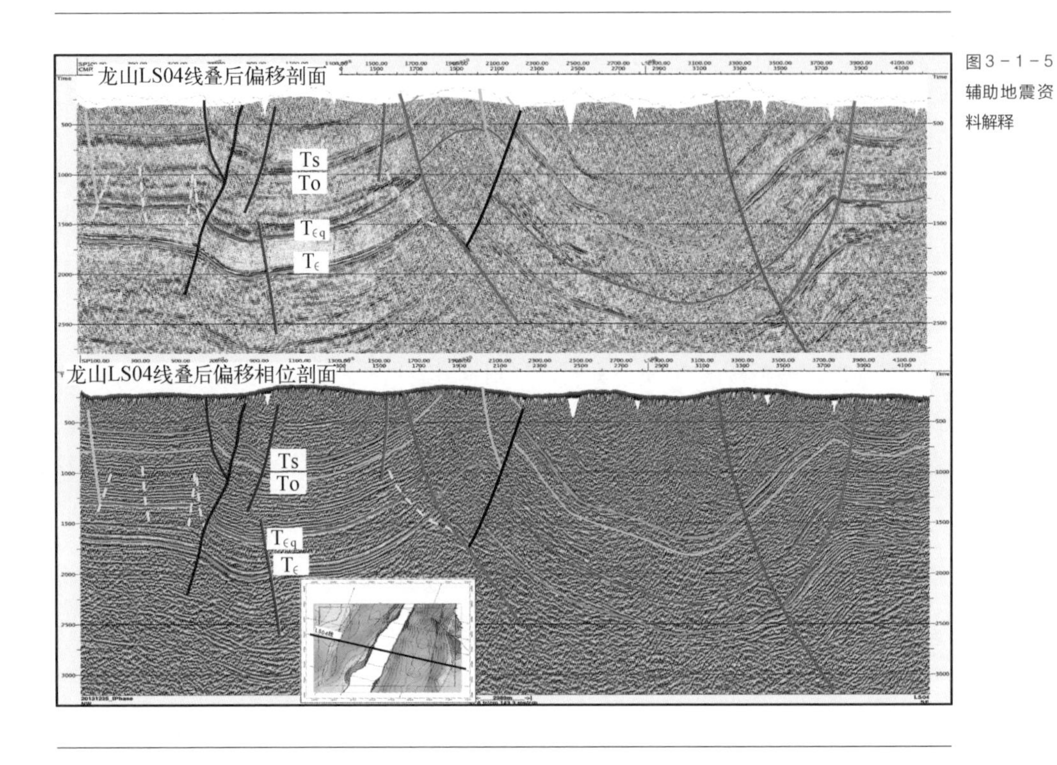

图3－1－5 辅助地震资料解释

往往损失了地震资料的高、低频成分。相比之下，90度相移技术也相当于是相对阻抗，但不损失频率成分。因此，本次研究中将追踪常规剖面中的峰谷转化为追90度相移剖面，通过追踪90度相移剖面的零值振幅，最大限度地逼近目的层段真实厚度，对五峰-龙马溪组、牛蹄塘组的顶底进行界定，从而刻画出该层的时间厚度(图3－1－6)

4. 速度分析和平面成图

速度是地震资料解释及成图中一个非常重要的参数，速度选取是否合理直接影响对构造的评价。工区没有钻井，无法在平面上对全区的地层速度进行较为精确的控制。为此设计了适合本区的速度分析流程，主要分为三部分(图3－1－7)。

① 用地震资料处理过程中得到了平面上较为密集的叠加速度谱，以及可靠的解释层位，选择层位控制法进行速度建场；

② 利用邻区钻井资料获得志留系及寒武系较为准确的地层速度，再利用地质露

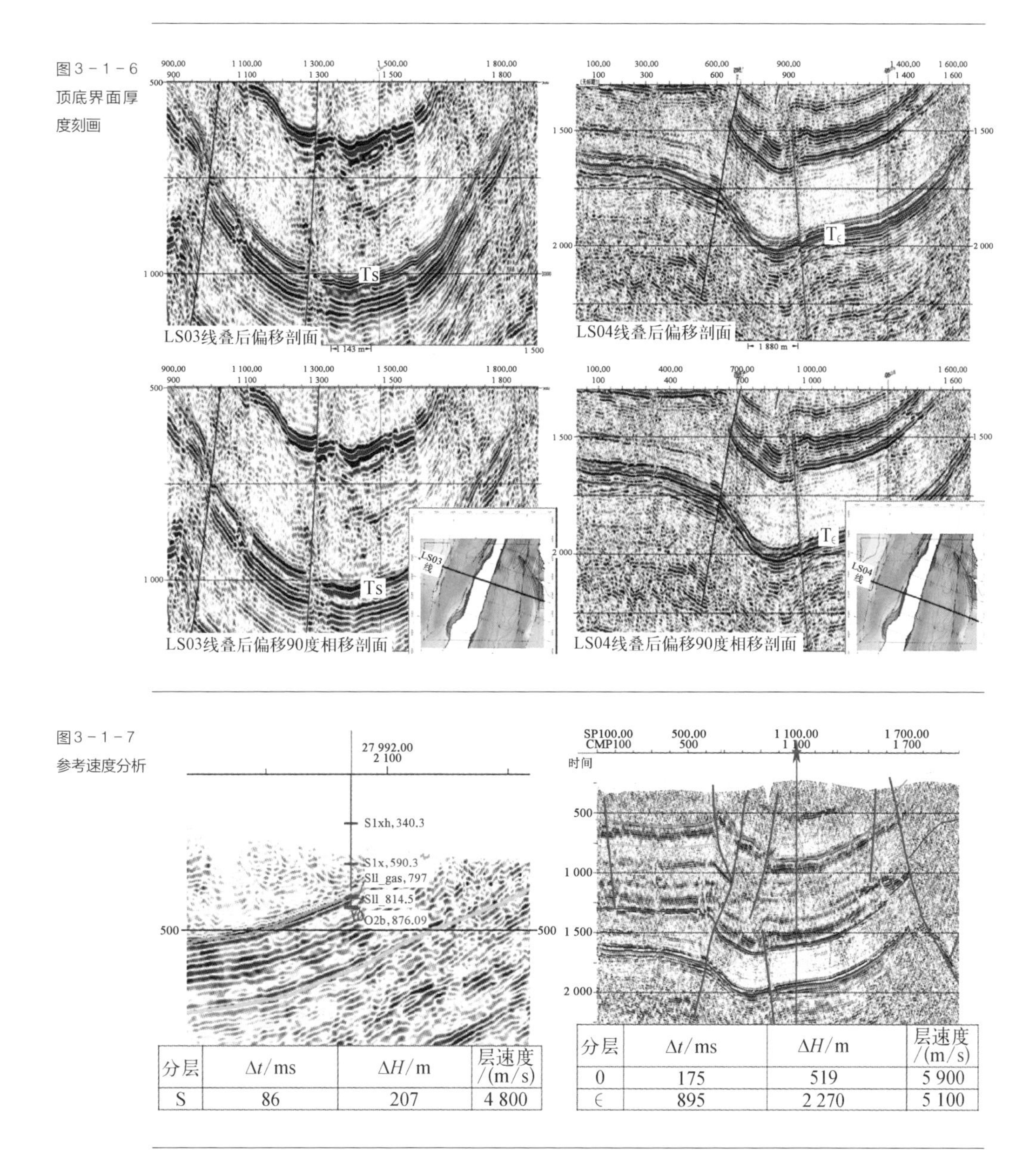

图3－1－6 顶底界面厚度刻画

图3－1－7 参考速度分析

分层	Δt/ms	ΔH/m	层速度/(m/s)
S	86	207	4 800

分层	Δt/ms	ΔH/m	层速度/(m/s)
O	175	519	5 900
∈	895	2 270	5 100

头信息获得奥陶系较为准确的地层厚度，结合地震反射旅行时，就可以获得参考点的奥陶系层速度，从而获得参考点的各层速度、平均速度、埋深等信息；

③ 通过速度控制点对速度建场得到的平均速度进行校正，建立工区的解释平均

速度。这样既利用了叠加速度谱在平面上的趋势,能够得到较为合理的工区空间速度场,又能获得满意的时深转换成果。

5. 方差体属性分析

页岩气的保存条件是页岩气成藏的关键指标。裂缝过度发育会破坏页岩储层的保存条件,造成页岩气泄漏,因此,需要对裂缝发育程度进行预测。

方差体属性原理:在数学上,方差是指一组数的各数据相对于它们的平均数的偏差的平方的平均数。其意义在于,它反映了一组数据的分散或波动程度;当遇到地下存在断层或某个局部区域地层不连续变化时,一些地震道的反射特征就会与其附近地震道的反射特征出现差异,而导致地震道局部的不连续性。这种不连续性表现为通过方差算法模型计算出的高方差值,在方差体的时间切片或沿层切片上出现异常区,便可检测出断层或不连续变化的信息,进而识别断层和其他地质异常构造。

因此,本次研究采用方差体属性识别裂缝不发育区。如图 3-1-8 所示,上部绿色充填曲线表示沿志留系底界(剖面上红色层位线)提取的方差属性值,其值越大,代表地层连续性越好,反映在平面图上用红-绿色代表,认为其为志留系底界的稳定区域。

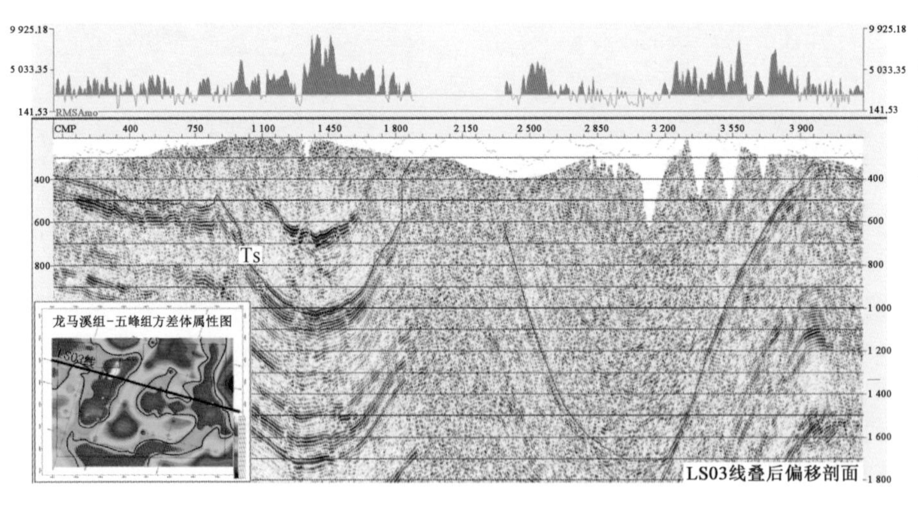

图3-1-8 龙马溪组-五峰组方差体属性图及叠后偏移剖面

3.1.3 断裂构造特征

通过地震解释和分析，落实了各主要目的层的构造形态和断层发育特征；基本查明了五峰-龙马溪组、牛蹄塘组页岩层的分布情况；通过断层分布检测和含油气检测，划分出了含气有利区，最后通过综合评价圈定出了勘探目标区，为进一步勘探提供方向和依据。工区内主要发育三个断裂发育带，以北北东向为主，规模较大，成带出现。从剖面上看，主要发育三组断裂带，断裂倾向南东，反“y”字形断裂组合；其中，北北东向展布的咱果断裂、洗车河断裂、西岐断裂为工区的主干断裂，对构造的形成有控制作用，倾向西北的断层为其伴生调节断层。其与同走向褶皱组成研究区基本构造格架（图3-1-9、图3-1-10）。

咱果断裂带：位于工区北部，为压性断裂，断裂面倾向西南，穿切寒武纪、奥陶纪及志留系地层。断裂附近伴有次级断层，仅切穿志留、奥陶地层。

图3-1-9 研究区寒武系、志留系底界断裂系统图

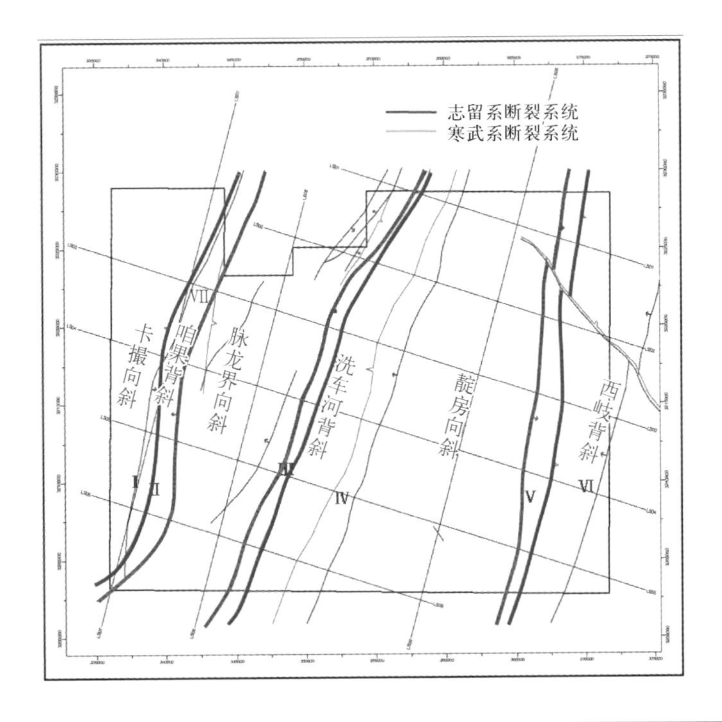

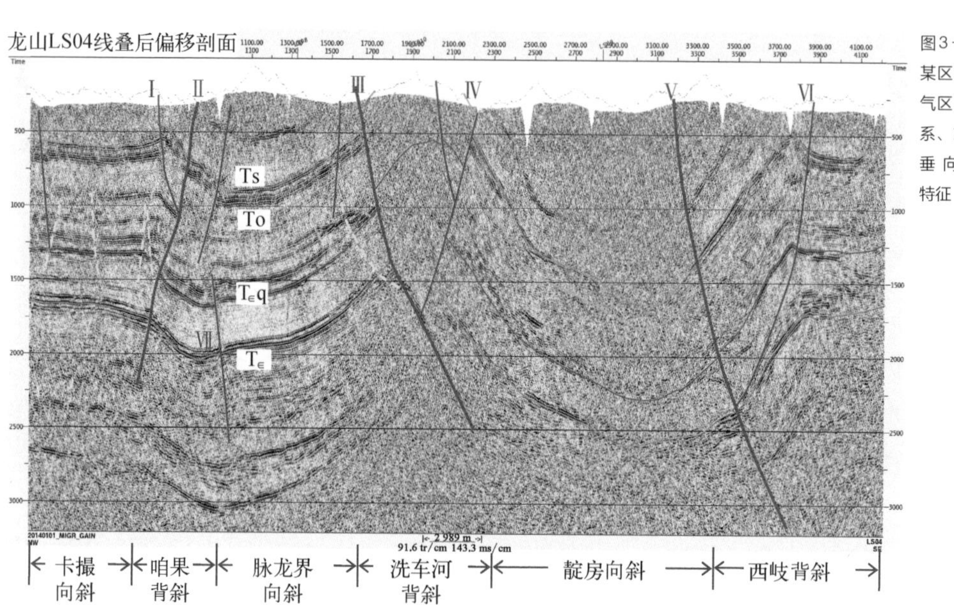

图3-1-10 某区块页岩气区块寒武系、志留系垂向断裂特征

洗车河断裂带：为压性断裂，基本沿着洗车河背斜翼部延伸，走向北北东，断裂面倾向南东。主干断裂东部发育一条次级断裂，倾向西北。

西岐断裂带：位于工区东缘，为压扭性断裂，基本沿着西岐背斜翼部延伸，北段受一晚期走滑断层影响，有一定扭动，向西凸出呈弧形弯曲。断裂面倾向南东，走向为北北东。断裂东部发育一条次级断裂，倾向西北，基本沿背斜轴部延伸。

靛房-西岐走滑断裂：位于工区东北缘，断面较陡，走向北西，形成晚于北东向断裂。具有明显的顺时针方向错动，水平断距为200 ~ 500 m。

区内主要发育北北东向褶皱，总体上为线状褶皱；具有向斜紧闭、背斜开阔平缓的隔槽式褶皱组合样式（图3-1-11）。从现今地表构造出露，到志留系底界以及寒武系底界构造特征具有很好的一致性，这说明区内构造活动少，期燕山运动（一次大的构造运动）塑造了今天的构造格局。

研究区内自西向东可划分出卡撮向斜、咱果背斜、脉龙界向斜、洗车河背斜、靛房向斜和西岐背斜等六个构造单元。

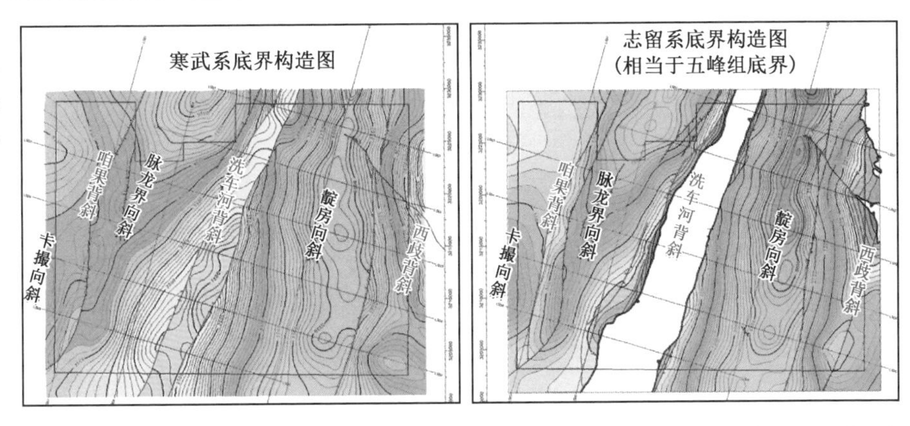

图3-1-11 某区块页岩气区块寒武系、志留系构造图

3.1.4 页岩埋深及厚度预测

研究区两个目的层的厚度总体上变化不大。寒武统牛蹄塘组页岩厚度为120~220 m,平均厚度为140 m,且由南向北页岩厚度逐渐增加,东南部120 m,在西北部可以达到最厚约220 m;上奥陶统五峰组-下志留统龙马溪组页岩有效烃源岩厚度一般为30~60 m,平均厚度为40 m,东南部为30 m,在西北部可以达到最厚约60 m,页岩厚度的变化趋势和下寒武统牛蹄塘组页岩厚度变化趋势相近,即由南向北页岩厚度逐渐增加(图3-1-12)。

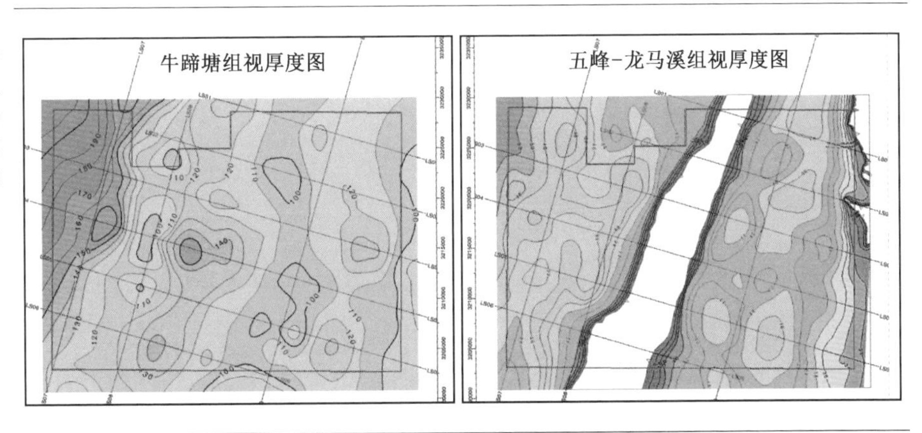

图3-1-12 牛蹄塘组及五峰-龙马溪组黑色页岩厚度等值线图

3.2 页岩气二维地震有利区带评价要素

页岩气是指主体位于暗色泥页岩或高碳泥页岩中,以吸附或游离状态为主要存在方式的天然气聚集。在页岩气藏中,天然气也存在于夹层状的粉砂岩、粉砂质泥岩、泥质粉砂岩、甚至砂岩地层中,为天然气生成之后在源岩层内就近聚集的结果,表现为典型的"原地"成藏模式(张金川,2004)。与常规气藏相比,页岩气藏的储集方式、成藏条件以及宏观特征有很大差别(表 3-2-1)。具有成藏时间早、储层超致密、生储盖一体、连续性分布、无明显圈闭及油水界面、气体赋存状态多样、气藏较易保存等特点。

表 3-2-1 页岩气藏与常规气藏基本特征对比(据罗荣等,2011)

特　点	页　岩　气　藏	常　规　气　藏
界定	主要以吸附和游离状态聚集于泥页岩中	浮力作用影响下,聚集于储层顶部的天然气
天然气来源	生物气或热成熟气	多样化
储集介质	页岩或泥岩及其间的砂质岩夹层	孔隙性砂岩、裂缝性碳酸盐岩等
天然气赋存	20%~85%为吸附,其余为游离和水溶	各种圈闭的顶部高点,不考虑吸附影响因素
成藏主要动力	分子间作用力、生气膨胀力、毛细管力等	浮力、毛细管力、水动力等
成藏机理特点	吸附平衡、游离平衡	浮力与毛细管力平衡
成藏条件	生气页岩或泥岩、裂缝等工业规模聚气条件	输导体系、圈闭等
运聚特点	原地成藏或运移距离很短	二次运移成藏
成藏条件和特点	自生自储	运移路径上的圈闭
主控地质因素	有机质含量、成熟度、裂缝、成分等	气源、输导、圈闭等
成藏时间	天然气开始生成之后	圈闭形成和天然气开始运移之后
分布特点	盆地古沉降-沉积中心及斜坡	构造较高部位的多种圈闭
勘探有利区	4 000 m 以浅的页岩裂缝带	正向构造(圈闭)的高部位

3.2.1 有机质丰度

有机质既是生烃的物质基础,也是页岩气吸附的重要载体,其丰度是生烃强度的主要影响因素。一般用 TOC 含量作为评价指标。页岩含气量与其中 TOC 含量呈明显的线性正相关性(图 3-2-1)。根据已有的生产经验,有机质含量 >2% 时,具有较好的经济开采价值。海进体系域内的盆地中心或斜坡等深水还原环境有利于富有机质页岩的沉积。

图 3-2-1　页岩 TOC 含量和含气量的关系(据 F. P. Wang 等, 2009)

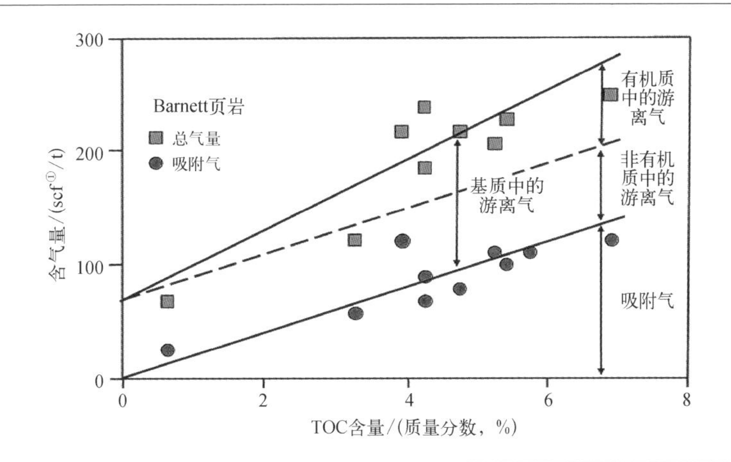

黑色页岩中的有机质颗粒有多种形态,如不规则细粒状、长条状和尘点状,有机质颗粒中可见许多极小的黄铁矿散布。研究区下寒武统牛蹄塘组页岩 TOC 含量为 2.2%~4.5%,全区分布有从北往南增加的趋势,且多在工业开采标准以上,五峰-龙马溪组在本区 TOC 含量也在 2.0% 以上(图 3-2-2)。

图3-2-2　牛蹄塘组、五峰-龙马溪组黑色泥页岩有机质分布特征

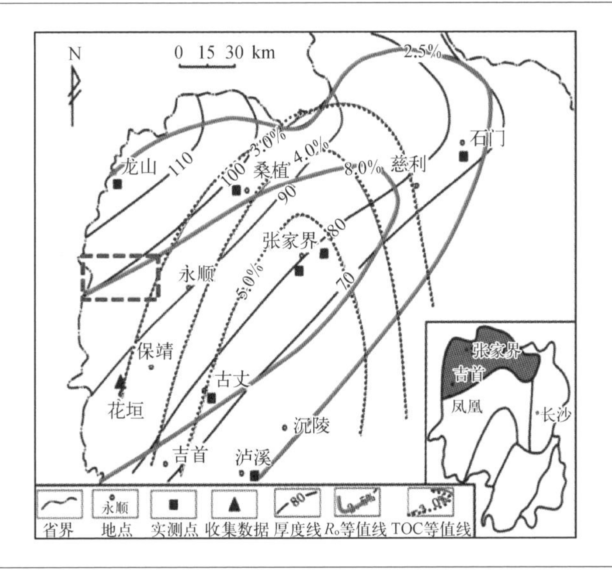

① scf: 标准立方英尺, 1 scf = 0.028 316 8 m^3。

3.2.2 有机质成熟度

含气页岩成熟度变化较大,从未成熟到成熟均有发现(图 3-2-3)。低成熟度页岩气藏主要是生物成因。热成因气只有当有机质演化进入干气窗后才能大量生成天然气,且具有更高的含气量和更高产气速率。但是当页岩成熟度过高时,有机质的生烃潜力已接近枯竭,不再有后续烃源补给,不利于页岩气成藏。一般要求有机质热成熟度(R_o) >1% ,最好为 1.4%~ 3% 。

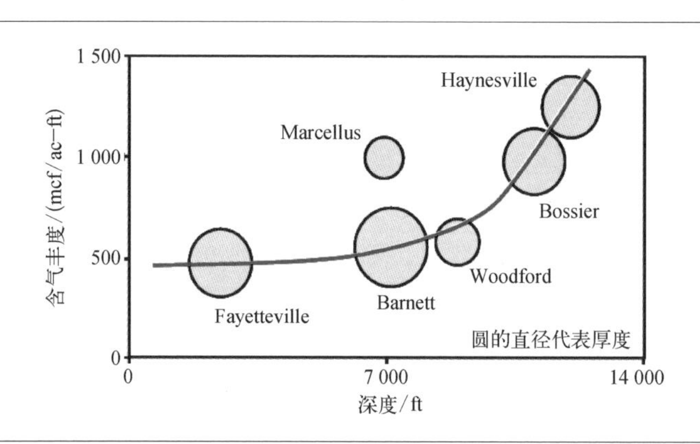

图3-2-3 页岩埋深和含气丰度关系(圆的直径代表厚度)(据 Schulz, et al, 2010)

研究区下寒武统牛蹄塘组富有机质页岩经历了复杂的多期次热史变化,成熟度普遍较高,都达到了成熟晚期阶段。前人对研究区周边牛蹄塘组露头的样品进行了分析,计算有机质热成熟度 R_o为 2.13%~ 3.08% 。勘探实践表明,美国页岩气产区的页岩成熟度普遍大于 1.3% ,在西弗吉尼亚州南部阿巴拉起亚盆地最高可达 4.0% ,且只有在有机质热成熟度较高的区域才有页岩气的产出。但是有机质热成熟度过高的有机质生烃潜力不足,在地质历史时期中,天然气散失后没有后续烃源的补充,这对页岩气藏的保存条件提出了更高的要求,从工区有机质热成熟度平面分布来看,R_o基本在 3% 左右,符合工业化开采的标准。

3.2.3 厚度分布

高碳页岩的厚度决定了页岩气藏的规模,也在一定程度上影响其保存条件。在地球化学参数基本相同的情况下，泥页岩厚度越大，气藏的总含气量和规模自然也就越大，同时，较厚的页岩也可以为自身提供良好的保存条件。通过地震资料，利用 90 度相移技术对研究区内下寒武统牛蹄塘组、志留系-奥陶系的五峰-龙马溪组暗色页岩的视厚度进行了刻画。从结果来看，目的层厚度分布具有西北厚东南薄的展布特征，但总体变化不大，平均厚度均大于 30 m。

3.2.4 埋藏深度

埋藏深度不仅仅决定页岩气藏的开采价值，还影响其含气丰度和保存条件。埋深太浅，虽然降低了开采成本，但由于地层压力相对较小，也降低了其含气丰度，而且具有一定的埋深，也更有利于页岩气的保存。从目前国内外的生产实践来看，埋深小于 4 500 m 的范围是有利勘探的深度范围，将此范围定位为工区目的层的有利范围。牛蹄塘组底部埋深为 1 300 ~ 6 900 m，洗车河一带最浅，靛房一带埋藏最深，除靛房向斜核部以外，一般小于 4 500 m，埋深小于 4 500 m 的面积有 345 km^2（图 3 - 2 - 4）；五峰-龙马溪组底部埋深相对较浅，总体埋深在 0 ~ 3 800 m，除靛房向斜核部以外一般小于 2 000 m，埋深小于 4 500 m 的面积有 683 km^2（图 3 - 2 - 5）。

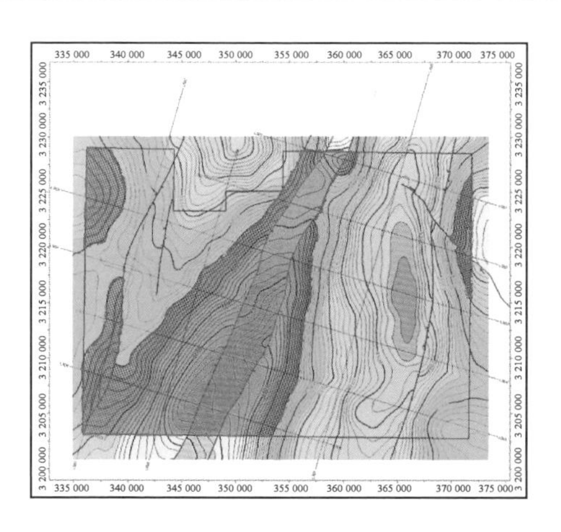

图3-2-4 寒武系底界埋深图

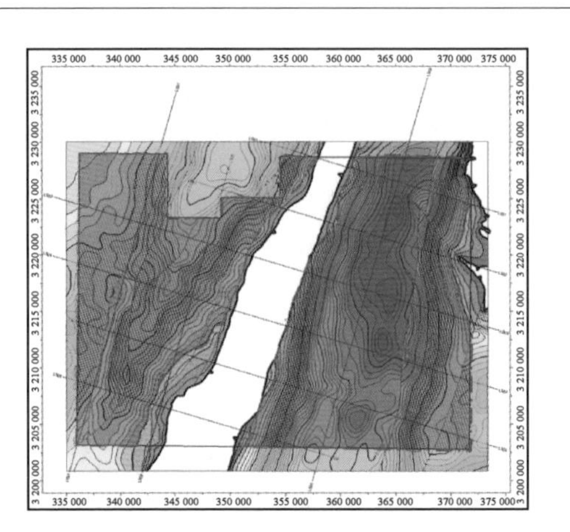

图3－2－5 志留系底界埋深图(相当于五峰组底界)

根据国土资源部油气中心限定的有利页岩气发育的埋深界限(小于4 500 m)分析,研究区内三个海相页岩发育层位基本处于适于勘探埋深范围。

3.2.5 页岩储层矿物成分

页岩随石英、碳酸盐矿物含量的增加,岩石的脆性提高,在页岩气开采压裂过程中极易形成天然裂隙和渗导裂缝,这样既有利于页岩气的渗流,同时也增大了游离态页岩气的储集空间。研究区内牛蹄塘组和五峰-龙马溪组两套黑色页岩样品测试结果显示,岩矿组成中石英最多,其次是黏土、斜长石、钾长石等,岩矿普遍含有黄铁矿。砂质和钙质较重,因此其质较脆,在加砂压裂中容易产生裂缝,这对于页岩气的开采极为有利。页岩样品测试结果显示,牛蹄塘组页岩的孔隙度为0.80%~3.7%,平均为2.06%;五峰-龙马溪组页岩的孔隙度为0.47%~2.58%,平均为1.23%。

3.2.6 断裂发育程度

页岩气藏具有“自生、自储、自封”的特点,一般认为其不需要盖层,但是从目前的实践情况来看,页岩气藏也需要有一定的外部保存条件,比如,断裂不能太发育,需要一定的顶底板遮挡条件。

裂缝对页岩气藏具有双重作用,微裂缝发育能够改善储层物性,为页岩气的储存提供空间,但是裂缝过度发育也会破坏页岩储层的保存条件,造成天然气的泄漏。裂缝对不同成因页岩气藏的作用不同。对于生物成因气来说,需要地表淡水通过裂缝带入微生物,在气体生成和开采中起着重要作用。对于热成因气来说,开启的天然裂缝一方面为天然气提供运移通道和聚集空间,改善储层渗透性;另一方面,如果裂缝的规模过大,可能导致天然气的散失。图3-2-6为研究区牛蹄塘组方差体属性图,图3-2-7

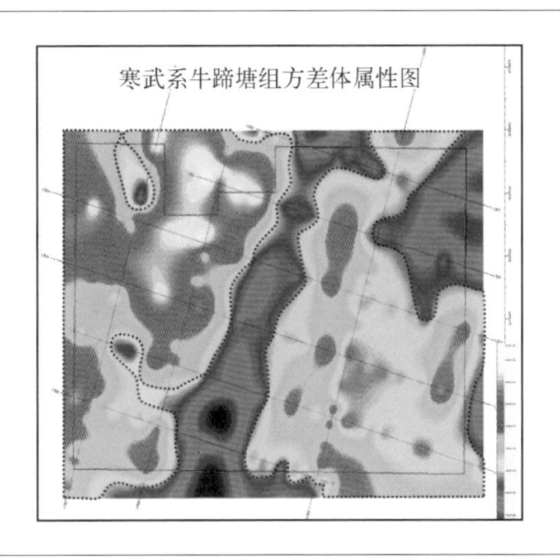

图3-2-6 牛蹄塘组方差体属性图

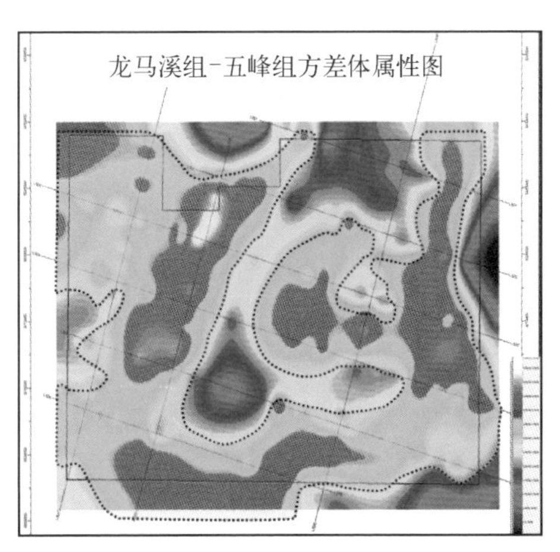

图3-2-7 五峰-龙马溪组方差体属性图

为研究区五峰-龙马溪组方差体属性图，通过研究区方差属性研究，可以确定断裂构造分布。

3.2.7 综合预测页岩气有利区

综合页岩气有利区因素，研究区 TOC 含量和成熟度均符合工业开采标准，地层厚度稳定，用埋深小于 4 500 m 线控制其边界，选择适合的页岩储层的埋藏深度，预测有利的页岩气成藏保存条件，进行有利勘探范围划分。牛蹄塘组有利区埋深适中，位于向斜及其低角度斜坡部位，顶底板稳定，页岩气预测好，据此可以圈定有利区面积；五峰-龙马溪组埋深适中，位于向斜及其低角度斜坡部位，顶底板稳定，油气预测较好，据此可以圈定有利区面积。并且能够分别估算牛蹄塘组有利区和龙马溪组有利区带资源量。图 3－2－8 与图 3－2－9 分别为牛蹄塘组及龙马溪-五峰组有利区预测图，为后续水平井位部署提供依据。

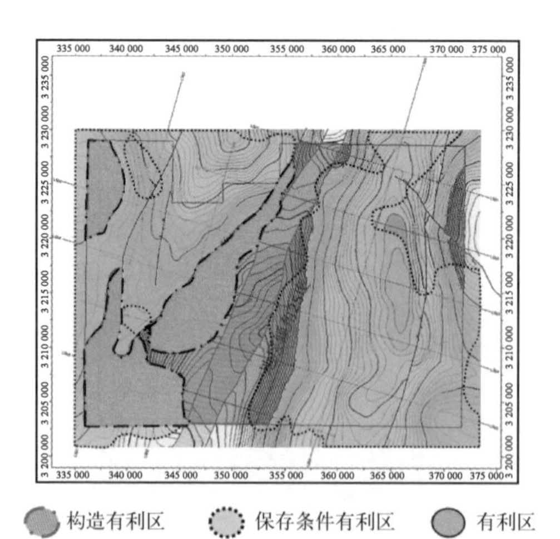

图3－2－8　牛蹄塘组有利区预测图

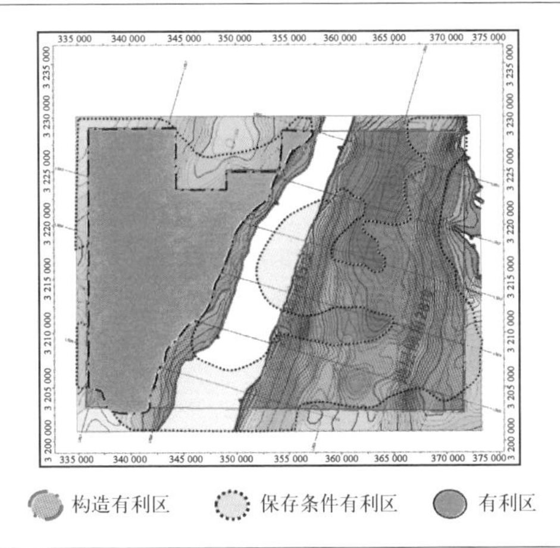

图3-2-9 龙马溪组-五峰组有利区预测图

3.2.8 井位建议

在综合考虑埋深、页岩厚度、断层发育情况以及页岩气藏保存条件的基础上，结合地震资料品质，针对目的层下寒武统牛蹄塘组、五峰-龙马溪组高碳页岩，研究区内共设计了5个建议井位。结合最佳埋藏深度及优势储层预测结果对其进行排序，针对五峰-龙马溪组目的层的建议井位3口，建议1井为首选井；针对牛蹄塘组目的层的建议井位2口，建议4井为首选井(图3-2-10、图3-2-11)。

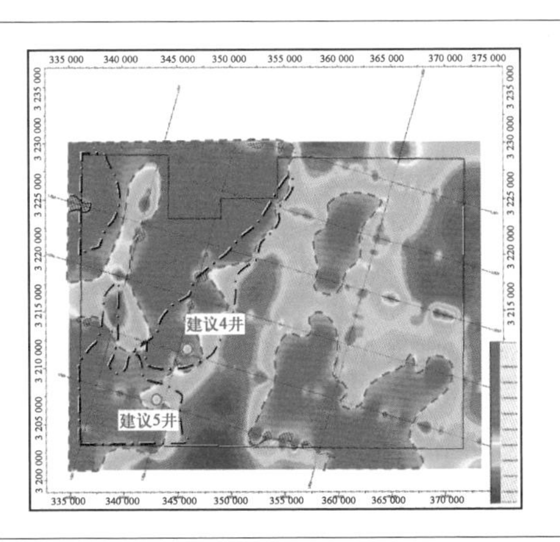

图3-2-10 牛蹄塘组优质储层预测图

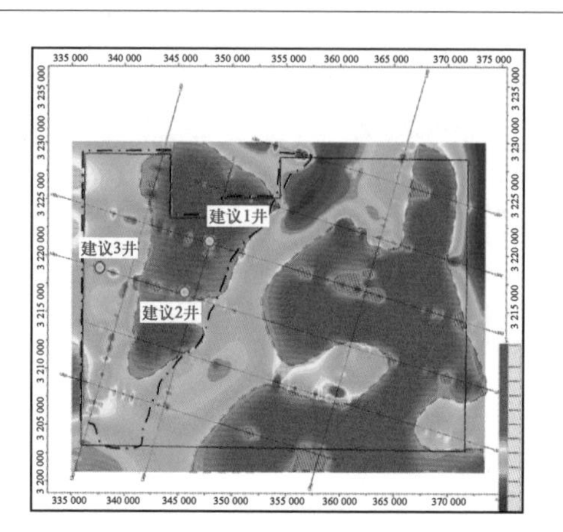

图3-2-11　五峰-龙马溪组优质储层预测图

3.3　页岩气三维地震综合解释技术应用

高 TOC 含量保证该区块富集页岩气，高脆性或裂缝发育区保证在进行水力压裂时能够形成复杂的缝网沟通，实现页岩气单井高产。地应力主要是考虑在设计水平井方向时保证水平井的方向垂直于最大水平主应力方向，易于实现缝网沟通，保证其稳产。运用地震方法来评价这些因素，指导后续水平井设计及优化压裂方案。整体上，重点围绕下面工作开展页岩气三维地震综合解释。

（1）页岩储层裂缝预测：通过从叠后三维地震数据中提取裂缝属性，如相干、曲率等属性来了解研究区块裂缝展布特征；通过叠前三维地震数据开展椭圆反演求取裂缝方位和强度。

（2）页岩储层 TOC 含量预测：通过岩石物理分析，建立合理的岩石物理模型，确定 TOC 含量与岩石力学的关系，通过地震叠前反演，求取三维地震储层弹性参数特征（如杨氏模量、泊松比等），将这种关系外推到整个三维地震数据体，预测页岩储层 TOC 含量平面展布。

（3）页岩储层脆性预测：杨氏模量是衡量岩石脆性的一个参数，通过求取杨氏模量来预测储层脆性指数。应用地震叠前反演求取储层杨氏模量、泊松比,然后将其归一化,构建杨氏模量指数和泊松比指数来定义岩石脆性指数。当然,也可以根据实际工区页岩储层特征,通过组合弹性参数来反映岩石脆性。

(4) 页岩储层地应力预测:地应力是描述岩石抗破裂程度的一个重要指标。水平井多段分层压裂技术是页岩气开采的关键技术,压裂井段的选取直接影响后续储层改造的效果。地层被压开的难易程度直接与地层应力相关,在地层水平应力差异比相对较小的地方,岩层相对容易被压开,形成复杂的网状裂缝。通过求取整个三维工区水平应力差异比,为后期压裂井段优选提供依据。假设垂直应力是上覆岩层密度的积分,密度可由地震反演求出,最大水平应力和最小水平应力可以由杨氏弹性模量、泊松比、垂直应力、正交柔量求出,正交柔量与地震各向异性存在关联性,综合求取水平应力差异比(DHSR)。图3-3-1为页岩气三维地震资料解释甜点预测的基本流程。

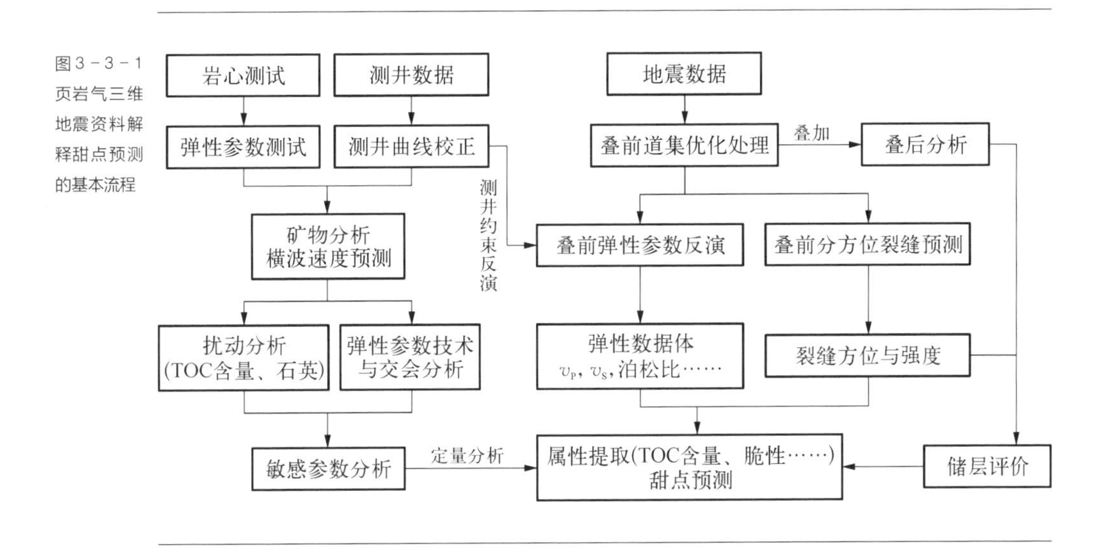

图3-3-1 页岩气三维地震资料解释甜点预测的基本流程

页岩气三维地震综合解释可分为两个部分:第一部分主要以井为主体,包括岩心测试、测井曲线、钻完井数据、录井资料、VSP等,利用这些资料开展横波预测及矿物扰动分析,最终优选出TOC含量、脆性敏感弹性因子,这部分是甜点预测的基础。

第二部分是以三维地震为主体，以第一部分岩石物理和测井的成果为基础，综合三维地震数据开展弹性反演、裂缝预测，由单井外推到三维，实现 TOC 含量、脆性、裂缝、地层压力等甜点参数的预测，最终形成由点到线、由线到面、由面到体的甜点预测流程及成果。

预测流程主要包括以下 5 个步骤。

（1）对测井曲线的校正（如井径、中子密度、一致性等），并将收集的岩心样品进行弹性参数测试，如动态弹性参数、静态弹性参数，在校正后的测井曲线上进行多矿物分析、横波预测，利用实测的岩心数据进行质控，优选出最适合本工区的横波模型，进而进行矿物扰动分析（如 TOC 含量、石英）、弹性参数计算，优选出对 TOC 含量、脆性最敏感的弹性参数，这是后续脆性预测的基础。

（2）通过弹性参数交会分析，确定 TOC 含量基值，结合叠后纵波阻抗反演刻画高 TOC 含量的厚度展布。

（3）利用叠前地震反演求取储层弹性参数，如纵横波阻抗、杨氏模量、泊松比等，为后续页岩脆性识别奠定基础。

（4）利用三维地震数据提取相干、曲率、断层自动追踪（AFE）等地震属性，并结合微地震监测成果，优选对本区比较敏感的裂缝属性。

（5）将分方位叠前数据用于裂缝识别，求取裂缝的强度和方位。最后进行脆性含量展布、TOC 含量的厚度展布和裂缝分布特征综合分析，确定页岩气甜点区的分布，用于指导井位设计，指导水平井压裂方案的优化设计和压后评估。

3.3.1 页岩岩石物理分析

以理论模型和地震响应特征为中心，针对页岩气储层的特点，进行页岩岩心样品弹性参数、矿物组分以及 TOC 含量测定，开展矿物含量扰动分析，分析对页岩储层有利的敏感弹性参数，建立页岩储层岩石物理模型，为地震正演模拟方法技术研究、页岩储层地震响应特征研究、各向异性研究和水力压裂提供基础实验数据和资料。

3.3.1.1 页岩岩样采集及测试

页岩岩心测试是页岩岩石物理分析的基础，其成果直接反映的是页岩在该点的地球物理响应特征，需要完成对页岩的矿物组分、孔隙度、渗透率、动静态弹性参数等测试项目，并通过测试成果分析寻找其相关规律，而测试数据的数量直接决定了测得规律的可靠性。采集相关的页岩岩心，开展对弹性参数、矿物组分以及 TOC 含量的测试，为后续研究工作提供基础。页岩岩心样品测试目的在于获得不同深度段页岩样品的 TOC 含量、矿物组分参数、弹性参数等岩心参数，用于反演成果监控和建立岩石动静态弹性参数转换模型。图 3－3－2 为利用测试的矿物组分对测井计算矿物成果进行标定。图 3－3－3 为利用岩心测试的动静态弹性参数建立动静态弹性参数转换关系模型。

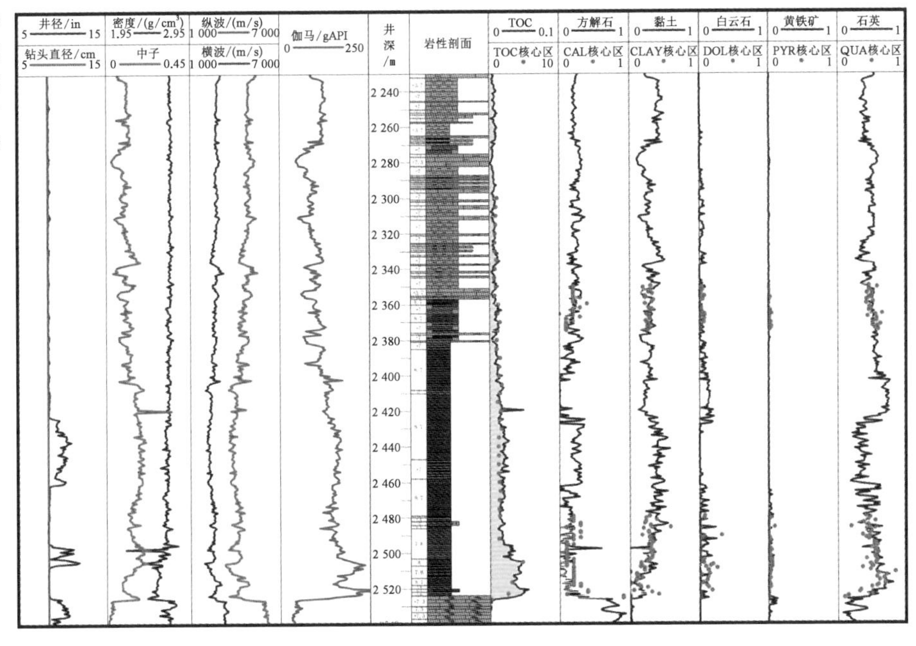

图3－3－2 利用测试的矿物组分对测井计算矿物成果进行标定

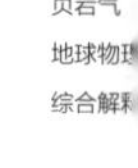

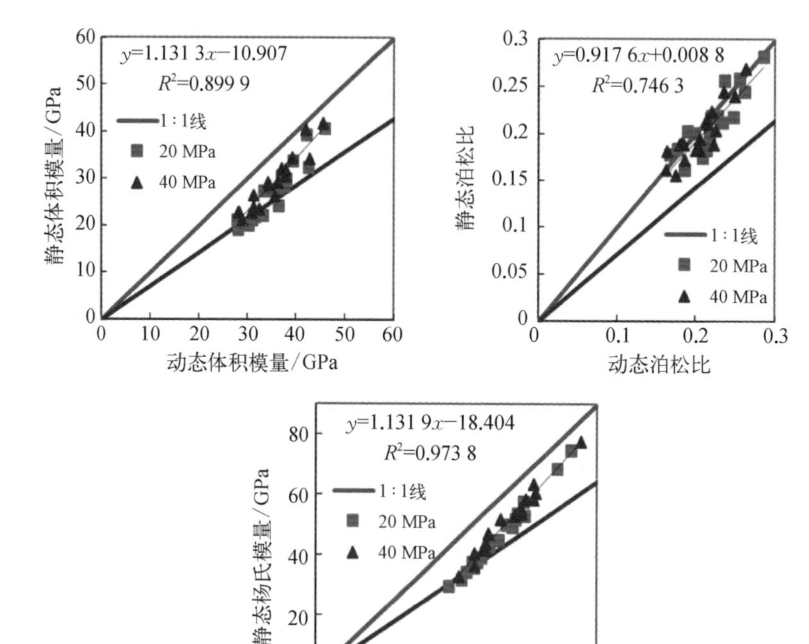

图3-3-3　岩心测试动静态弹性参数建立动静态弹性参数转换关系模型

3.3.1.2　测井曲线岩石物理诊断及预测

测井曲线岩石物理分析诊断是在整个井筒上实施的，目的是为了得到一个稳定的测井记录序列。用现有数据对井的岩性（矿物成分的相对比例）进行分析。岩石物理建模分析，需要的资料如表3-3-1所示。

对井筒相关资料及环境资料的要求如下：

① 各测井项目间的深度匹配；

② 各测井项目必要的井眼和泥浆影响校正；

③ 自然伽马等放射性测井项目应进行泥浆类型影响校正，对套管和水泥环段的测量还需进行了额外的影响校正；

④ 密度、微电阻率等探测深度较浅的测井项目的泥浆侵入影响校正；

表3-3-1 岩石物理建模分析有关资料

	必须资料	重要资料	参考资料
测井地层评价	钻头尺寸	自然电位曲线	测井地层评价成果
	井径曲线	自然伽马能谱曲线	核磁、FMI 等成像测井数据
	自然伽马曲线	岩性密度测井曲线	岩性曲线
	密度曲线	地质录井曲线	
	纵波测井曲线	地层水分析数据	
	横波测井曲线	MDT、DST 等流体样品分析报告	
	中子测井曲线	完井信息	
	电阻率曲线(深、中、浅)	泥浆信息(电阻率、泥浆滤液电阻率、温度)	
	测井仪器型号及厂商信息	岩电参数(a, b, m, n, R_w)	
	井位信息	Checkshot、VSP 数据	
	斜井/水平井井轨迹	岩心分析数据	
	补心高度		
	地质分层		
岩石物理建模	流体、矿物密度(地层水、天然气、油、骨架、黏土)	剪切模量(骨架矿物、充填矿物)	
	油相对密度(API)[141.5/ρ.131.5]	体积模量(骨架矿物、充填矿物)	
	气相对密度	长宽比(Aspect ratio)	
	地层水矿化度		
	地层压力曲线		
	地层温度曲线		
	气油比		
	泥浆滤液信息(密度、矿化度、黏度)		

⑤ 声波等测井曲线的异常尖峰修正;

⑥ 各测井曲线应尽量完整、连续;

⑦ 不同型号测井仪器测量的相同测井项目之间需进行优选;

⑧ 工区范围内各井相同测井项目应具有较好的井间一致性响应,不同测井项目之间应具有相似的规律性响应关系。

以研究区 A 井为例,需要收集的资料如图 3－3－4 所示。

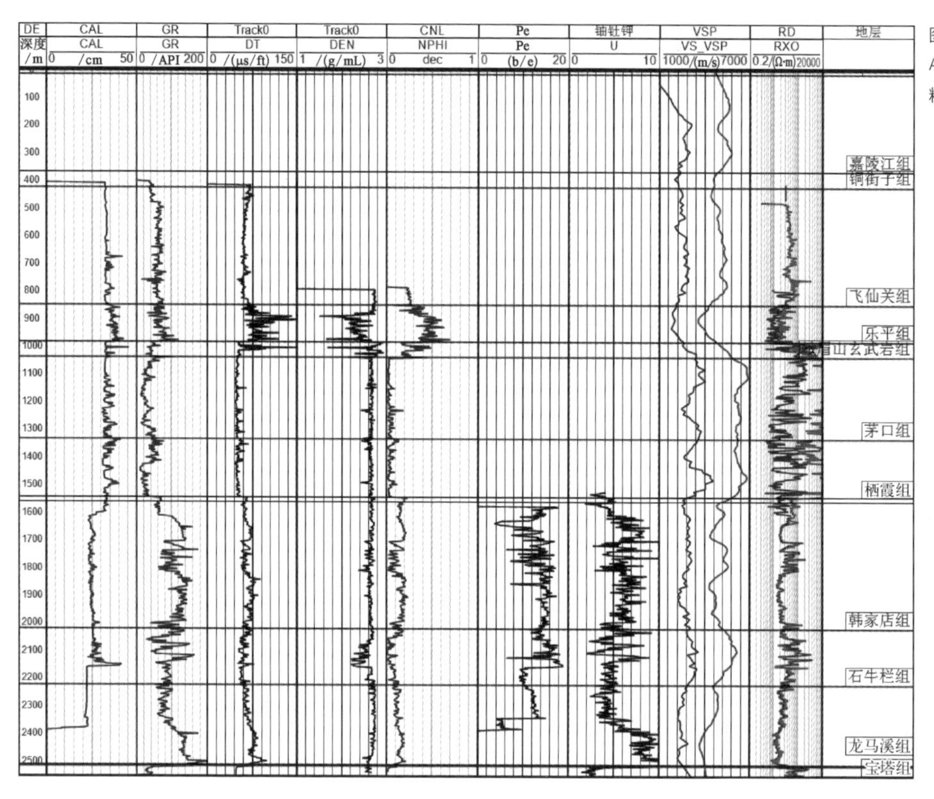

图 3－3－4 A 井收集资料示意图

从图中可以看出,该井存在井径扩径的情形,对声波密度质量有影响,需要对其进行校正。2 400 m 以下井径曲线缺失,井眼环境对测井曲线的影响评估有一定的影响。

1. 测井资料岩石物理校正

原始测井曲线主要是对声波时差和密度曲线进行质量分析校正,目的是消除井眼环境对曲线的影响,得到更加真实的地层情况。

声波校正模型：声波时差会受到井眼环境的影响,从而出现失真现象,测量值偏大,需要进行校正。图 3－3－5 是中子声波交会图,图中方框为声波异常点处,

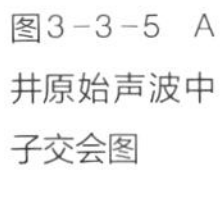

图3-3-5 A井原始声波中子交会图

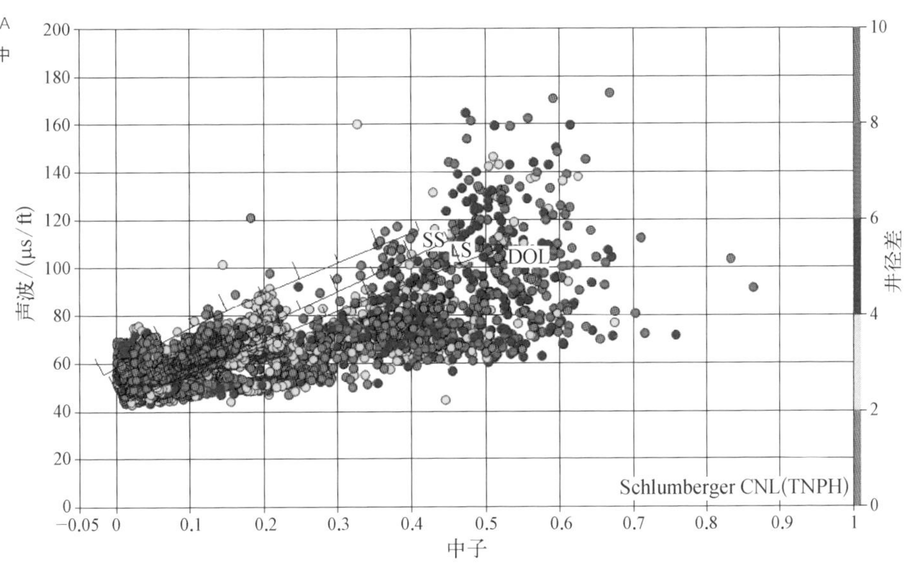

图3-3-6是这些异常点对应的测井曲线位置，可以看到这些地方都存在声波值偏高的现象，需要加以校正。

可采用多曲线相关拟合法对声波时差曲线进行校正。如图3-3-7所示，对所选曲线做了相关分析，并最终采用多元拟合法计算出密度，相关系数达到0.85。如图3-3-7为相关性分析成果，图3-3-8为多元拟合结果。图3-3-9中DT_1是拟合出来的声波曲线，DT是原始声波曲线，两者匹配较好，但是在井径异常处有较大差异，原始声波值偏大，说明拟合出来的曲线质量较好，将密度异常值处的曲线值用拟合出来的曲线代替，完成了声波曲线的校正，得到校正后曲线DT_J。图3-3-10为校正后声波中子交会图，可以看出，经过声波校正后，声波曲线质量有了较好的改善。

密度校正模型：体积密度测井曲线会受到井眼环境的影响，从而出现失真现象，测量值会偏小，需要进行校正。图3-3-11是原始中子密度交会图，图中方框为密度异常点处，图3-3-12是这些异常点对应的测井曲线位置，可以看到，这些地方都存在密度值偏低的现象，需要加以校正。

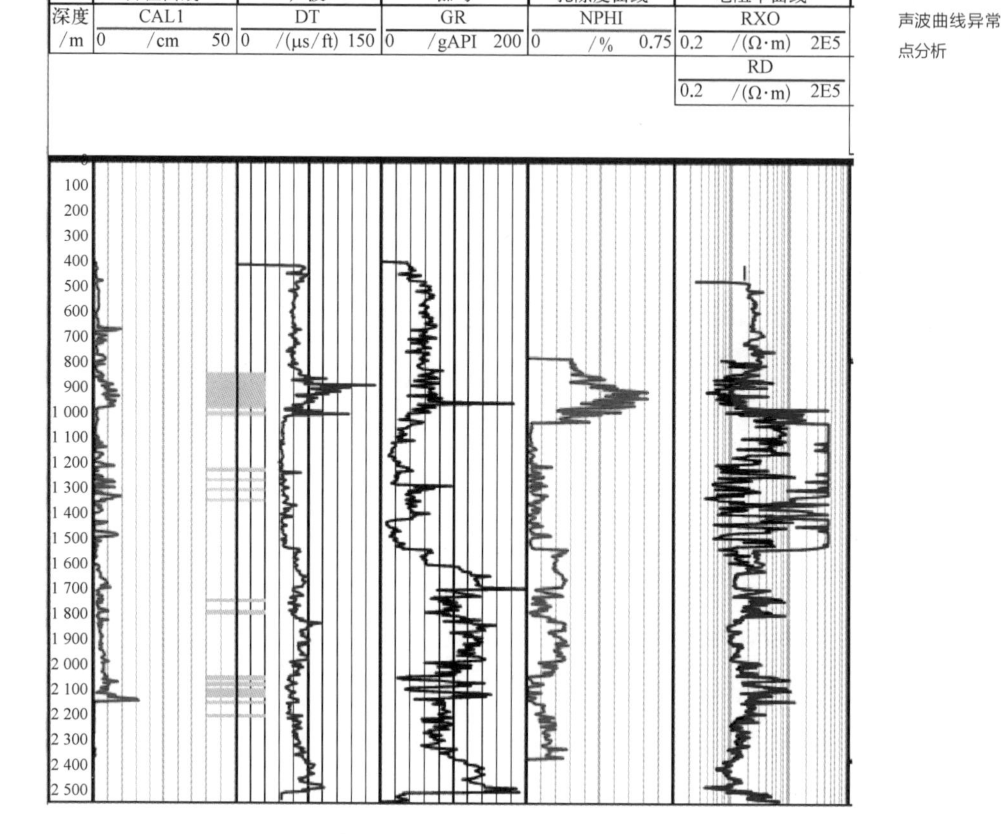

图3-3-6 声波曲线异常点分析

	Use	Curve	Min Value	Apply	Max Value	Apply	Log	Coef
1	☑	DT	0	None	0	None	☐	

Calibration Curves Information

+	Use	Curve	Min Value	Apply	Max Value	Apply	Log	Coef
1	☑	NPHI	0	None	0	None	☐	0.77474
2	☑	RT	0	None	0	None	☑	0.7145736
3	☑	GR	0	None	0	None	☐	0.4876098
4	☑	RXO	0	None	0	None	☑	0.4479418
...	...	...	...	...	...	...	...	...

图3-3-7 声波相关分析成果

图3-3-8 声波曲线多元拟合结果

```
Current Model Information
CALIBRATION RESULTS
CROSSPRODUCTS USED  = NO
COEFFICIENT OF DETERMINATION = 0.717632
COEFFICIENT OF MULTIPLE CORRELATION = 0.847132
STANDARD OF ERROR ESTIMATE = 7.02772
TOTAL NUMBER OF DATA POINTS USED = 9819
REFERENCE CURVE = DT
CALIBRATION CURVES = NPHI, RT, GR, RXO,

MWSCG  FORMULAE

DT = 63.7413 + 56.9817*NPHI -3.47496*log10(RT) + 0.0202806*GR -1.2443*log10(RXO)
```

图3-3-9 声波校正后曲线对比

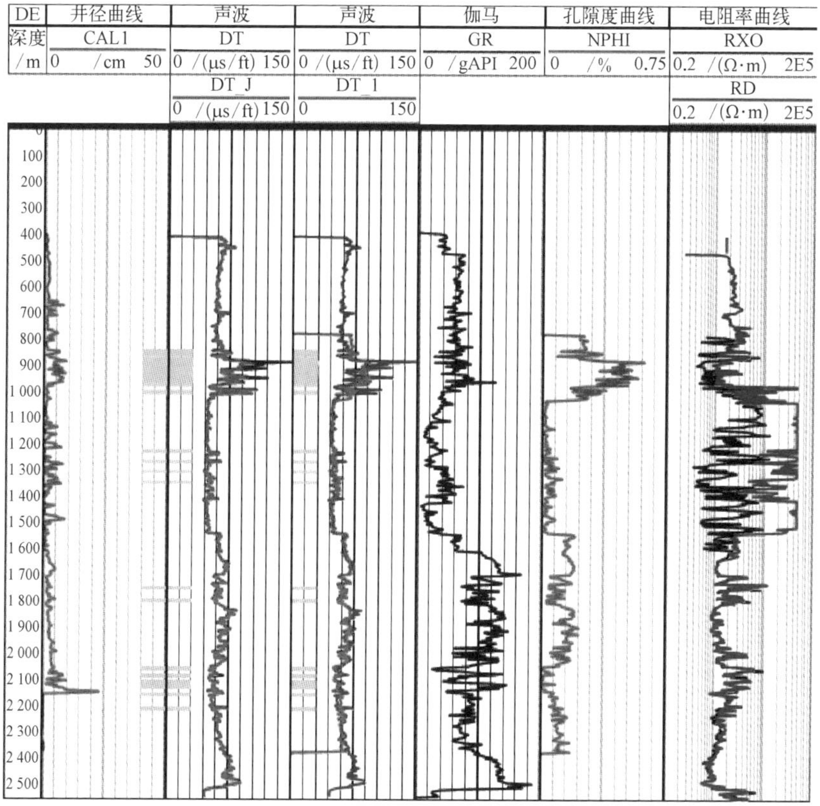

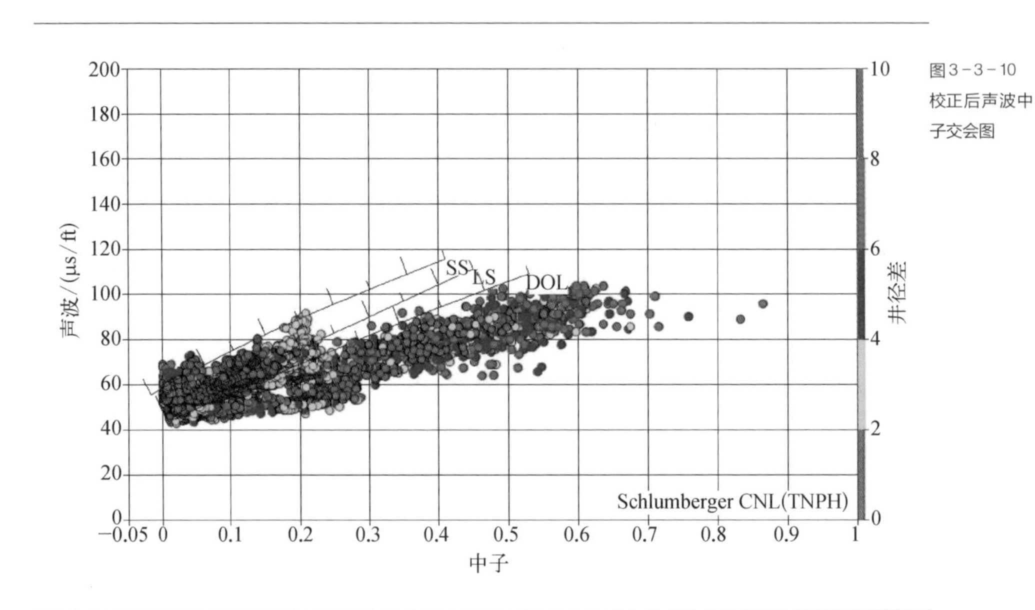

图3-3-10 校正后声波中子交会图

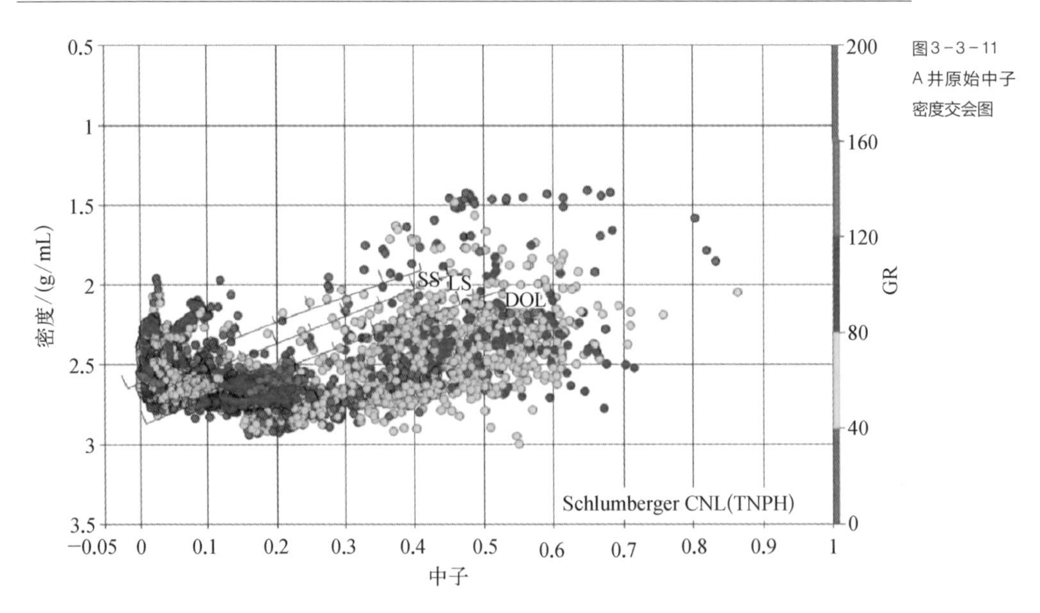

图3-3-11 A井原始中子密度交会图

可采用多曲线相关拟合法对体积密度曲线进行校正。如图3-3-12所示，对所选曲线进行了相关分析，并最终采用多元拟合法计算出了密度。图3-3-13中，DEN1是拟合出来的曲线，DEN是原始曲线，两者匹配较好，但是在井径异常处原始密度值偏小，说明了拟合出来的曲线质量较好，将密度异常值处的曲线值用拟合出来的曲线代替，完成了密度曲线的校正，得到校正后曲线 DEN_J。图 3 - 3 - 14 为校正后中子密度交会图，可以看出，经过密度校正后，密度曲线质量有了较好的改善。

图3-3-12 密度曲线异常点分析

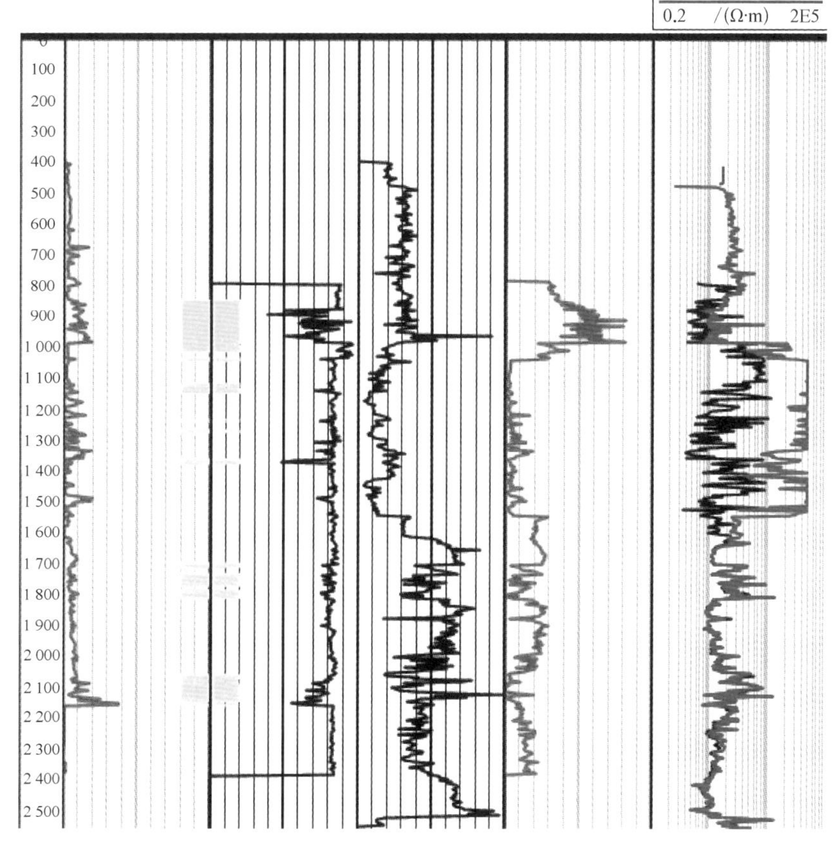

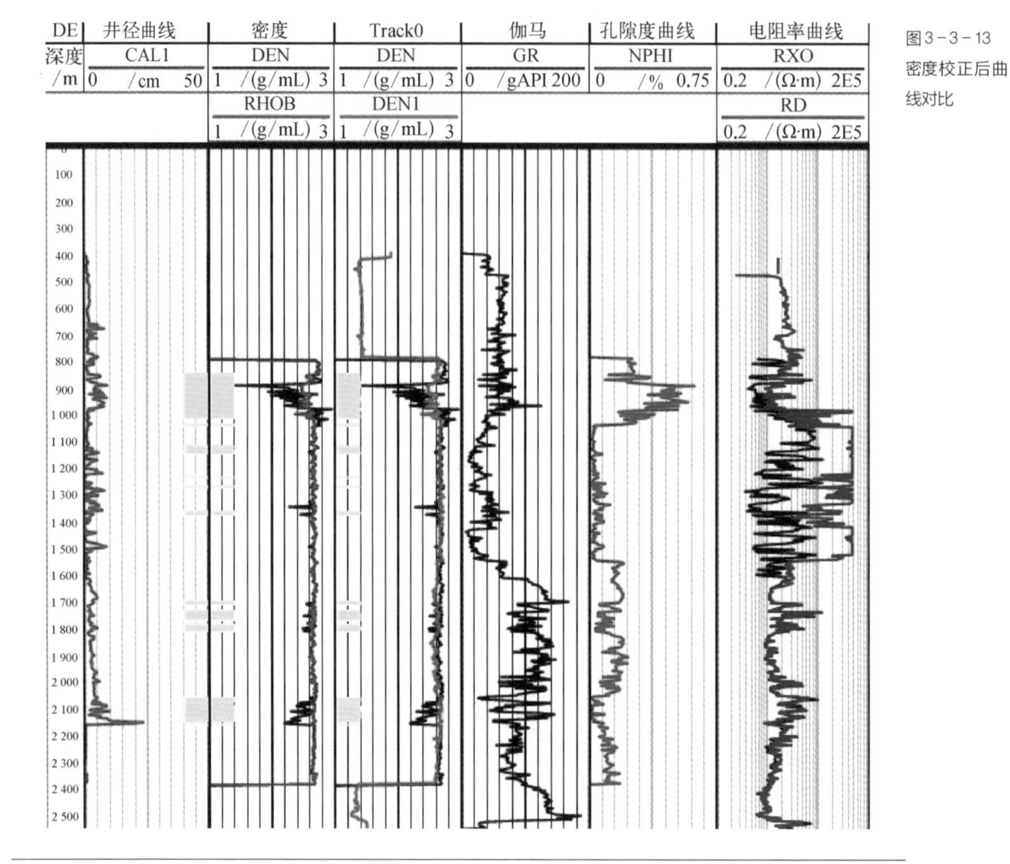

图3-3-13 密度校正后曲线对比

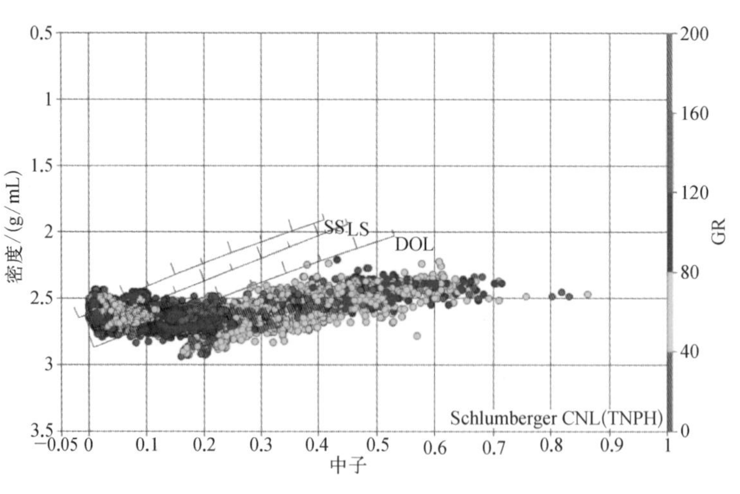

图3-3-14 校正后中子密度交会图

校正后曲线利用岩石物理模型反演了地层砂泥岩基线，如图3－3－15所示，图中绿色线是用Raymer模型计算的100%石英，粉色是用疏松沉积模型计算的80%石英和20%黏土。红色线是用Reuss模型计算的100%黏土，蓝色线是用疏松沉积模型计算的100%黏土。黑色的点是原始数据，彩色数据是处理成果。可以看到经过校正后曲线质量有明显改善。

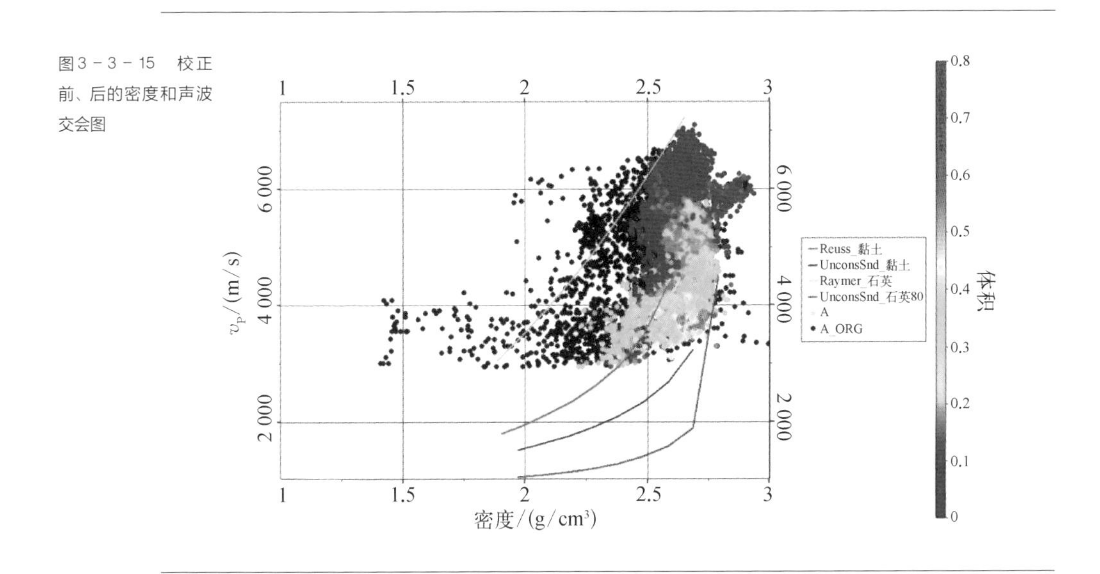

图3－3－15 校正前、后的密度和声波交会图

3.3.1.3 矿物组分计算

地层矿物组分含量和地层物性参数关系是后期岩石物理建模的重要参数。在计算矿物成分时，黏土含量用无铀伽马（HCGR）和补偿中子孔隙度（NPHI）-体积密度（RHOB）计算，如图3－3－16所示。图中，VSH_GR为利用HCGR计算出来的地层泥质含量，VCL_GND为利用伽马和中子密度交会计算出来的地层黏土含量。

目的层段的其余矿物含量通过统计法对实测数据进行反演来计算，选用了黏土（Clay）、体积密度（Rhob）、地层铀含量（HURA）、中子孔隙度（NPHI）、纵波时差（DTCO）作为输入曲线，反演计算了地层黏土（Clay）、方解石（Calcite）、石英（Quartz）、

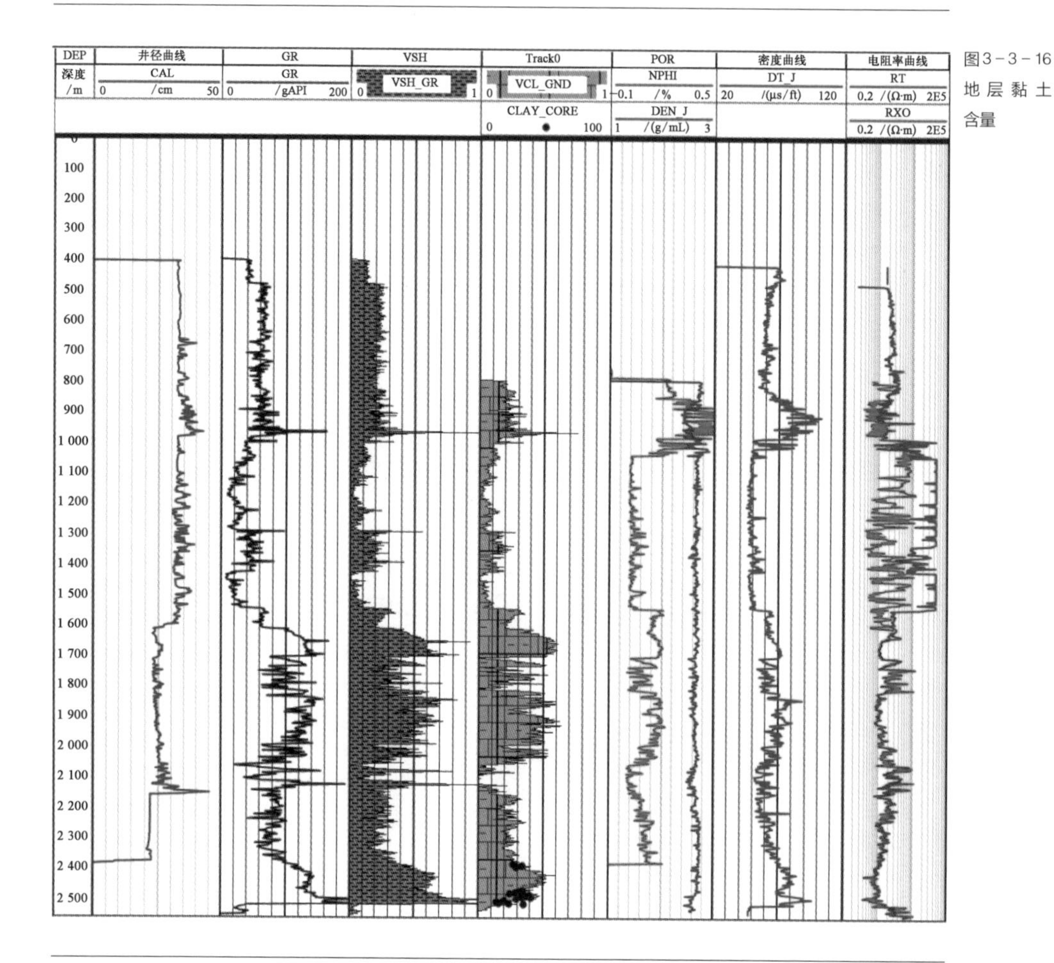

图3-3-16 地层黏土含量

黄铁矿(Pyrite)、有机碳(TOC)、白云岩(Dolomite)的体积含量,目的层的其他矿物含量,用统计方法反演获得,反演结果通过岩心和地层岩性描述以及和重构出来的输入测井数据进行标定和质量控制;黏土含量在反演中起约束作用,输入与输出之间只有微小的差别。在 1 555 m 井段,由于没有地层铀含量(HURA)曲线和光电吸收系数(UMA)曲线,因此没有选用这两条曲线作为输入曲线,具体流程见图 3-3-17。

反演结果如图 3-3-18 所示。图中左侧红色曲线是反演出来的矿物组分结果(全井段),黑色点是岩心测试结果,黑色曲线是原始输入曲线,图 3-3-19 是岩心对

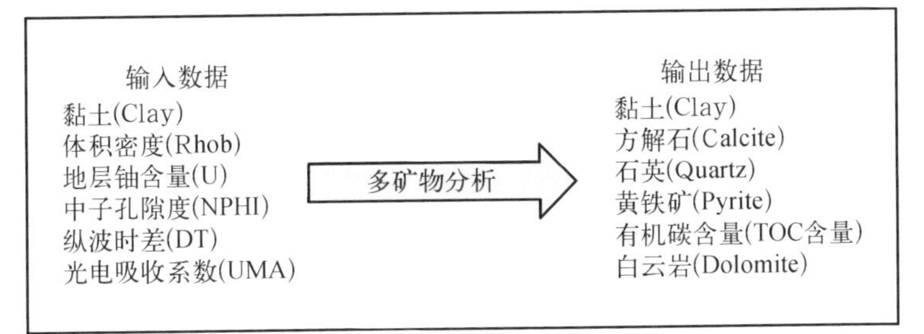

图3-3-17 矿物组分反演流程图

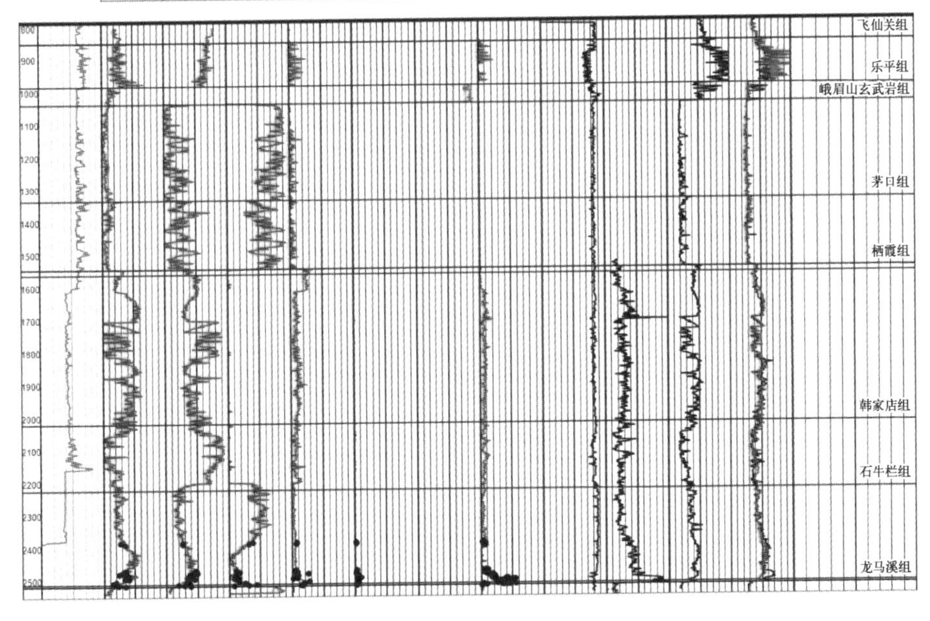

图3-3-18 地层矿物组分计算

比结果，将计算结果有岩心部分进行了放大，可以看到，计算出来的矿物组分跟岩心测试的结果基本一致。

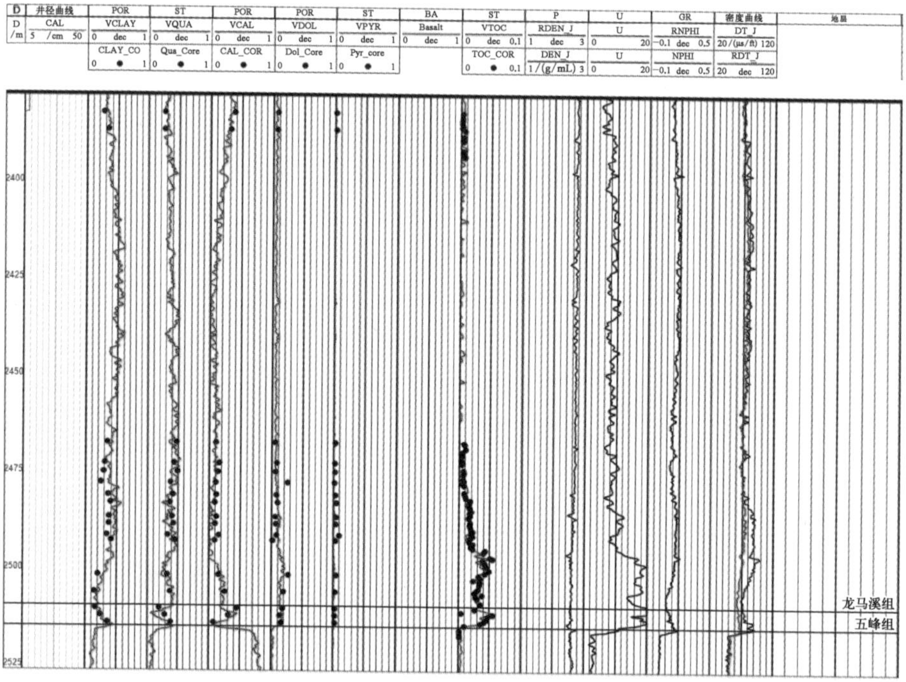

图 3 - 3 - 19 地层矿物组分计算与岩心对比

3.3.1.4 地层孔隙度和含水饱和度计算

孔隙度计算可以选用中子密度交会计算总孔隙度曲线(Phi_T),并用岩心标定。分别选用密度、声波、中子密度交会、中子声波交会等方法计算出地层的孔隙度,然后与岩心孔隙度进行相关分析,利用得到的相关系数计算加权平均孔隙度,最终将不同方法计算出来的地层孔隙度进行对比,并利用岩心进行标定,优选出最合理的孔隙度模型。图 3 - 3 - 20 是利用岩心孔隙度计算孔隙度相关分析成果,图 3 - 3 - 21 是多孔隙度对比成果和最终计算孔隙度。如图所示,多种计算法对比后最终选用中子密度交会计算的孔隙度为最终孔隙度。

含水饱和度计算,利用西门杜公式计算的含水饱和度,计算结果利用岩心测试成果进行标定,如图 3 - 3 - 22 所示。图 3 - 3 - 23 是计算结果跟岩心测试成果的对比。

图3-3-20 孔隙度相关分析成果

Reference Curve

	Use	Curve	Min Value	Apply	Max Value	Apply	Log	Coef
1	☑	POR_CORE	0	None	0	None	☐	

Calibration Curves Information

+	Use	Curve	Min Value	Apply	Max Value	Apply	Log	Coef
1	☑	PHIS	0	None	0	None	☑	0.6488751
2	☑	PHINS	0	None	0	None	☐	0.5574424
3	☑	PHID	0	None	0	None	☑	0.5223794
4	☑	PHIND	0	None	0	None	☐	0.4563339

图3-3-21 多孔隙度对比和最终计算孔隙度成果

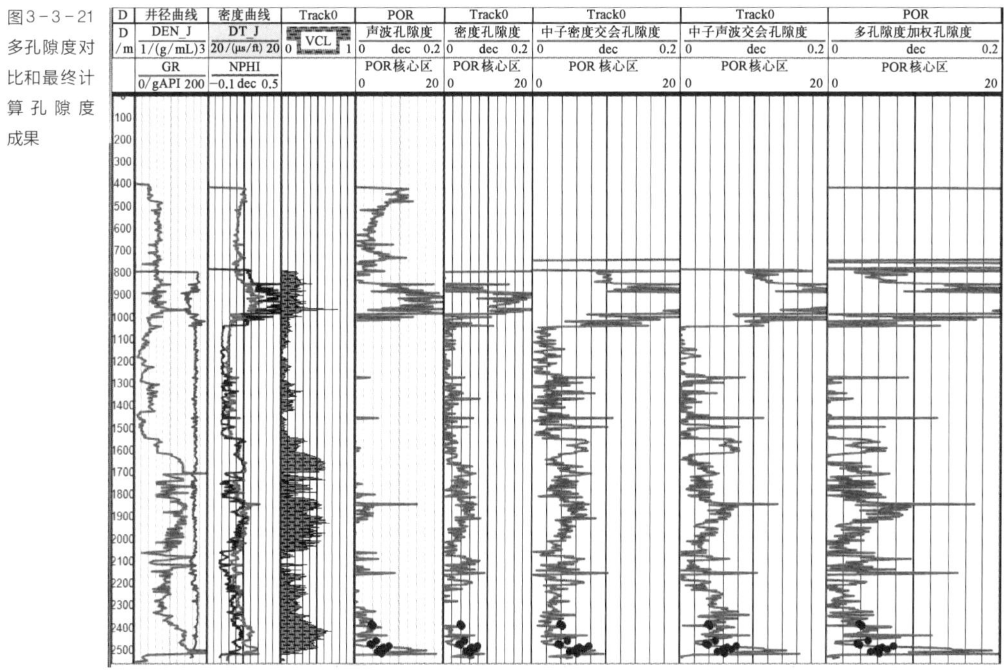

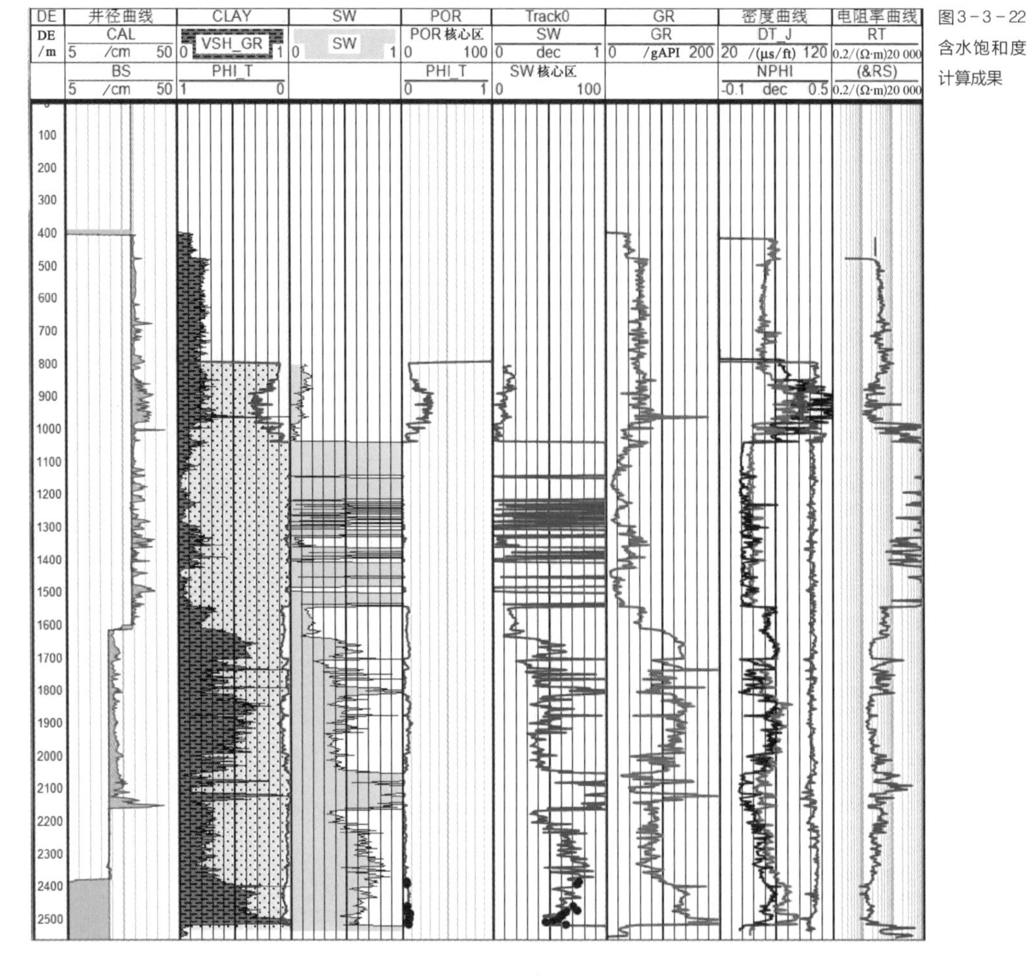

图3-3-22 含水饱和度计算成果

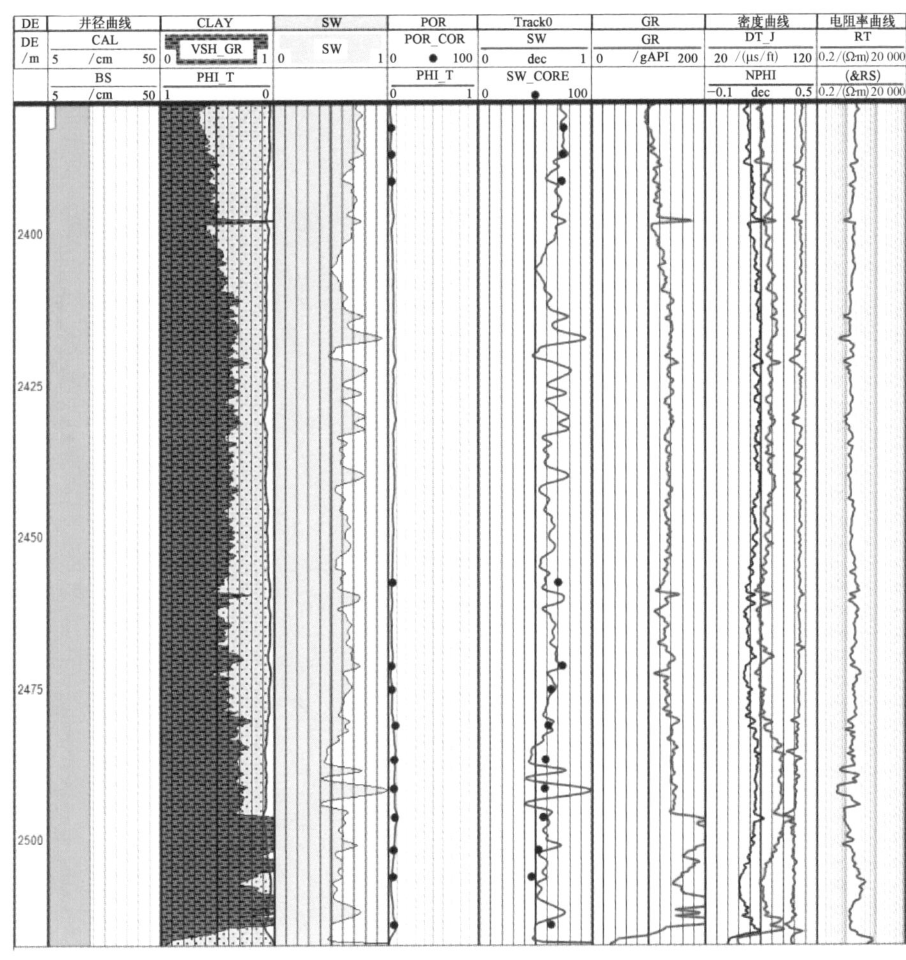

图3-3-23 含水饱和度计算结果与岩心测试成果对比

3.3.1.5 横波预测及弹性参数计算

利用理论岩石物理模型结合地区经验参数建立不同的横波预测模型，再利用实测横波质控，优选出合理的预测模型从而建立横波预测岩石物理模型。如图3-3-24、图3-3-25所示是不同模型计算横波对比，图3-3-26、图3-3-27所示是不同模型计算成果与VSP所得横波对比成果，整体上，Cemented模型反演预测较好，因此，可以选用Cemented模型来预测横波。

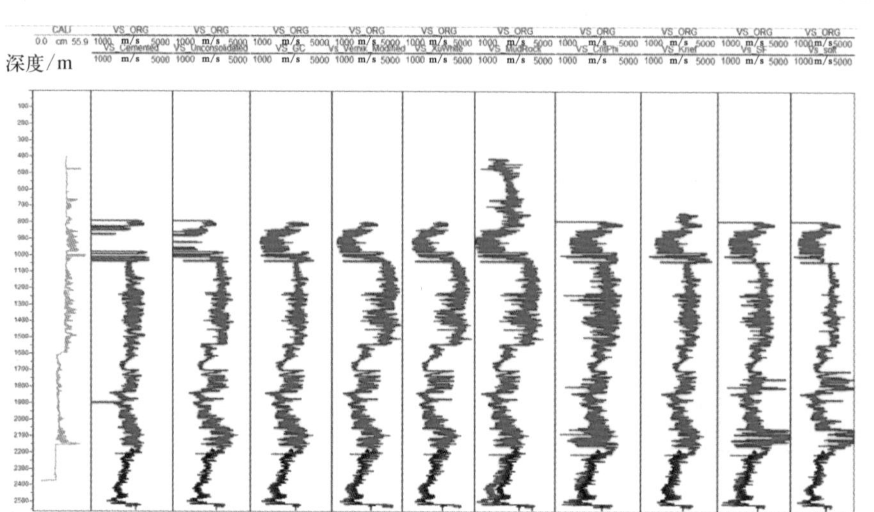
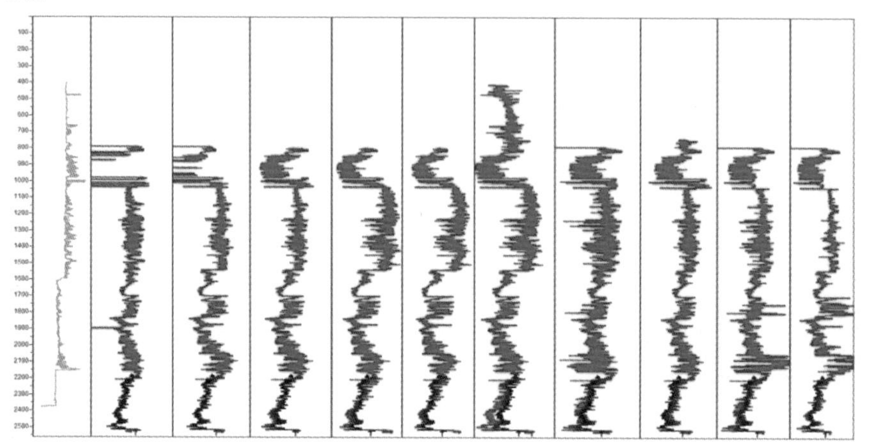

图 3-3-24 不同模型计算横波成果

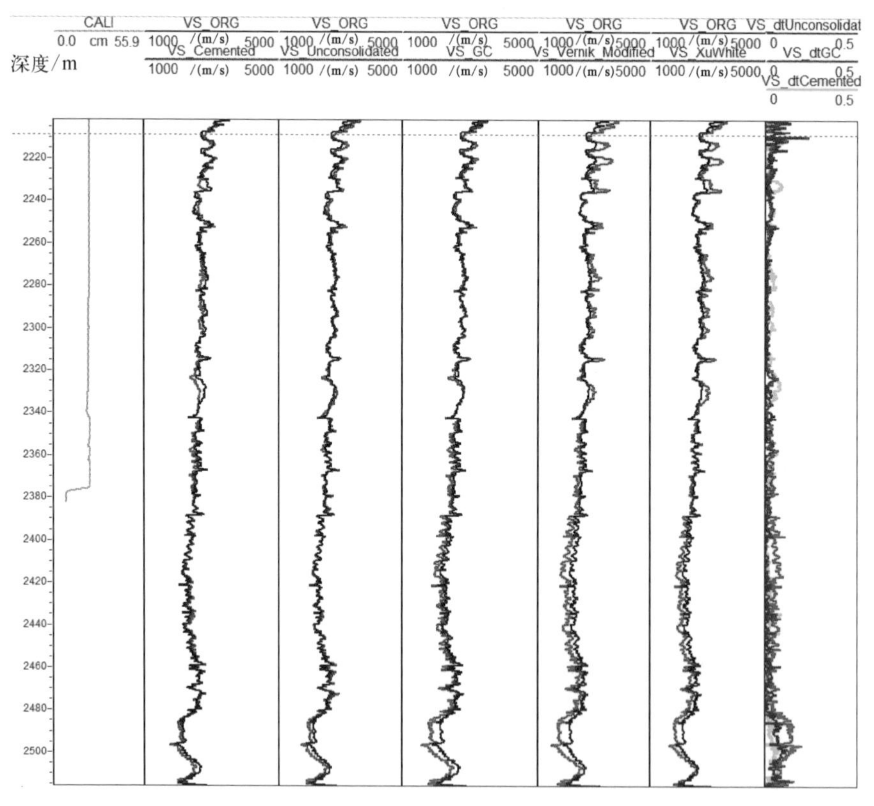

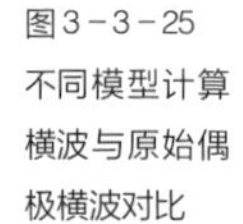
图 3-3-25 不同模型计算横波与原始偶极横波对比

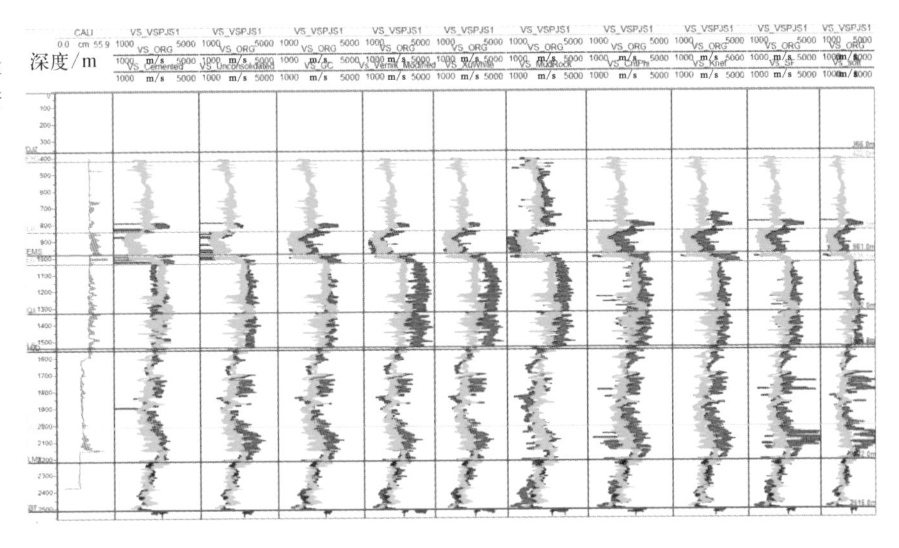

图3-3-26 不同模型计算横波与VSP所得横波对比

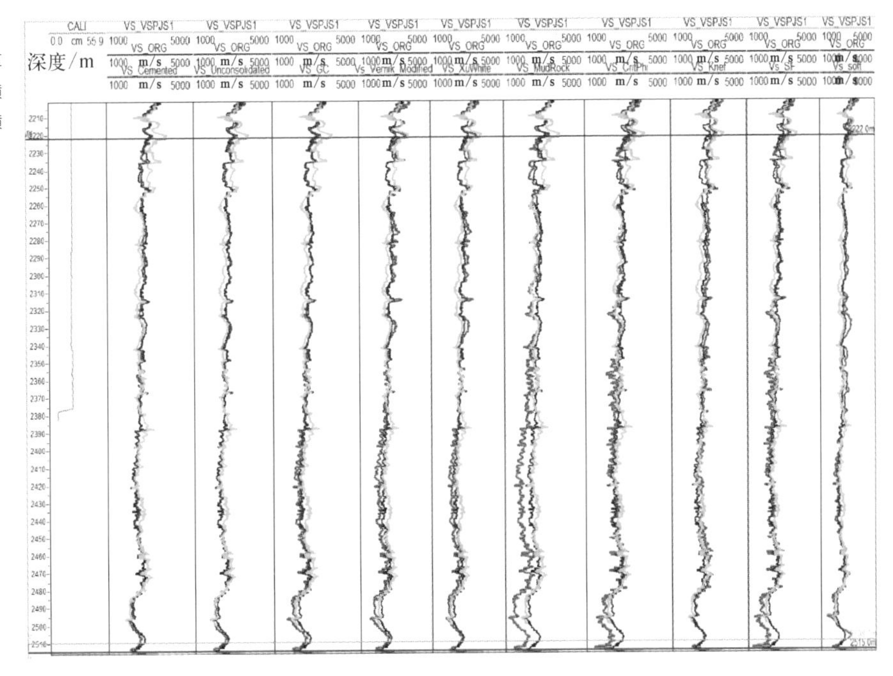

图3-3-27 不同模型计算横波、VSP横波、偶极子横波对比

横波预测模型选定以后，将偶极横波缺失部分利用预测的横波替换，最终得到A井的横波曲线。图3-3-28、图3-3-29所示为最终的反演成果，图3-3-30为岩石

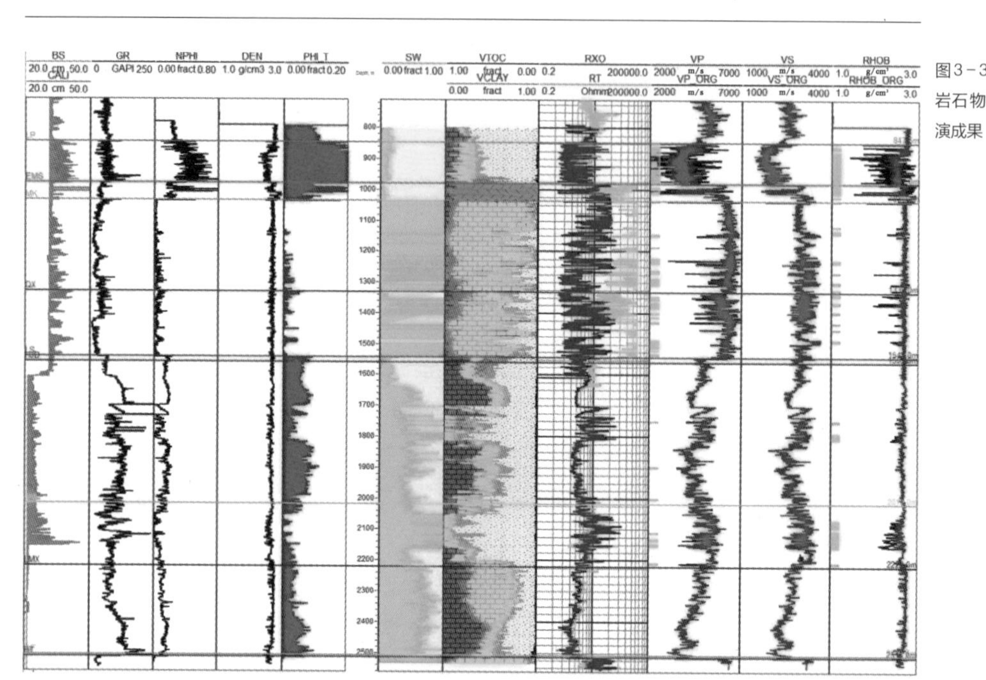

图3-3-28 岩石物理反演成果

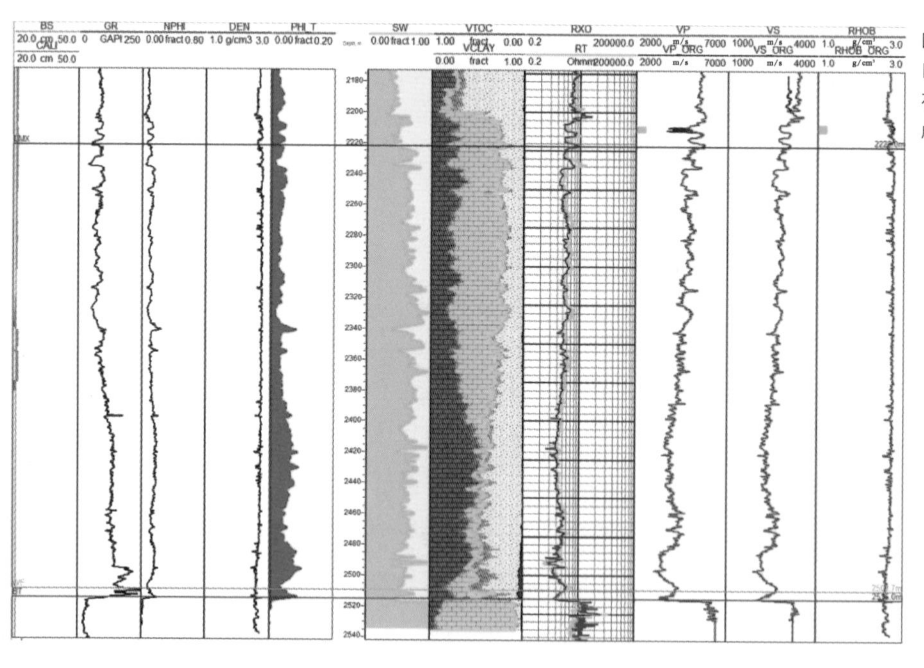

图3-3-29 目的层段岩石物理反演成果

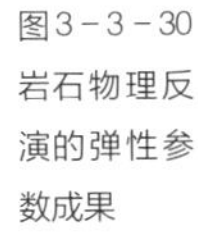
图3-3-30 岩石物理反演的弹性参数成果

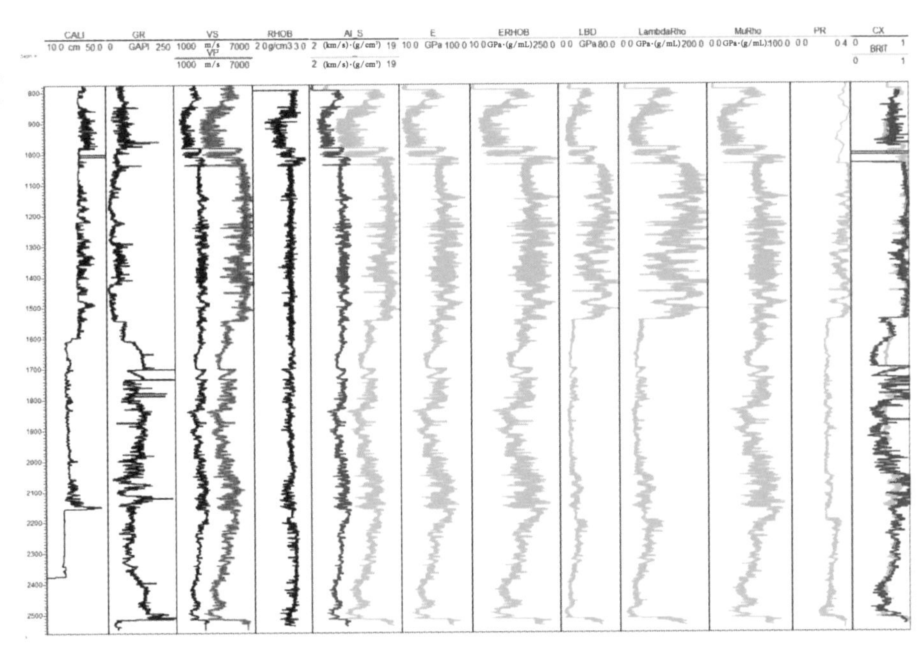

物理反演的弹性参数成果。

3.3.1.6 矿物扰动分析

为了研究 TOC 含量及脆性敏感弹性参数，开展敏感参数扰动实验分析，通过改变矿物组分来分析其弹性参数变化规律。

分析矿物含量及孔隙度的变化对密度、纵波速度、横波速度、泊松比和阻抗的影响，从而认识储层物性参数与弹性参数、密度、纵波速度、横波速度、泊松比和阻抗的变化关系，从而分析出其变化规律。

针对目的层建立了4种模型。

(1) 黏土模型。在原始黏土地层的情况下，分别作如下变化：

① 将原始地层黏土减少3%，石英相对增加3%，观察弹性参数的变化情况；

② 将原始地层黏土增加3%，石英相对减少3%，观察弹性参数的变化情况；

③ 将原始地层黏土增加6%，石英相对增加6%，观察弹性参数的变化情况。

(2) 石英模型。在原始石英地层的情况下,分别作如下变化:

① 将原始地层石英减少3%,黏土相对增加3%,观察弹性参数的变化情况;

② 将原始地层石英增加3%,黏土相对减少3%,观察弹性参数的变化情况;

③ 将原始地层石英增加6%,黏土相对减少6%,观察弹性参数的变化情况。

(3) TOC含量模型。在原始TOC含量地层的情况下,分别作如下变化:

① 将原始地层TOC含量减少2%,黏土相对增加2%,观察弹性参数的变化情况;

② 将原始地层TOC含量增加4%,黏土相对减少4%,观察弹性参数的变化情况;

③ 将原始地层TOC含量增加6%,黏土相对减少6%,观察弹性参数的变化情况。

(4) 孔隙度模型,在原始孔隙度的情况下,分别作如下变化:

① 将原始地层孔隙度减少2%,黏土相对增加2%,观察弹性参数的变化情况;

② 将原始地层孔隙度增加4%,黏土相对减少4%,观察弹性参数的变化情况;

③ 将原始地层孔隙度增加6%,黏土相对减少6%,观察弹性参数的变化情况。

矿物模拟扰动是在不考虑其他矿物成分的基础上完成的。图3-3-31至图3-3-38是扰动分析结果。

通过对上述扰动进行分析,可得到以下结论:

① 黏土含量增加,速度显著降低,孔隙度显著增加;

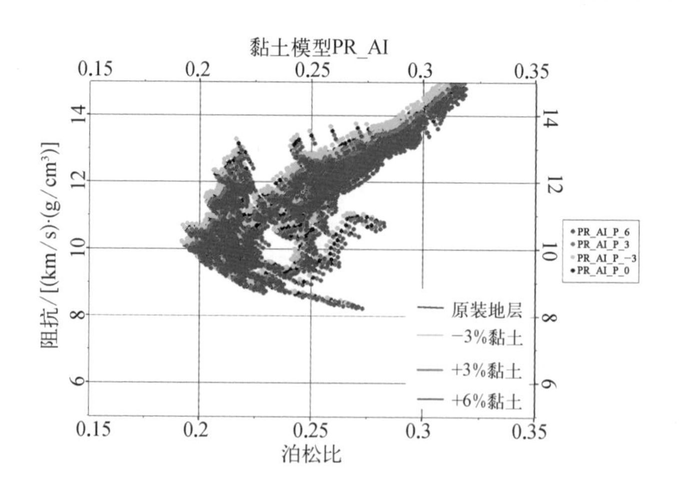

图3-3-31 黏土含量改变量后弹性参数交会分析

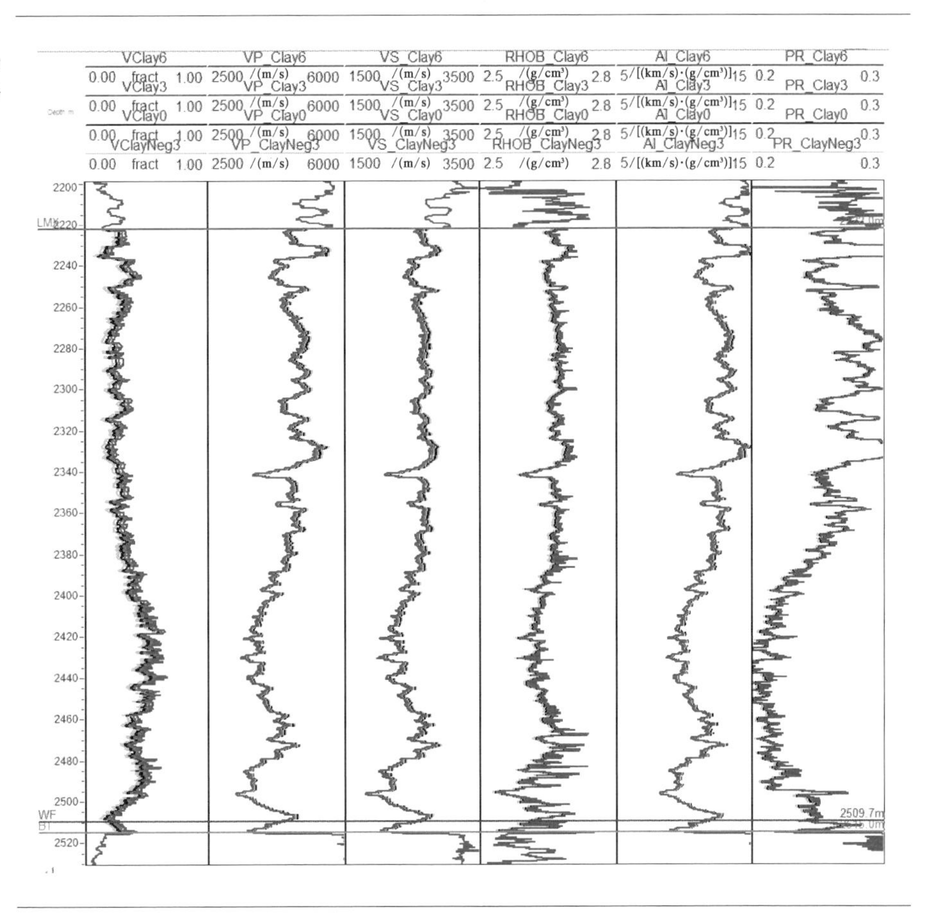

图3-3-32 黏土扰动分析结果图

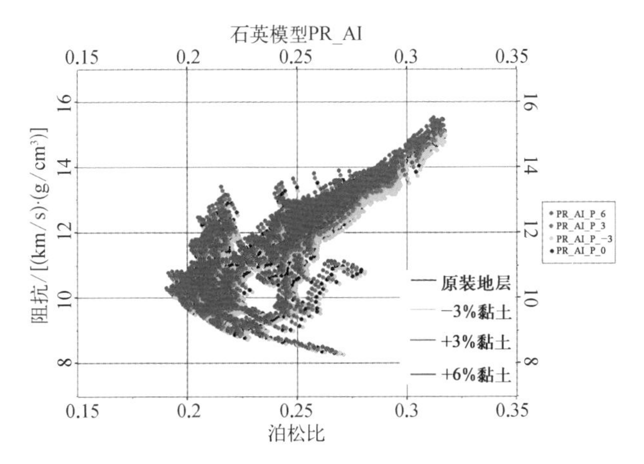

图3-3-33 石英含量改变量后弹性参数交会分析

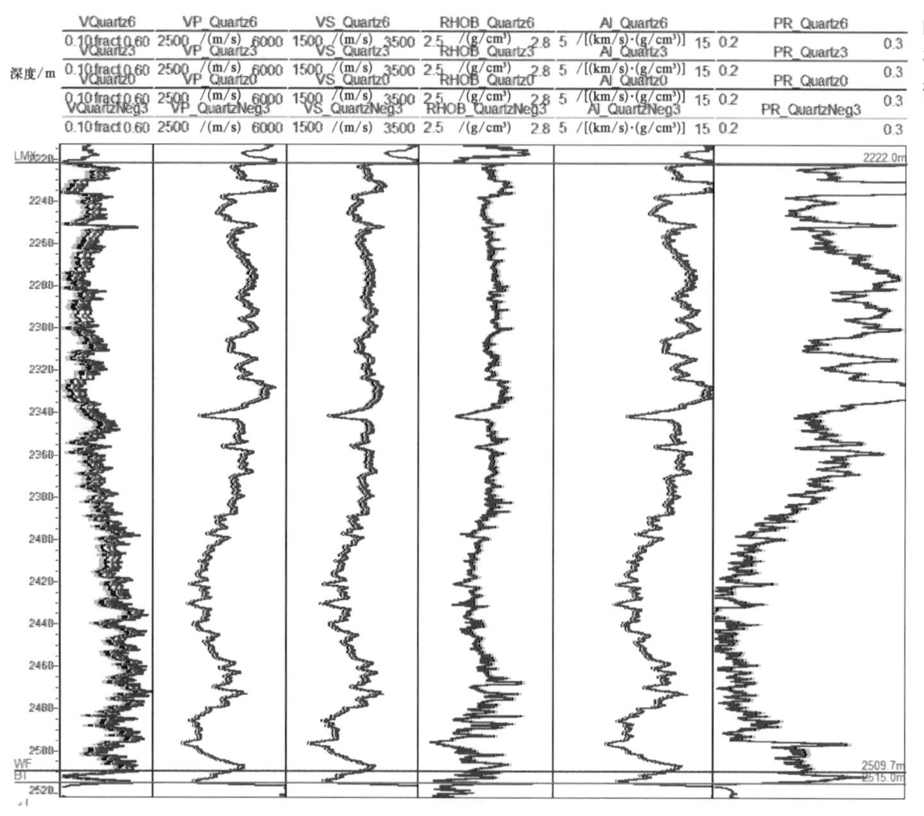

图3-3-34 石英扰动分析结果图

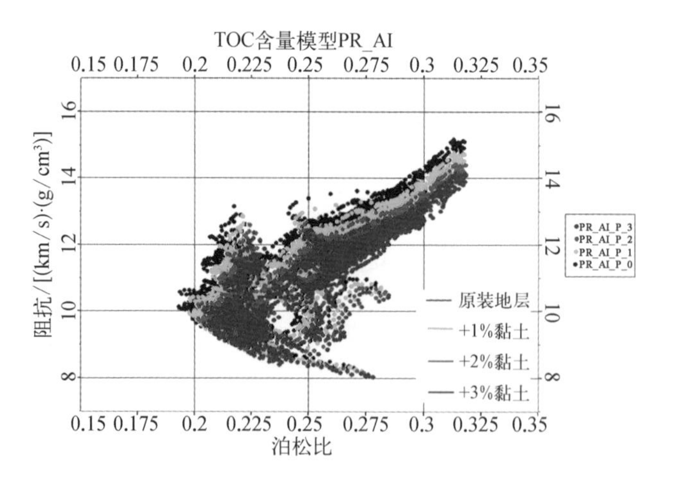

图3-3-35 TOC改变量后弹性参数交会分析

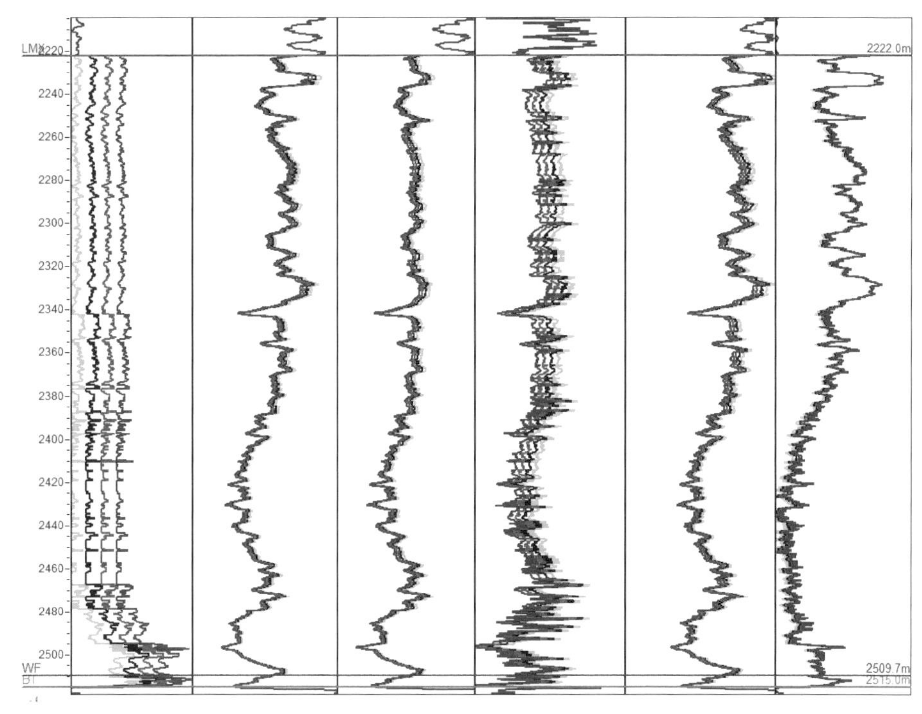

图3-3-36 TOC含量扰动分析结果

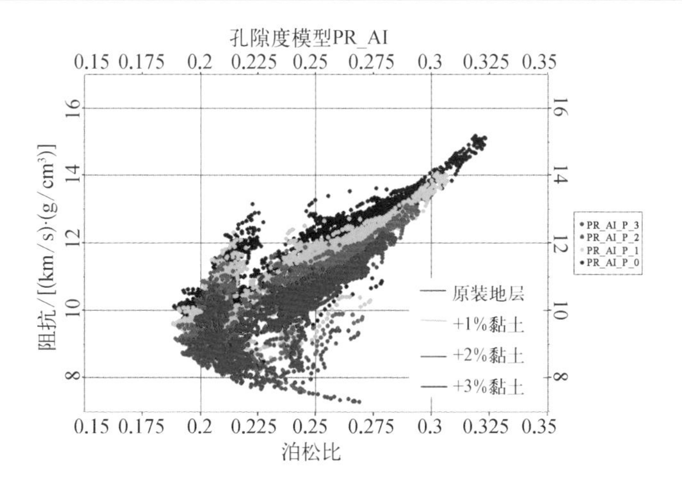

图3-3-37 孔隙度大小改变后弹性参数交会分析

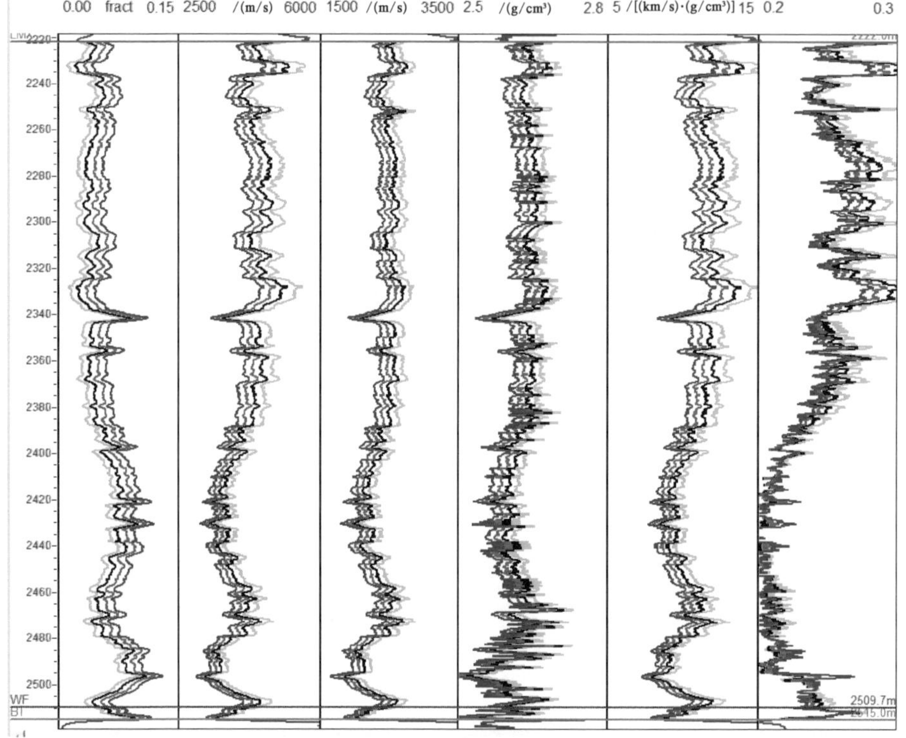

图 3-3-38 孔隙度扰动分析结果图

② 石英含量增加,速度显著增加,孔隙度显著降低;

③ TOC 含量增加,速度、密度、声波阻抗和泊松比都降低;

④ 孔隙度含量增加,速度、密度、声波阻抗和泊松比都明显降低。

考虑到TOC 含量和含气量的关系,以及石英和地层脆性的直接关系,选取 TOC 和石英作了重点分析,以了解当这两种矿物变化时,弹性参数的变化情况,从而寻找对含气量和脆性比较敏感的参数。如图 3-3-39 和表 3-3-2 所示,当 TOC 含量变化 3% 时,弹性参数的绝对平均变化率。通过对 TOC 含量的扰动分析可以知道,当 TOC 含量变化 3% 时,弹性参数拉梅系数乘密度平均绝对变化率为 19.21,拉梅系数变化率为 20.26,综合考虑,可以认为弹性参数拉梅系数乘密度对 TOC 含量的

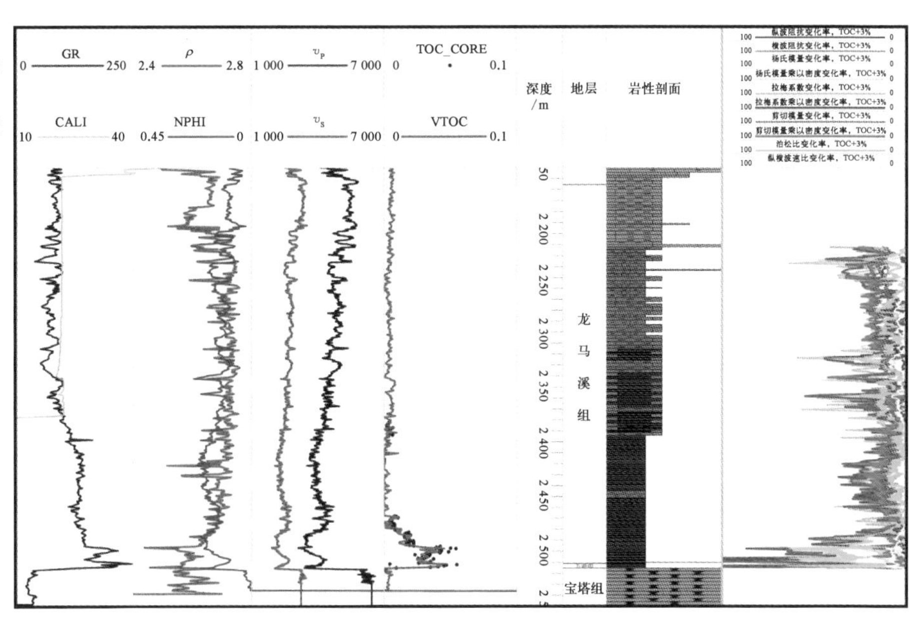

图3-3-39 TOC含量变化3%时，弹性参数变化情况

表3-3-2 TOC含量变化3%时，弹性参数变化值

TOC含量平均变化率	纵波阻抗(I_P)	横波阻抗(I_S)	杨氏模量乘密度($E\cdot\rho$)	杨氏模量(E)	拉梅系数(λ)	拉梅系数乘密度($\lambda\cdot\rho$)	剪切模量(μ)	剪切模量乘密度($\mu\cdot\rho$)	泊松比(ν)	纵横波速比(v_P/v_S)
+3%	6.19	7.44	14.18	10.50	20.26	19.21	11.45	14.19	10.34	3.13

平均变化率=[(变化后值-原始值)/原始值×100%]的平均值，弹性参数变化率=(变化后值-原始值)/原始值×100%

变化最敏感。

如图3-3-40和表3-3-3所示为当石英含量变化6%时，弹性参数的绝对平均变化率。通过对石英的扰动分析可知，当石英含量变化6%时，弹性参数拉梅系数乘密度平均绝对变化率为22.37，拉梅系数变化率为24.43，综合考虑，可以认为弹性参数拉梅系数乘密度对石英的变化最敏感。

如图3-3-41和表3-3-4所示为当孔隙度变化3%时，弹性参数的绝对平均变化率。通过对孔隙度的扰动分析可以知道，当孔隙度变化3%时，弹性参数拉梅系数乘密度平均绝对变化率为30.57，拉梅系数变化率为28.27，综合考虑，可以认为弹性参数拉梅系数乘密度对孔隙度的变化最敏感。

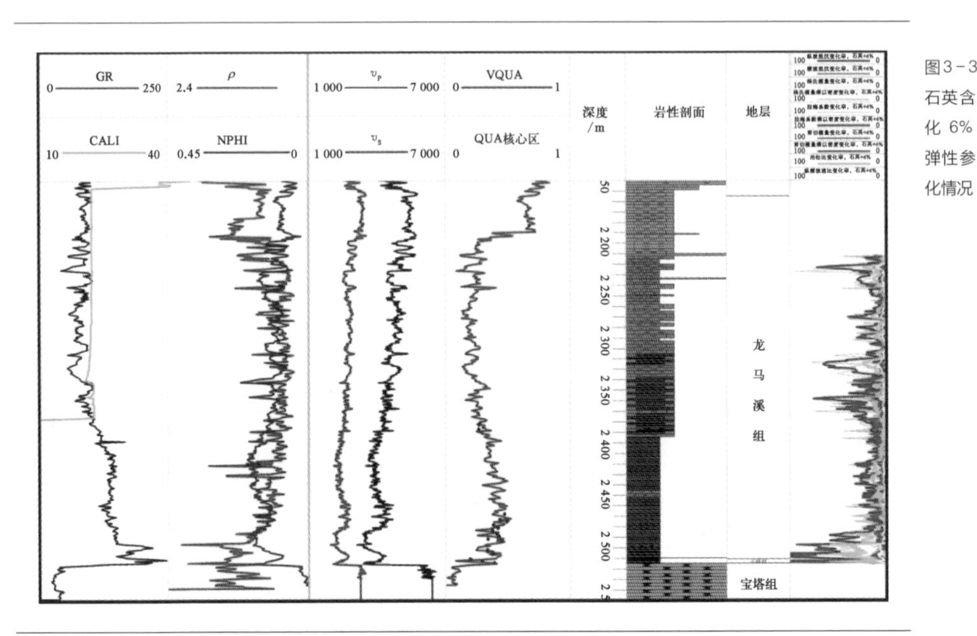

图3-3-40 石英含量变化 6% 时，弹性参数变化情况

表3-3-3 石英含量变化 6% 时，弹性参数变化值

石英含量平均变化率	纵波阻抗	横波阻抗	杨氏模量乘密度	杨氏模量	拉梅系数	拉梅系数乘密度	剪切模量	剪切模量乘密度	泊松比	纵横波速比
+6%	4.79	3.23	9.77	7.50	24.43	22.37	6.88	6.49	9.82	2.88

平均变化率 =[(变化后值 - 原始值)/原始值 ×100%]的平均值，弹性参数变化率 =(变化后值 - 原始值)/原始值 ×100%

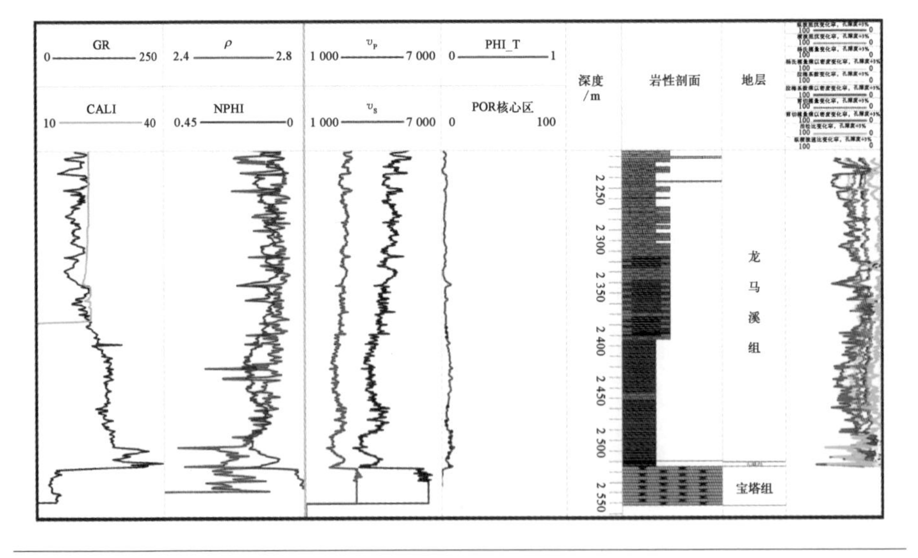

图3-3-41 孔隙度变化 3% 时，弹性参数变化情况

表3－3－4 孔隙度变化3%时，弹性参数变化值

孔隙度平均变化率	纵波阻抗	横波阻抗	杨氏模量乘密度	杨氏模量	拉梅系数	拉梅系数乘密度	剪切模量	剪切模量乘密度	泊松比	纵横波速比
POR +3%	15.34	15.11	27.92	25.25	28.27	30.57	25.15	27.83	8.24	2.22

平均变化率＝[（变化后值－原始值）/原始值×100%]的平均值，弹性参数变化率＝（变化后值－原始值）/原始值×100%

综合以上扰动分析成果可以知道，弹性参数对TOC含量、脆性（石英）和孔隙度的变化是比较敏感的，可以通过弹性参数实现TOC含量、脆性（石英）和孔隙度的区分。表3－3－5列出了按照表3－3－2至表3－3－4得到的各个不同弹性参数对TOC含量、脆性（石英）和孔隙度的敏感级别，其中1表示最敏感，2次之，依次类推。由表3－3－5可以知道，拉梅系数乘密度敏感系数为1，对TOC含量最敏感，其他依级别由大到小为：剪切模量乘密度、杨氏模量乘密度、泊松比等；对脆性敏感的弹性参数依级别由大到小依次为：拉梅系数乘密度、泊松比、杨氏模量乘密度；对孔隙度敏感的弹性参数依级别由大到小依次为：拉梅系数乘密度、杨氏模量乘密度、剪切模量乘密度。在本次研究中，拉梅系数乘密度对TOC含量、脆性（石英）和孔隙度都比较敏感，同时结合泊松比以及杨氏模量乘密度可以实现对TOC含量、脆性（石英）和孔隙度的识别，这就为地震弹性参数识别TOC含量、脆性（石英）和孔隙度提供了依据。

表3－3－5 弹性参数对TOC、脆性和孔隙度的敏感级别

	纵波阻抗	横波阻抗	杨氏模量乘密度	拉梅系数乘密度	剪切模量乘密度	泊松比
TOC含量	6	5	3	1	2	4
脆 性	5	6	3	1	4	2
孔隙度	4	5	2	1	3	6

3.3.1.7 敏感参数交会分析

交会分析主要是利用储层的弹性参数特征和矿物组分，特别是脆性矿物（如石英）和TOC含量之间的关系，寻找含气有利储层的弹性特征参数，从而达到利用弹性参数识别最有利含气储层的目的。

如图3-3-42所示为宝塔灰岩组纵横波交会图，从交会图可以看出，龙马溪组底部和五峰组地层表现出低的纵波和横波趋势，而底部正好是页岩气储层富集区。其纵横波交会特征与龙马溪上部非含气层存在差异。

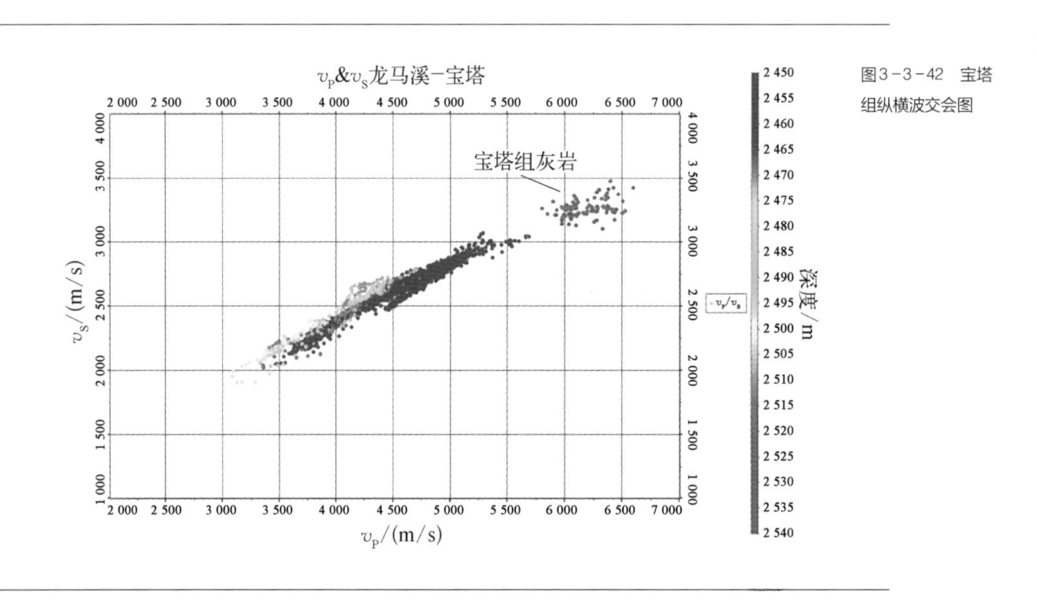

图3-3-42 宝塔组纵横波交会图

按照收集资料所得的含气差异，对宝塔组中部分(2 220 ~ 2 530 m)深度段进行了层段划分，划分结果如表3-3-6所示，表中B0、B1为龙马溪组上部地层，其中，B0测井评价为非页岩气潜力层段，B2为差页岩气层，B2、B3为龙马溪中下部涵盖整个五峰组，测井评价为优质页岩气层段，B4为灰岩非储层段。

表3-3-6 宝塔组层段细分

层号	顶深/m	底深/m	厚度/m	测井解释结论
B0	2 220	2 340	120	非页岩气潜力层段
B1	2 340	2 387	47	差页岩气层
B2	2 387	2 496	109	优岩气层
B3	2 496	2 515	19	优岩气层
B4	2 515	2 535	20	非储层(灰岩)

如图 3－3－43 所示为各小层纵横波交会对比图，从图中可以进一步看出，优质页岩气层（B2、B3）纵横波的交会特征与非页岩气储层和差页岩气储层存在明显的差异。

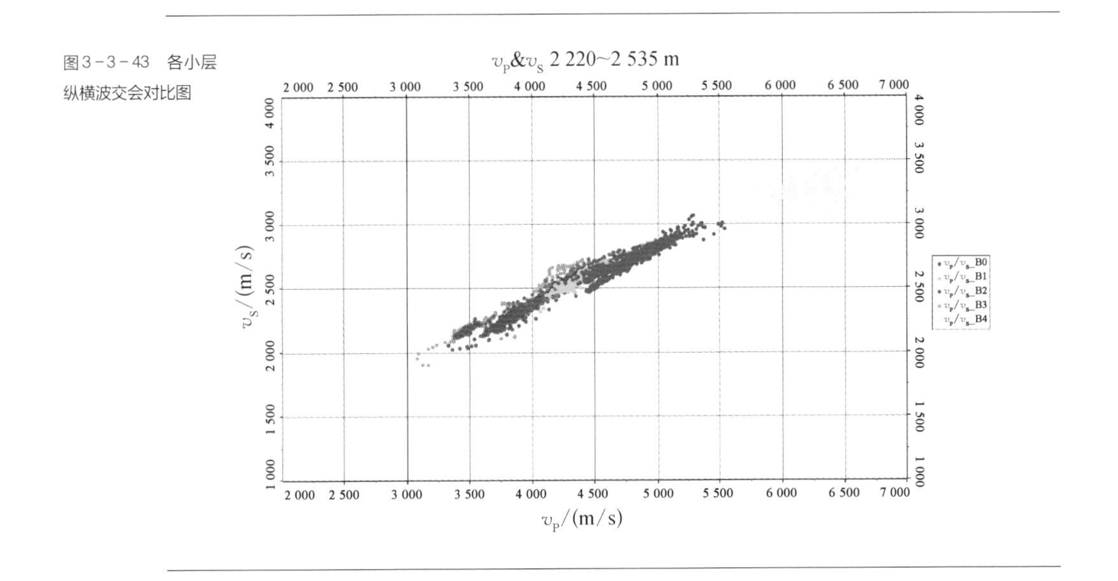

图 3－3－43　各小层纵横波交会对比图

分别将前面反演的 TOC 含量和脆性参数 B_{RIT} 作为色标在该深度段进行三参数纵横波交会，如图 3－3－44、图 3－3－45 所示。从图 3－3－45 可以看出，就 TOC 含量来看，

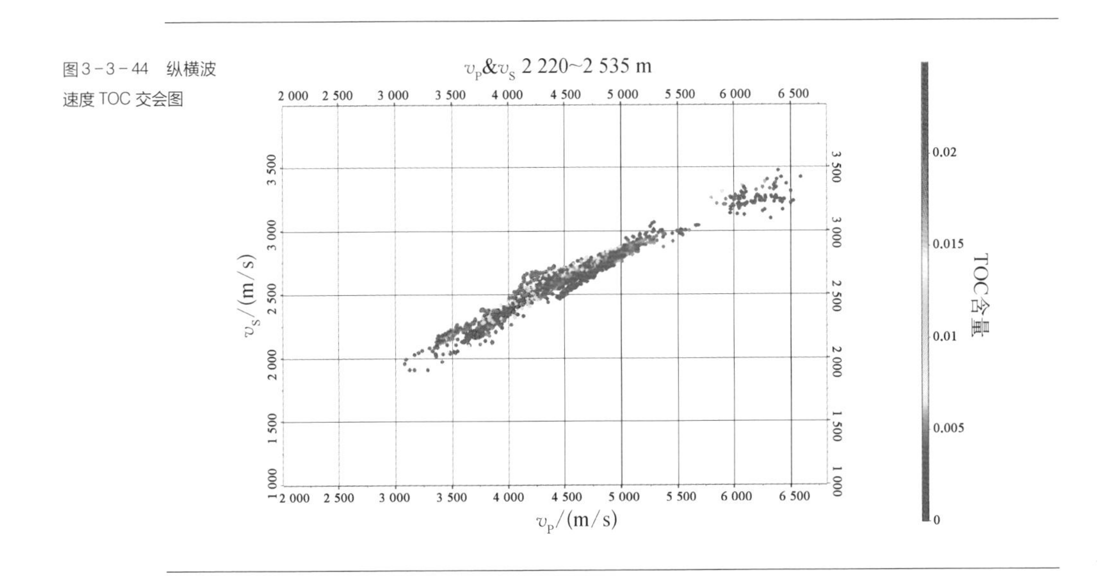

图 3－3－44　纵横波速度 TOC 交会图

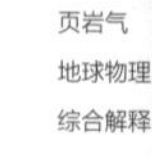

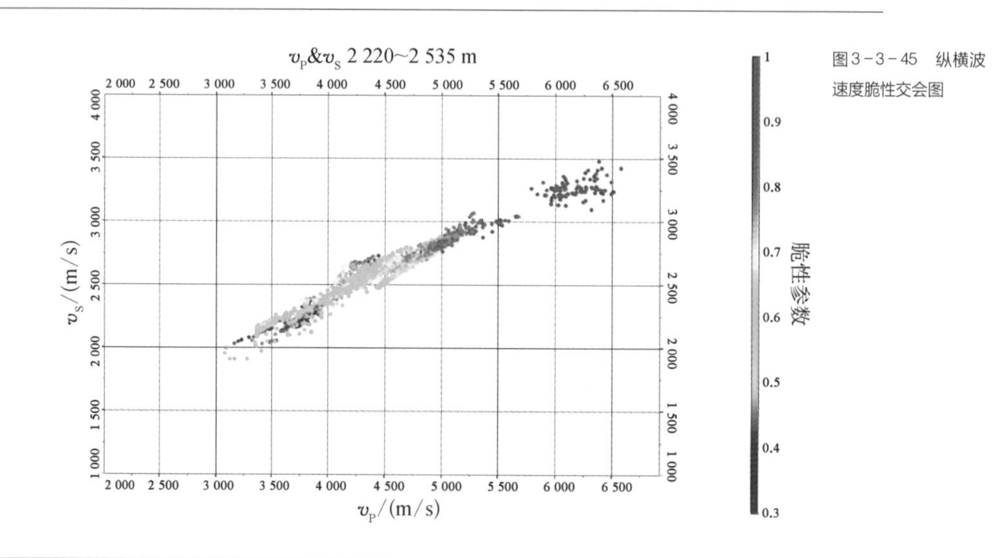

图 3-3-45 纵横波速度脆性交会图

TOC 含量高的地方(即 TOC >2% 区域),纵横波值相对也都要低一些,从图 3-3-46 结合图 3-3-45 可以看出,TOC 富集区的脆性值集中在 40.65% 范围内,属于较理想的脆性范围。总体来说,优质页岩气储层在纵横波速度交会图上表现出低纵横波速度特征。

将反演 TOC 含量分别与各弹性参数按深度做了交会,结果如图 3-3-46 所示,交会结果表明,TOC >2% 时,主力含气层的弹性参数特征与不含气层弹性参数特征存在明显差异。其中,拉梅系数乘密度特征最为明显,TOC 含量和弹性参数交会图分析表明可以利用弹性参数识别出有利页岩气储层,其中拉梅系数乘密度识别效果最好。

将反演的脆性指数分别与各弹性参数按深度做了交会,结果如图 3-3-47 所示,交会结果表明,当脆性在 40%~65% 时,主力含气层的弹性参数特征与不含气层弹性参数特征存在明显差异。其中,拉梅系数乘密度、杨氏模量乘密度、泊松比、纵横波速度比表现得更为明显,脆性和弹性参数交会图分析表明,弹性参数可以识别出地层的脆性情况,其中拉梅系数乘密度、杨氏模量乘密度、泊松比识别效果均较理想。

在两两交会的基础上,分别以 TOC 和脆性为色标,对弹性参数相互之间做了多参数交会,交会结果,如图 3-3-48(a)~(d)和图 3-3-49(a)~(d)所示,从交会图可以看出,含气储层弹性参数交会表现出高 TOC、中高脆性趋势,特征明显,可以利用拉梅系数乘密度、杨氏模量乘密度、泊松比实现对页岩优质储层的识别。

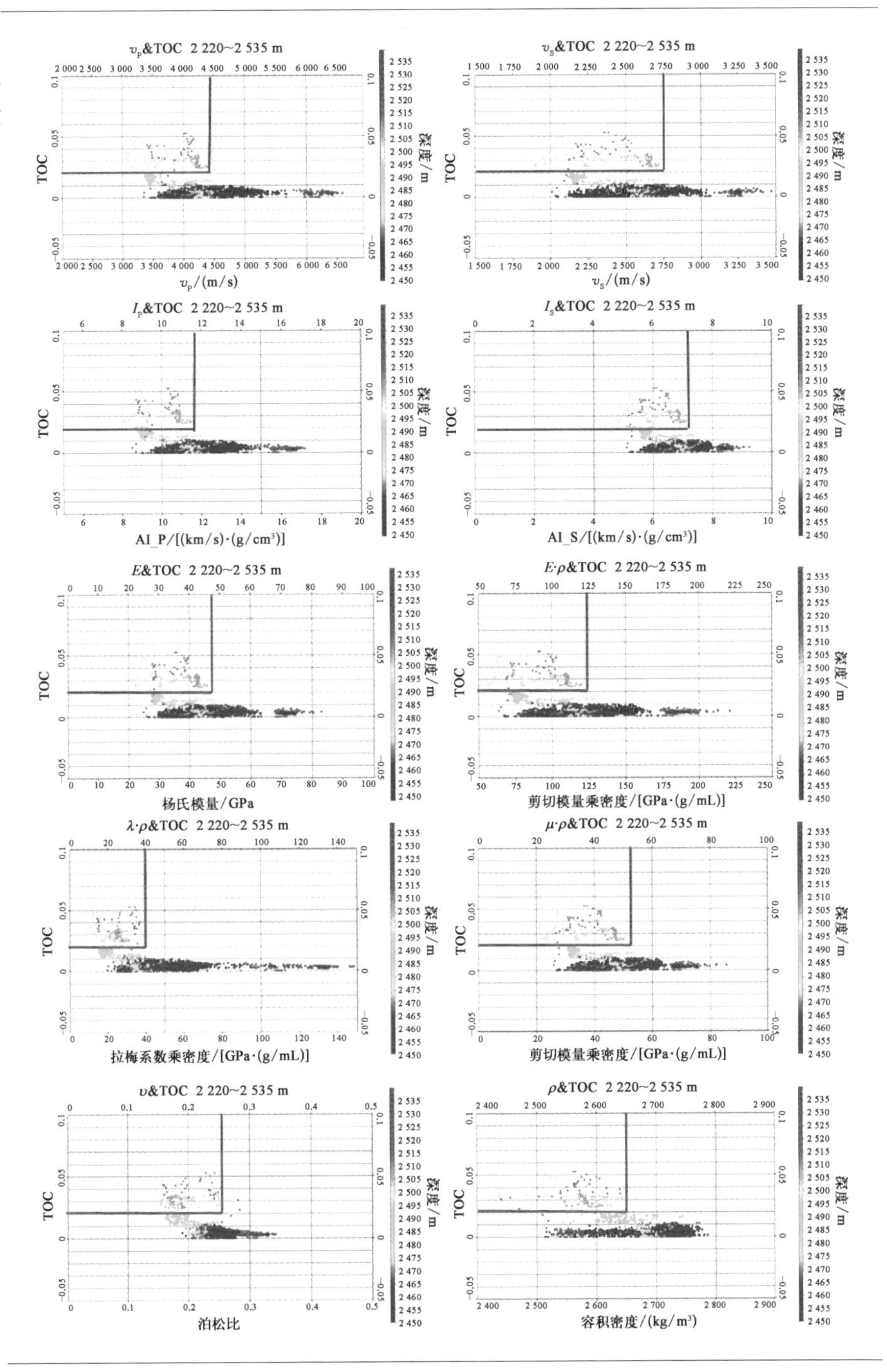

图3-3-46 TOC含量与储层弹性参数交会图

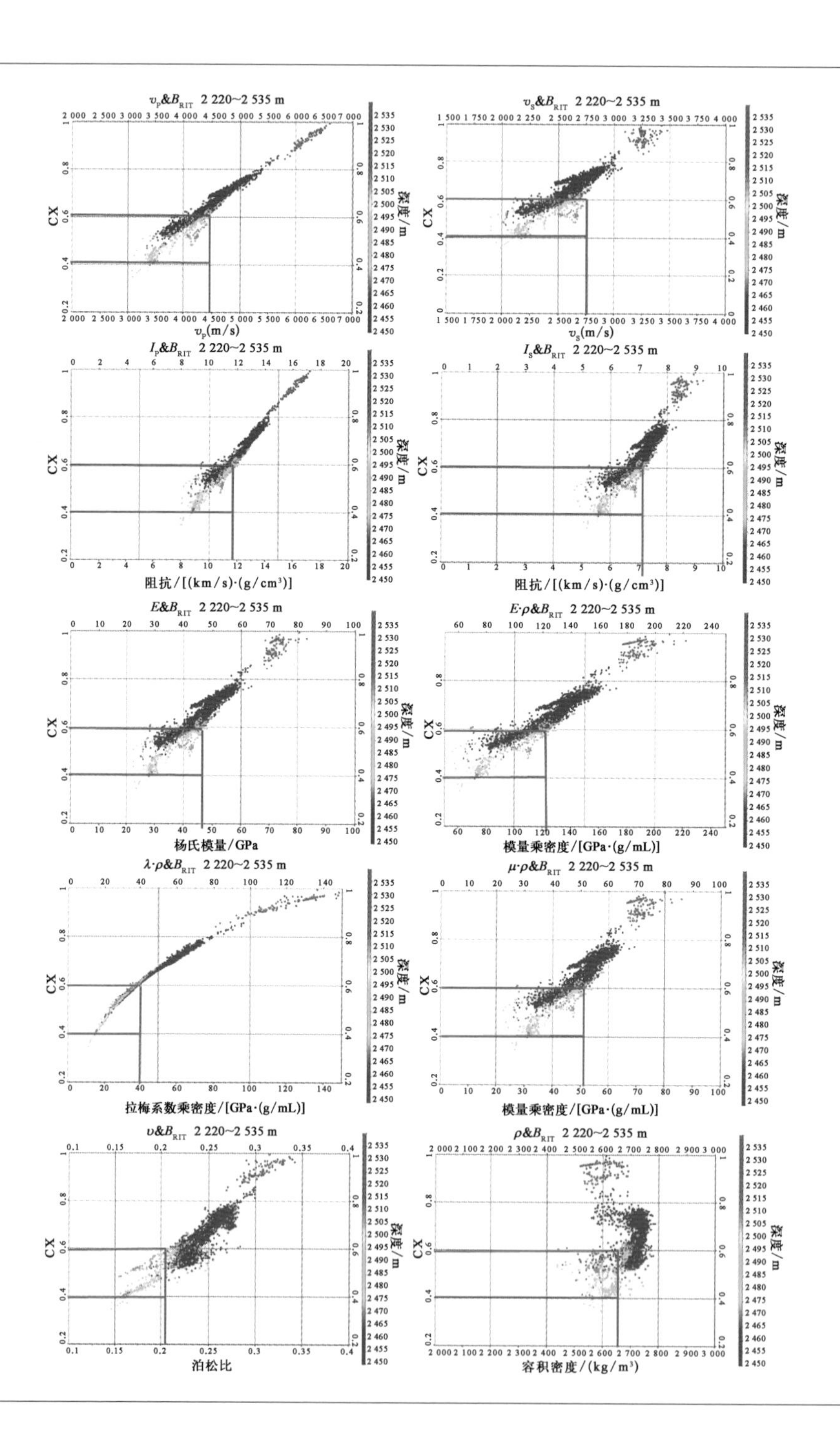

图3-3-47 脆性指数跟弹性参数交会图

图3-3-48 (a) 多弹性参数TOC交会图

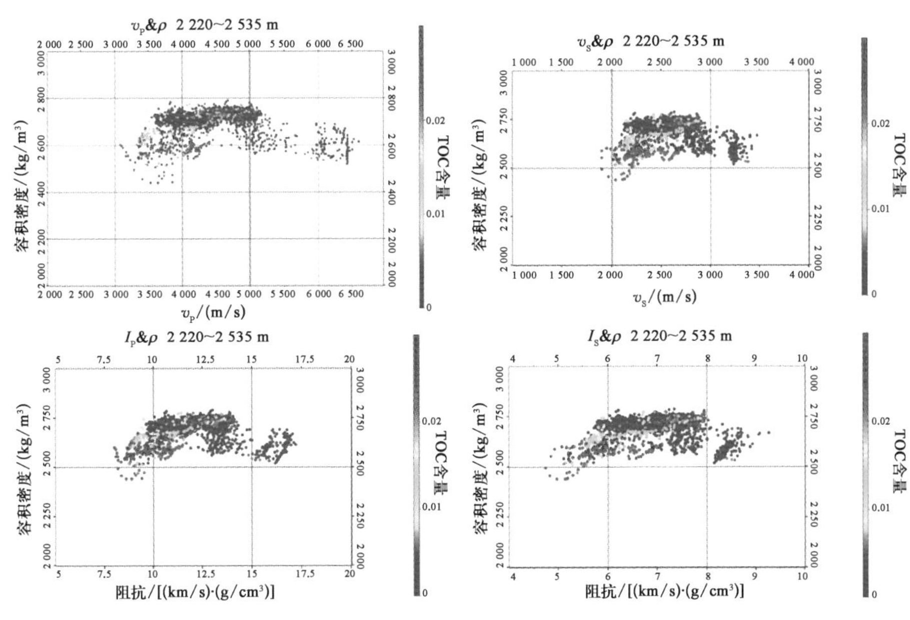

图3-3-48 (b) 多弹性参数TOC含量交会图

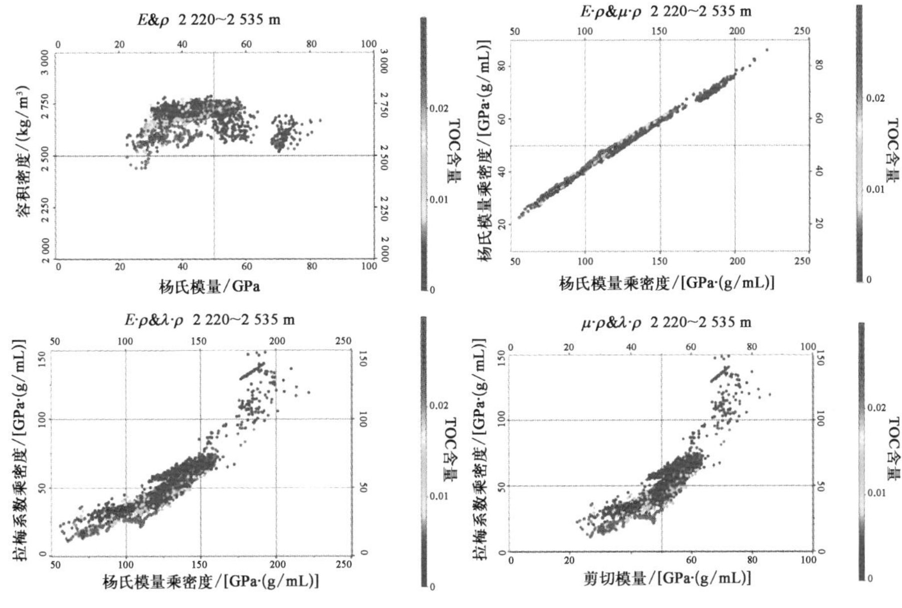

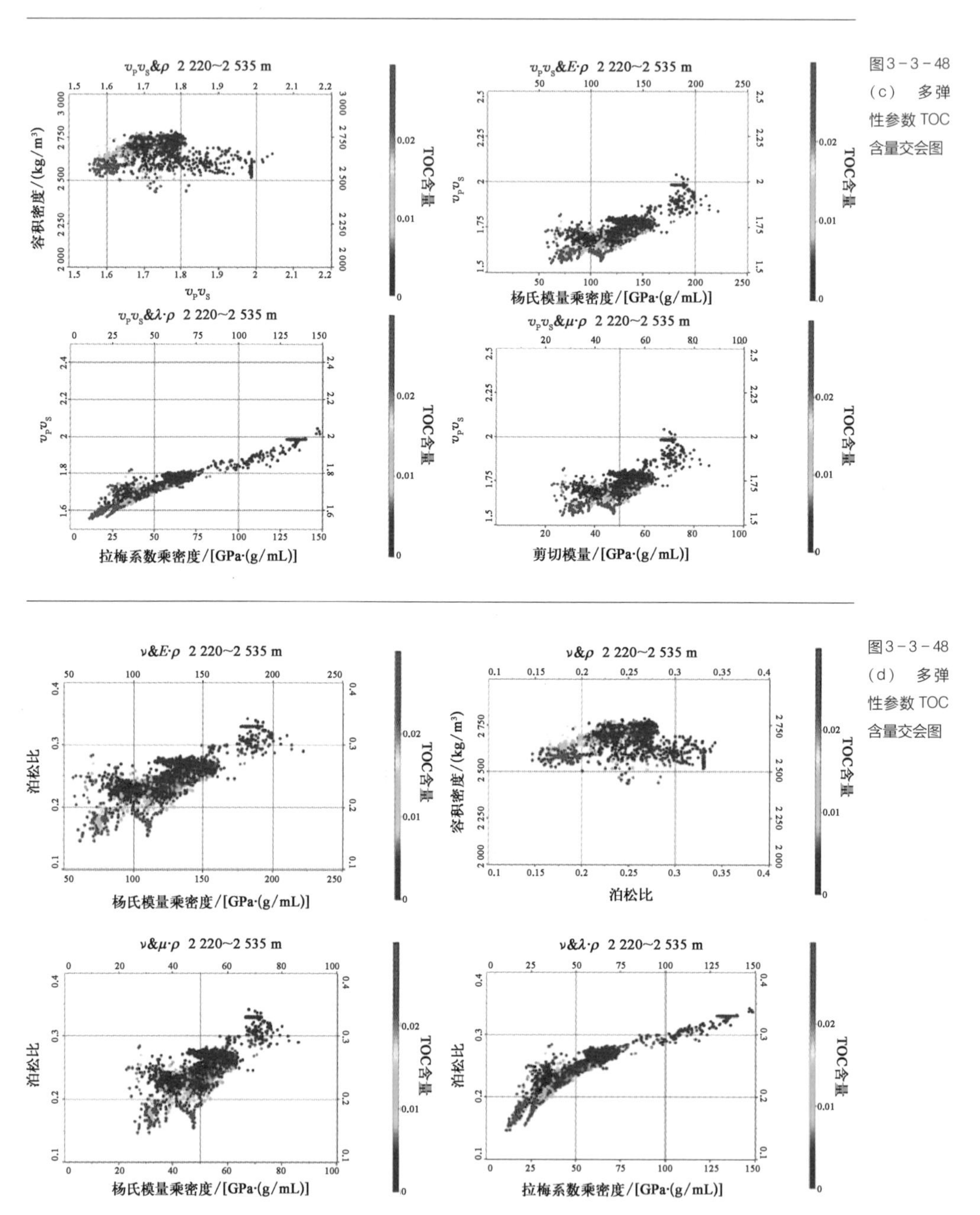

图3-3-48 (c) 多弹性参数TOC含量交会图

图3-3-48 (d) 多弹性参数TOC含量交会图

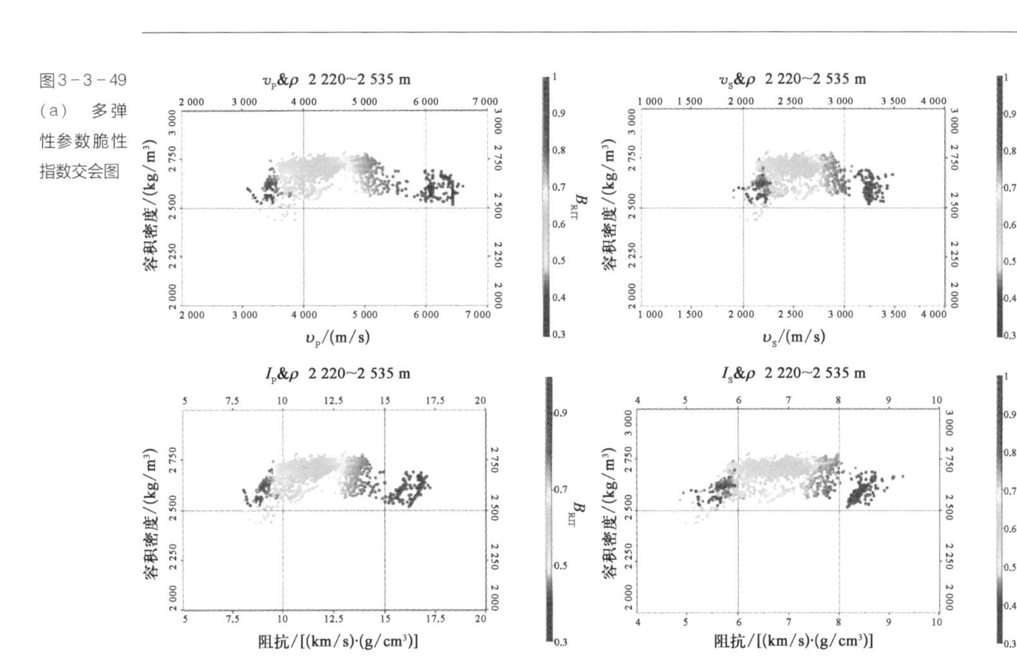

图3-3-49(a) 多弹性参数脆性指数交会图

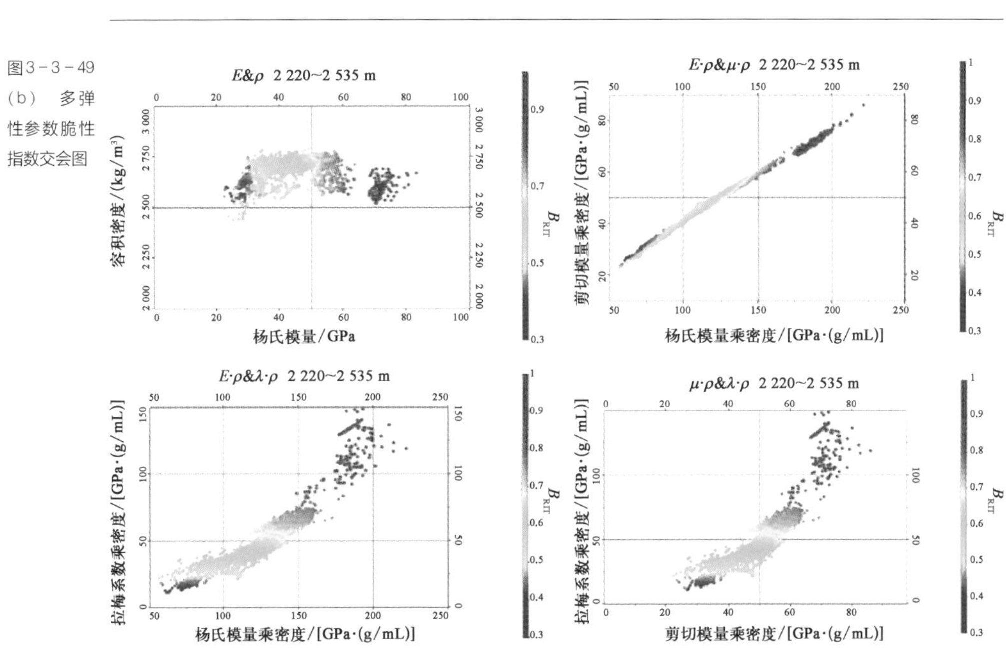

图3-3-49(b) 多弹性参数脆性指数交会图

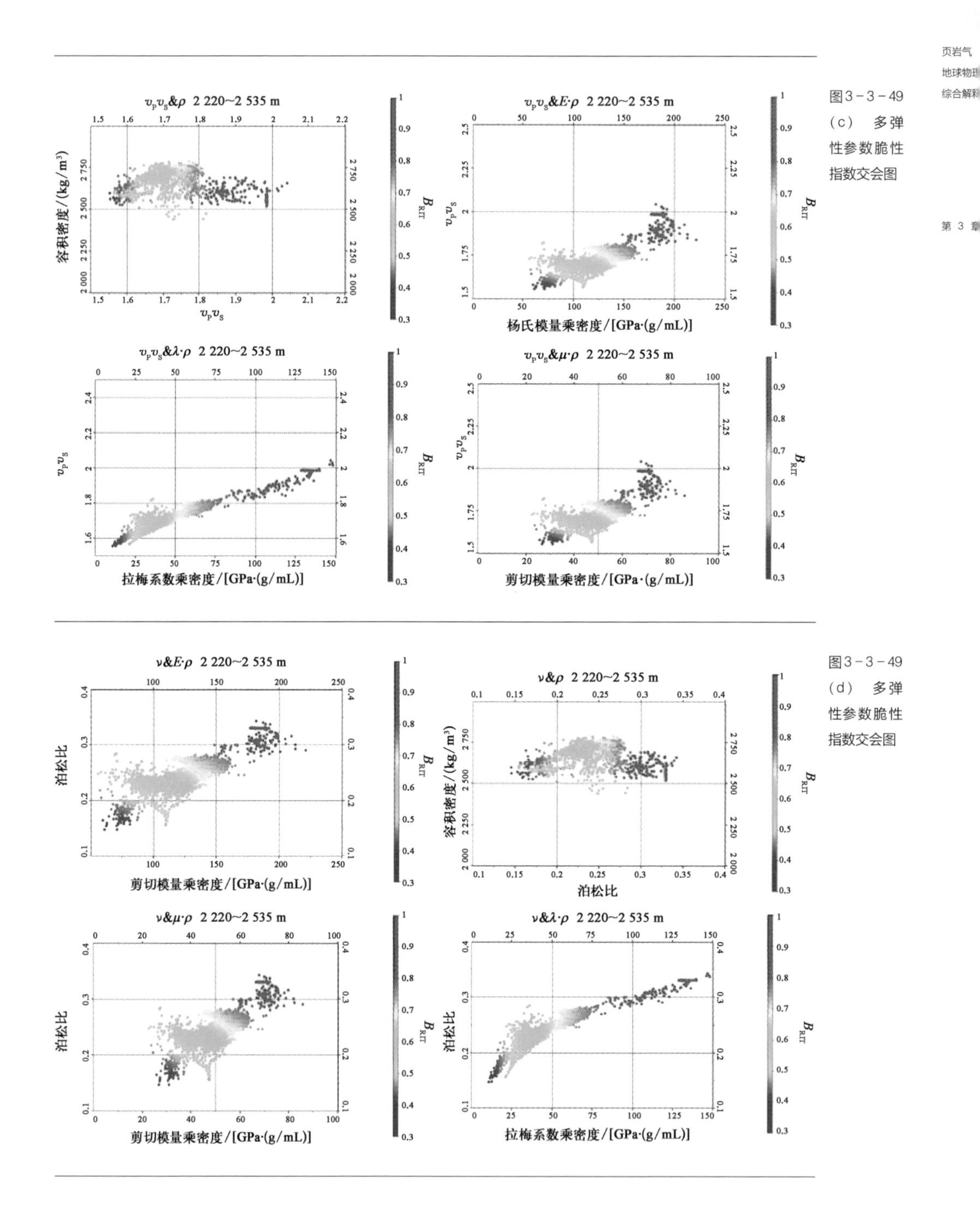

图3-3-49 (c) 多弹性参数脆性指数交会图

图3-3-49 (d) 多弹性参数脆性指数交会图

3.3.1.8 合成记录及 AVA 分析

为了研究页岩储层的 AVO（Amplitude Verse Offset）响应特征，可以通过利用射线追踪的方法进行岩石物理模型的地震响应研究，在 2 479 m 深处做 AVA（Amplitude Verse Angle）分析，正演模拟参数如下：最小偏移距为 100 m；最大偏移距为 4 300 m；道间距为 120 m，共 35 道；零相位雷克子波，主频 25 Hz、30 Hz 和 35 Hz；振幅增加定义为波峰。

图 3－3－50 为主频 25 Hz、30 Hz 和 35 Hz 在 2 479 m 深处的合成记录及 AVA 特征对比分析，在 2 479 m 处，地层表现出明显的第四类 AVA 特征，即随着入射角的增

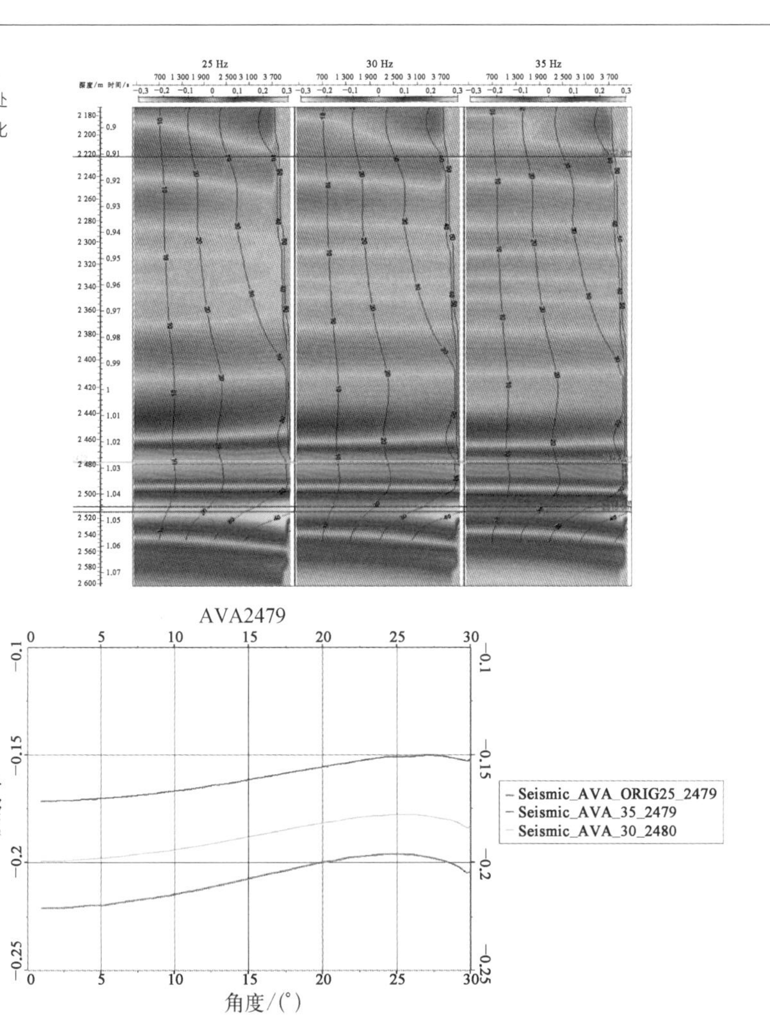

图 3－3－50　主频 25 Hz、30 Hz 和 35 Hz 在 2 479 m 处的合成记录及 AVA 特征对比分析

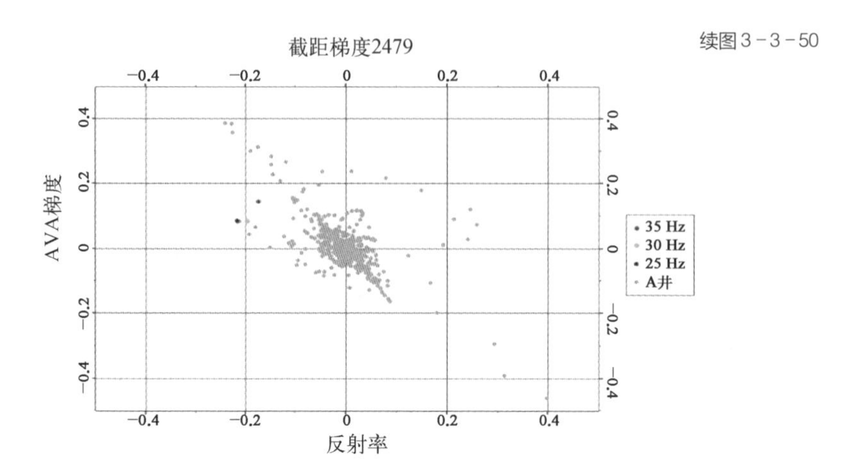

续图 3 - 3 - 50

加,反射系数绝对值减小,但是随着频率的变大,AVA 出现减弱现象。

同样,按照扰动分析建立的模型,分别在 2 479 m 处作了黏土、石英含量、TOC 含量、孔隙度扰动时的 AVA 分析,所得结果如图 3 - 3 - 51(a)~(c)、图 3 - 3 - 52(a)~(c)、图 3 - 3 - 53(a)~(c)、图 3 - 3 - 55(a)~(c)所示。

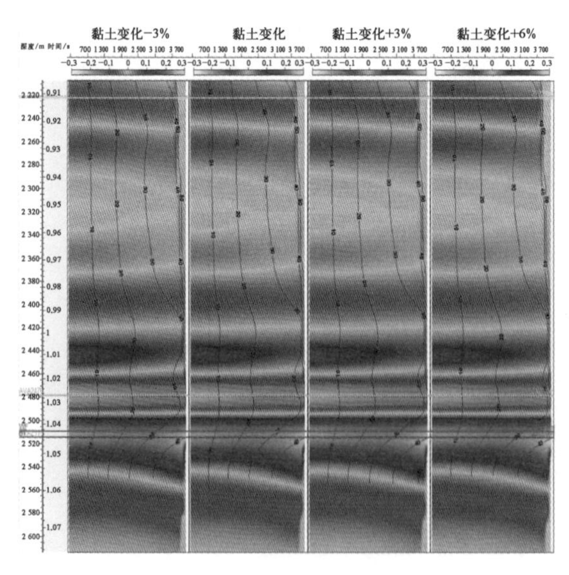

图 3 - 3 - 51(a)　25 Hz 时黏土变化时的合成记录及 AVA 响应

续图3-3-51(a)

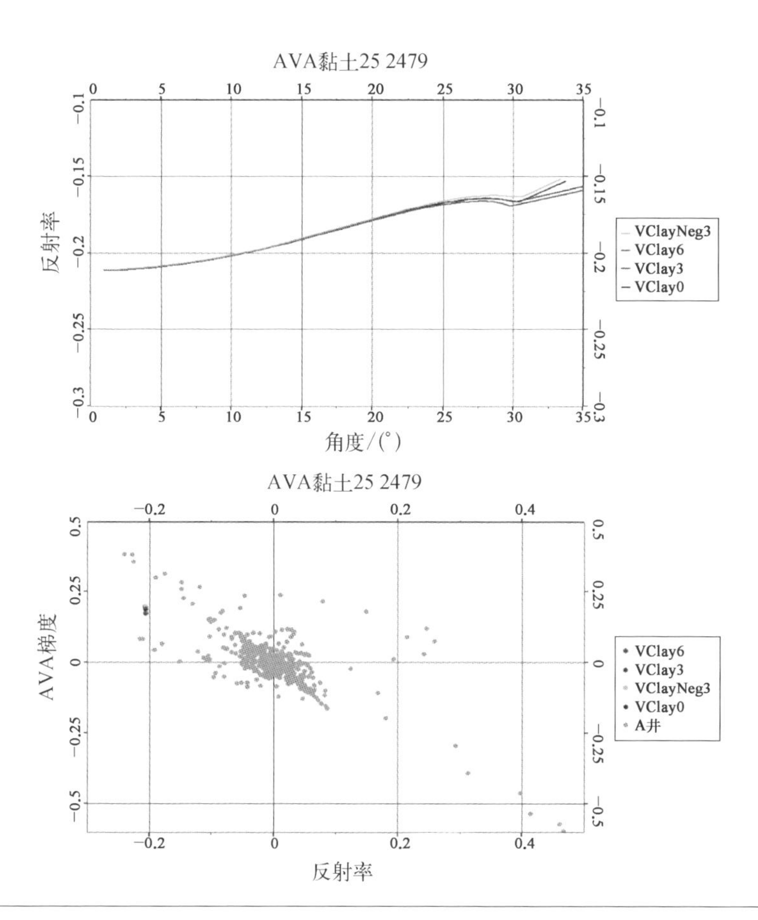

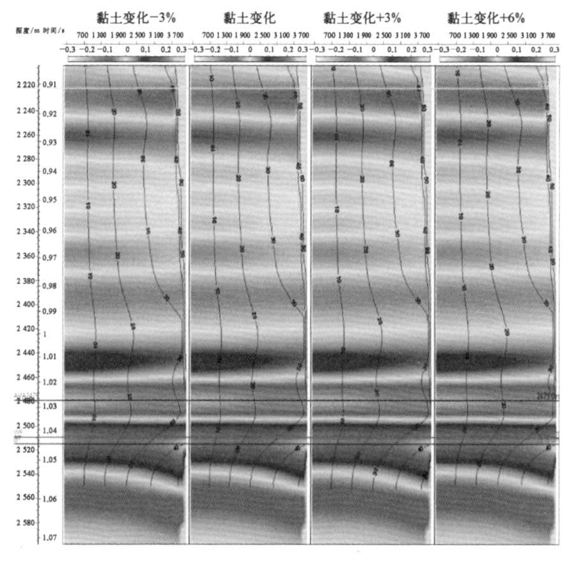

图3-3-51(b) 30 Hz时黏土变化时的合成记录及AVA响应

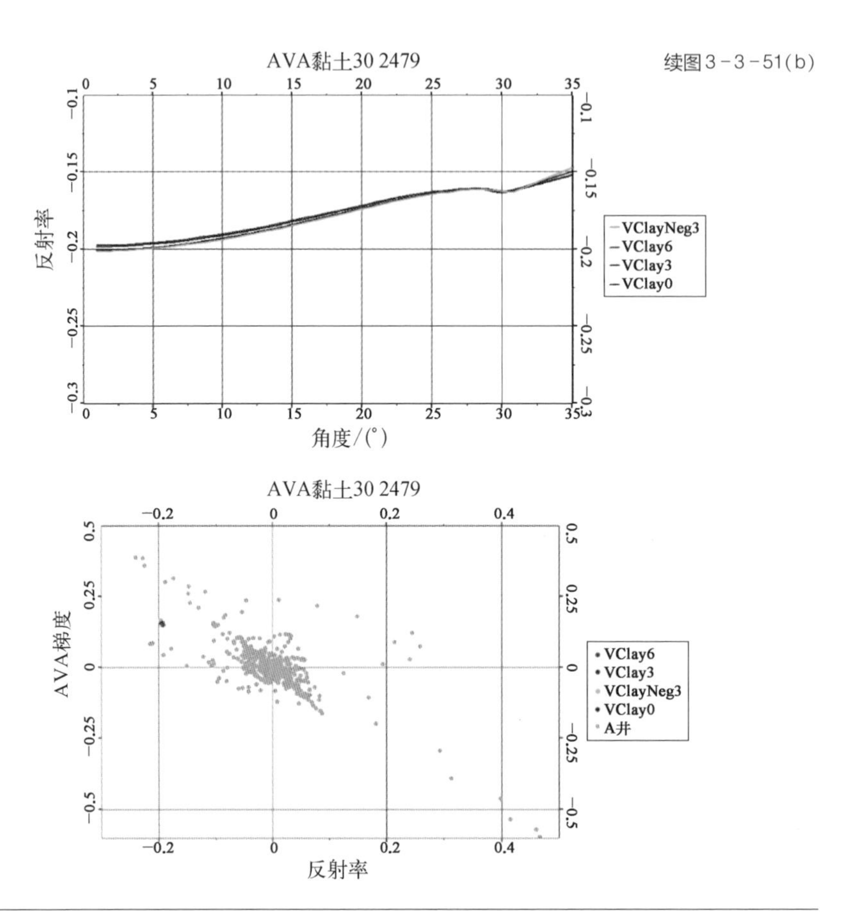

续图3-3-51(b)

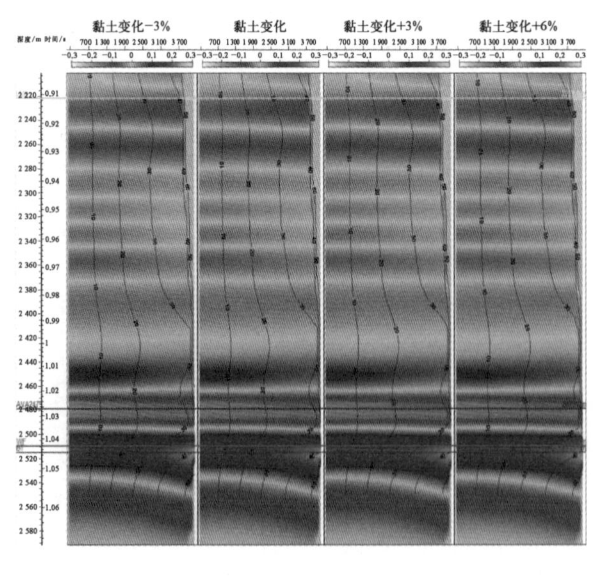

图3-3-51(c) 35 Hz时黏土变化时的合成记录及AVA响应

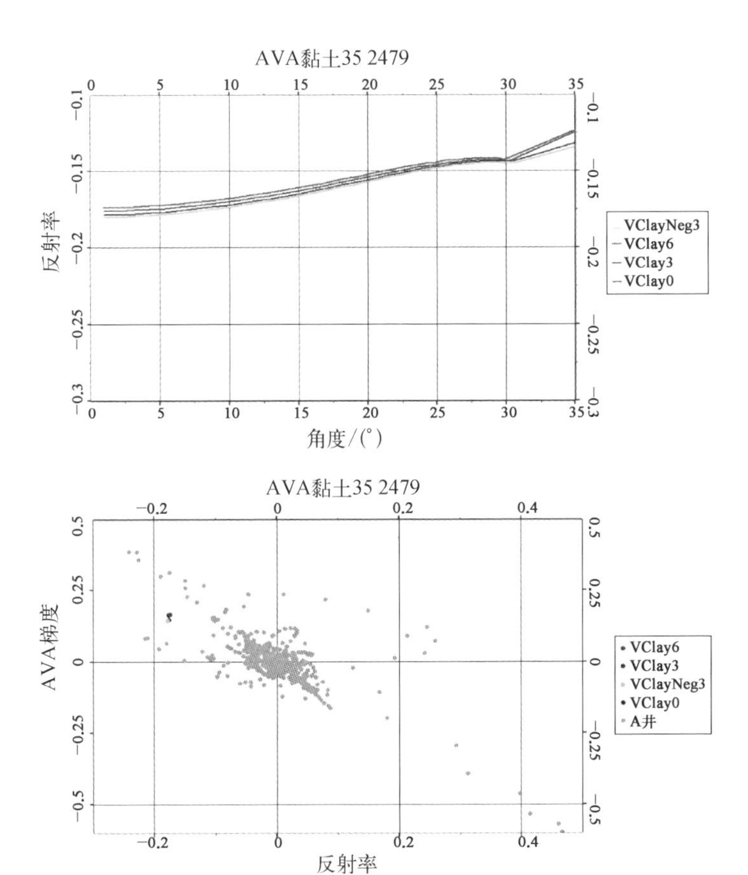

续图3-3-51(c)

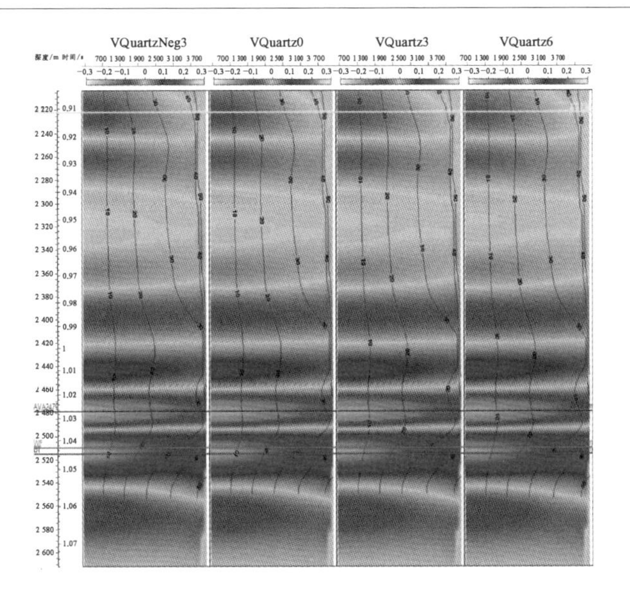

图3-3-52(a) 25 Hz 时石英变化时的合成记录及AVA响应

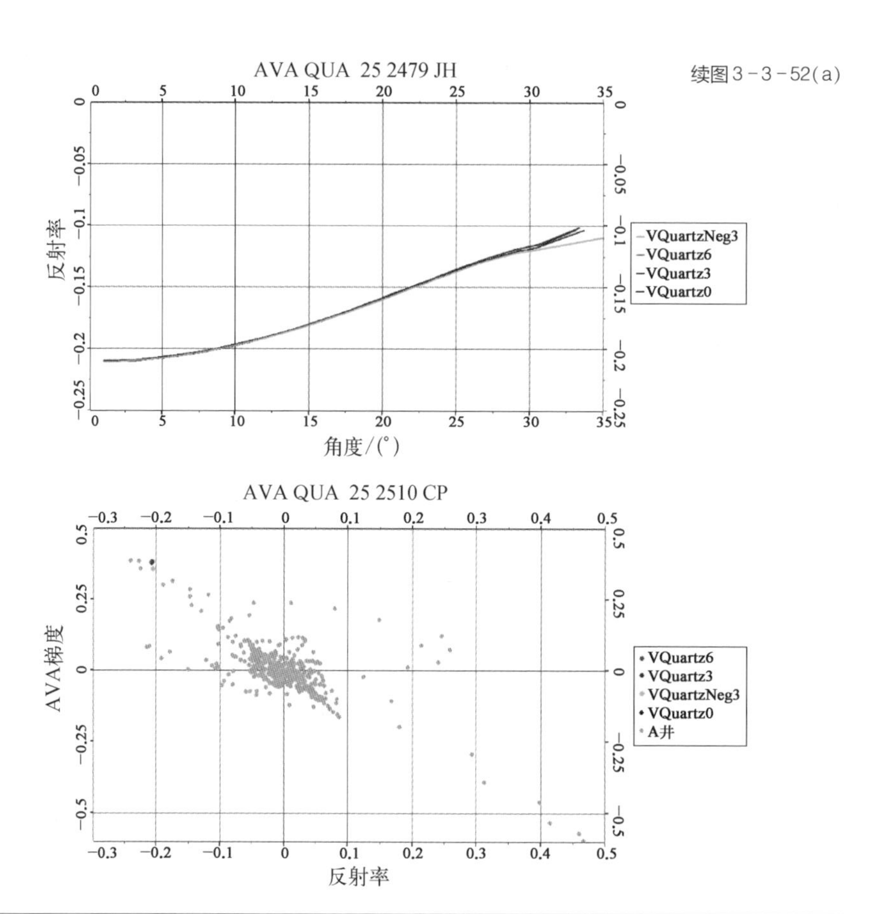

续图3-3-52(a)

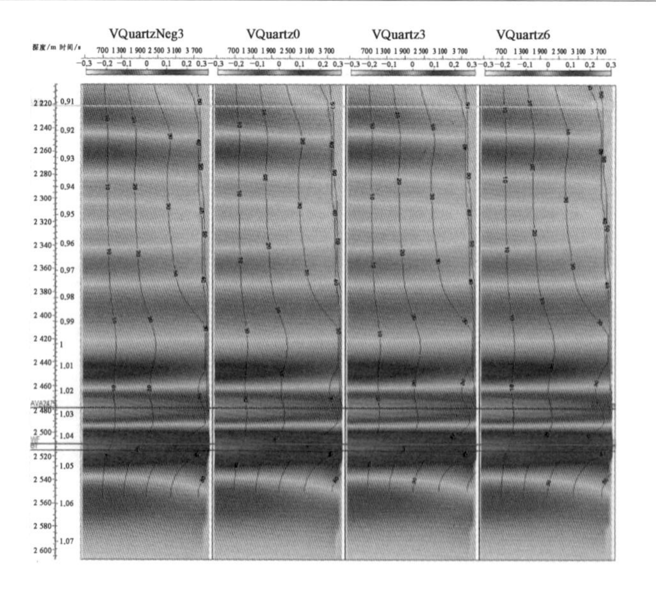

图3-3-52(b) 30 Hz时石英变化时的合成记录及AVA响应

续图3-3-52(b)

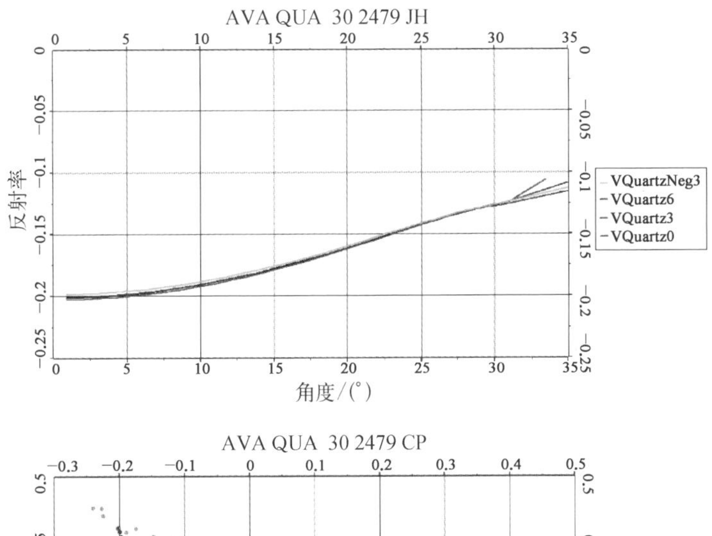

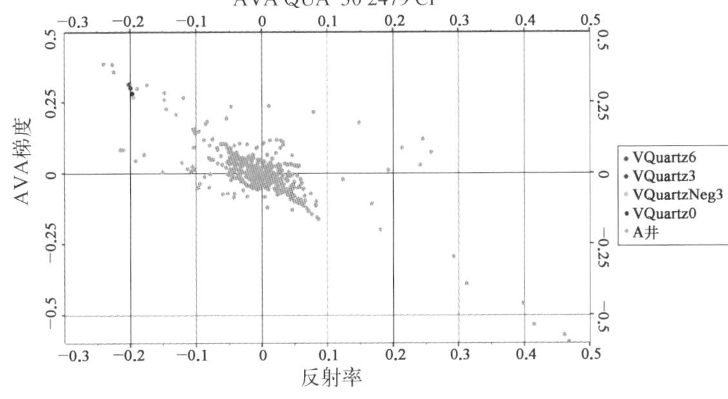

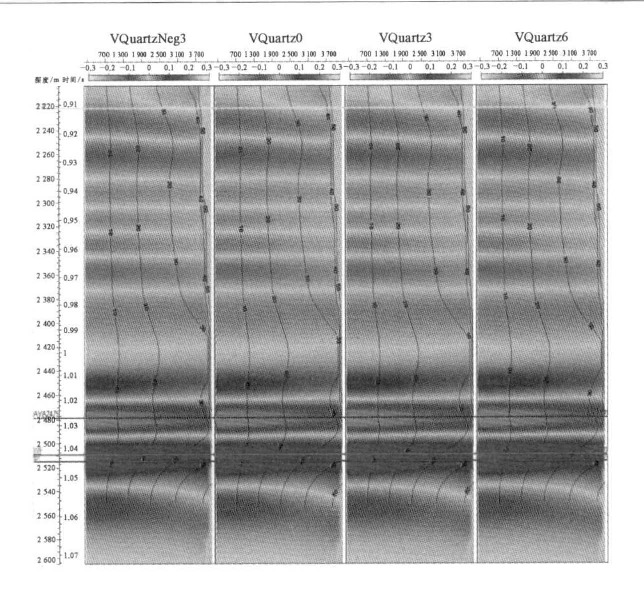

图3-3-52(c) 35 Hz 时石英变化时的合成记录及AVA响应

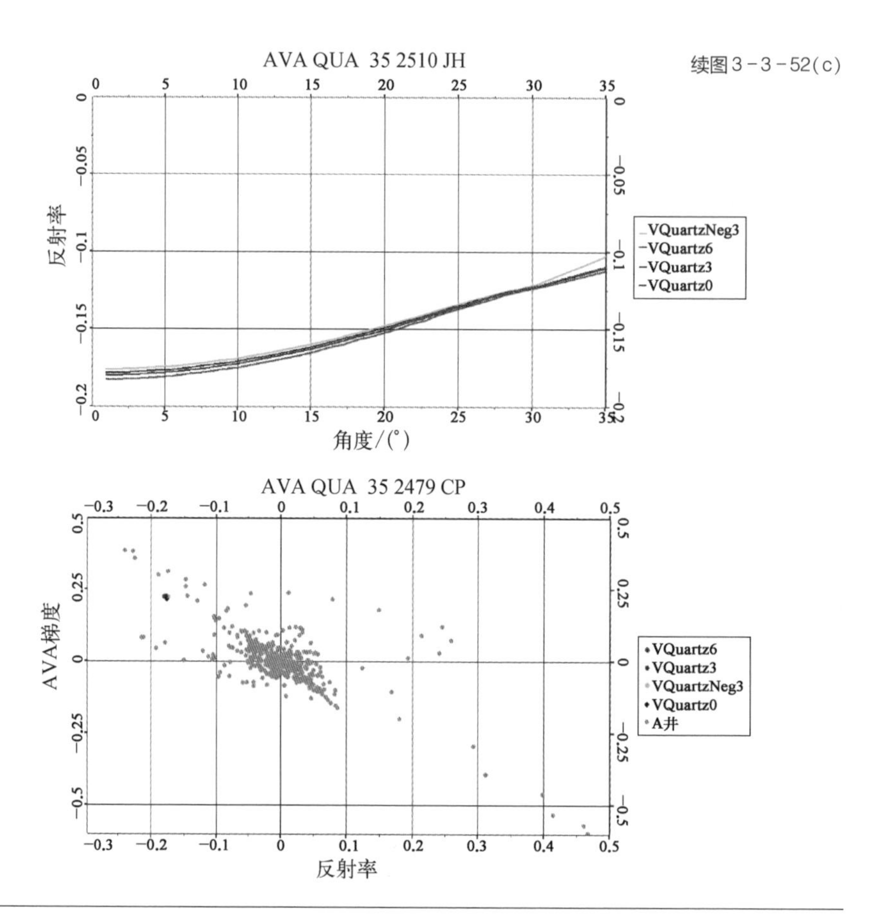

续图 3－3－52(c)

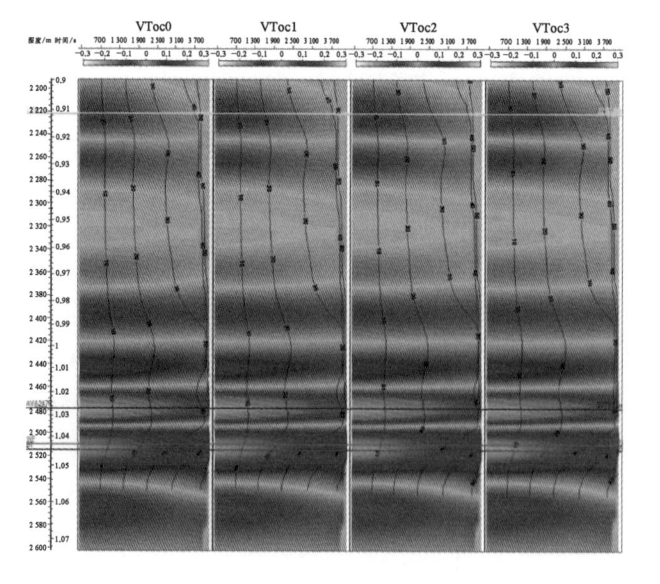

图 3－3－53(a) 25 Hz 时 TOC 含量变化时的合成记录及 AVA 响应

续图3-3-53(a)

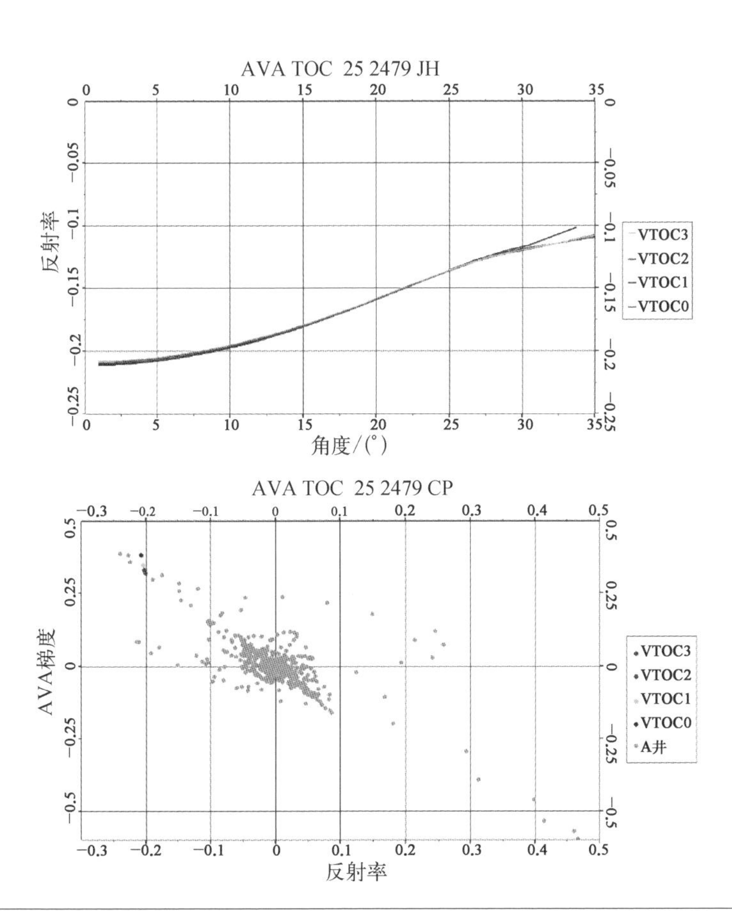

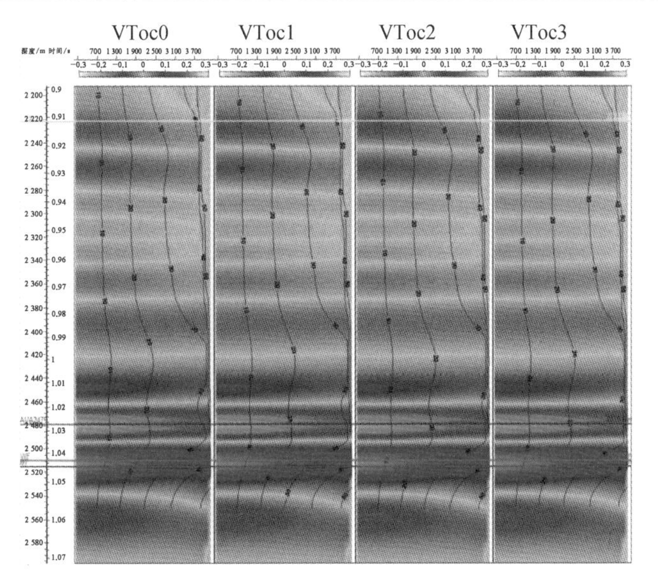

图3-3-53(b) 30 Hz时TOC含量变化时的合成记录及AVA响应

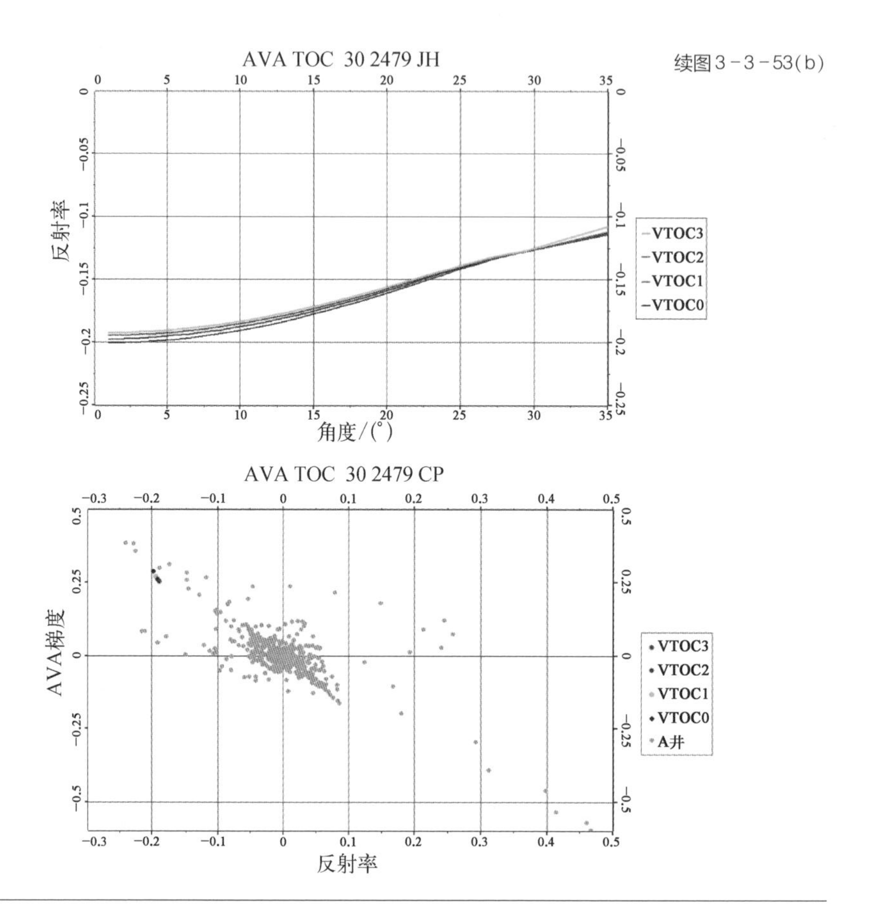

续图3-3-53(b)

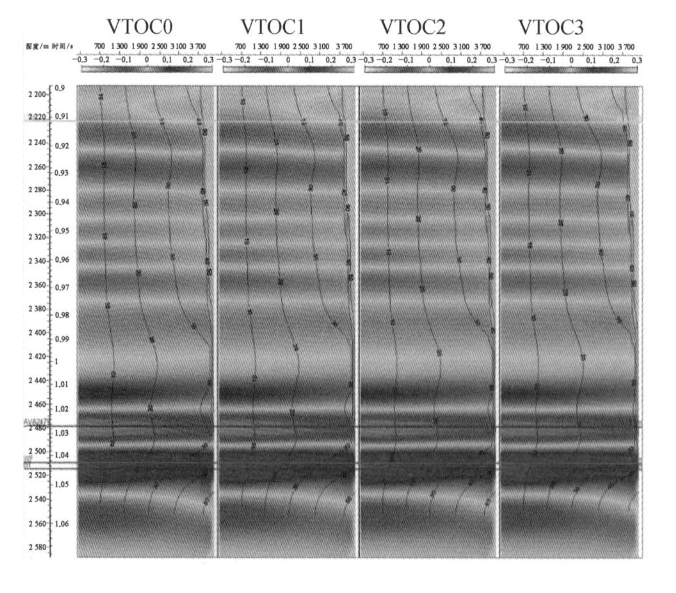

图3-3-53(c) 35 Hz时TOC含量变化时的合成记录及AVA响应

续图3-3-53(c)

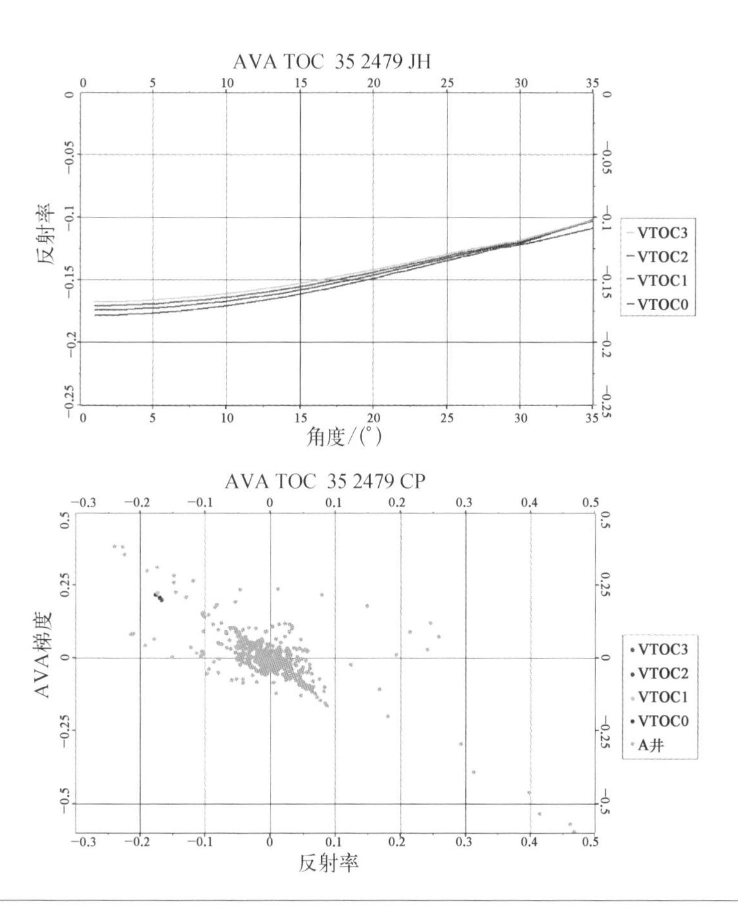

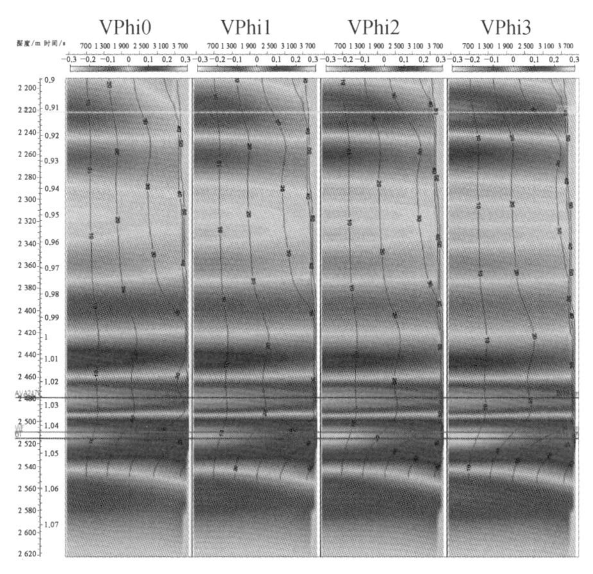

图3-3-54(a) 25 Hz 时孔隙度变化时的合成记录及AVA响应

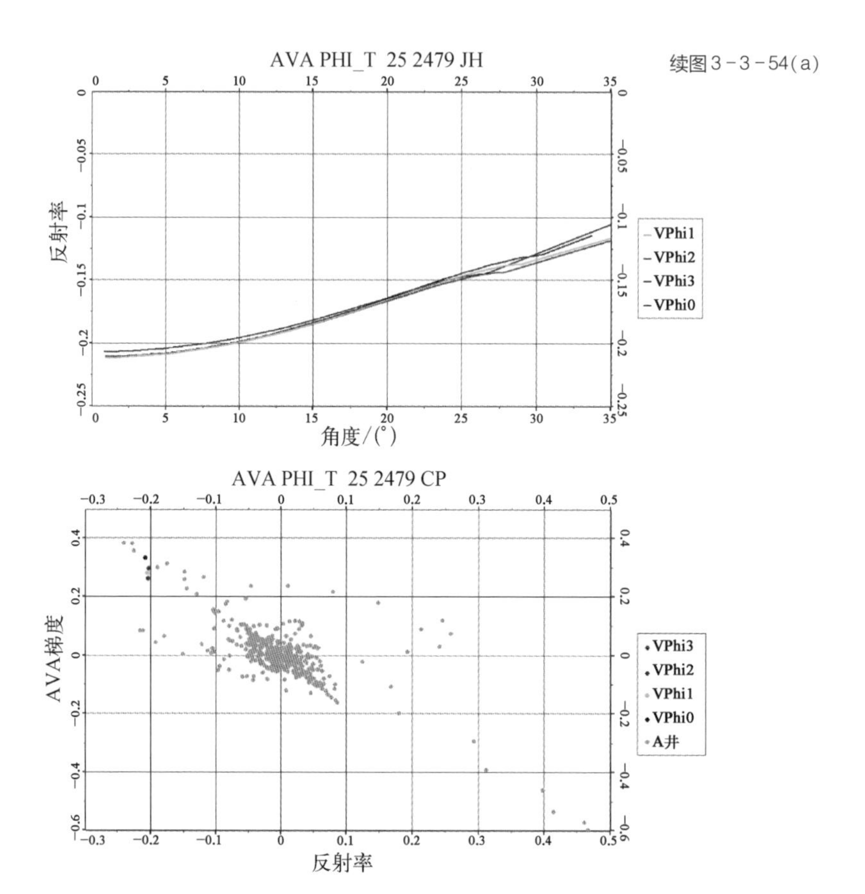

续图 3-3-54(a)

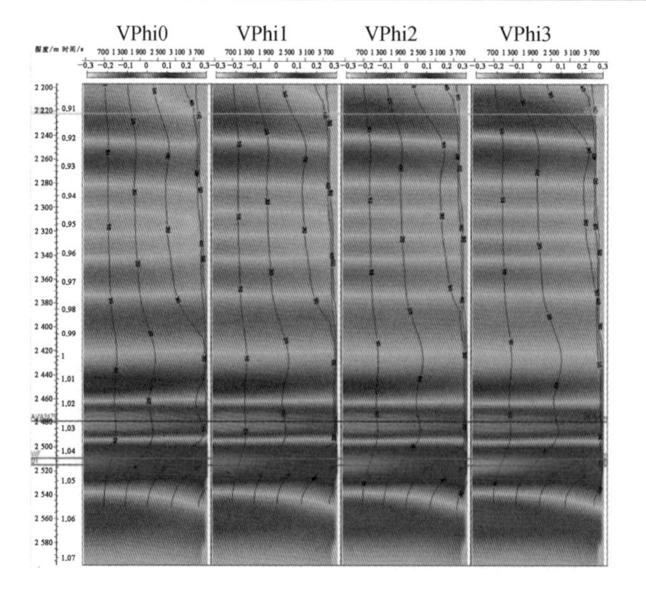

图 3-3-54(b) 30 Hz 时孔隙度变化时的合成记录及 AVA 响应

续图3-3-54(b)

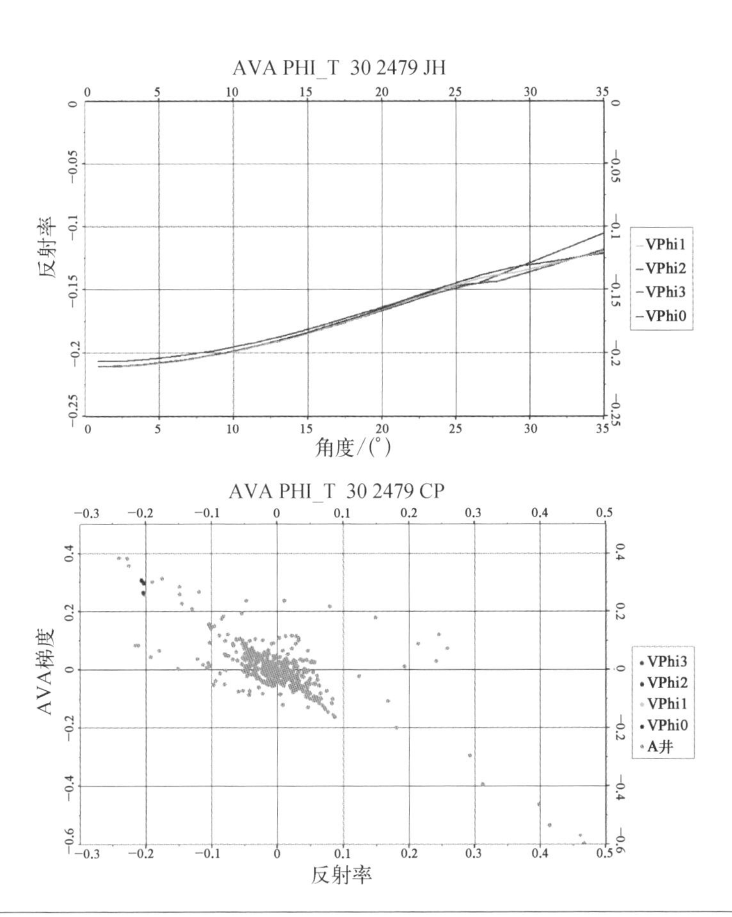

图3-3-54(c) 35 Hz 时孔隙度变化时的合成记录及AVA响应

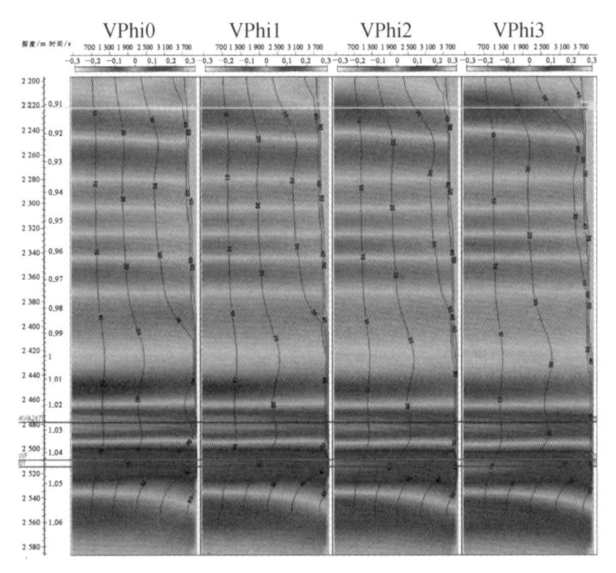

续图3-3-54(c)

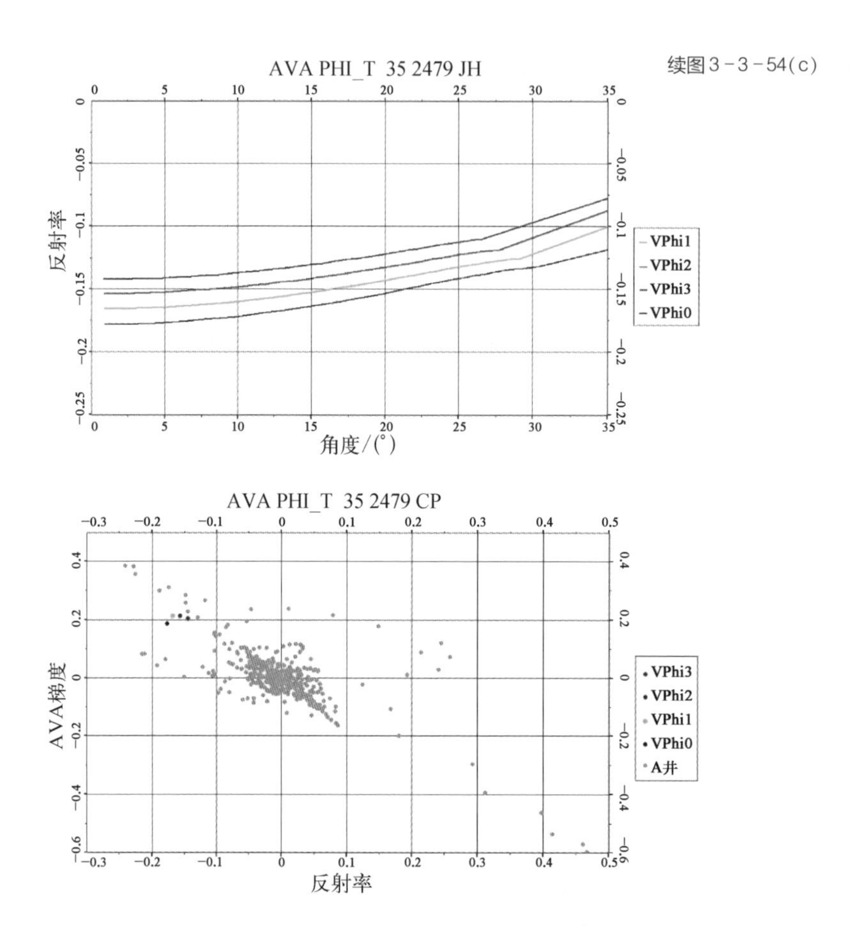

结合上述分析图可以得到如下结论：

① 黏土模型中，主频分别为25 Hz、30 Hz、35 Hz时，目的层段表现为第四类AVA现象，随着黏土含量的增大，AVA响应变化不明显；

② 石英模型中，主频分别为25 Hz、30 Hz、35 Hz时，目的层段表现为第四类AVA现象，随着石英含量的增大，AVA响应变化不明显；

③ TOC模型中，在主频分别为25 Hz、30 Hz、35 Hz时，目的层段表现为第四类AVA现象，随着TOC含量的增大，AVA响应变化不明显；

④ 孔隙度模型中，在主频分别为25 Hz、30 Hz、35 Hz时，目的层段表现为第四类AVA现象，随着孔隙度的增大，AVA响应变化不明显。

3.3.2 页岩单井 TOC 含量计算

以页岩气勘探基础地质研究为目的,以样品测试为基础,根据矿物和元素分析结果,利用观察的岩心、样品 TOC 含量测试等统计资料对测井曲线进行标定,建立 TOC 含量与测井曲线对应的图版。在岩性和微相识别的基础上,根据 GR、岩性密度、中子、声波时差、电阻率等相关曲线,对 TOC 含量表现出来的特殊响应特征进行分析,综合有关曲线来识别 TOC 含量,然后利用测井曲线对全井段进行 TOC 识别和验证,进行有利页岩储层纵向划分。

3.3.2.1 单井 TOC 含量预测方法

电阻率-孔隙度曲线叠合图也可用于确定 TOC 含量,这种方法也称为 $\Delta\lg R$ 法。$\Delta\lg R$ 技术是埃克森(Exxon)和埃索(Esso)公司于 1979 年开发的,适用于碳酸盐岩和碎屑岩,利用测井资料识别和计算含有机质岩层中的 TOC 含量。

Passey(1989)研究了可用于碳酸盐岩和碎屑岩生油岩中预测不同成熟度条件下的 TOC 含量,利用声波时差和地层电阻率计算 TOC 含量的方法为: 把非生油岩的声波和电阻率曲线叠加在一起,当两条曲线在一定深度范围内“一致”或完全重叠时为基线(图 3-3-55)。确定基线之后,用两条曲线间的间距($\Delta\lg R$)来识别富含有机质的层段。由于两条曲线都对应于地层孔隙度的变化,在饱含水但缺乏有机质的岩石中,两条曲线彼此平行、重合在一起;而在含油气储集岩或富含有机质的非储集岩中,两曲线之间存在差异。利用自然伽马曲线、补偿中子孔隙度曲线或自然电位曲线可以辨别储集层段。在富含有机质的泥岩段,有 2 个因素会导致两条曲线分离: 孔隙度曲线产生的差异是低密度和低速度(高声波时差)的干酪根的响应,在未成熟的富含有机质的岩石中还没有油气生成,观测到的两条曲线之间的差异仅仅是由孔隙度曲线响应造成的;在成熟的烃源岩中,除了孔隙度曲线响应之外,因为有烃类的存在,电阻率增加,可使两条曲线产生更大的差异(或称间距)。

$$\Delta\lg R = \lg(R/R_{基线}) + (\Delta t - \Delta t_{基线})/164 \qquad (3-1)$$

式中,$\Delta\lg R$ 为实测曲线间距在对数电阻率坐标上的读数,$\Omega\cdot m$;R 为测井仪实测的电

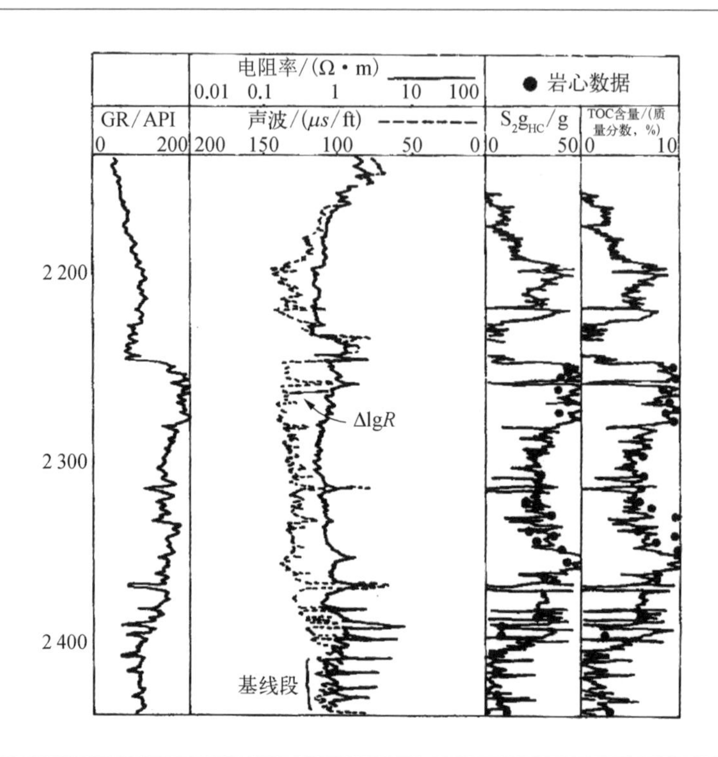

图3-3-55 电阻率-孔隙度曲线叠合图确定TOC含量

阻率，Ω·m；$R_{基线}$为基线对应的电阻率，Ω·m；Δt为实测传播时间，μs/m；$\Delta t_{基线}$为基线对应的传播时间，μs/m；系数1/164，基于每164 μs/m的声波时差Δt，相当于电阻率R_t的一个对数坐标单位。

在应用时，电阻率曲线刻度为1个数量级的对数电阻率刻度，对应的声波时差为164 μs/m的间隔。在移动曲线刻度时，一般保持声波曲线不动，移动电阻率曲线，但应保持电阻率曲线刻度为每一个数量级对数电阻率刻度对应声波时差为164 μs/m间隔的原则。

Passey等经过大量统计分析，提出了能够计算不同成熟度条件下TOC含量的测井评价方法，并制订了有机碳计算图版。经后人改进，认为$\Delta\lg R$为R_o的函数，且与TOC总量呈线性相关：

$$TOC = \Delta\lg R \times 10 - 0.944R_o + 1.5374 \qquad (3-2)$$

式中，R_o为镜质体反射率，%。

$\Delta\lg R$ 计算方法虽然得到了广泛的应用，但是对于不同的研究区还应该具体问题具体分析。这种计算方法的优点是快速直观，缺点主要在于，所考虑因素较少，忽视了GR、碳酸盐含量等重要因素。

3.3.2.2 $\Delta\lg R$ 法预测 TOC 含量

$$\Delta\lg R = \lg(R/R_{基线}) + 0.02 \times (\Delta t - \Delta t_{基线}) \tag{3-3}$$

式中，Δt 为实测声波时差单位为 μs/ft；$\Delta t_{基线}$为基线对应的声波时差，单位为 μs/ft。

通过叠合声波曲线和电阻率曲线得到 $R_{基线} = 47.88\ \Omega\cdot m$，$\Delta t_{基线} = 66.78$ μs/ft。

$$TOC = \Delta\lg R \times 10 - 0.944R_o + 1.5374 + \Delta TOC \tag{3-4}$$

式中，TOC 为计算有机碳含量；ΔTOC 为 TOC 含量背景值，R_o数据见表3-3-7。A 井岩心大部分样品 R_o为2.7 ~ 3.9。因此，取 R_o =3.4，研究区 ΔTOC 取值为0.1。计算求得A 井目的层段TOC 含量如图3-3-56 所示。对比 $\Delta\lg R$ 和本章所述方法计算结果和实测 TOC 含量结果可知，$\Delta\lg R$ 法计算结果总体偏小，严重偏离实际情况，并且变化趋势与实测有机碳不吻合。

对 $\Delta\lg R$ 法计算有机碳结果和实测呈负相关性，如图 3-3-57 所示。由此可知 $\Delta\lg R$ 法在 A 井应用具有较大的局限性。

表3-3-7 有机质成熟度数据

井深/m	镜质体反射率(R_o)	井深/m	镜质体反射率(R_o)
1 687.07 ~ 1 687.36	3.52	2 033.47 ~ 2 033.72	3.84
1 870.50 ~ 1 780.78	2.94	2 042.15 ~ 2 042.41	3.8
1 886.90 ~ 1 887.16	2.69	2 050.40 ~ 2 059.65	3.88
1 934.97 ~ 1 935.22	3.92	2 058 ~ 2 058.895	3.85
1 942.54 ~ 1 942.80	3.73		

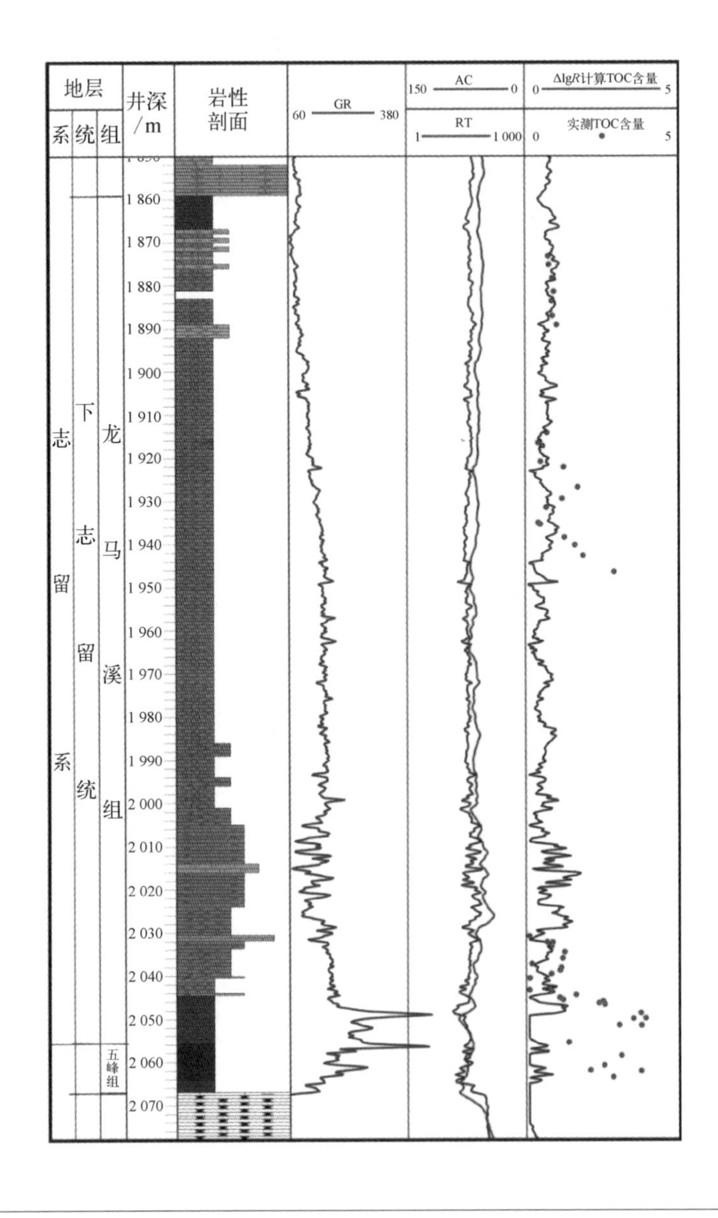

图 3-3-56 ΔlgR 法预测 A 井页岩储层 TOC 含量

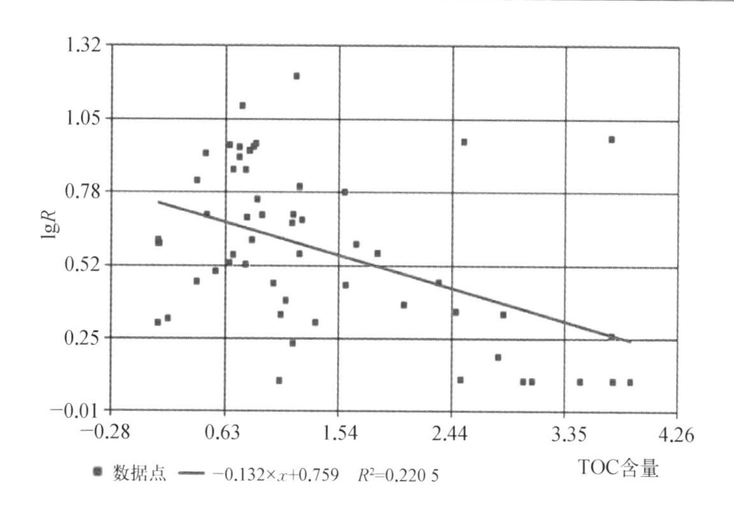

图3-3-57 ΔlgR法计算TOC含量与实测TOC相关性分析

3.3.2.2 基于水动力页岩储层TOC含量解释技术

有机质生烃排水,使得成熟烃源岩电阻率增大,有机质含量高电阻率应越高。但在A井中,发现电阻率与TOC含量存在很好的负相关性(图3-3-58),并且在TOC

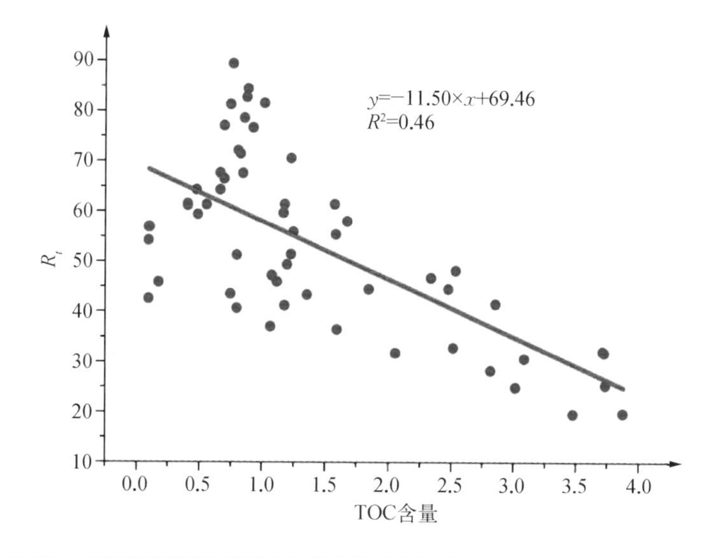

图3-3-58 电阻率与TOC含量的相关性

含量高的层位电阻率很低。对有机碳进行相关性分析,相关性较差。

1. 有机质碳化

Δlg *R* 法计算结果与测试结果相差甚远,相关性极差,TOC 含量高的区域声波和电阻率间距减小。

通常情况下,有机质生烃排水,使得成熟烃源岩电阻率增大。有机质含量越高,电阻率越高。但在 A 井出现了反常现象,TOC 含量与电阻率有较好的负相关性,同时,有机碳含量高的地层电阻率较小。王玉满等人提出,南方海相泥页岩中有机质有碳化现象。在烃源岩热演化进程中,随着热成熟度升高,有机质首先降解为干酪根,干酪根在随后的变化过程中产生挥发性不断增强、氢含量不断增加、分子量逐渐变小的碳氢化合物,最后形成甲烷气。随着温度的升高,干酪根不断发生变化,其化学成分也随之改变,逐渐转变成低氢量的碳质残余物,并最终转化为石墨(即碳化)。石墨为导电性极强的矿物,其电阻率在常温下为(8 ~ 13) $\times 10^{-6}$ Ω · m。有机质碳化形成的石墨电阻率极低,有机质含量越高,形成的石墨量越大,电阻率越低。结合 A 井龙马溪组和五峰组有机质成熟度处于过成熟阶段,电阻率与有机质含量呈较好的负相关性以及有机碳含量高的地层电阻率较低,可推断出该层有机质出现一定程度的碳化现象。有机质碳化现象违背了 Δlg *R* 法的使用条件,因此,Δlg *R* 法不适于预测 TOC 含量,预测效果不理想。

2. 低声波时差(岩性致密)

Δlg *R* 法是将泥页岩等简化的模型,非烃源岩主要由岩石骨架和孔隙水组成,未成熟源岩主要由岩石骨架、有机质和孔隙水组成,成熟烃源岩由岩石骨架、有机质、孔隙水和孔隙烃类组成。

根据 Δlg *R* 法的地质模型可知,岩石的主要组成包括岩石骨架、有机质和孔隙流体。地层电阻率和声波时差与孔隙度和有机质均相关,在不含有机质的地层中,电阻率和声波只与孔隙度有关,去掉孔隙度因素,可以得到电阻率和声波时差的关系。

地层电阻率与孔隙度的关系可由阿尔奇公式得到:

$$R_0 = R_w^a / (S_w^n \times \Phi^m) \tag{3-5}$$

式中，R_0为地层真实电阻率；R_w 为地层水电阻率；a 为常数，通常为 1；S_w 为含水饱和度；Φ 为孔隙度；n 为新老地层系数。

假设 $a=1$，$S_w=1$，式(3－5)化简可得式(3－6)：

$$R_0 = R_w/\Phi^m \tag{3-6}$$

孔隙度与声波时差的关系由威力公式可得

$$\Phi = (\Delta t - \Delta t_m)/(\Delta t_f - \Delta t_m) \tag{3-7}$$

式中，Δt 为实测声波时差；Δt_m 为岩石骨架声波时差；Δt_f 为孔隙流体声波时差。

将式(3－7)代入式(3－6)得

$$R_0 = R_w/[(\Delta t - \Delta t_m)/(\Delta t_f - \Delta t_m)]^m \tag{3-8}$$

对式(3－8)两边求对数得

$$\lg(R_0) = \lg\{R_w/[(\Delta t - \Delta t_m)/(\Delta t_f - \Delta t_m)]^m\} \tag{3-9}$$

在不含有机质的条件下，$\Delta\lg R$ 法通过电阻率和声波时差对孔隙度的响应建立电阻率和声波时差之间不随孔隙度变化的固有关系式(3－9)，即在根据式(3－9)建立的特定坐标系下，岩石骨架大致相同时，声波时差和电阻率曲线基本重叠；在含有机质地层中，这种关系便被打破，由于声波时差和电阻率对有机质的响应，声波曲线和电阻率曲线会分离。

对于一般地层，$m=2$，$\Delta t_f = 189\ \mu s/ft$，并假设 $R_w = 0.1\ \Omega\cdot m$。对于灰岩，$\Delta t_m = 47.6\ \mu s/ft$，将参数代入式(3－9)得

$$\lg(R_0) = \lg[0.1/(0.007\,072\Delta t - 0.336\,6)^2] \tag{3-10}$$

阿尔伯达盆地白垩纪页岩电阻率与声波时差经验公式为

$$\lg(R_0) = \lg[0.1/(0.004\,66\Delta t - 0.317)^2] \tag{3-11}$$

图 3－3－59 中两条曲线表示的是泥岩[式(3－10)]和灰岩[式(3－11)]对数电阻率随声波时差的变化率如图 3－3－60 所示。从图中可看出，声波时差在

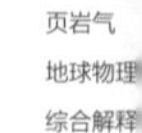

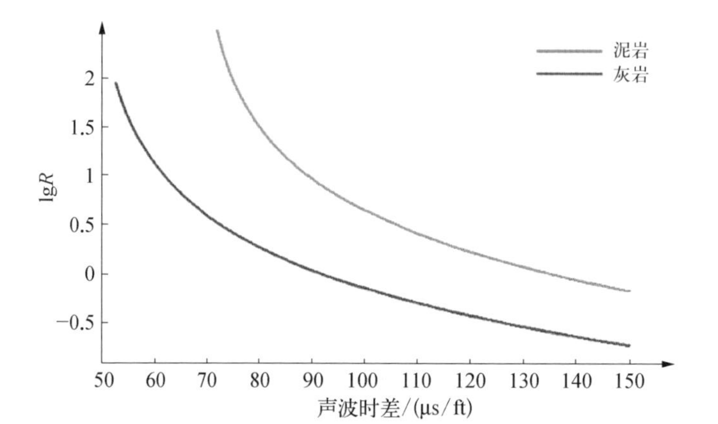

图3-3-59　泥岩和灰岩对数电阻率和声波时差的关系

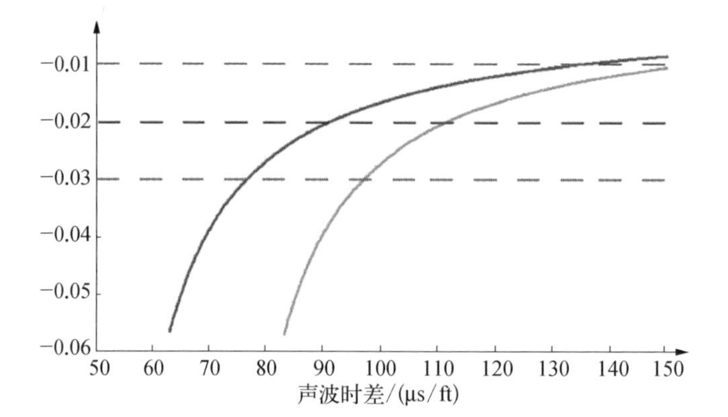

图3-3-60　对数电阻率随声波时差的变化率

80 ~ 140 μs/ft 范围时,声波时差与电阻率对数的转换率大约为 0.02。可以看出,当声波时差小于 80 μs/ft 时,声波时差与电阻率对数转化率迅速变化,系数 0.02 不再适用。

A 井声波时差主要分布为 65 ~ 80 μs/ft(图 3-3-61),Δlg R 法不适用该区间的声波时差对应的地层。A 井目的层段样品孔隙度测试值主要分布在 0 ~ 5%(图 3-3-62),岩石较为致密。岩性致密是该井目的层段声波时差低的主要原因,同

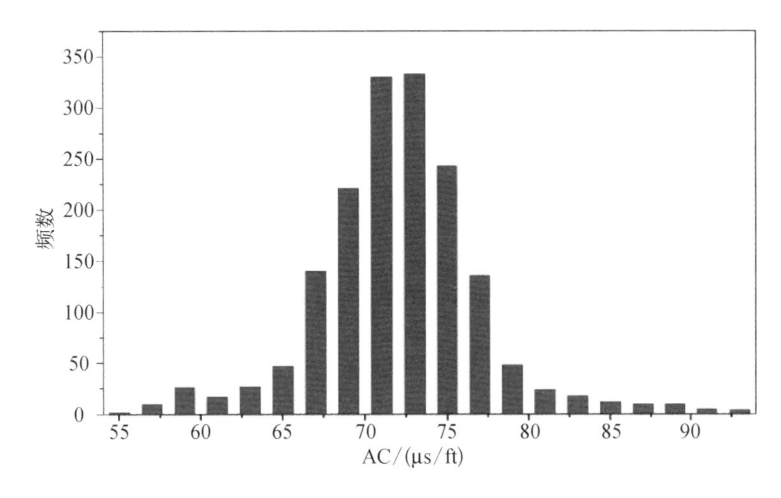

图3-3-61　A井龙马溪组和五峰组声波时差分布直方图

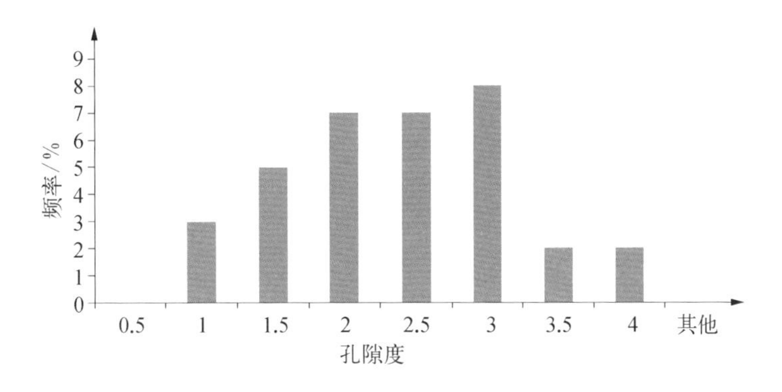

图3-3-62　A井样品孔隙度分布直方图

时也是A井Δlg R 法评价结果误差较大的原因之一,Δlg R 法不适用于致密岩性。

3. 地层骨架非均质性强

Δlg R 法地质模型的岩石骨架主要适用于岩石骨架组分比较均一的烃源岩段(这是由于岩性组分变化导致电阻率和声波基线值变化),而研究区岩石骨架除了含有泥质组分,碳酸盐含量也普遍较高,而且变化幅度大,如图3-3-63所示。因此Δlg R 法应用误差增大。

综上所述,由于有机质碳化现象、地层致密和非均质性强,Δlg R 法在研究区不适用。

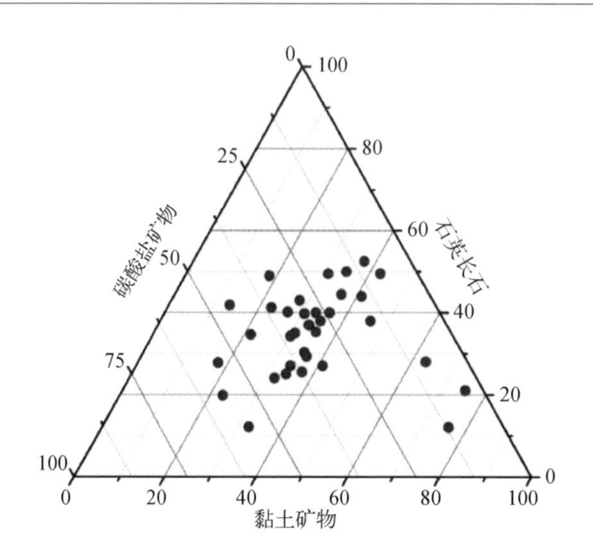

图3-3-63 A井龙马溪组和五峰组部分样品矿物含量三角图

3.3.2.3 TOC 含量重要影响因子分析

岩石中的有机物对铀的富集起着重要作用,利用自然伽马能谱测井,可以追踪生油层并评价生油层的生油能力。铀含量主要受有机物吸附作用影响,这与 TOC 含量关系密切,必须考虑。由图3-3-64 可以看出,含碳量与铀含量、铀钾比存在线性关系,铀含量或铀钾比越高,说明有机碳越多。

铀含量与有机物吸附作用有关,可以通过铀含量直接寻找页岩气储层。富含有机物的高放射性黑色页岩,在局部地段有裂缝、燧石、粉砂或碳酸盐岩夹层,其自然伽马能谱曲线的特点是钾和钍含量低,而铀的含量高(图3-3-65)。

另外,碳酸盐含量直接影响了有机质的赋存,必须加以考虑。碳酸盐含量在 A 目的井段有明显变化,在实际计算时,采用统一公式。

研究区目的层段的取心井段不多,相关分析数据也较少,因此需要在研究区内建立测井解释模型,从而对研究区五峰组和龙马溪组泥页岩有机碳及岩性进行特征评价。

根据岩电关系建立利用测井数据计算地层中有机碳与岩性等参数的方法。本研究根据 A 井岩心分析资料及测井资料建立了解释模型(图3-3-66)。

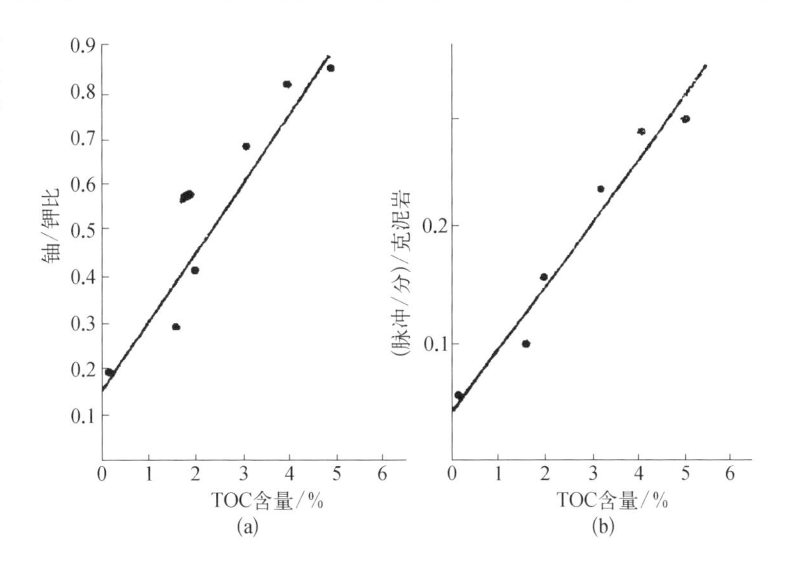

图3-3-64 TOC含量与铀钾比(a)及铀含量(b)的关系示意图

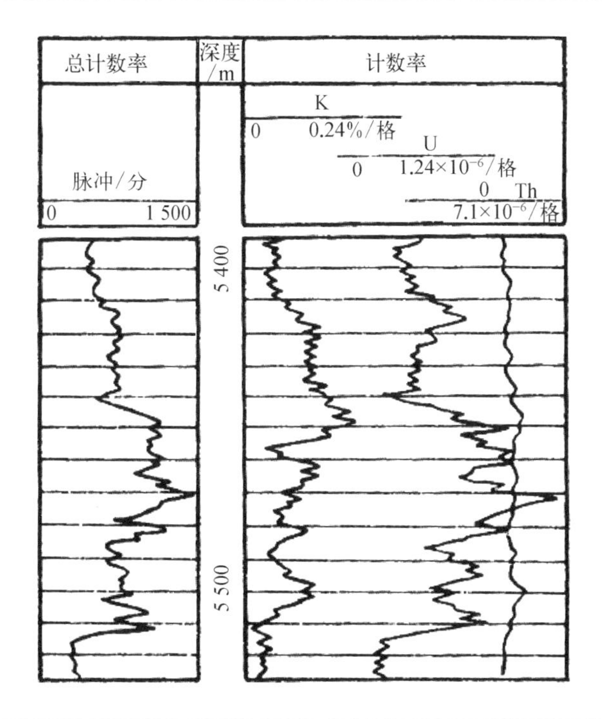

图3-3-65 页岩储集层在能谱曲线上的特点

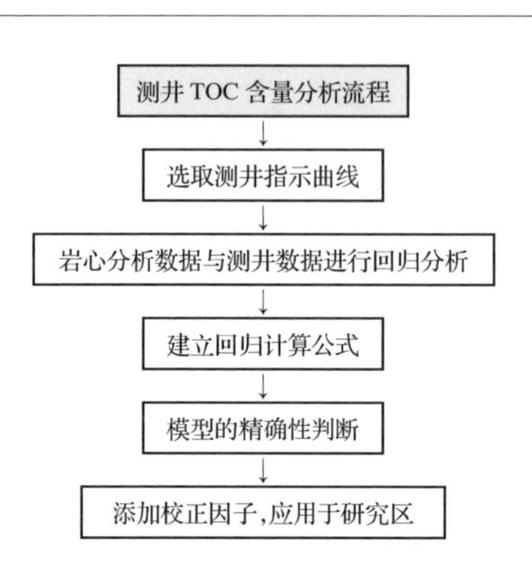

图3-3-66 TOC 含量分析计算流程

(1) 块状泥岩: 按照不同的水动力条件,先划分出了块状和纹层状泥岩,对块状泥岩得到了计算 TOC 含量和测试 TOC 含量相关性图,相关系数达到了 0.747 4,表明计算所得的 TOC 含量可信度很高,十分接近原始地层 TOC 含量(图 3-3-67)。

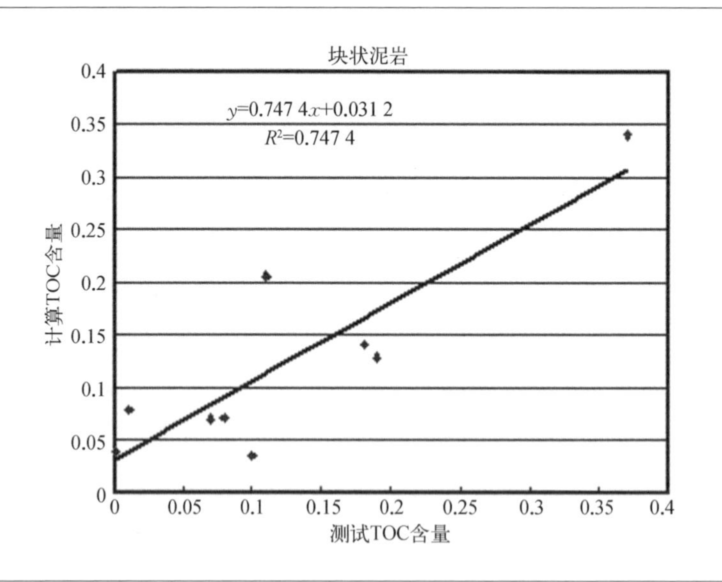

图3-3-67 块状泥岩测试 TOC 含量与计算 TOC 含量相关性示意图

(2) 弱纹层状泥页岩: 对于弱纹层状泥页岩,得到了计算 TOC 含量和测试 TOC 含量相关性图,相关系数达到了 0.740 5,表明计算 TOC 含量可信度很高,十分接近原始地层 TOC 含量(图 3 - 3 - 68)。

(3) 纹层状泥页岩:对于纹层状泥页岩,得到了计算 TOC 含量和测试 TOC 含量相关性图,相关系数达到了 0.751 6,表明计算 TOC 含量可信度很高,十分接近原始地层 TOC 含量(图 3 - 3 - 69)。

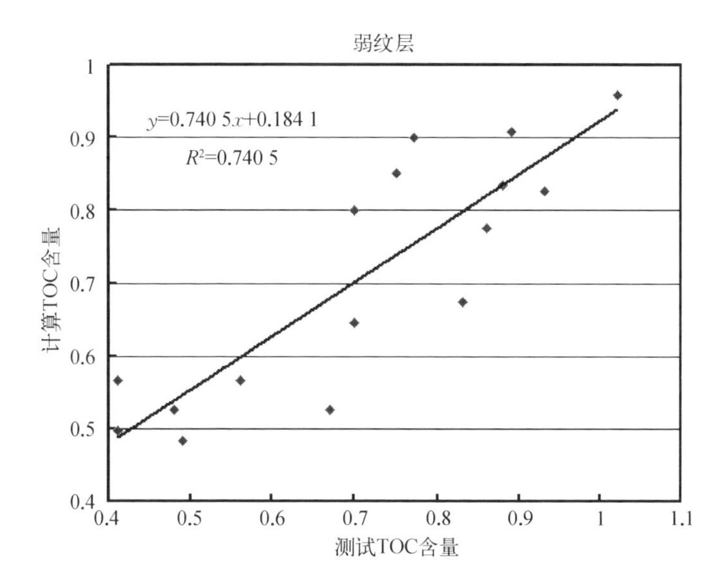

图 3 - 3 - 68 弱纹层状泥页岩测试 TOC 含量与计算 TOC 含量相关性示意图

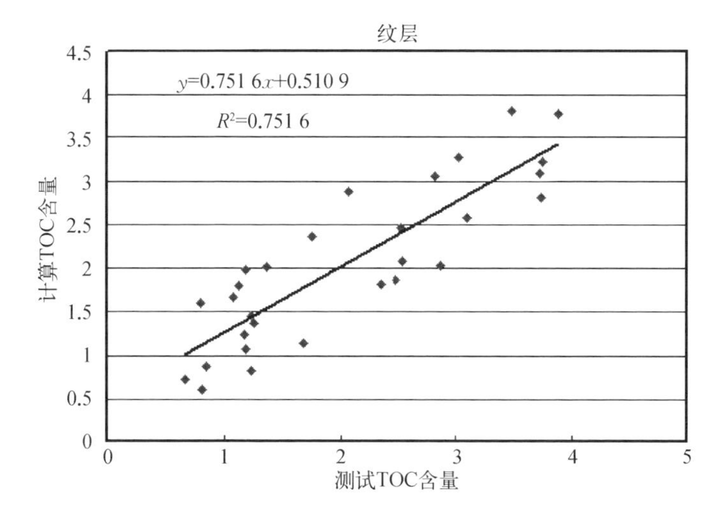

图 3 - 3 - 69 纹层状泥页岩测试 TOC 含量与计算 TOC 含量相关性示意图

全井段 TOC 计算结果显示,最终得到的 TOC 含量也与岩相划分有很好的对应关系(图 3 - 3 - 70)。

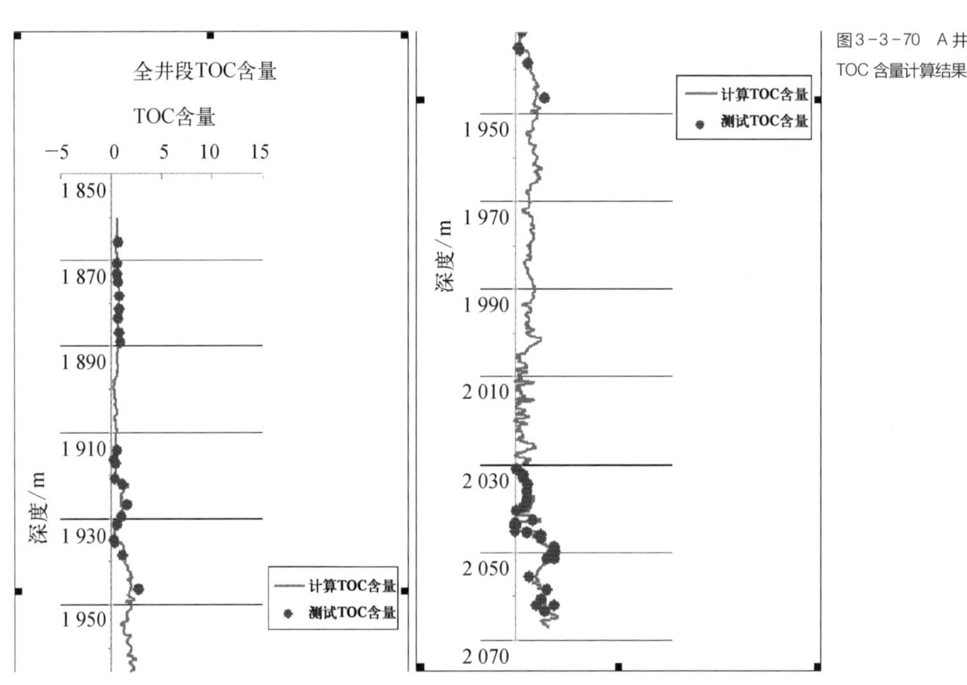

图3-3-70　A井 TOC 含量计算结果

(4) TOC 含量: 各岩层 TOC 含量由高到低排列为碳质纹层泥页岩,纹层状泥页岩,钙质纹层泥页岩,钙质弱纹层泥页岩,粉砂质弱纹层泥页岩,块状泥岩(图 3 -3 -71)。

综合以上分析可知,按照水动力条件分段拟合 TOC 含量的方法是切实可行的,更加符合当前形势下泥页岩层高精度 TOC 含量评价的要求,可以为页岩气的勘探开发提供更加准确的地质依据。

图3-3-71 TOC含量与岩相分布图

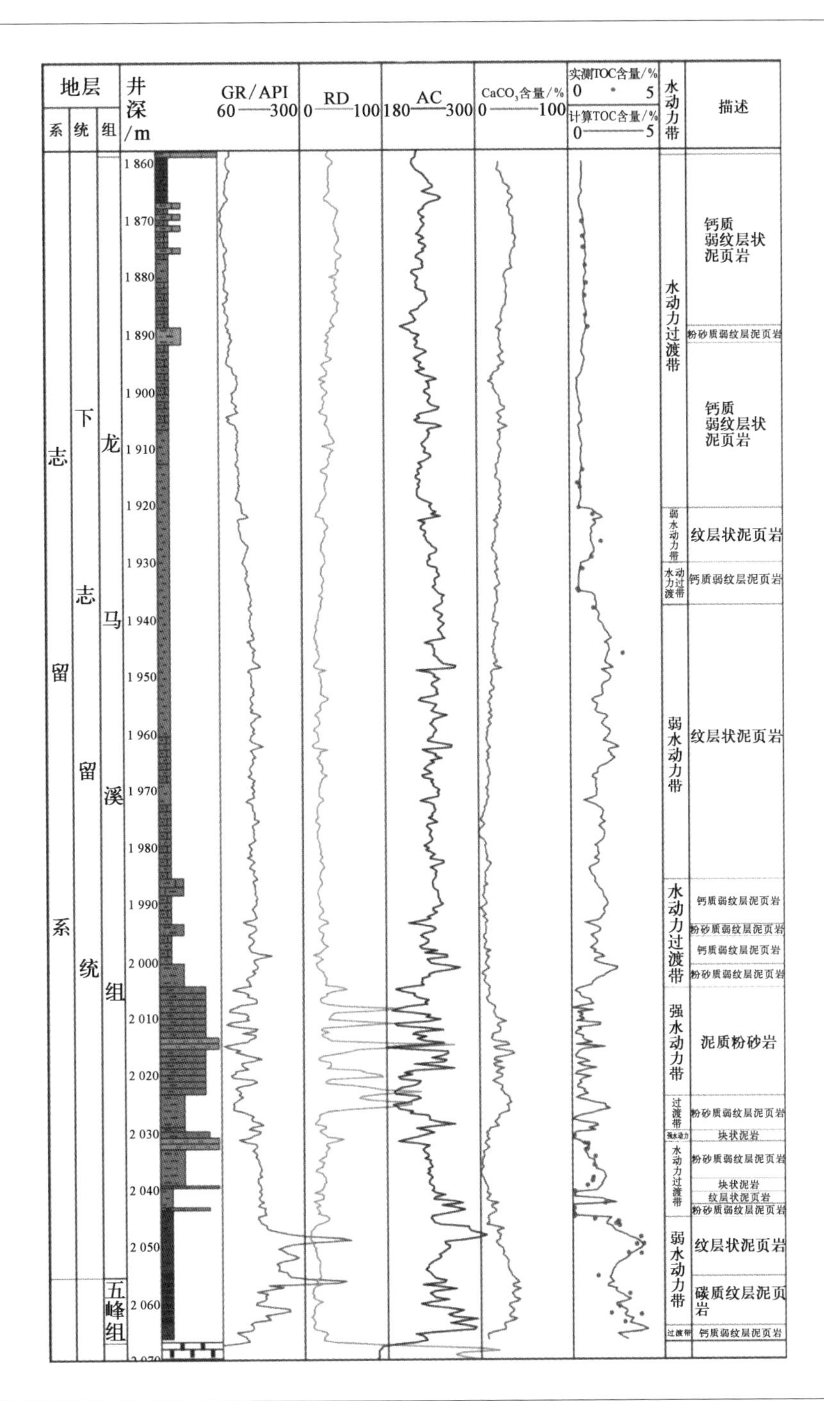

3.3.3 叠前地震弹性参数反演

叠前地震反演技术与叠后地震反演技术相比，有其独到的特点和优势。叠前AVA地震反演技术应用叠前AVA角道集部分叠加地震数据，其信息丰富，能进行有效的弹性参数反演，得到有关储层及油气更多、更敏感有效的反演参数成果。叠前AVA地震反演技术能全面利用AVA地震道集小、中、大不同角度地震道上的丰富振幅、频率等信息，同时反演出纵、横波阻抗参数，以及纵横波速度比、泊松比、拉梅常数以及杨氏模量等重要的弹性参数数据，对储层预测和油藏描述具有重要意义。叠前弹性参数反演流程如图3－3－72所示。

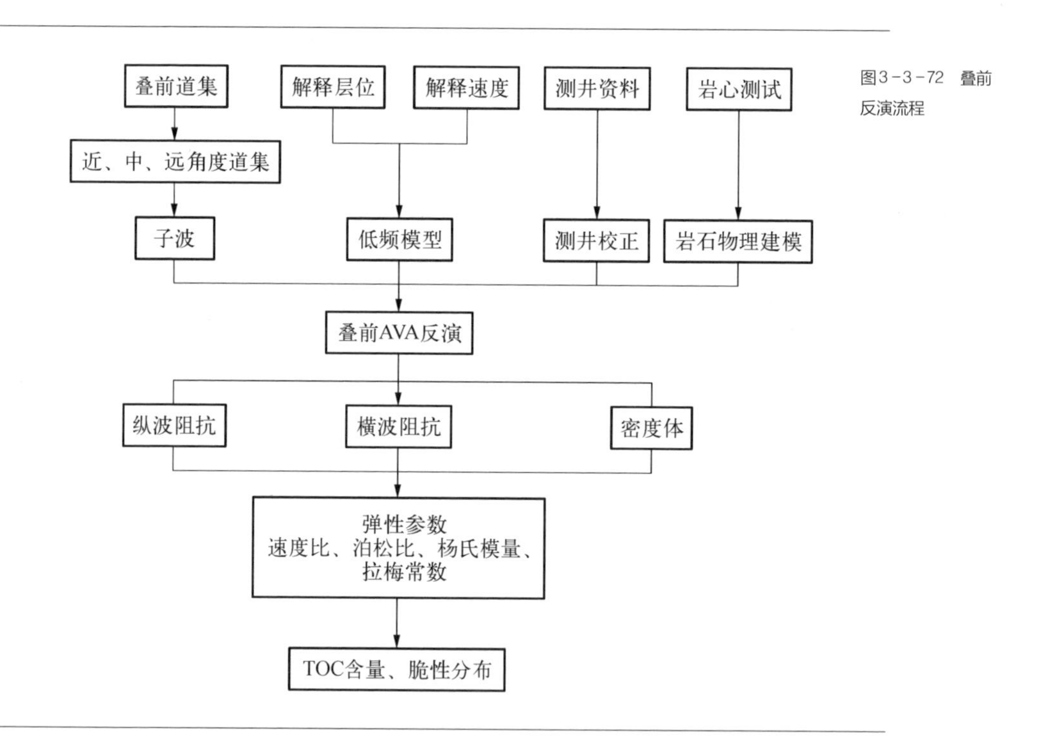

图3－3－72 叠前反演流程

3.3.3.1 横波速度估算

地震波以旅行时间、反射波振幅及相位等变化的形式显示地下岩石和流体的信息。地震波的传播速度大小由岩石的骨架、孔隙、流体以及温度、压力等相关环境因素综合反映。通过对地震波的这些特征进行分析,可以对储层甚至流体进行预测分析。其中,横波速度是岩石物理分析的重要参数,也是进行岩性分析、流体分析必不可少的重要参数,在 AVA 叠前反演中更是必不可少的基础数据。

实际生产中,横波资料较少(我国没有进行横波测井资料采集的井占大多数),可以利用岩石物理建模,反演测井横波资料,因此,横波估算意义比较大。根据 Gassmann 方程和 Biot 理论,在纵波速度、岩石组成、密度、流体等条件已知的情况下,利用岩石物理模型进行横波估算是完全可行的,主要包括以下步骤:

① 利用岩心实测参数和测井数据计算得到岩石弹性参数;

② 由岩石弹性参数计算得到纵、横波速度;

③ 利用实测纵波速度与计算纵波进行误差分析;

④ 调整计算参数,循环迭代计算,选取最佳计算参数。

通过对研究区 A 井岩石结构中的各种矿物组成成分、矿物结构、空隙形状及流体研究,对比分析多种岩石结构模型,同时结合相应的流体替换模型、岩心测试资料,对 A 井全井段进行横波估算,如图 3-3-73 所示,估算横波速度与实测数据吻合程度较高。

3.3.3.2　低频模型建立

地震资料的低频信息是缺失的,而油气信息往往与低频地震数据密切相关。因此,在反演前要依靠测井和速度场资料重建低频数据。建立尽可能接近实际地层沉积情况的波阻抗模型,是减少反演最终结果多解性的十分重要的一环。建立波阻抗模型的过程实际上就是把地震界面信息与测井波阻抗信息正确结合起来的过程。对地震而言,其作用是正确解释起控制作用的波阻抗界面;对测井来说,其作用是为波阻抗界面间的地层赋予合适的波阻抗信息。声波、密度测井资料在纵向上详细揭示了岩层的波阻抗变化细节。测井资料在地震反射界面内合理内插外推的结果,为精确反演出地层波阻抗数据体提供了有效的先验约束模型。因此在搭建模型的时候,必须考虑上下地层之间的接触关系(不整合、削截、顶超等)。另外,以往的反演低频模型仅仅是通过测井曲线沿层内插获得。研究区 A 井的低频模型综合考虑测井和地震信息,首先使用测井数据做沿层内插获得一个低频模型,其次,利用地震数据或地震速度场资料在井

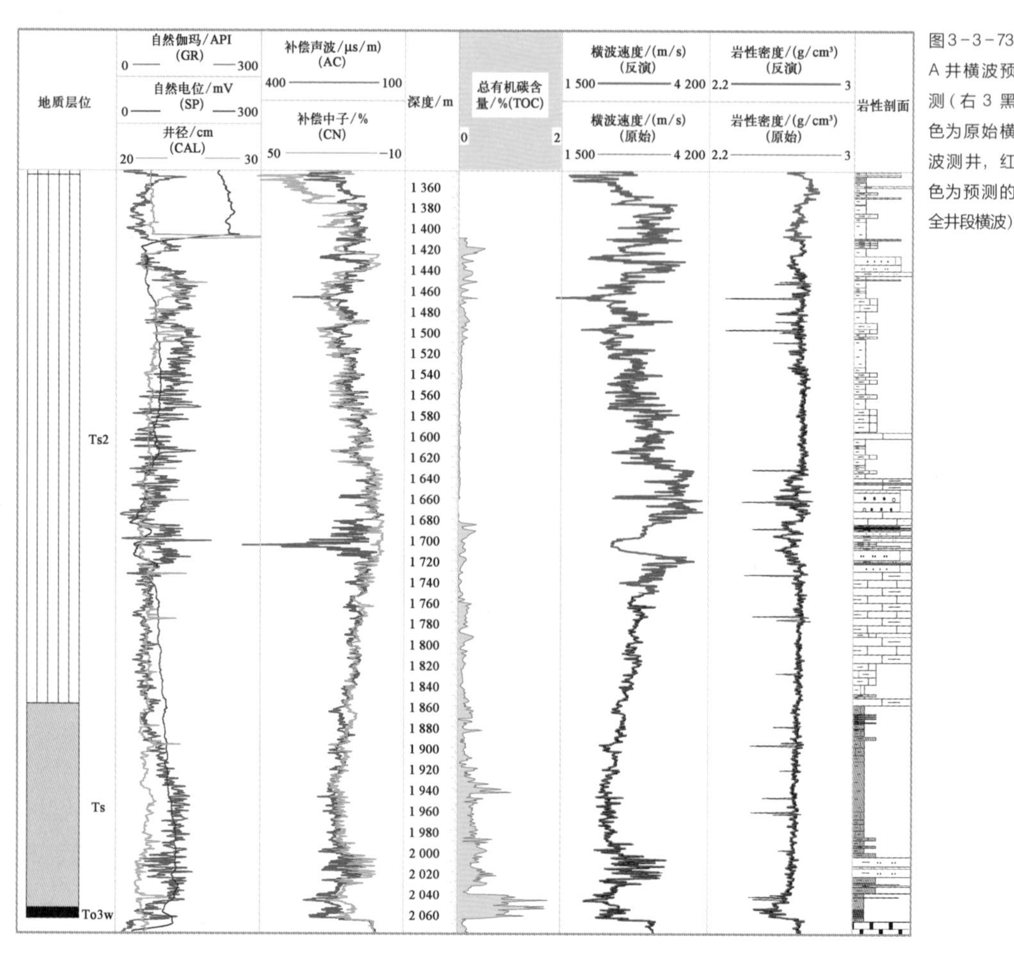

图3-3-73 A井横波预测(右3黑色为原始横波测井，红色为预测的全井段横波)

旁获得另一个低频模型，再将两个低频模型通过不同的比例份额加以融合，获得最终的低频模型，如图3-3-74所示。

3.3.3.3　子波提取

子波是反演中的关键因素，子波与模型反射系数褶积产生合成地震数据，合成地震数据与实际地震资料的误差最小是终止迭代的约束条件。叠后地震子波提取是根据已有测井资料与井旁地震记录，用最小平方法求解，是一种确定性的方法，理论上可

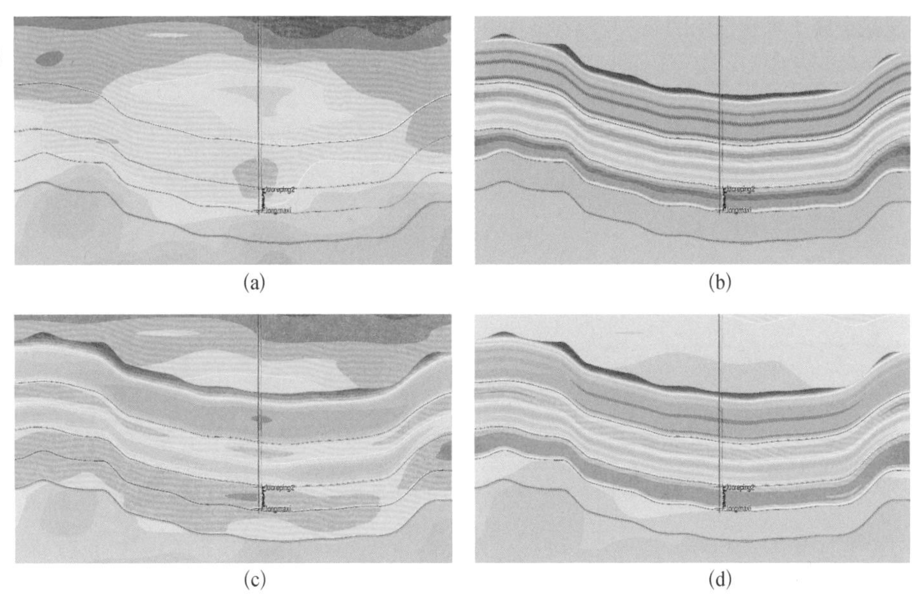

图3-3-74 A井区低频模型

得到精确的结果,但这种方法受地震噪声和测井误差的双重影响,尤其是由于声波测井不准而引起的速度误差会导致子波振幅畸变和相位谱扭曲。同时,这种方法本身对地震噪声以及估算时窗长度的变化非常敏感。为了获得比较真实可靠的子波,在子波提取时其时窗应满足以下条件:

① 时窗长度应至少是子波长度的三倍以上,以降低子波的抖动程度,提高其稳定性;

② 时窗的顶底位置不要放在测井曲线变化剧烈的地方;

③ 时窗的顶界和底界加上子波长度所对应的位置处仍要有测井曲线,以避免褶积过程中出现边界截断效应;

④ 参与子波提取的井旁地震道尽量沿构造走向,远离断层;对于斜井,最好沿井轨迹选择道窗。

叠前反演需要最少3个部分角度道集叠加剖面,每一个角度道集叠加剖面都需要提取一个子波,研究区A井共生成了4个角度道集剖面,角度范围分别为3°~12°、9°~

18°、15°~ 24°和21°~ 31°,如图3－3－75所示,它们对应的子波如图3－3－76所示,子波基本属于零相位。图3－3－77为A井合成地震记录与井旁地震道。

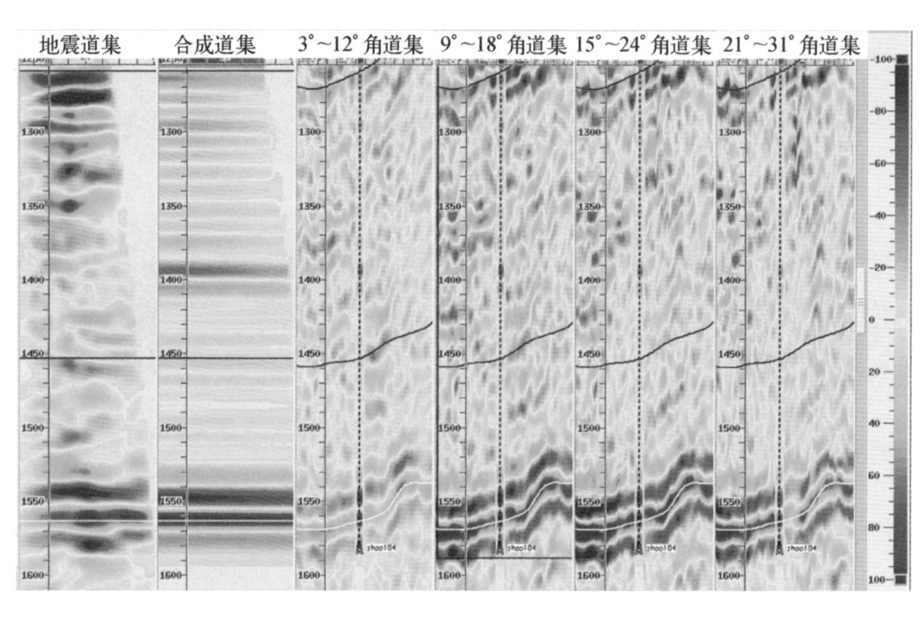

图3－3－75 A井区4个角道集叠加剖面

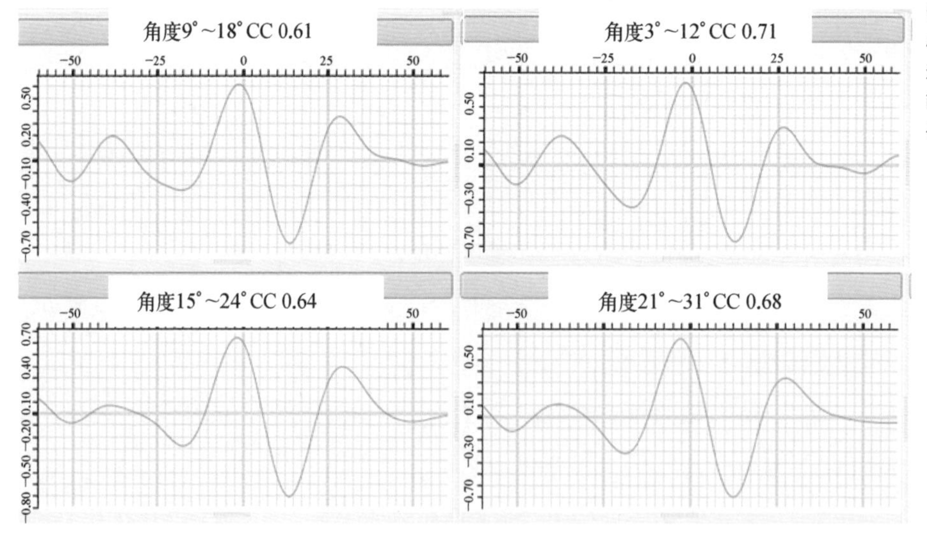

图3－3－76 A井4个角道集叠加剖面对应的子波

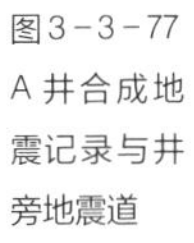

图3-3-77 A井合成地震记录与井旁地震道

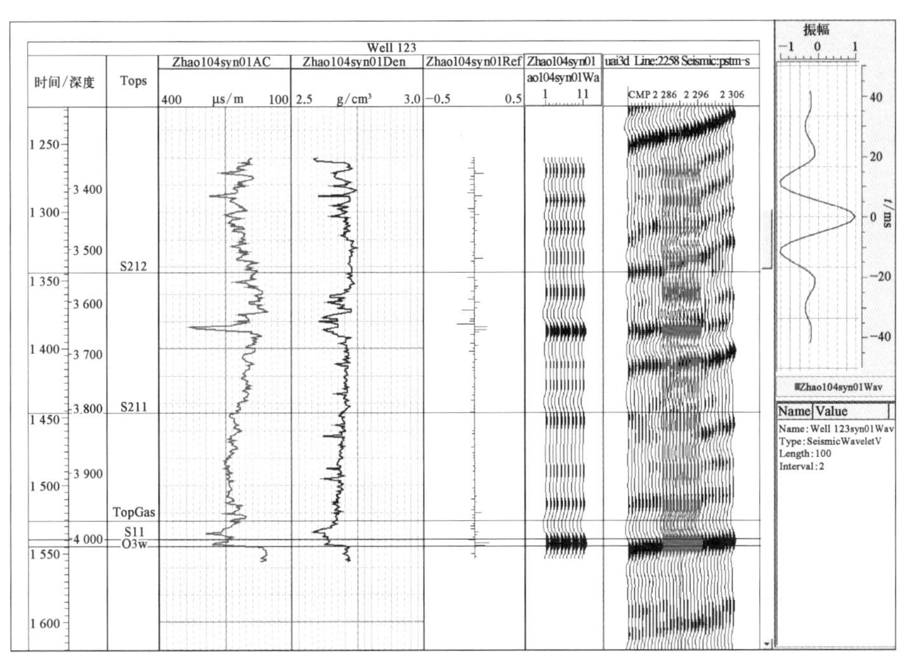

3.3.3.4 叠前 AVA 反演

上述各项基础准备技术的研究，是能够取得叠前反演良好成果的前提。在此基础上，运用 Zeoppritz 近似方程、Aki & Richards 简化公式或 Shuey 简化公式，通过地震波振幅随入射角变化的反射系数与弹性参数间的数学关系，反演储层弹性参数（图 3－3－78）。通过 AVA 叠前反演可以直接得到纵、横波速度，以及纵横波速度比、泊松比、密度等重要的弹性参数数据，这些为下一步的储层描述和油气预测以及甜点预测提供了有利的三维弹性参数数据体。

Shuey 近似公式是最早运用于工业生产的反演公式，在入射角度已知的情况下，公式中只有 3 个未知参数：纵波速度、横波速度和密度，当已知 3 个或以上入射角度的地震叠加剖面的情况下，可以同时反演获得地层纵横波速度和密度，再利用纵横波速度及密度体，就可以获得所有的弹性参数体。图 3－3－79 为 A 井区叠前 AVA 反演结果。

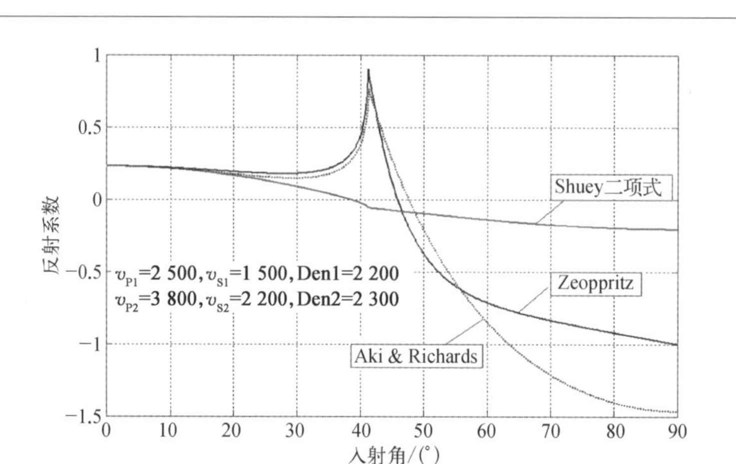

图3-3-78　反射系数与入射角的关系

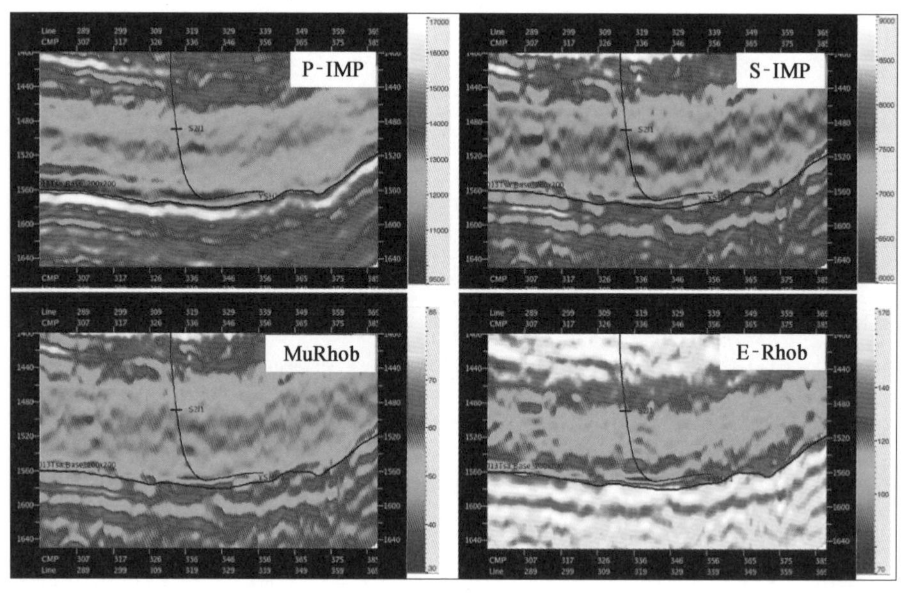

图3-3-79　A井区叠前AVA反演成果

3.3.4　TOC含量及脆性预测

以页岩气成藏地质理论为指导，利用岩石物理分析及地球物理解释成果，采用综合分析的方法，分析页岩储层TOC含量、厚度、脆性/韧性、地应力、地层压力与页岩岩石弹性参数之间的相关性，建立参数模型，并通过地球物理反演方法获得与甜点预测有关的数据体，在沉积相研究成果的基础上，结合预测成果，开展甜点区综合预测研究，分析总结研究区页岩储层甜点区分布。

3.3.4.1 TOC含量/脆性敏感因子分析

扰动分析主要是通过正演的方法获得储层的敏感性参数，通过对研究区A井TOC含量和石英含量开展扰动分析。选择石英含量开展扰动分析，主要考虑到石英含量与页岩储层脆性直接相关。图3－3－80为当TOC含量增加6%、石英含量增加5%时，拉梅常数、杨氏模量和泊松比相对于原始值的变化率。变化率越大，表明该属性对TOC含量或脆性越敏感。

图3－3－80 A井TOC含量和石英含量扰动分析图

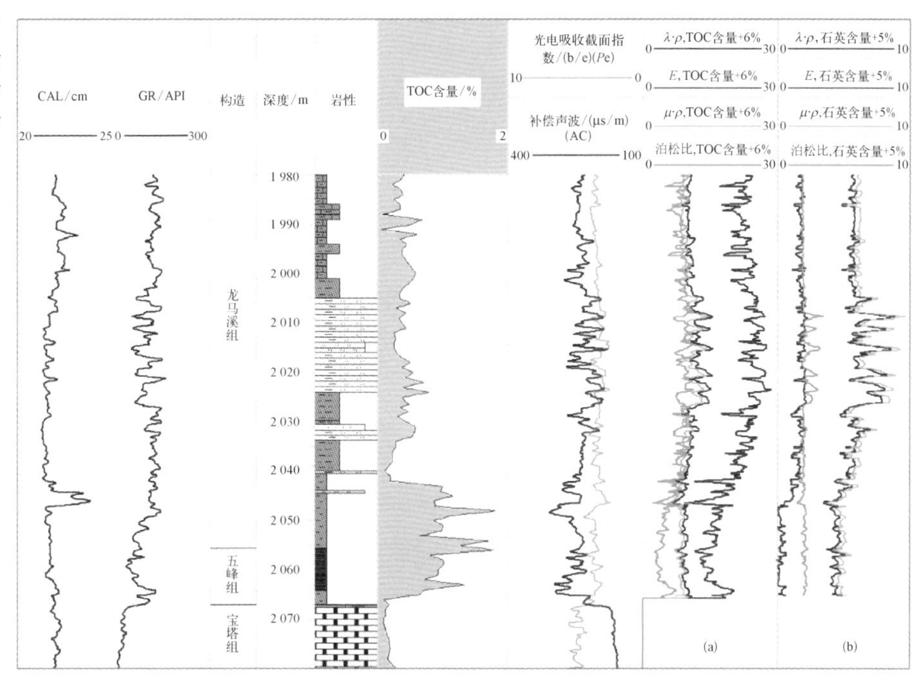

(a) 石英扰动分析，%；(b) TOC扰动分析，%

2056 ~ 2061	泊松比	$E \cdot \rho$	$\mu \cdot \rho$	$\lambda \cdot \rho$
TOC 含量/%	3.22	9.02	8.47	13.84
石英含量/%	2.06	4.00	4.91	0.23

[注：数值 =(变化/原始),%]

表 3-3-8 石英与 TOC 扰动分析结果

研究数据分析表明：第一拉梅常数×密度($\lambda \cdot \rho$)和杨氏模量×密度($E \cdot \rho$)对TOC 含量最敏感;第二拉梅常数×密度($\mu \cdot \rho$)和杨氏模量×密度($E \cdot \rho$)对脆性最敏感。综合考虑,选择 $E \cdot \rho$ 属性参数预测 TOC 含量和脆性。

3.3.4.2 TOC 含量与脆性基值确定

交会分析主要确定储层属性门限参数值域范围。考虑到泊松比是常规油气预测的重要参数,使用泊松比和 $E \cdot \rho$ 进行交会,分析 $E \cdot \rho$ 储层的门限值域。由交会图可以知道：当 TOC 含量大于4%时,$E \cdot \rho < 1.3 \times 10^{14}$；当石英含量大于60%时,$E \cdot \rho > 1.3 \times 10^{14}$。可以把 $E \cdot \rho = 1.3 \times 10^{14}$ 作为有利 TOC 含量和脆性的一个储层门限界限。如图 3-3-81 交会分析图所示。

有利 TOC 提取：通过交会得到有利区 TOC 门限值后,通过属性提取技术可以抽取出有利的 TOC 区域,如图 3-3-82 所示,上图左侧红色框内的是需要提取 TOC 含量高于 4% 的数据域,下图是 $E \cdot \rho$ 剖面,黑色是对应的红色框内的数据域。

3.3.4.3 TOC 含量与脆性预测

根据上述岩石物理分析所确定的 TOC 含量及脆性敏感因子,利用交会分析确定研究区的 TOC 及脆性值域后,利用叠前弹性参数反演即可求取研究区的 TOC 含量及脆性平面展布。图 3-3-83 为 A 井 TOC 含量的平面分布图。从 TOC 含量平面图可以看出,研究区总体 TOC 含量相对较好,TOC 含量高于 2% 的占 90% 以上,尤其是东边到研究区中部TOC 含量高于3%,显示出良好的勘探开发前景。从图3-3-83 可以看出,研究区中部部署了几口水平井组,中部 TOC 含量比较高是水平井组部署的一个原因。

图 3-3-84 是过研究区 A 井的 TOC 含量剖面,将前述得到的 TOC 含量投影到

图3－3－81 A井TOC含量(a)和石英含量(b)交会分析图

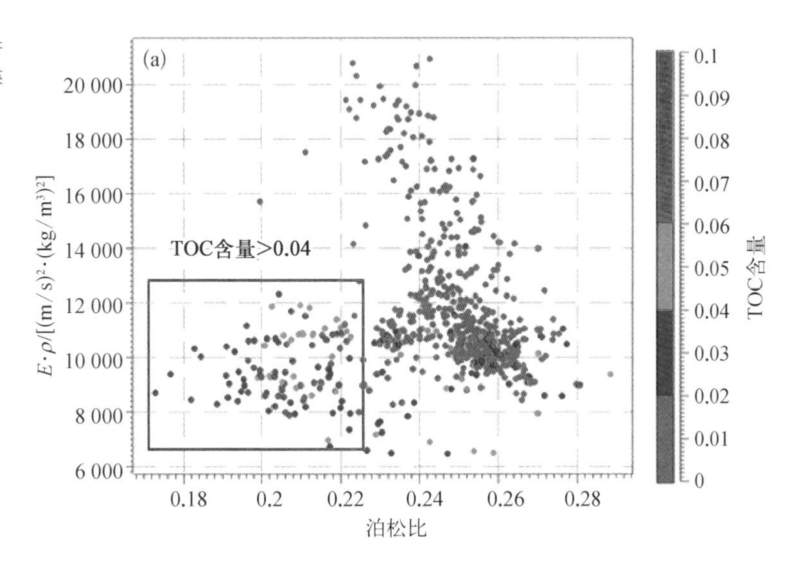

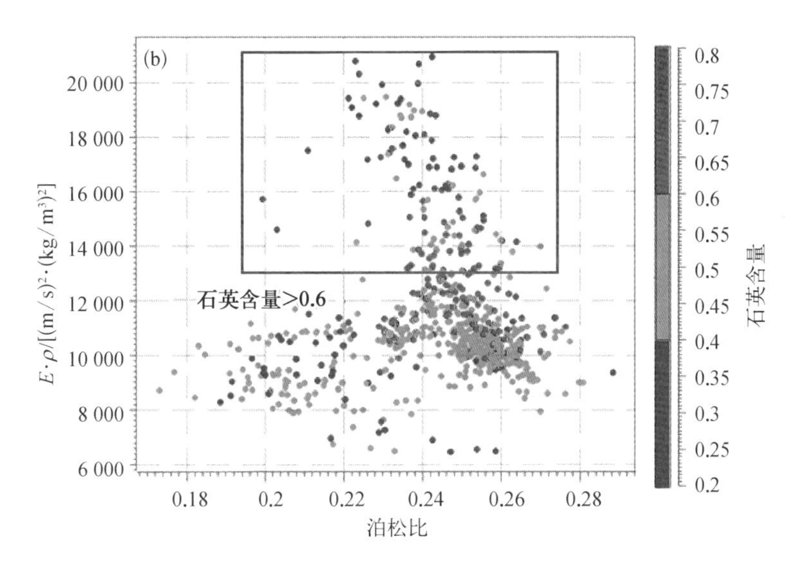

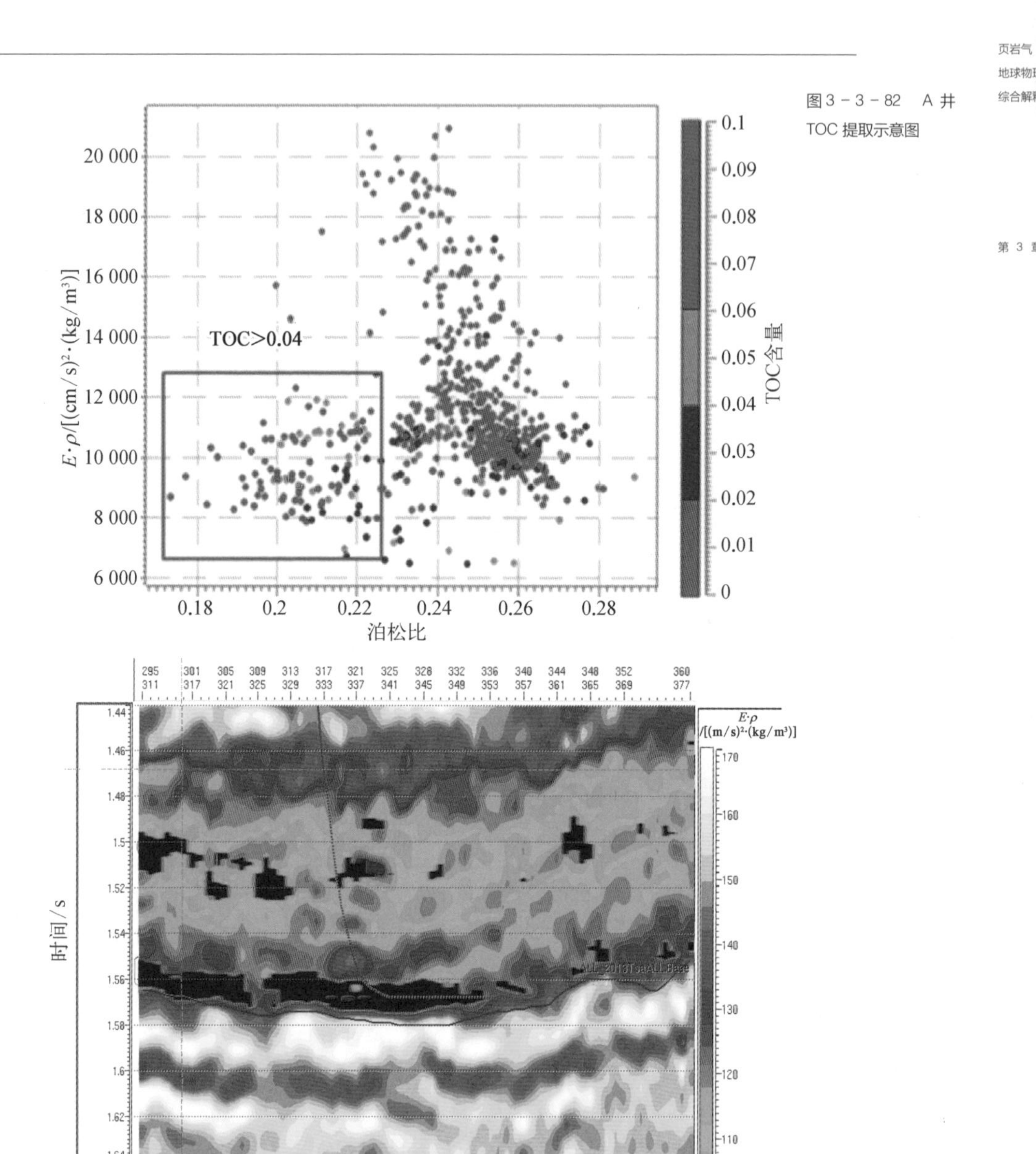

图 3 - 3 - 82　A 井 TOC 提取示意图

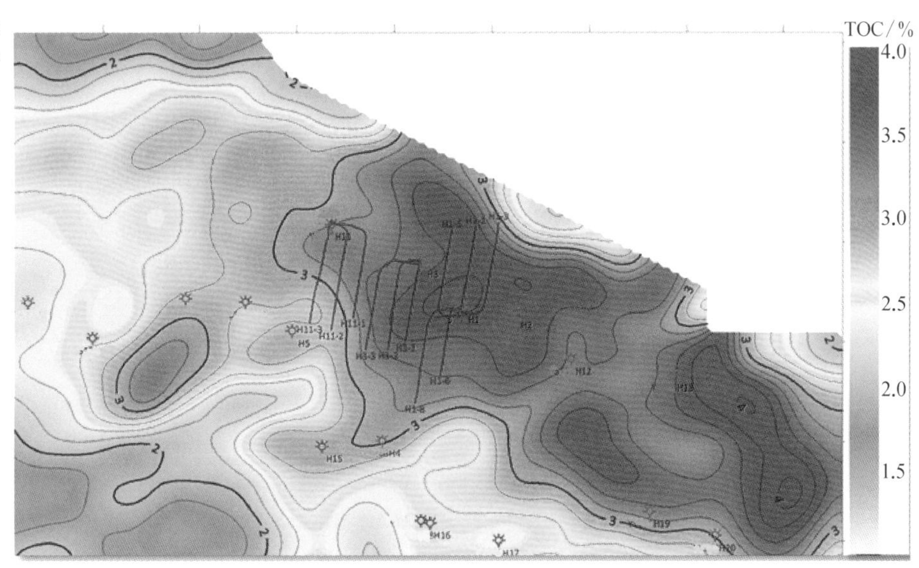

图3-3-83 A井TOC平面分布

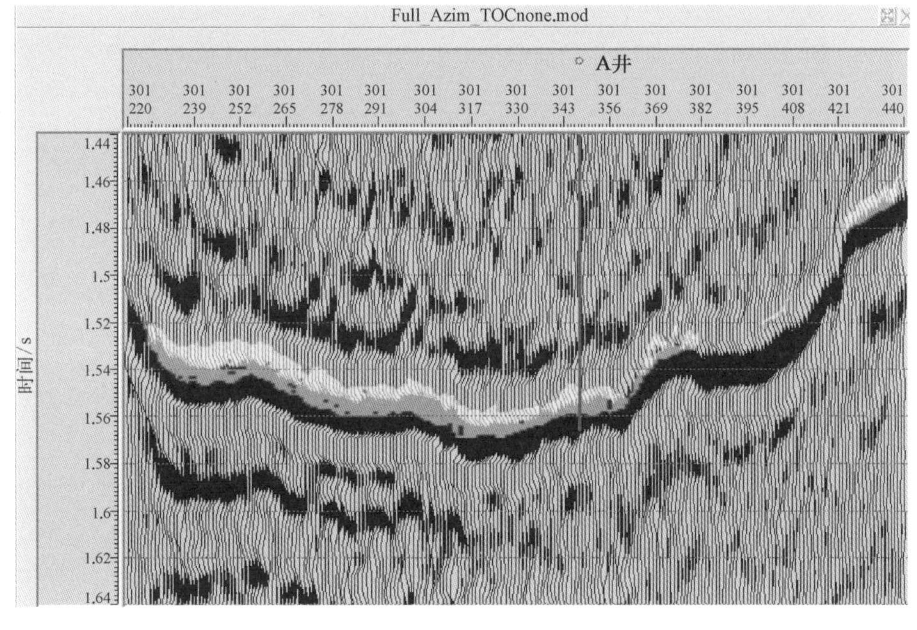

图3-3-84 过A井TOC含量剖面（底图为叠前时间偏移剖面）

三维地震剖面上，可以看出，A 井左侧 TOC 含量高，右侧 TOC 含量低，这对后续分析产能建议及水平井位调整具有重要意义。

同样地，通过研究即可确定脆性有利区。图 3－3－85 为研究区脆性平面分布图。由图可知，研究区脆性存在较大差异，图中左下角区域脆性高于 60%，水平井附近脆性相对小一些。脆性的分布与 TOC 分布呈负相关趋势，选择脆性相对比较高的地方进行压裂，提高储层改造效果。

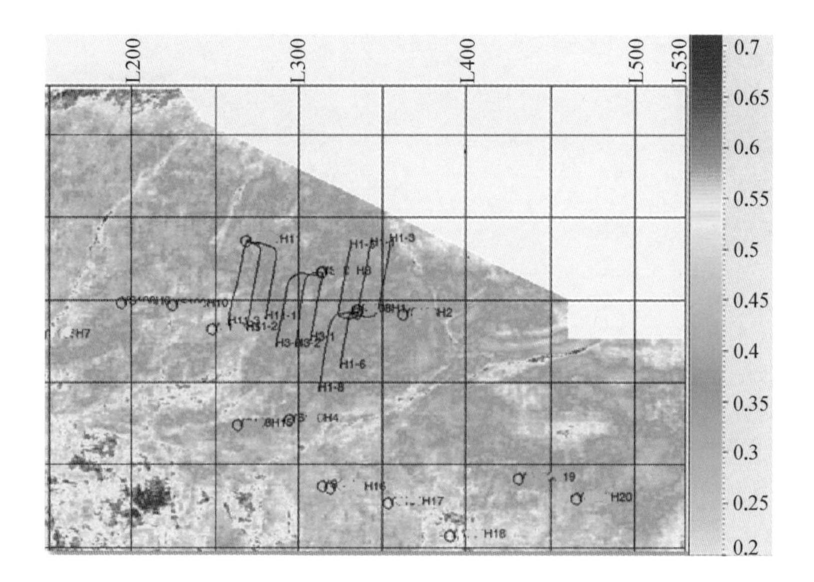

图 3－3－85 研究区脆性平面分布

根据前述研究，通过三维地震获取了 TOC 含量及脆性平面分布，为了进一步了解地球物理参数与地质沉积特征，从单井出发，从层序地层的角度研究 TOC 含量与研究区沉积相分布特征。TOC 含量与沉积体系域相关。沉积体系域一般分为 3 个阶段，低水位体系域、海进（海侵）体系域、高水位体系域。图 3－3－86 为体系域界面识别示意图。

低水位体系域（Lowstand System Tract，LST）：低水位体系域是在海平面缓慢下降，然后又开始缓慢上升阶段的沉积。

海进（海侵）体系域（TST）：海进体系域是 1 类和 2 类层序的中部体系域，其下界

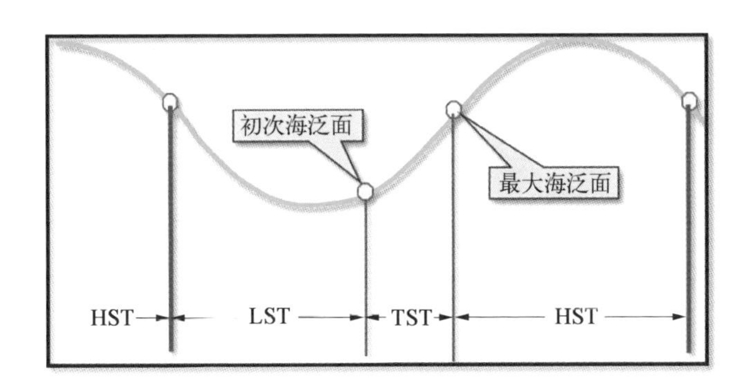

图3-3-86 体系域界面识别示意图

面为海进面,下伏体系域为LST或SMST(Sheet Margin System Tract)。海进体系域是海平面上升期间的沉积,因此它由一个至多个退积小层序组成。

高水位体系域(Highstand System Tract, HST):高水位体系域是层序最上部的体系域,是海平面高位期的沉积。在海进体系域形成之后,海平面上升已非常缓慢,在其上升到最高水位这段时期内沉积的HST,以加积小层序为特色,为早期HST;此后,海平面开始缓慢下降,此阶段形成的HST则以进积小层序为主,为晚期HST。

通过对研究区已有井的岩心、测井曲线等资料进行分析,得到研究区单井沉积相模式。图3-3-87为研究区单井沉积相模式。通过U、U/Th、GR、TOC含量的变化来分析研究区沉积相特征。

SQ1中低位体系域与海进体系域界面:从岩相组合角度分析,界面之上为五峰组黑色页岩,而界面之下为涧草沟组瘤状灰岩;从古气候变化角度分析,界面处有机质含量高,U值大;从陆源输入角度分析,界面处U值大,U/Th值也大;从相对海平面升降角度分析,有机质含量高,U值大,U/Th值也大。

SQ2中海进体系域与高位体系域界面:从岩相组合角度分析,界面之上为龙马溪组泥质粉砂岩,而界面之下为龙马溪组底部黑色泥岩;从古气候变化角度分析,界面处有机质含量高,U值大;从陆源输入角度分析,界面处U值大,U/Th值也大;从相对海平面升降角度分析,有机质含量高,U值大,U/Th值也大。

SQ3中低位体系域与海进体系域界面:从岩相组合角度分析,界面之上为龙马溪

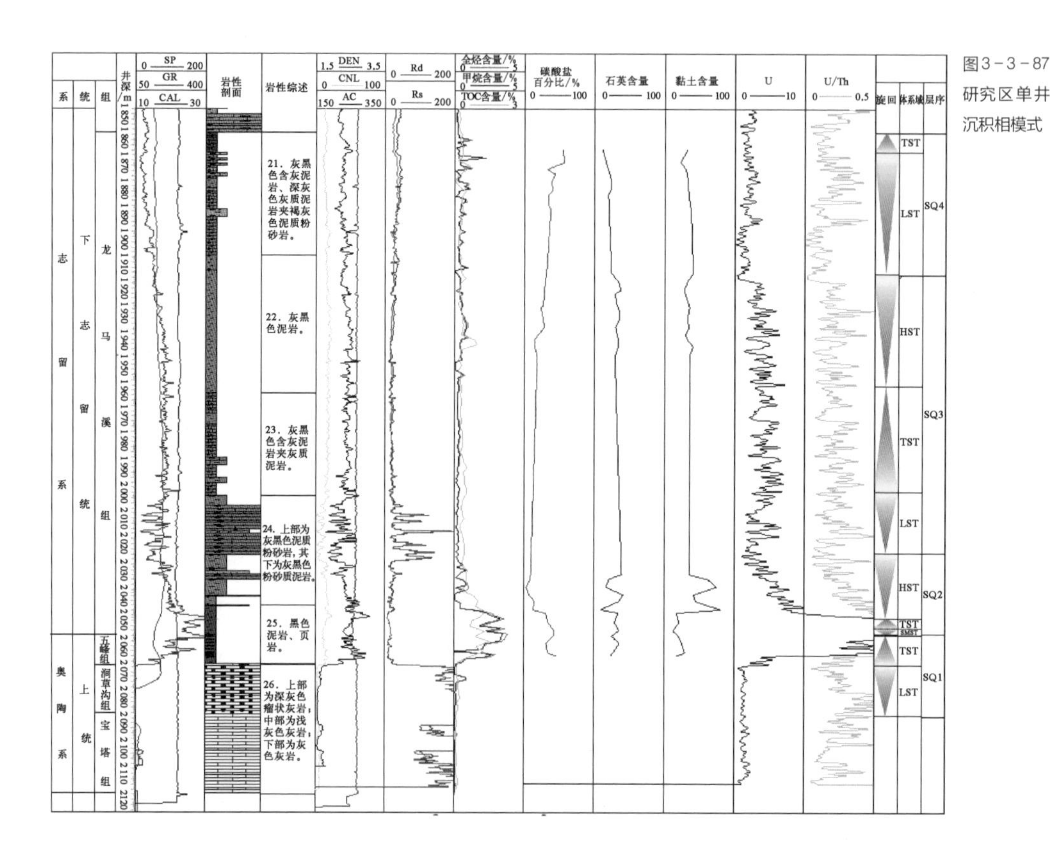

图3-3-87 研究区单井沉积相模式

组灰黑色泥岩,而界面之下为龙马溪组中下部粉砂岩;从古气候变化角度分析,界面处有机质含量高,U 值大;从陆源输入角度分析,界面处 U 值大,U/Th 值也大;从相对海平面升降角度分析,有机质含量高,U 值大,U/Th 值也大。

SQ4 中低位体系域与海进体系域界面: 从岩相组合角度分析,界面之上为龙马溪组灰黑色泥岩,而界面之下为灰质泥岩夹泥质粉砂岩;从古气候变化角度分析,界面处有机质含量高,U 值大;从陆源输入角度分析,界面处 U 值大,U/Th 值也大;从相对海平面升降角度分析,有机质含量高,U 值大,U/Th 值也大。

图 3-3-88 为研究区单井沉积相模式放大显示。从图中可以看出,优质页岩主要分布在龙马溪组底到五峰组底部,TOC 含量相对较高,总厚度近 45 m,经历高水位

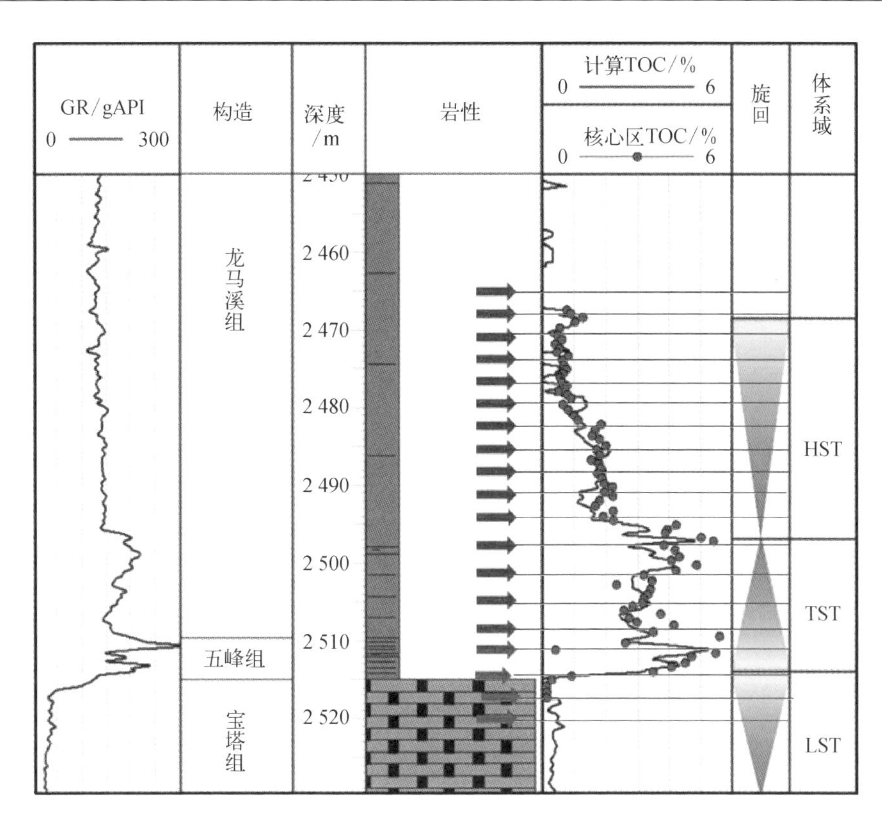

图3-3-88 研究区单井沉积相模式放大显示

体系域、海进体系域和低水位体系域。为了研究TOC富集量随沉积相的变化规律，利用三维地震切片技术在优质页岩内部进行切片提取，以五峰组底为基准点，分别向上时移和向下时移来研究TOC含量随沉积变化的规律，时移从下到上分别为+6 ms、+4 ms、+2 ms、+0 ms、-2 ms、-4 ms、-6 ms、-8 ms、-10 ms、-12 ms、-14 ms、-16 ms、-18 ms、-20 ms、-22 ms、-24 ms、-26 ms、-28 ms，正值表示沿五峰组向下、负值表示沿五峰组向上。图3-3-88中单井沉积相模式中红线为不同的时移对应的深度。

研究表明，南方海相页岩有利层段主要分布在龙马溪组底部到五峰组底界，但为了进一步区分优质页岩层段储层特征，落实水平井轨迹钻遇情况，将优质页岩层又分为龙马溪一段和龙马溪二段，龙一段又分为4个小层，油气公司也制订了小层划分标准,如表3－3－9所示。表3－3－10是四川盆地五峰组-龙马溪组地层综合划分对比方案表。

表3－3－9 油气公司小层划分标准

统一分层方案							笔石带	层龄/Ma	浙江油田		西南油气田		
系	统	阶	组	段	亚段	小层			段	层	段	亚段	小层
志留系	兰多列维阶	特列奇阶	龙马溪组	龙二段			LM7－9	439.21	Ⅲ		龙二段		
		埃隆阶		龙一段	龙一$_2$				Ⅱ		龙一段	龙一$_2$	
					龙一$_1$	4	LM6	440.77	Ⅰ	Ⅰ$_5$		龙一$_1$	d
		鲁丹阶				3	LM5	441.57		Ⅰ$_4$			c
						2	LM2－4	443.83		Ⅰ$_3$			b
						1	LM1	444.43					a
奥陶系	上奥陶统	赫南特阶	五峰组	五二段			WF4	445.16		Ⅰ$_2$	五峰组		
		凯迪阶		五一段			WF1－3	447.62		Ⅰ$_1$			

图3－3－89与图3－3－90分别为沿五峰组向下、向上切的TOC含量平面展布。图中红色表示TOC含量较高,浅黄色次之,白色最差。从优质页岩顶部往下切的过程中,TOC含量缓慢变化,切至优质页岩中部时,TOC含量明显增加,然后从优质页岩底部往下切时,TOC含量逐渐降低,符合研究区沉积相带分布及整体地质认识。

3.3.4.4 优质页岩厚度预测

优质页岩厚度对水平井位的部署至关重要,直接影响页岩气的产能。优质页岩厚度预测一般有两种方法:一是通过反演确定优质页岩的展布后,在反演剖面上拾取优质页岩的顶底界面可以获得TOC时间厚度,再通过时深转换,可以将时间厚度转换成距离厚度,即可获取优质页岩厚度平面展布。二是利用神经网络统计方法,通过统计工区内测井所得优质页岩的厚度数据,寻找优质页岩厚度与储层弹性参数的关系,利用神经网络优选出优质页岩厚度与弹性参数的关系,即可求取优质页岩厚度。图3－3－91为纵横波阻抗交会分析确定优质页岩段,在图中可以发现,纵横波阻抗能够很好地将

表3-3-10 四川盆地五峰组-龙马溪组地层综合划分对比方案表

地层 组	段	亚段	小层	特征	厚度/m	海平面	笔石带
梁山组/石牛栏组				碳质泥页岩与龙马溪组顶界灰绿色粉砂质泥岩分界，高GR、AC、CNL，低RT、DEN	2~10		
龙马溪组	龙二段			龙二段底部灰黑色页岩与下伏龙一段黑色页岩-灰色粉砂质页岩相间的韵律层分界，长宁旋回界线明显，威远DEN界线明显	100~250	下次海进	LM7-9
龙马溪组	龙一段	龙一$_2$		岩性以龙一^{2}底部深灰色页岩与下伏龙一^{1}灰黑色页岩分界，GR、AC整体低于龙一^1，DEN整体高于龙一^1，进入龙一^{1}TOC含量整体高于2%	100~150	海退期	LM7-9
龙马溪组	龙一段	龙一$_1$	4	厚度大，GR为相对c小层低平的箱型，140~180(API)，AC、CNL低于c，DEN高于c，TOC低于c	6~25	海退期	LM6
龙马溪组	龙一段	龙一$_1$	3	标志层，黑色碳质、硅质页岩，GR陀螺型凸出于d、b小层，160~270(API)，高AC，低DEN，TOC含量与GR形态相似	3~9	海进期	LM5
龙马溪组	龙一段	龙一$_1$	2	厚度较大，黑色碳质页岩，GR相对c、a小层低平(类)箱型特征，与d类似，GR140~180(API)，TOC含量分布稳定，低于a、c小层	4~11	海进期	LM2-4
龙马溪组	龙一段	龙一$_1$	1	标志层，黑色碳质、硅质页岩，GR在底部出现龙马溪组内最高值，在170~500(API)，TOC含量在4%~12%，GR最高值下半幅点为a底界	1~4	海进期	LM1
五峰组	五二段			顶界为观音桥段介壳灰岩，厚度不足1 m，以下五峰组碳质硅质页岩；界线为GR指状尖峰下半幅点，高GR划入龙马溪组，长宁地区高GR、威远低GR	0.5~15	海进初期	WF_4
五峰组	五一段						WF1-3
临湘组				灰色瘤状泥灰岩、低伽马与五峰页岩分界，向下泥质减少，灰岩较纯，电性为低GR、高RT	5~20		

分层 | 笔石带 | 自然伽马 0 gAPI300 | 井深/m | 岩性

石牛栏组　龙二段　龙马溪组　龙一段　龙一2亚段　龙一1亚段 d b　LM6　LM4-5　LM1-3

2 060　2 080　2 100　2 120　2 140　2 160　2 180　2 200　2 220　2 240　2 260　2 280　2 300　2 320　2 340　2 360　2 380　2 400

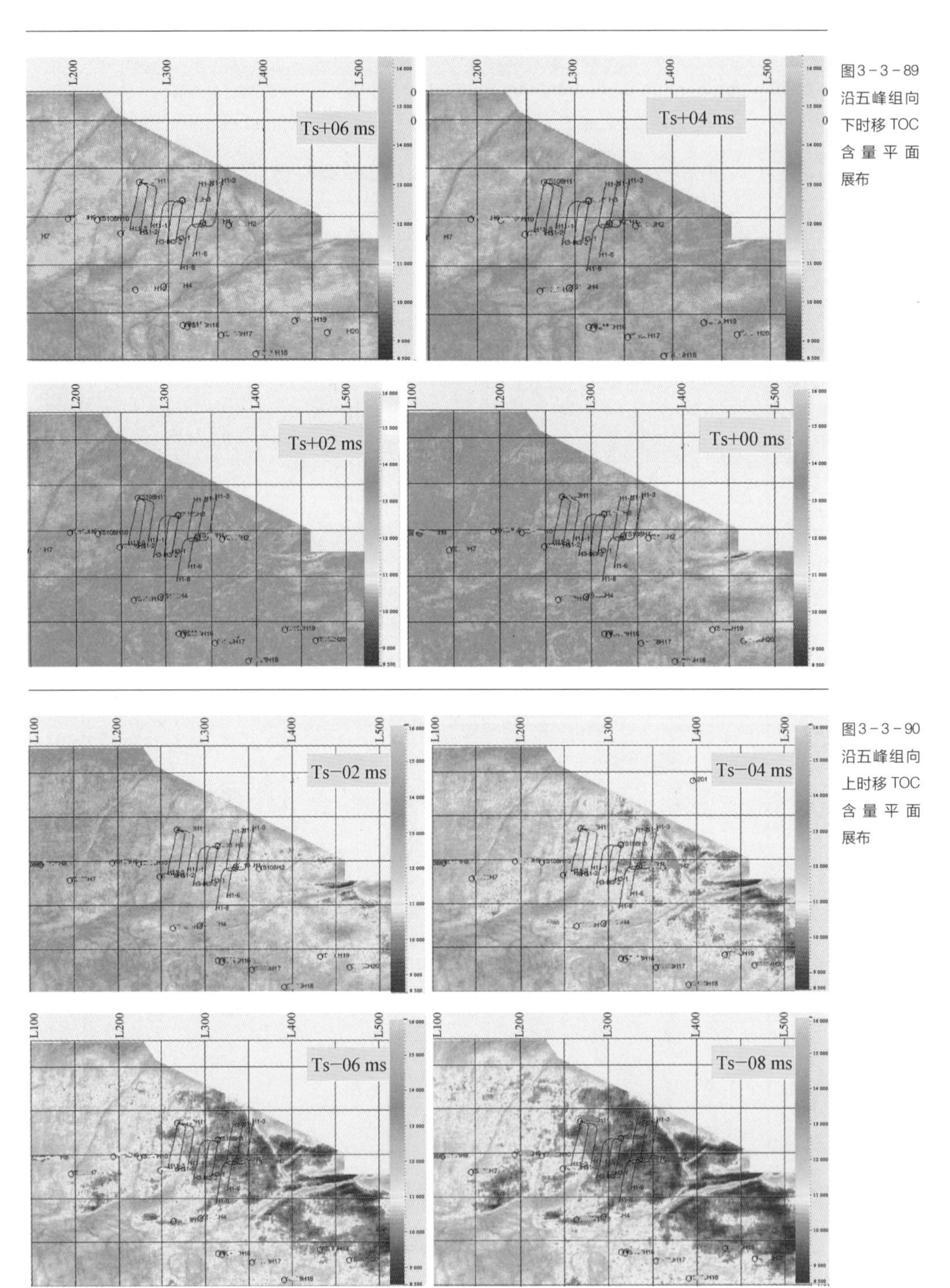

图3-3-89 沿五峰组向下时移TOC含量平面展布

图3-3-90 沿五峰组向上时移TOC含量平面展布

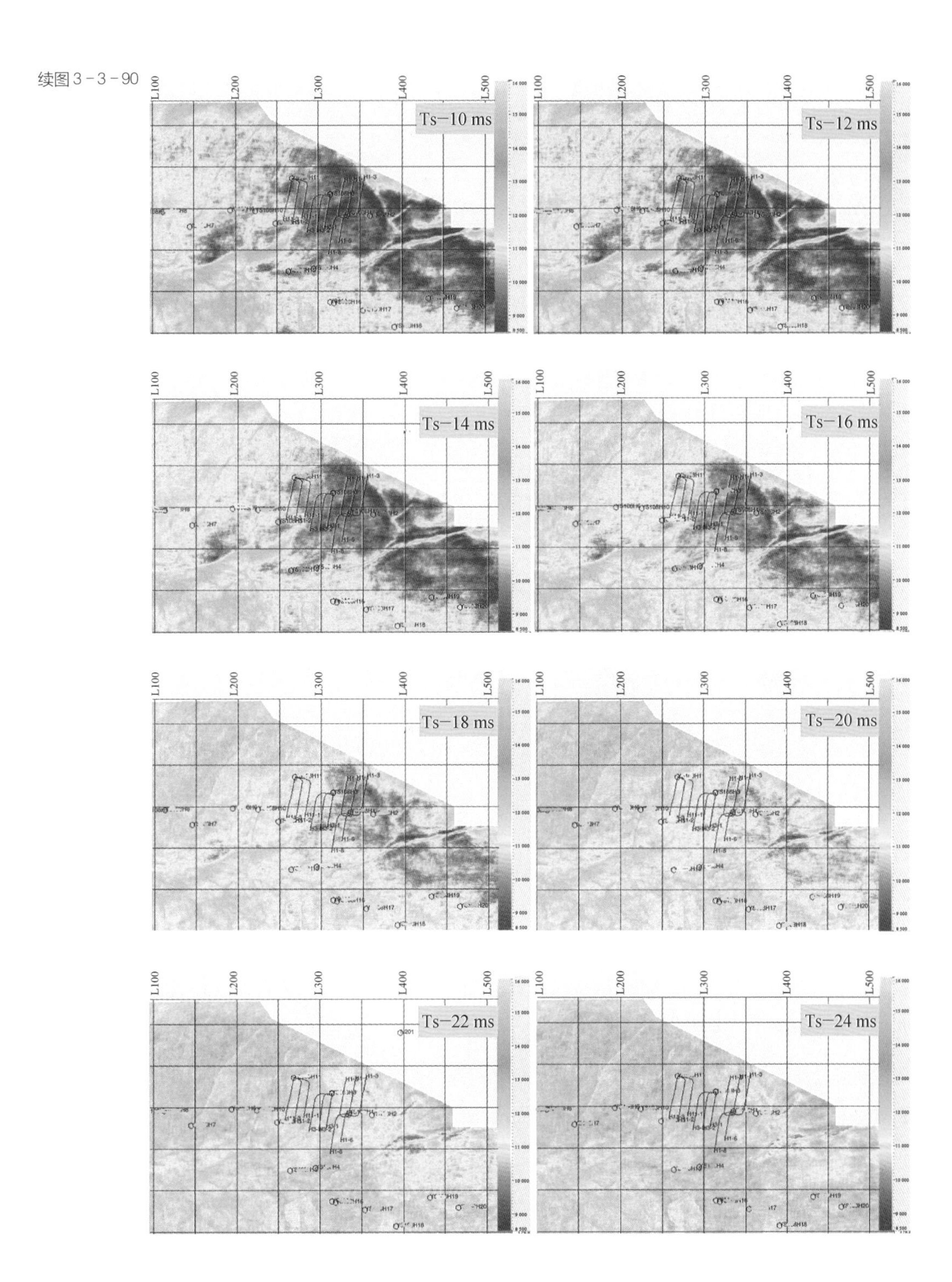

L100
L200
L300
L400
L500
Ts−10 ms
Ts−12 ms
Ts−14 ms
Ts−16 ms
Ts−18 ms
Ts−20 ms
Ts−22 ms
Ts−24 ms

续图3-3-90

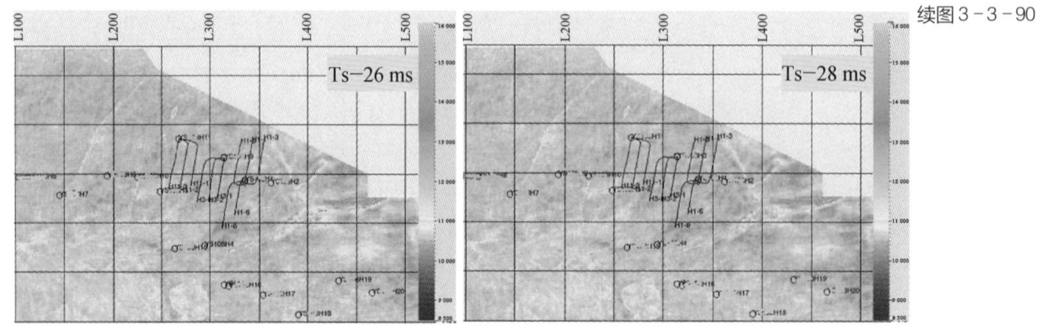

续图 3-3-90

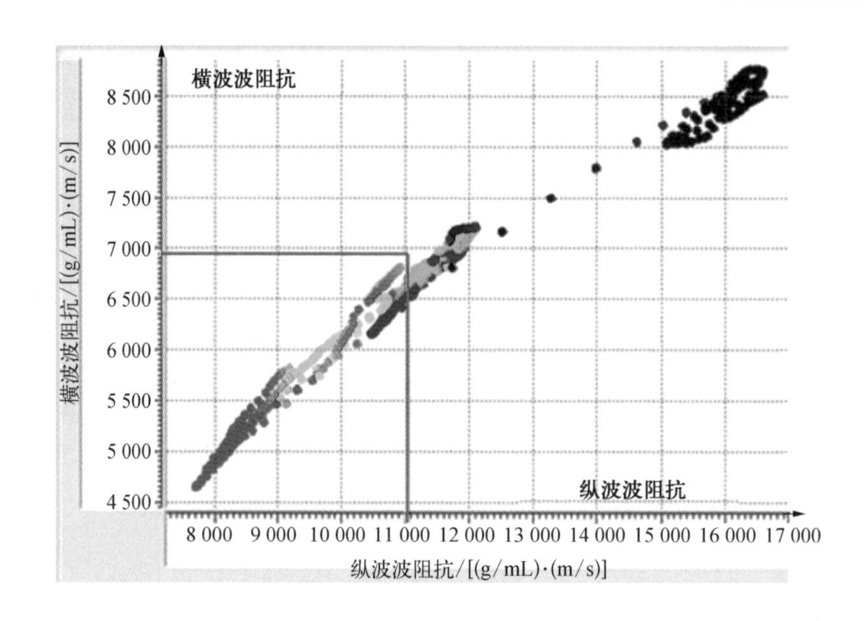

图 3-3-91 纵横波阻抗交会分析

优质页岩与围岩分开,图中红色点为优质页岩段,图 3-3-92 是优质页岩在测井上的显示。将优质页岩段投影到地震属性剖面上,如图 3-3-93 所示,黑色为优质页岩在纵波阻抗上的投影,然后拾取优质页岩顶底界面,获得时间厚度,通过测井速度曲线即可获取优质页岩厚度图。图 3-3-94 为 A 井区目的层 TOC 厚度分布图。从图中可以看出,研究区优质页岩的厚度整体大于 15 m,最大优质页岩厚度达 35 m,预测的优质页岩厚度与测井曲线上的优质页岩厚度吻合性较好。研究区优质页岩厚度预测为水平井位部署提供了重要依据。

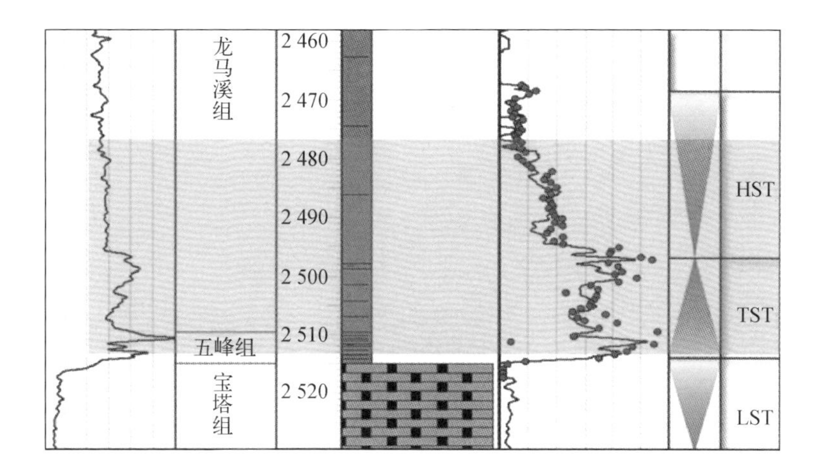

图3-3-92 优质页岩在测井上的显示

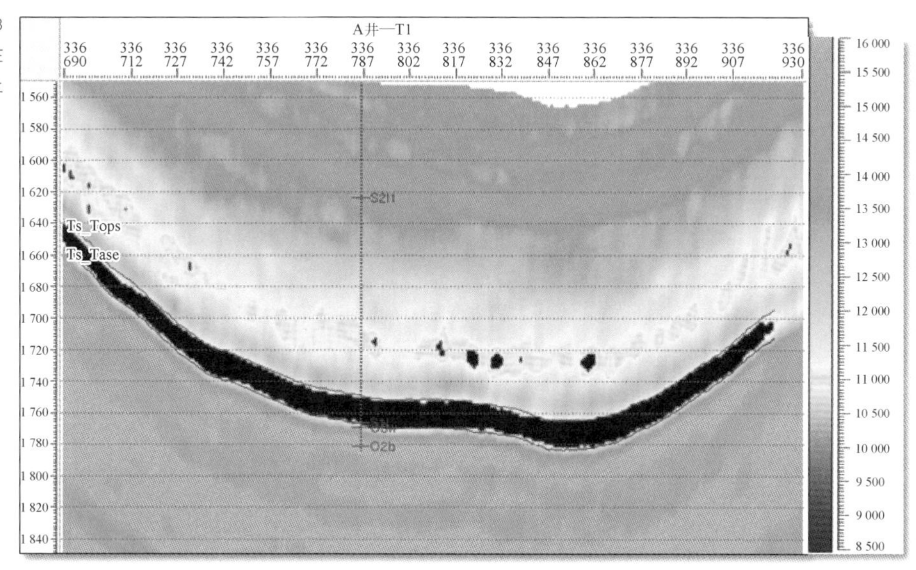

图3-3-93 优质页岩在反演剖面上的投影

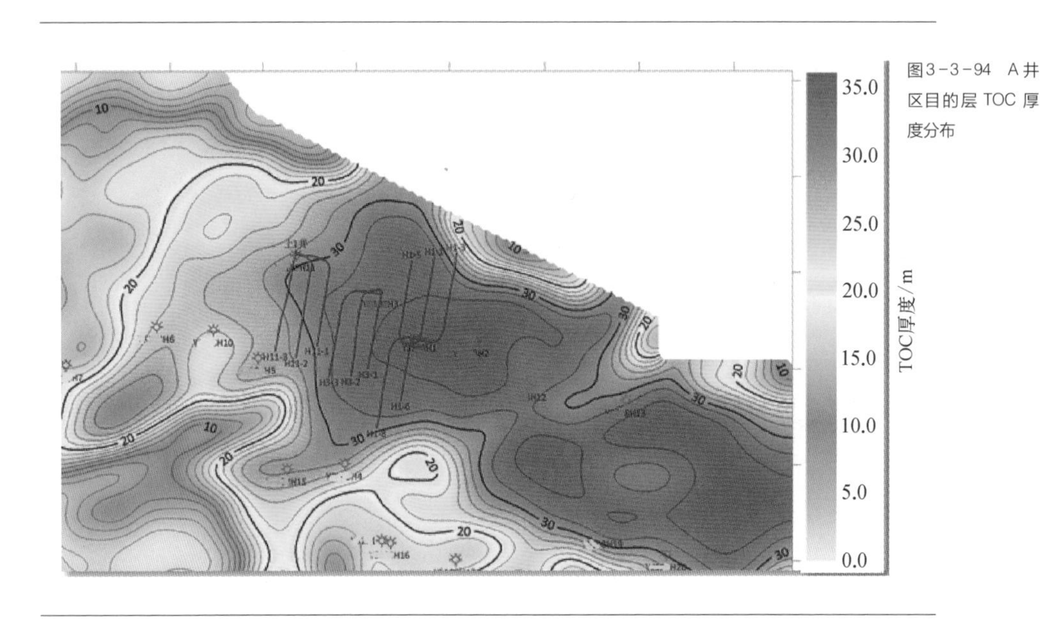

图3-3-94　A井区目的层 TOC 厚度分布

3.3.5　三维地震叠前叠后裂缝预测

3.3.5.1　相干分析法

相干数据体技术是利用相邻地震信号的相似性来描述地层和岩性的横向不均匀性的。当界面上存在构造异常时,相邻地震道之间的反射波在旅行时、振幅、频率和相位等方面将产生不同程度的变化,表现为相干值小;当界面上不存在构造异常时,相邻地震道的反射波不发生太大变化,表现为相干值大。利用不同的相干算法,对地震数据体逐点求取相干值,就可以得到对应的相干数据体。图 3-3-95 为 A 井区沿目的层的相干平面分布图,断层清晰可见。井旁断裂较不发育。

3.3.5.2　曲率分析法

曲率是一条曲线的二维属性,其值等于圆半径的倒数,曲率的大小可以反映一个弧形的弯曲程度,曲率越大越弯曲。对于脆性岩石,裂缝的发育程度与弯曲程度成正

图3-3-95 A井区沿层相干平面图

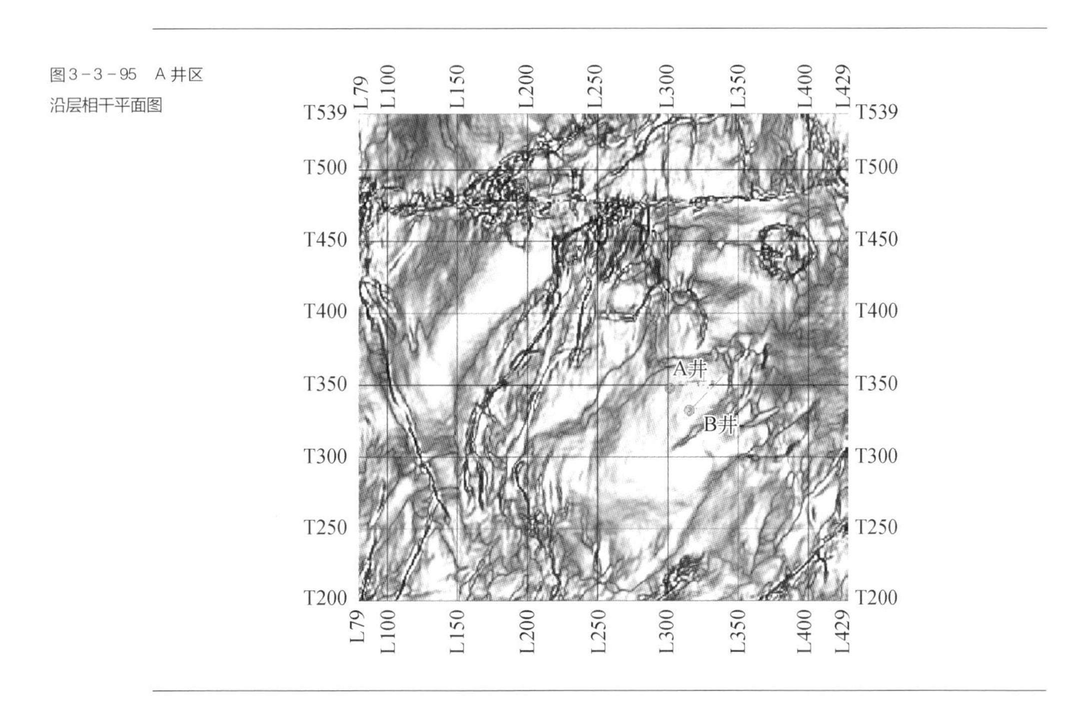

比。可以用构造曲率来预测裂缝的发育情况。通常来讲,曲面的构造曲率越大,就越弯曲,越弯曲就越容易有裂缝。图3-3-96为A井区沿层曲率平面图。

图3-3-96 A井区沿层曲率平面图(a:最小曲率,b:最大曲率)

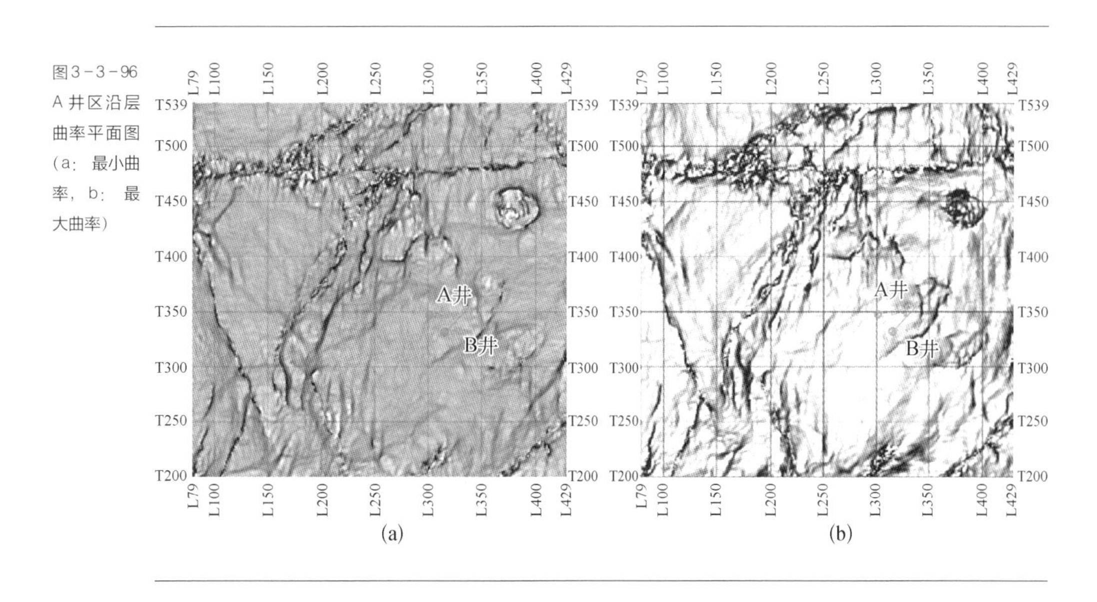

3.3.5.3　自动断层追踪

断层自动提取技术(Automatic Fauct Extraction, AFE)是由Dorn和James在2005年提出的,该技术使用融合了地质先验知识的信号处理技术实现断层自动提取,其具体实现过程为:

① 首先使用基于本征结构分析的相干算法计算相干数据体;

② 对相干体使用经典条带去除算子在每一个水平切片上估算和去除残余的采集脚印;

③ 在每个时间或者深度切片上通过增强线性特征来达到断层增强的目的;

④ 进行断层增强处理,剔除一些非断层的响应,例如河道的边界、歼灭点和不整合,等等;

⑤ 分别沿垂直方向和水平方向按合理间隔提取断层线,最后进行断层线优选和组合。

这种方法的特点是在断层提取之前对相干体进行了充分的预处理,依据断层在相干体上方位角和倾角显示的变化,结合三维可视化技术完成断层的自动提取。图3-3-97是利用此方法求取的A井区沿层自动断层追踪平面图。

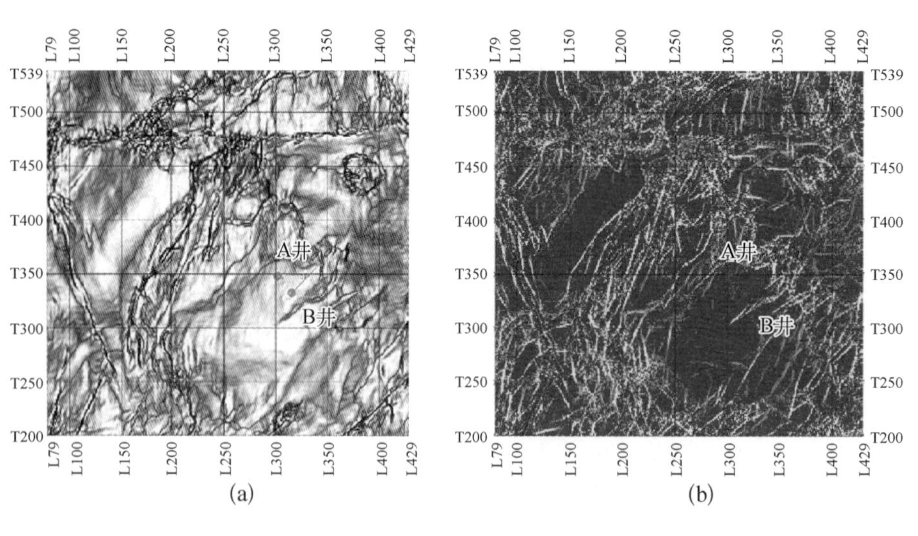

图3-3-97 A井区沿层自动断层追踪平面图(a:相干,b:AFE)

3.3.5.4　裂缝相分析

裂缝相分析即通过几种裂缝属性,使用自组织神经网络反演的方法进行聚类分析。该方法是一个非线性、叠后、随机反演的过程。基于非线性理论，在层位控制下，将工区地震道数据输入到一个具有多输入、多输出的BP网络中，同时进行整体训练，可获得整个工区的自适应权函数，建立综合非线性映射关系，并根据储层在纵向上的地质变化特征更新这种非线性映射关系。这样就能对反演过程及其反演结果起到约束和控制作用，从而获得稳定且分辨率较高的地震反演剖面，反演结果可为裂缝发育的定量分析提供依据。图3－3－98为A井区目的层底界裂缝相分类图，分类1来自相干体属性的贡献，分类2来自最小曲率的贡献，分类3来自瞬时倾角的贡献。分类1、2、3代表裂缝发育区域；分类4、5代表裂缝不发育区域，图3－3－99为A井区目的层底界裂缝相平面图。

3.3.5.5 P波各向异性裂缝识别

含有裂隙的储层是一种典型的各向异性介质。这种介质是常规油气田，也是页岩气开发中一种重要的储层类型。储层描述时，常常需要知道裂隙的密度、走向和连通性等特征参数，因为裂隙型油藏油气的运移方向、储量、开发远景等都与这些参数密切相关。如果能够通过地震观测数据提取到裂隙的密度、走向等储层的特征参数，将有

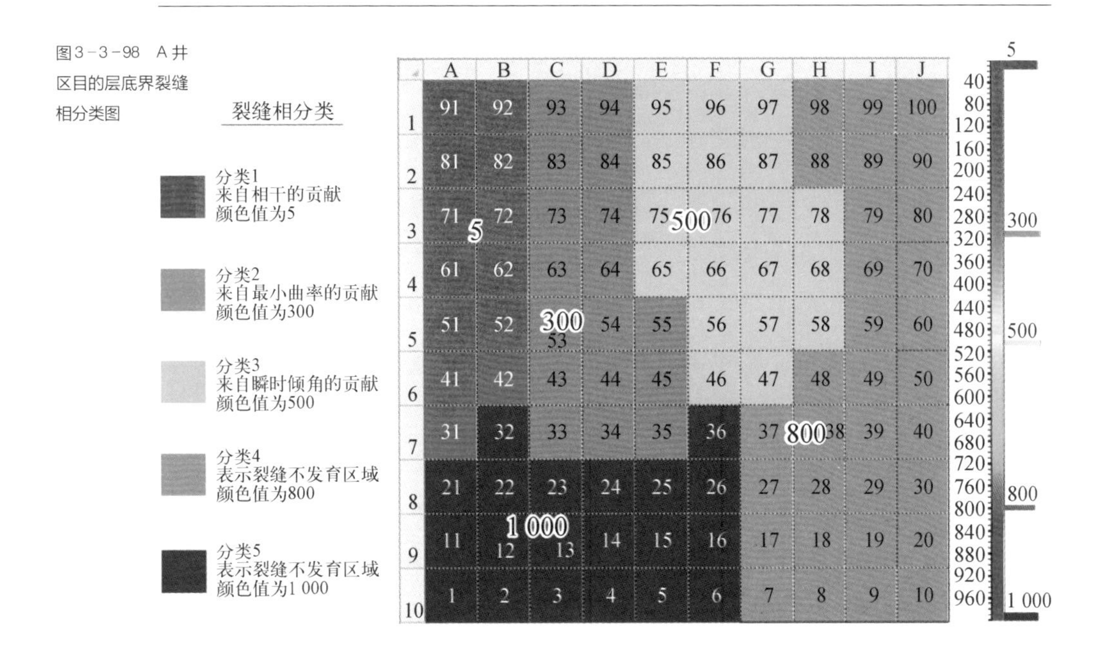

图3－3－98 A井区目的层底界裂缝相分类图

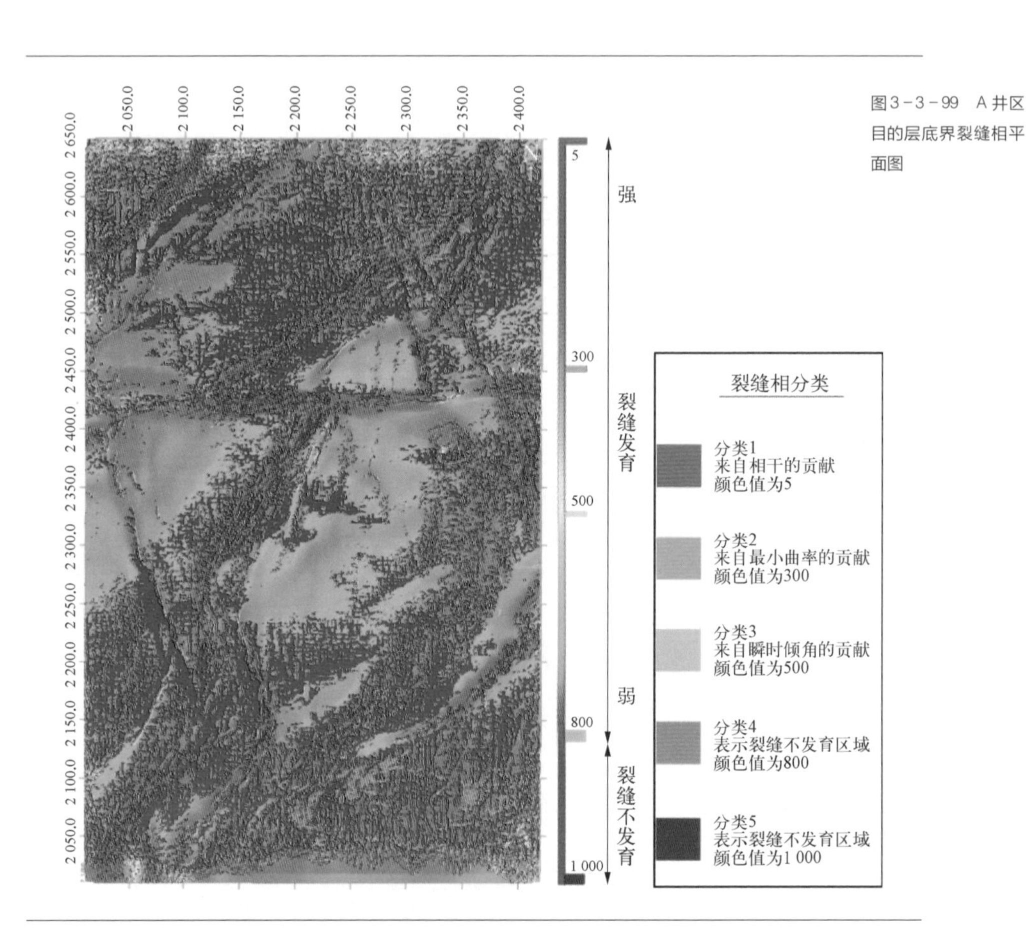

图3-3-99　A井区目的层底界裂缝相平面图

助于解决上述的油藏描述和确定井位及井轨迹等问题。多数的裂隙型储层发育的裂隙系统都是定向排列的垂直裂隙,这可能与地壳运动主要是水平运动有关。理论上来讲,含垂直裂隙的介质是一种具有水平对称轴的横向各向同性介质(Horizontal Transverse Isotropy, HTI)。多年来,地球物理学家们主要是通过研究裂隙介质的横波响应来提取裂隙储层的特征参数和解决其他复杂的各向异性地质问题。但是,由于多波(包括横波)多分量记录的采集和处理技术复杂且花费较大,所以没有得到普遍应用。相比之下,纵波的采集和处理不仅便宜而且技术成熟,研究表明,纵波对各向异性介质的振幅响应也很明显。地震纵波在通过各向异性介质时,除了不具有双折射之外,在振幅和极化响应的敏感性方面与横波相当,但横波的旅行时响应较纵波显著,这是因为横波的速度较纵波低。实践证明,纵波和横波的各向异性响应有很好的相关性。大量研究表明,利用地震纵波记录的各向异性特征,特别是分方位振幅(AVAZ)技术,能够有效地识别裂隙的存在和方向。

如果岩石介质中的各向异性是由一组定向垂直的裂缝引起的,那么,根据地震波动理论,当P波在各向异性介质中平行或垂直于裂缝方向传播时具有不同的旅行速度,且速度随方位呈椭圆变化关系。方位速度的这种变换关系,可以预测裂缝发育的方位和强度。假设椭圆的长轴为B,短轴为A。则椭圆的长轴方位即为裂缝的发育方位,B/A定义为裂缝的发育强度。

分方位速度裂缝预测流程为:对宽方位或全方位三维地震资料进行分方位速度分析,获得三个以上方位的速度资料;沿目的层提取方位速度;对目的层的方位速度进行反演,获得裂缝发育方位和强度;联合相干体或曲率体对成果进行分析,去伪存真。图3-3-100是A井区目的层底界四个方位层速度平面图,从图上可以看出,四个方位的速度存在差异,为分方位裂缝识别奠定了基础。图3-3-101为A井区裂缝发育

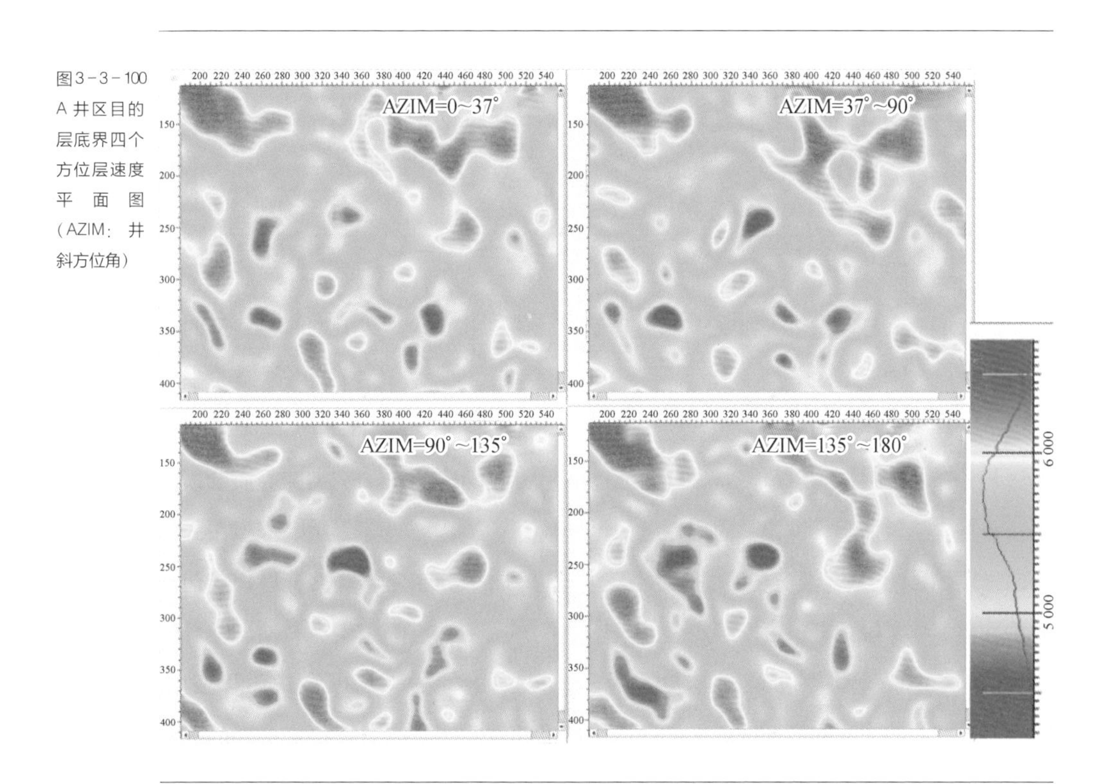

图3-3-100 A井区目的层底界四个方位层速度平面图(AZIM:井斜方位角)

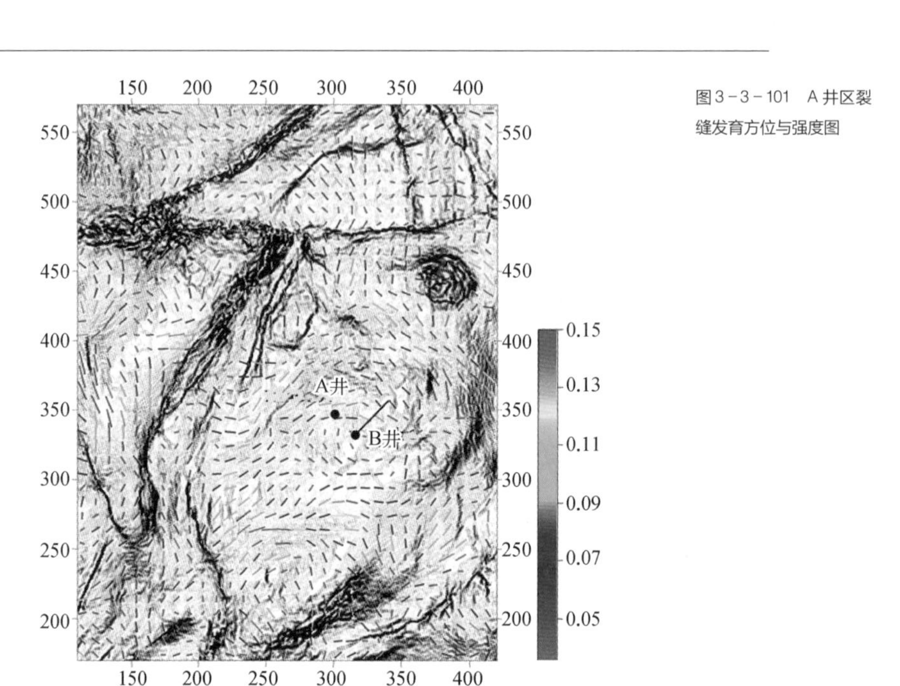

图 3-3-101 A 井区裂缝发育方位与强度图

方位与强度图，背景图为沿层相干，线的方向代表裂缝发育方位，线的长度和颜色表示裂缝发育强度，线越长表示裂缝越发育。

3.3.6 OVT 域三维地震资料裂缝预测

3.3.6.1 OVT 道集与 CRP 道集对比

炮检距向量片技术(Offset Vector Tile, OVT)，最早由 Vermeer(1998)在研究区的最小数据表达时提出。方位各向异性的影响不容忽视。在裂缝性地层中常存在方位各向异性的影响，主要表现在振幅、速度、反射波形和相位随地震数据观测方位变化而发生变化。在常规处理中可以不用考虑，但在宽方位资料中会影响成像和储层反演的精度。由于地层上覆载荷的压实作用，水平或低角度裂缝呈关闭或近似关闭状态，垂直或接近垂直的裂缝的张开度扩大。这类高角度和近于垂直的裂缝使地震波产生了各向异性的传播特征。根据这一性质，我们可以利用野外宽方位采集，叠前地震资料

OVT 方位角道集数据,对页岩裂缝油气藏的方位各向异性进行检测。常规的 P 波各向异性一般是在分方位道集上来进行裂缝预测,但常规分方位道集往往损失近道或远道信息,或者说近远道信息信噪比差,从而大大影响裂缝预测的精度。另外,方位角细分导致不同方位角覆盖次数不均,这也影响裂缝预测的精度。与常规 CRP 分方位道集相比,OVT 道集含有更多的近道及远道信息,而这些信息对于裂缝预测是非常有用的,这样将大大提高裂缝预测精度。图 3 - 3 - 102 为 OVT 与 CRP 道集对比显示。通

图 3 - 3 - 102 OVT 与 CRP 道集对比显示

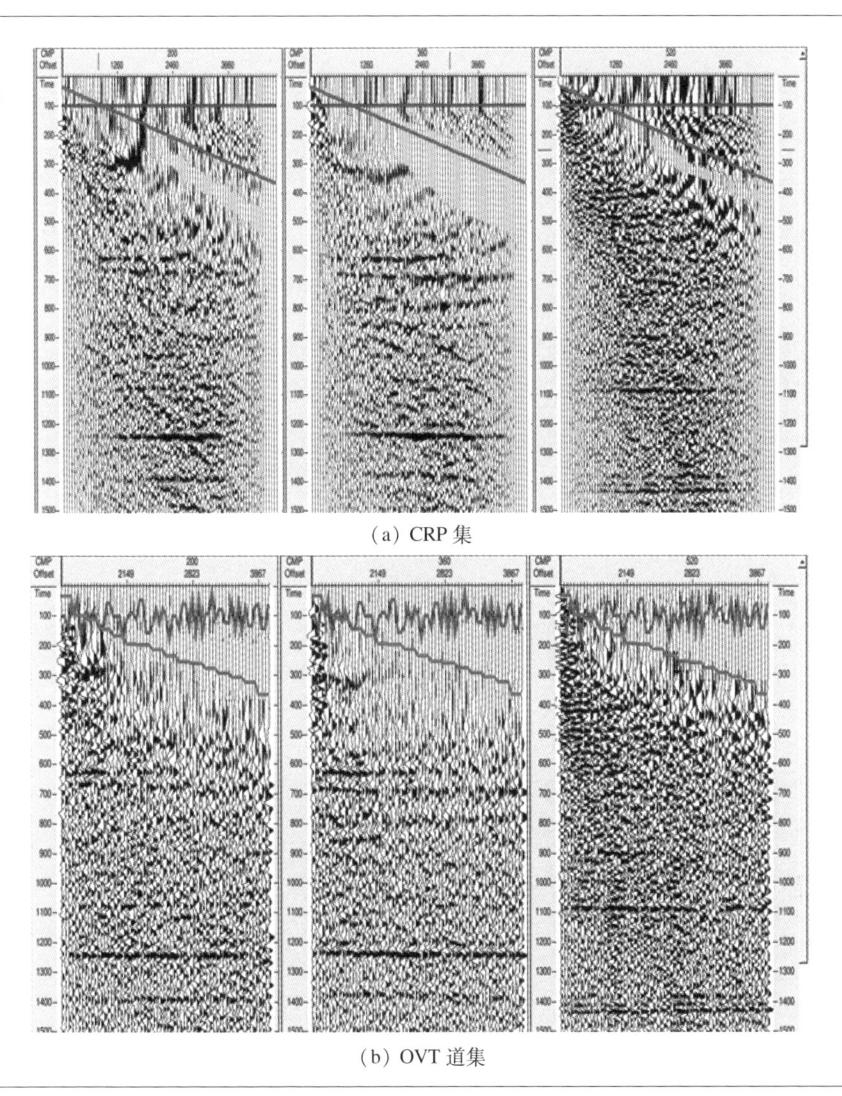

(a) CRP 集

(b) OVT 道集

过对比两类道集可知,对于中炮检距道集来说,OVT 与 CRP 道集均能很好地反映,但是对于近炮检距和远炮检距道集来说,OVT 道集明显含有更多的远近炮检距信息,这些信息包含很多裂缝信息,对裂缝检测具有重要意义。

3.3.6.2 裂缝预测模板优选

OVT 道集虽然能更好地反映近远炮检距信息,但 OVT 道集也存在质量不稳定的问题,如信噪比不高,能量分布不稳定,按照常规叠后数据处理方法采用的是将每个点上所有道集数据全部叠加的方式。常规叠前数据处理方法是将地下同一位置的信息按有限的方位角提取不同角度形成几个角道集叠加数据,显然这些处理方式不能完全地利用好 OVT 道集。因为 OVT 道集同时包含了炮检距和方位角两种信息,如图 3－3－103 所示,炮检距可分为近、中、远炮检距的同心圆环,方位角可按图中观测方式定义,－180°~ 180°是以正东为零,顺时针为负,逆时针为正,所以可采用炮检距、方位角联合部分叠加的方式来提高道集质量和信噪比。

将炮检距和方位角信息融合显示形成最终的叠加模板,图 3－3－103 为 OVT 道集方位信息与炮检距信息示意图,图中采用极坐标形式,红色圆点代表炮点,绿色圆点代表检

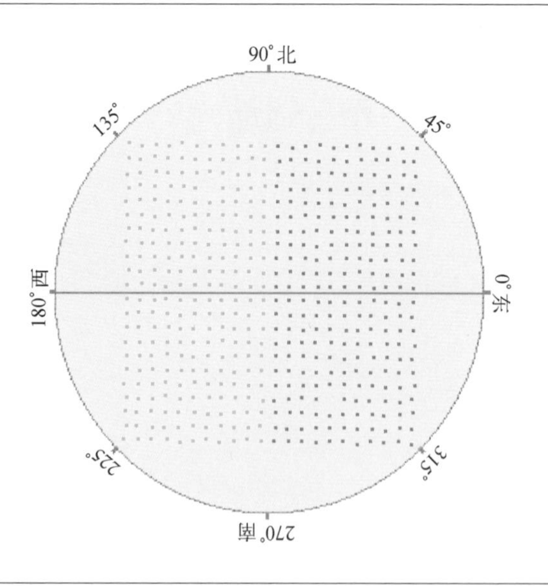

图 3－3－103 OVT 道集方位信息与炮检距信息示意图

波点,红线框住的黄色区域为“目标范围”,圆的半径表示炮检距,两炮检距线之间所夹的角度就表示方位角角度大小,所以确定了炮检距和方位角的范围就确定了模板叠加的区域。所以说,叠加模板是一种 OVT 道集独有的炮检距(方位角)和方位角联合分析工具。

为了提高道集资料的信噪比,通常对炮检距和方位角进行叠加,这样才能保证地震属性更好地拟合椭圆,然后确定裂缝的强度和方向。在最佳方位角度叠加和最佳炮检距叠加时预测的裂缝才最准确。通常以成像测井资料作为依据来制定裂缝模板,在没有测井资料的情况下,可以利用前期叠后裂缝属性的可信度高的区域裂缝成果来制订模板。图 3－3－104 为 OVT 研究区叠后裂缝属性及目标点,在曲率属性上选取了一个标准点,这个点上裂缝比较发育。第一次调模板时,删除近炮检距和远炮检距信息,保留全方位信息,如图 3－3－105 所示,该点的均方根振幅拟合基本上为圆,如图 3－3－106 所示,说明此处裂缝不发育,而这与实际情况相反,所以,此次模板不能反映真实地质特征。第二次调模板时,对目标点的方位信息和炮检距信息都作了调整,如图 3－3－107 所示,椭圆拟合结果表明,该区存在各向异性,裂缝相对比较发育,如图 3－3－108 所示,并且方向与叠后裂缝预测基本吻合,所以最终选此模板为本次研究的裂缝模板。

图 3－3－104 OVT 研究区叠后裂缝属性及目标点

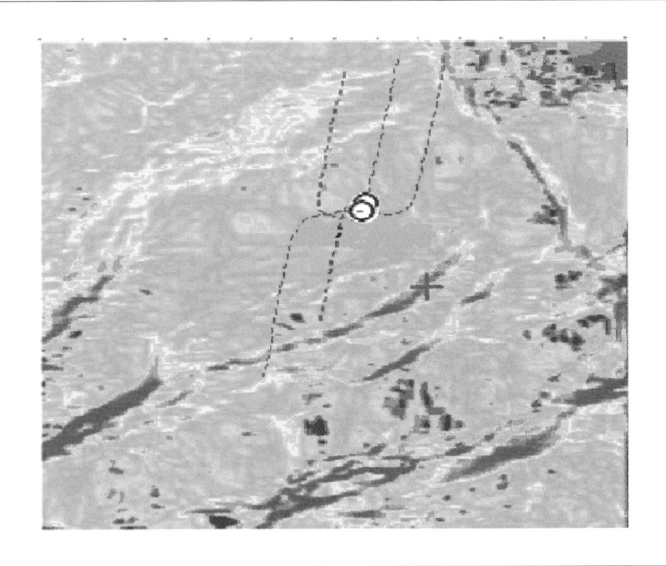

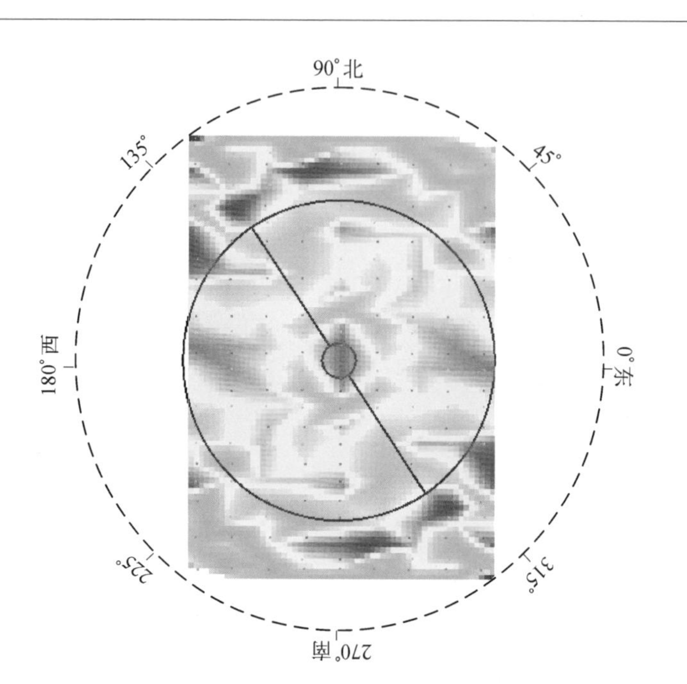

图 3 - 3 - 105 OVT 目的层振幅切片与叠加模板 1 叠后显示

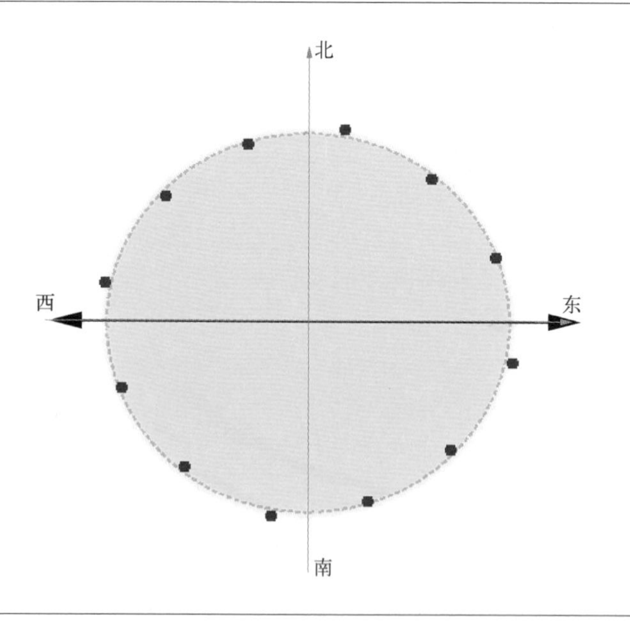

图 3 - 3 - 106 OVT 域目的层振幅椭圆拟合示意图

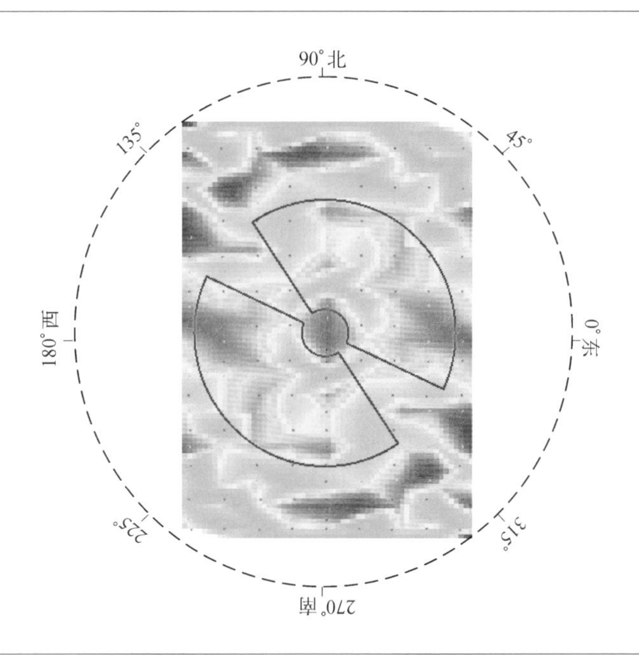

图3-3-107　OVT目的层振幅切片与叠加模板2叠后显示

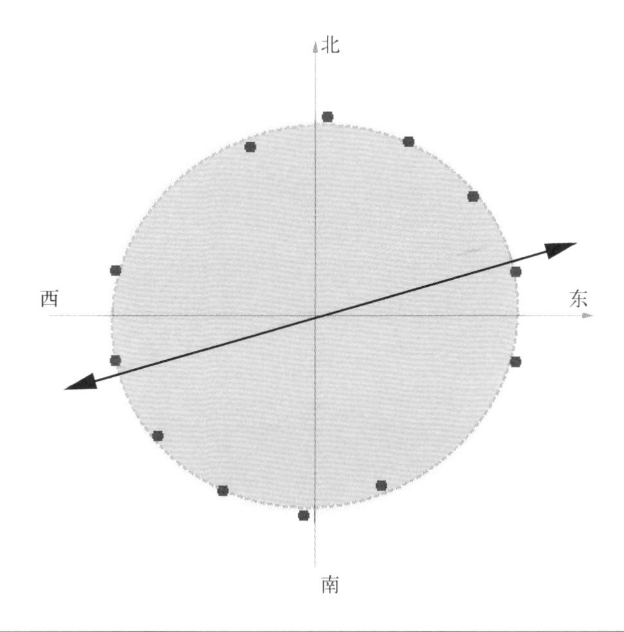

图3-3-108　第二次调整的目的层振幅椭圆拟合示意图

3.3.6.3　OVT 三维地震资料预测裂缝

根据前述成果,我们已经确定了能够反映研究区真实裂缝展布特征的模板,以此模板为基础,外推到三维工区,利用 P 波各向异性中的振幅各向异性进行裂缝识别。图 3－3－109 为振幅各向异性裂缝识别平面展布。图中底图颜色代表裂缝的强度,线条长度表示裂缝强度大小,裂缝方位线是指裂缝方向,图中裂缝方位最小强度为 30% ,最小可信度为 50% 。通过振幅裂缝预测图可以看出裂缝整体上还是有规律的,有明显的可以连起来的裂缝带,主要裂缝带走向为北西方向,各向异性强度整体比较均匀。通过与图 2－2－22 中叠后裂缝属性对比分析可知,整体而言,叠后裂缝属性比较发育的地方与叠前裂缝属性吻合较好,但也存在区别。P 波各向异性反映一般是由裂缝引起的,而叠后曲率属性更多反映是由构造变形引起的。图 3－3－110 是裂缝预测区域放大显示,通过裂缝平面分析可知,三口水平井附近裂缝均相对发育,但是裂缝的方向存在很大差异(如图中箭头所示),后期微地震监测成果证明了预测的可靠性。图 3－3－111 所示为微地震事件方向与裂缝预测吻合较好,证明了该方法的可靠性。

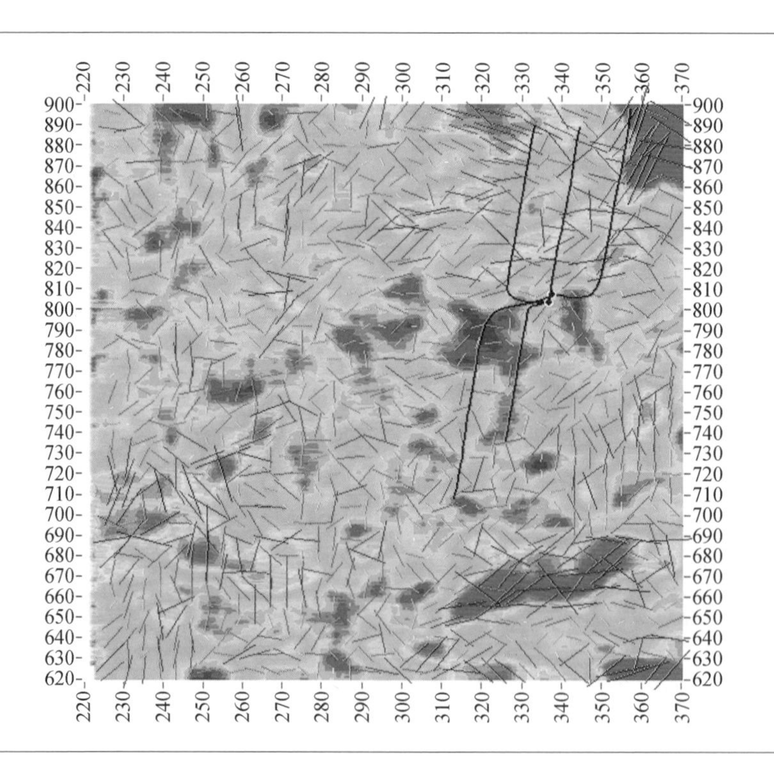

图 3－3－109　振幅各向异性裂缝识别

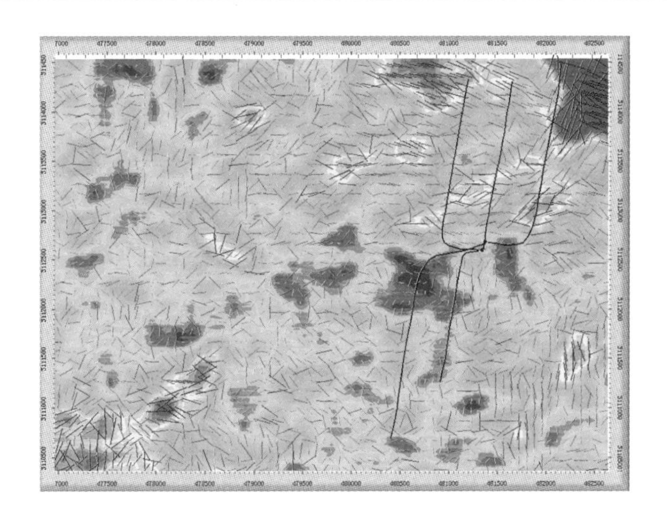

图3－3－110　裂缝预测区域放大显示

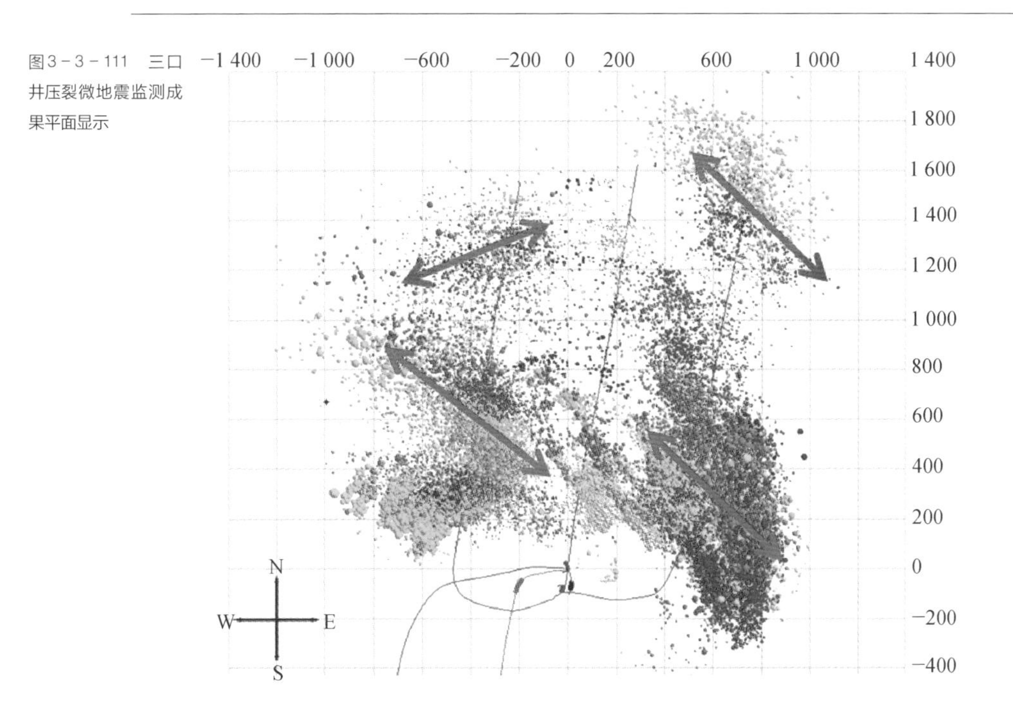

图3－3－111　三口井压裂微地震监测成果平面显示

3.3.7 地层压力预测

作为一个地质参数,地层压力在油气勘探、钻井工程及油气开发中都有十分重要的地位。就钻井工程而言,孔隙压力是实现快速、安全、经济钻进的一个必不可少的参数,因此,准确地预测孔隙压力是非常重要的。在岩性和地层水变化不大的地层剖面中,正常压实地层的特点是: 随着地层深度的增加,上覆岩层载荷增加,泥页岩的压实程度增大,导致地层孔隙度减小,岩石密度增大。泥页岩的压实程度直接反映地层孔隙压力的变化。而在目前的测井系列中,有多种测井方法都能较好地反映地层孔隙压力。

3.3.7.1 测井资料预测地层压力

与其他方法相比,测井资料反映的地层信息比较详尽,受人为因素和环境因素影响较少,精确度高,能够比较准确地预测地层压力。利用声波时差测井资料检测地层孔隙压力是最常用的方法。声波时差法能预测出较准确的地层孔隙压力纵向剖面;对构造比较清楚的地区,借助于数口已钻井测井资料建立的地层孔隙压力剖面,可以分析地层孔隙压力纵横向的分布特征,为钻井设计和石油地质研究提供必要的基础参数;也可以用于相邻构造或地区待钻井地层孔隙压力的预测。选用声波时差资料计算地层孔隙压力具有代表性、普遍性及可比性。但也有其不足之处,即不适用于非泥岩的其他地层,无法获得比较复杂地层的连续地层压力纵向剖面图,不适用于不平衡压实以外其他形成机制引起的异常压力地层。此外,声波测井压力预测属于完成钻井后的“事后”预测,同时,在井底以下的数据还是未知的,不可能预测井底以下的地层压力。

3.3.7.2 地震资料预测地层压力

地震资料预测地层压力的方法是可行的,原理是严谨科学的,结果是可靠的。但这些都是建立在对钻井、测井、地质、地震等资料进行综合研究的基础上。资料越全面,研究越深入,预测的可靠程度也越高。地震资料法预测的精度取决于层速度,而层速度的精度又依赖于地震资料的质量、地质条件的复杂程度和解释工作水平。因此,要提高预测精度,除了有高质量的地震资料外,力求使用高精度、高分辨率的波阻抗处理剖面,使波速接近地层的真实速度。

地震资料预测压力的计算公式是根据某一局部地区的实际资料建立起来的。计算参数具有局部区域适用性的特点。地震资料预测地层孔隙压力的方法是建立在对钻井、测井、地质、地震等资料综合研究的基础上的。资料越全面,研究越深入,预测的可靠程度也就越高。

实践表明,地震资料品质较好且时深关系合理时,无论在压力值的预测精度还是异常压力起始深度的精度方面该方法都可以获得较好的效果。

3.3.7.3 VSP 资料预测地层压力

地层压力预测最核心的是精确层速度的求取,精确层速度求取将计算出相对精确的地层压力。VSP 资料与其他资料相比,资料精度相对较高,可以提供更高精度的速度参数。但 VSP 资料与声波测井资料一样,属于钻后预测,并且只能对单线,并不能对三维工区整体进行地层压力预测。因此,有必要将 VSP 资料、地震资料、测井资料三者结合起来,对三维工区地层压力进行预测。

3.3.7.4 综合 VSP、地震和测井资料预测地层压力

目前,国内外预测地层压力常用 Fillippone 法和 Eaton 法。在地层孔隙压力研究过程中,Fillippone 法的原理是根据目的层地震速度与固体颗粒和孔隙流体速度差异,孔隙压力在两种极端情况之间的插值来进行预测,其实现过程不依赖于正常压实趋势线的建立,主要针对目的层的速度变化与孔隙压力的变化规律来预测压力,形式为

$$p_{\text{Fillippone}} = p_{\text{overburdern}} \times \frac{v_{\min} - v_{\text{inst}}}{v_{\max} - v_{\min}} \tag{3-12}$$

式中,$p_{\text{Fillippone}}$ 为预测的地层孔隙压力,MPa;$p_{\text{overburden}}$ 为上覆地层压力(下面简写为 p_o),MPa;$v_{\min}$ 为岩石刚性接近于零时的地层速度,近似于孔隙度达到上限时的流体速度,m/s;$v_{\max}$ 为岩石孔隙度接近于零时的纵波速度,近似于基质速度,m/s;v_{inst} 为

地层速度,m/s。v_{max} 和 v_{min} 一般可以通过均方根速度近似建立。

Eaton 法是国外常用的孔隙压力预测方法,以不平衡压实作为主要的异常压力机理,关键参数为有效压力 σ。基于 Terzaghi 1943 年建立的准则,孔隙压力满足 $p = p_o - \sigma$。Eaton 法的基本原理是,首先基于正常压实趋势来分析速度场的偏差,再根据模拟井建立与孔隙压力数据直接相关的速度扰动经验关系式,其一般公式形式为

$$p_{Eaton} = p_o - (p_o - p_w)\left(\frac{v_{inst}}{v_{normal}}\right)^n \tag{3-13}$$

式中,v_{normal} 为正常压实速度,m/s;当地层速度 $v_{inst} = v_{normal}$ 时,地层正常压实,有效压力满足 $\sigma = p_o - p_w$,p_w 为静水压力,MPa;n 为 Eaton 参数,其数值与目标区域有关,需要通过单井实测压力进行优选试验。

对于钻井前实现三维地震压力预测,由于地质条件的复杂程度以及资料的限制,应用三维地震资料预测地层压力存在很多困难。如 Fillippone 方法,对于速度资料要求较高,结果受到地质层位解释的影响较大,同时,由于相关参数具有地域性,在实际应用时一般需要引入校正参数或者对算法公式进行合理的修正。Eaton 方法中正常压实趋势速度的求取在三维地震中是很难实现的。

因此,结合工区地质条件及资料特点,综合研究应用 VSP、钻井、地震等资料进行三维地层压力预测,提高预测精度和效果。该方法基于 Fillippone 公式的最大和最小压实趋势速度进行计算,不需要应用很多校正手段对预测结果进行校正,只对 Eaton 参数进行标定,该方法适用于速度反转、垂向速度变化快等地质条件。结合叠前反演求取的纵波速度计算层速度,再考虑地表高程和埋深,最终可以获得较高精度的三维地层压力预测结果。图 3-3-112 是综合三维地层压力预测主要技术流程图。

1. 综合预测单井地层压力技术及效果

对研究区 VSP 资料、声波资料,应用 Fillippone 公式预测地层压力;如前文所述,地层压力预测的方法很多,其关键在于层速度的求取,而层速度的求取方法很多,一般而言,VSP 求取层速度相对较准。图 3-3-113、图 3-3-114 为利用 Fillippone 公式求取的两口井的地层压力。

图3-3-112 综合三维地层压力预测主要技术流程图

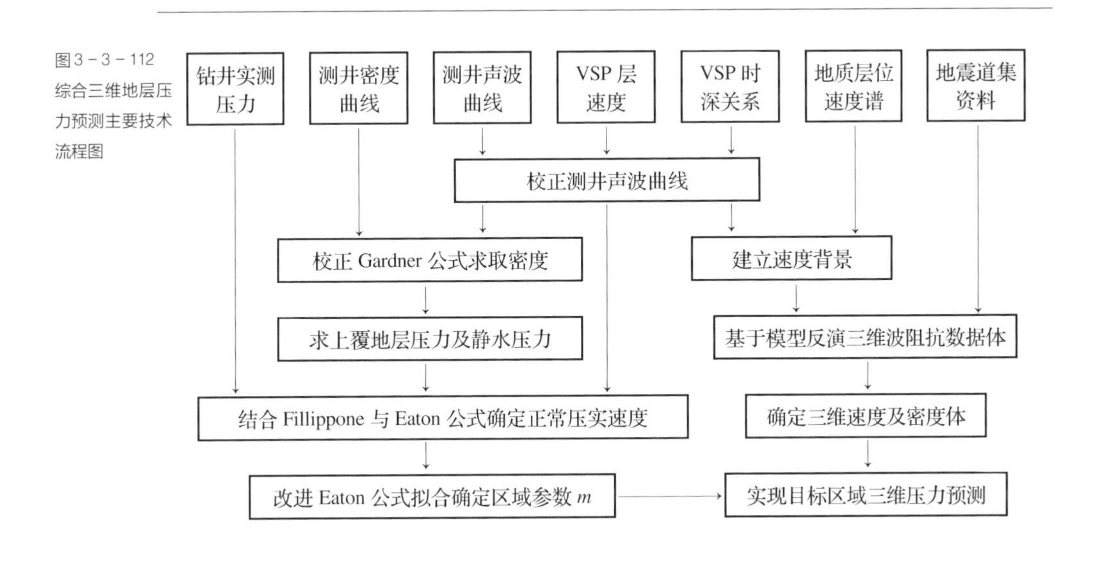

图3-3-113 Fillippone方法求取A井地层压力

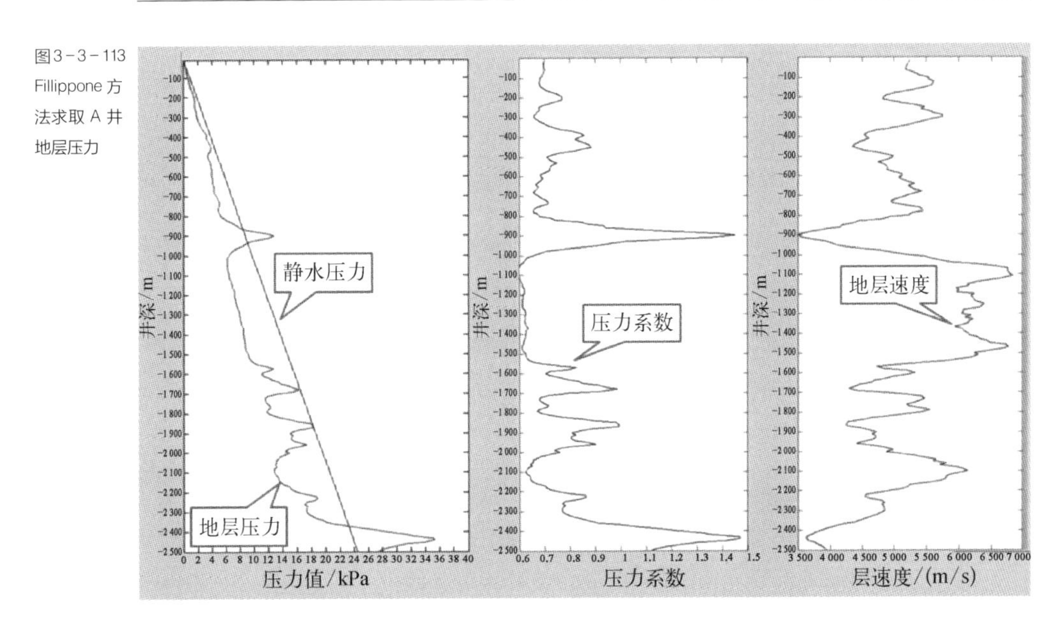

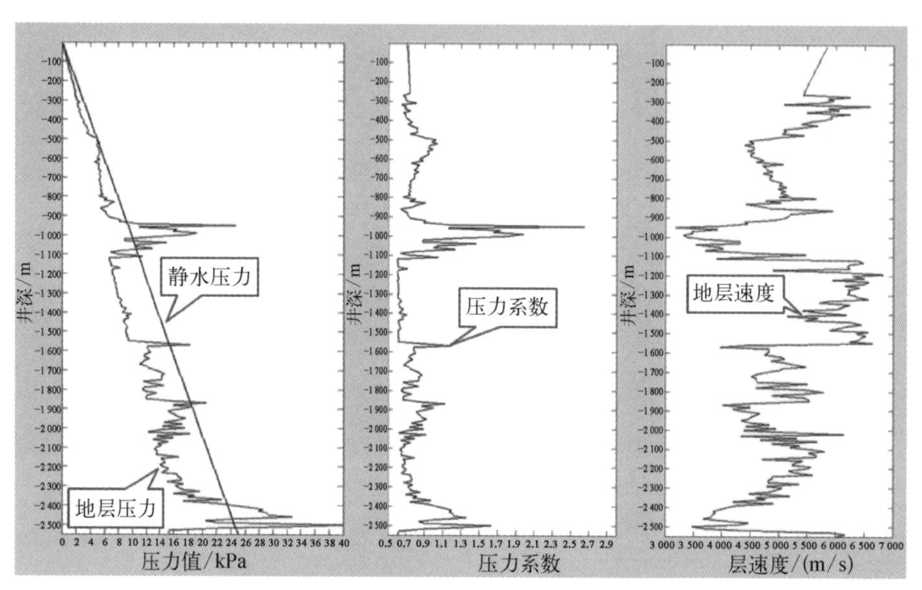

图3-3-114 Fillippone方法求取B井地层压力

2. 综合预测三维地层压力技术及效果

与众多的地层孔隙压力测井预测方法相比，在三维压力预测过程中，由于地质条件的复杂程度以及资料的限制，应用三维地震资料预测三维地层压力存在很多困难。针对Fillippone法与Eaton法在实际资料应用中存在的问题，考虑到在地层正常压实情况下两者皆应满足关系 $p_{\text{Eaton}} = p_{\text{Fillippone}}$，且与净水压力 p_{w} 相等，综合Eaton和Fillippone的公式以及正常压实下的速度关系 $v_{\text{inst}} = v_{\text{normal}}$，可以推得

$$p_{\text{o}} - (p_{\text{o}} - p_{\text{w}}) = p_{\text{o}} \times \frac{v_{\min} - v_{\text{normal}}}{v_{\max} - v_{\min}} \tag{3-14}$$

即正常压实速度 $v_{\text{normal combine}}$ 可以由下式计算得到

$$v_{\text{normal combine}} = v_{\max} - \frac{p_{\text{w}}}{p_{\text{o}}}(v_{\max} - v_{\min}) \tag{3-15}$$

因此，综合利用上覆地层压力 p_{o}、静水压力 p_{w} 以及Fillippone公式中得到的 $v_{\max}$ 和 $v_{\min}$ 就可以得到正常压实趋势速度。同时，从公式(3-15)可以看出，这一正常压实趋势的建立完全依赖于地层速度，所以在应用三维地震资料求取地层速度后，可以较

容易地得到全区的正常压实趋势，以此为基础，直接应用 Eaton 公式可以得到区域的孔隙压力预测结果。

$$p_{\text{combine}} = p_{\text{o}} - (p_{\text{o}} - p_{\text{w}}) \left(\frac{v_{\text{inst}}}{v_{\text{normal combine}}} \right)^n \tag{3-16}$$

式中，n 为区域参数，主要通过应用钻井实测资料对单井压力预测的方法参数进行标定。对于多口探井的情形，可通过平面内插得到区域的参数分布，以应用于区域地层压力的预测。

（1）单井地层压力预测

在进行三维地震孔隙压力预测之前，需要标定该地区 Eaton 法中的区域参数 n。首先应用测井资料，通过 Eaton 法完成对井点处地层压力的预测。以研究区 A 井为例，选取区域参数 $n = 1.15$，预测得到 A 井目的层深度处压力系数为1.9，该井储层段实测压力系数为1.91，预测结果完全符合。该井目标储层段呈异常高压，压力系数较高，预测具备较好的生烃产气能力。

（2）三维地震孔隙压力预测（应用 Dix 转换层速度）

利用地震资料进行探区三维孔隙压力场的预测，首先应用基于 Bayesian 约束的 Dix 反演将三维叠加速度转换为层速度，在测井压力预测标定参数的基础上，结合三维地表高程数据应用新的预测方法，可以得到的三维区域压力的低频预测结果，如图 3－3－115 所示。通过提取目的层沿层的压力系数（低频预测趋势），可以看到，研究区北东区域压力系数较高，整体呈现向南西区域逐渐降低的趋势。

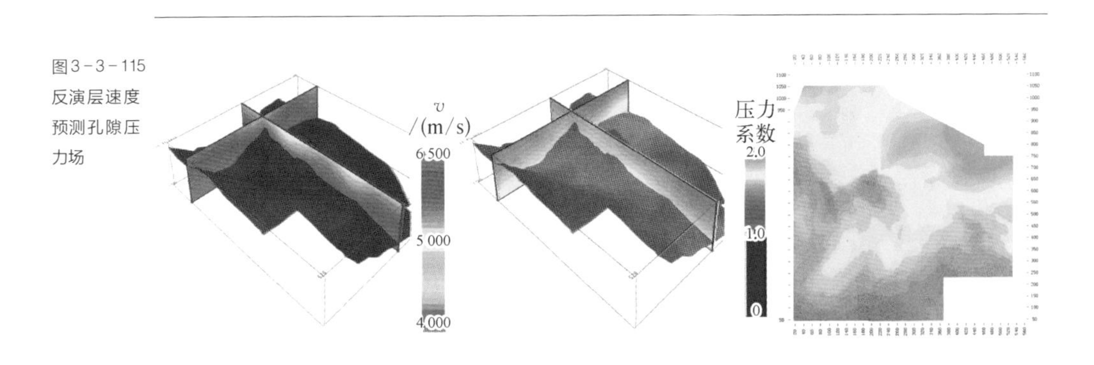

图3－3－115 反演层速度预测孔隙压力场

(3) 三维地震孔隙压力预测(应用叠前反演层速度)

以 AVO 叠前反演获得的高精度三维速度体为基础,可以获得高精度的压力预测结果。从沿目的层提取的较高精度的压力系数来看,对比之前的低频趋势,都具有南西低、北东高的特点。从图中可以看到(图 3-3-116),利用叠前速度反演获得的预测结果在刻画储层高压区域分布方面更加精细。

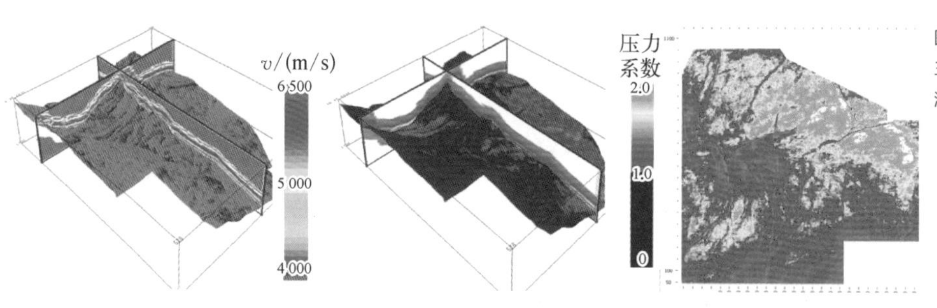

图 3-3-116 三维压力预测结果

从区域沉积演化图上也可以看出,研究区北东区域相对南西区域更接近沉积中心,指示更高的孔隙压力,页岩储层含气性可能更好。

分析 A 井周围的压力系数分布,从压力预测的连井剖面可知(图 3-3-117),井周围储层段压力系数都接近 2,呈现异常高压,实际的水平井产量达到 $20\times10^4\ m^3/d$ 左右。

通过将目标储层的压力系数分布与 AVO 预测含气性分布,以及椭圆反演预测裂

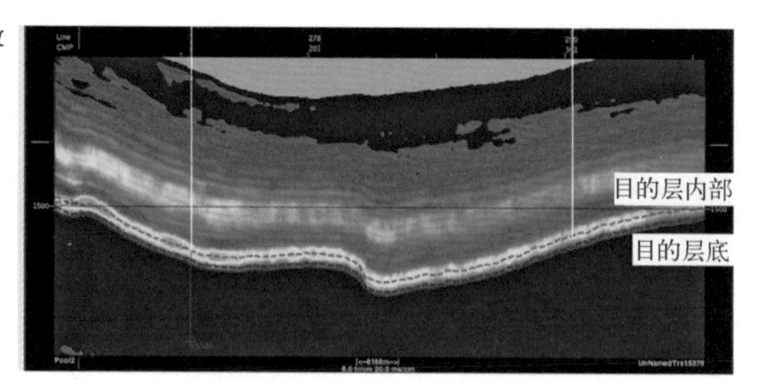

图 3-3-117 地层压力预测连井剖面

缝(与孔隙发育相关)进行对照可以看出(图 3-3-118),三者具有很好的相关性,这是因为,地层压力本身与岩层的含气性和孔隙度有着直接的关系。因此,孔隙压力也可以作为页岩气储层优劣的评价标准之一,为后期储层甜点综合评价提供数据基础。

图 3-3-118 目的层沿层压力系数与AVO 异常属性和裂缝发育属性的对比

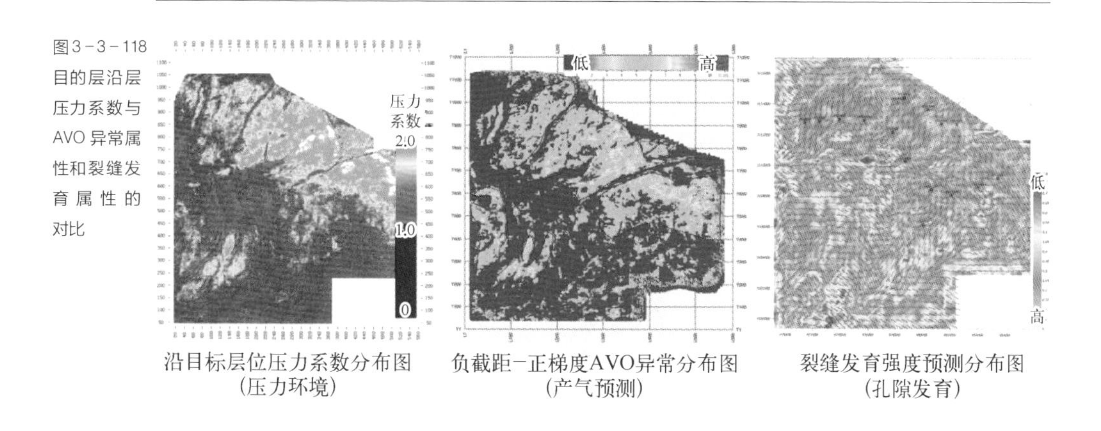

3.3.8 地应力预测

3.3.8.1 地应力大小与方向

地应力是页岩气勘探开发研究的重点。应力大小不仅与油气运移有关,更重要的是,地应力直接影响工程开发。非常规油气藏开发中,通过研究地应力特征来指导水平井位部署及压裂优化。从理论上讲,水平井轨迹应垂直于最大水平主应力方向,这样才能保证压裂时容易形成缝网沟通,保证其产能最大化。从工程安全角度来讲,一般在钻井过程中保证水平井与最大水平主应力有一定的夹角。地应力的研究主要包括最大水平主应力、最小水平主应力、垂向方向应力,就是我们通常所说的三轴应力。页岩气开发中主要考虑最大水平主应力和最小水平主应力。在压裂过程中,最大水平主应力与最小水平主应力的差最小时,水力压裂最易形成网状缝,水平应力差是页岩气开发过程中比较关注的重点。前面第2章已经重点介绍了求取地应力的几种方法,基于各向异性反演的地应力预测方法由于对资料的要求很高,所以此次研究主要利用基于曲率分析的构造应力技术来进行应力分析。图 3 - 3 - 119 是应用前述构造应力场求取的最大水平主应力和最小水平主应力三维可视化显示。红色表示地应力相对较大,蓝色到紫色表示地应力相对较小,从图中可以看出,在断裂构造发育区,其最大水平主应力及最小水平主应力都相对较高,符合地质规律。另外,研究表明,水平井的最大水平主应力和最小水平主应力存在很大差异,这些差异将影响水力压裂微地震事件的展布特征。

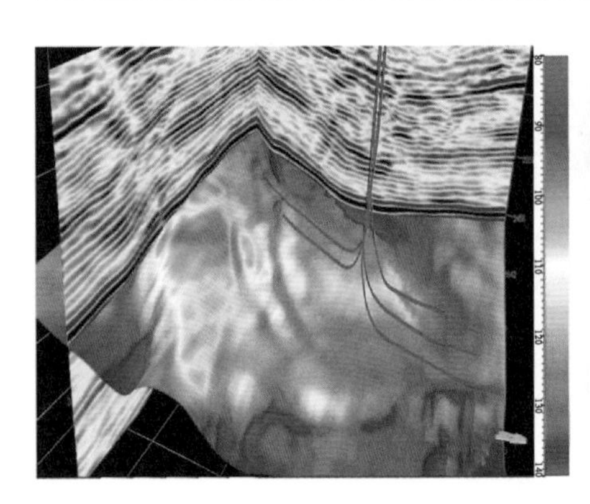

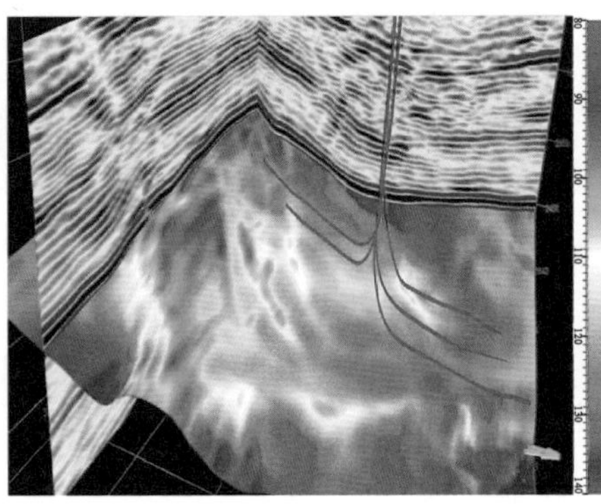

图3-3-119 最大水平主应力和最小水平主应力三维可视化显示

国外最近几年开始研究水平应力差异比,水平应力差异比表征水平应力差的变化程度,即水平应力差与最大水平主应力的比值,是对水平应力差的进一步量化。水平应力差异比越小,储层压裂后越易形成缝网沟通。图 3 - 3 - 120 为水平应力差异比三维可视化显示图。分析表明,相邻水平井附近水平应力差异比相差很大,这对于研究储层改造具有重要意义。图 3 - 3 - 121 是利用上述方法求取的最大水平主应力方向,通过对应力方向的研究,我们可以更加清楚地理解水力压裂时地应力对微地震事件方向的影响。

3.3.8.2 地应力与工程分析

地应力在工程上的应用涉及很多方面,如钻井安全、山体滑坡、地基稳定性等,在页岩气开发中主要是通过分析地应力来指导水平井轨迹方向部署,另外一方面就是指导压裂方案的优化,防止压裂过程中出现一些工程损伤,如加砂困难、套管变形等。研

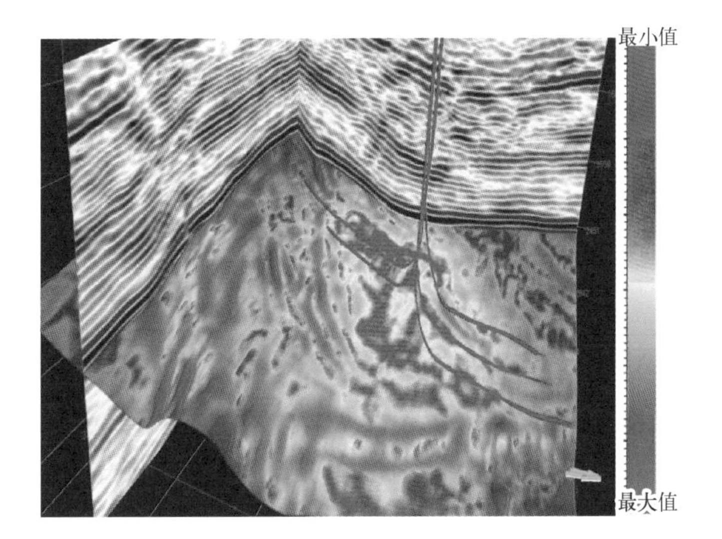

图3－3－120　水平应力差异比三维可视化显示图

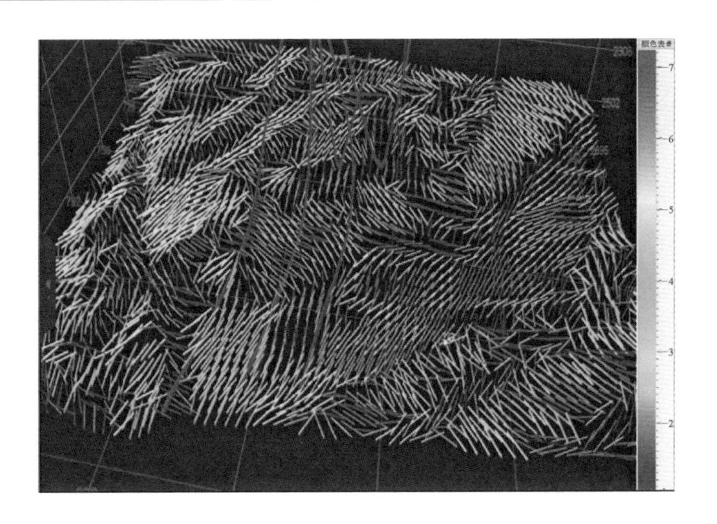

图3－3－121　最大水平主应力方向图

究表明，水平应力差异比越小，越易形成缝网沟通。在一个三维工区，通过钻完井、测井、三维地震数据可以大致地预测出研究区的地应力场特征，包括最大水平主应力、最小主水平应力、水平应力差及水平应力差异比。在综合 TOC、脆性、裂缝、地层压力优选甜点区后，选择那些水平应力差异比小的地方进行压裂，将提高页岩气产能。图3－3－122是水平应力差异比与微地震事件综合显示，颜色越红，表示水平应力差异比越大，浅绿色区基本上对应水平应力差相对较小，通过后期微地震事件检测可以发现，浅绿色区微地震事件呈网状分布，而水平应力差异比相对大区块表现为无微地震事件，或呈条带状分布的明显特征。微地震监测成果与预测成果比较吻合。图3-3-123为目的层水平应力差平面展布，可以发现，水平井组尾端水平应力差相对

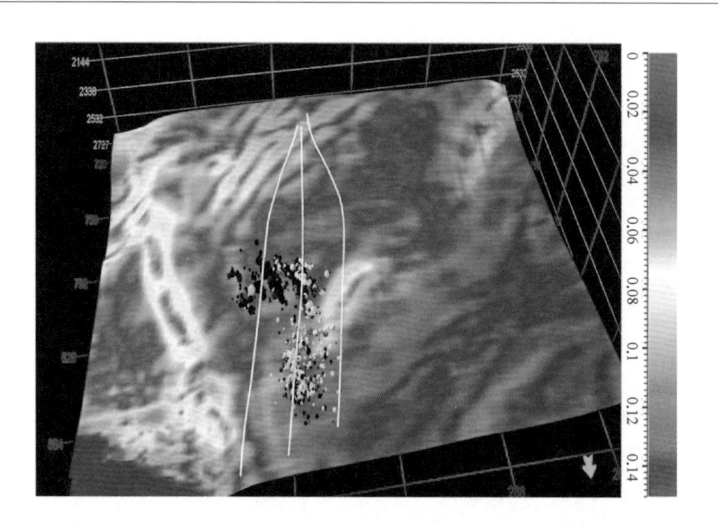

图3-3-122　水平应力差异比与微地震事件综合显示

图3-3-123　目的层水平应力差平面展布

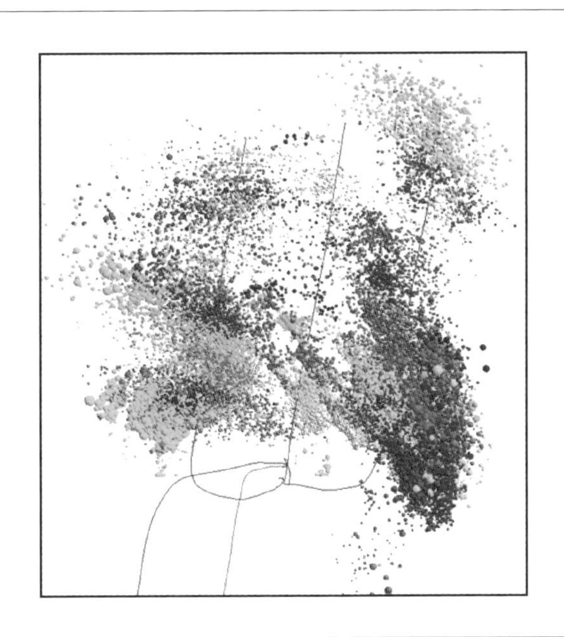

图3-3-124 目的层微地震事件平面展布

较小,在这些区可能更容易形成网状缝,储层改造效果可能相对好一些。图3-3-124为目的层微地震事件平面展布,同样可以发现,在水平井组尾端水平应力差比较小的地方,存在大震级事件,且微地震次数相对较多,而在水平应力差相对大的区域,微地震事件不仅次数少,而且震级也小,有些地方基本上没有,预测结果与实测结果吻合较好。

3.3.9 页岩储层三维建模

3.3.9.1 三维应力模型

通过三维地震勘探、钻井、测录井、压裂、微地震监测、试气试采、生产测试等成果资料的系统研究,建立研究区地球物理、页岩气储层、天然裂缝系统、地质力学等精细的三维模型。该模型主要应用于以下几个方面:一是开展平台整体部署及水平井轨迹优化设计,为后续开发奠定基础;二是紧跟研究区内其他平台现场钻探工程进展,不断深化页岩层地质工程认识,为后续井位的部署设计优化、钻井轨迹优化、储层压裂改造优化、压裂改造后评估和气藏开发优化等一体化综合研究提供依据，辅助实时指导现场的钻井工程、压裂工程及气藏开发等工作。

通过主要目的层精细地震解释，精细划分页岩气储层细小层，包括利用多种手段开展断层、层位精细解释，解释层位包括龙马溪组上下关键地层及龙马溪组内部层组界面及龙马溪组优质页岩段细分层界面。对龙马溪组顶底界、各段、各亚段及各小层精细构造图，对微幅构造、微断层、天然裂缝带进行解释预测。三维地震数据反演和施工井压裂数据刻度，建立了三维应力模型如下。图3－3－125为H1平台三维应力模型，红色表示应力相对较大，白色次之，蓝色表示最小。从水平井三维应力模型可知，水平井组上半支受到一个高应力带的影响，呈条带状，上半支三口水平井周围附近应力存在较大变化。水平井组下半支，三口水平井最开始几段应力较大，后面几段应力基本相差不大。通过此类应力模型研究，对后期确定水平井压裂方案非常重要。

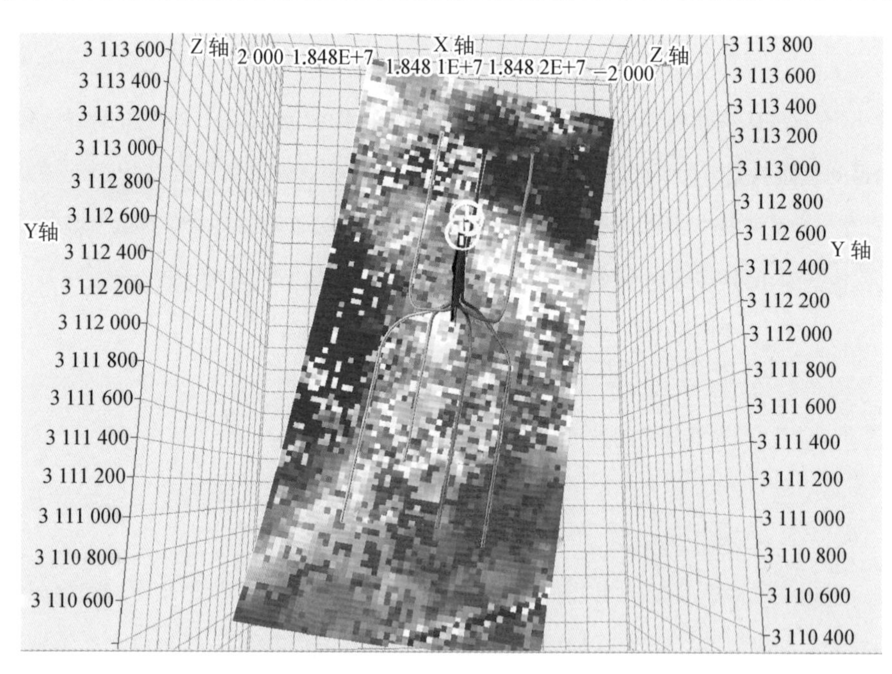

图3－3－125 H1平台三维应力模型

图3－3－126为研究区某水平井应力剖面图，总体而言，水平段基本处于低应力区内，且上下盖层明显，有利于裂缝形态控制。充分认识水平井的应力展布特征，有助

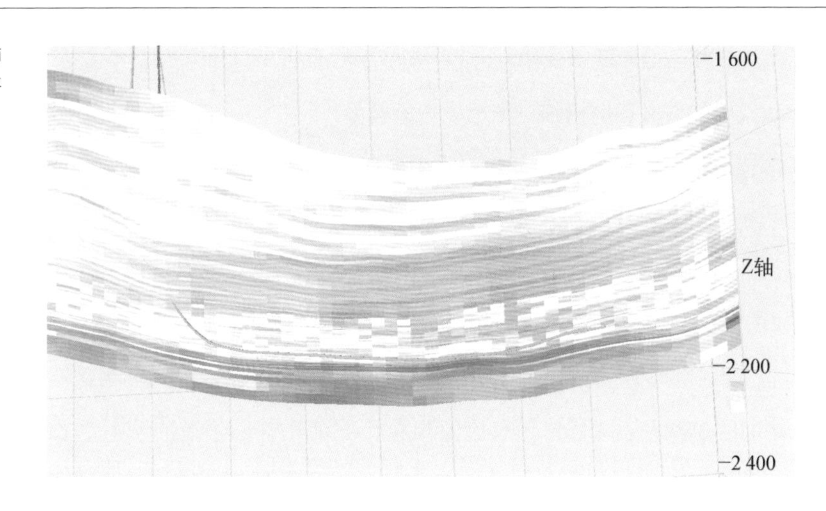

图3－3－126 南方海相页岩某水平井应力剖面

于更好地制定水平井压裂方案。

3.3.9.2 三维地质及天然裂缝模型

利用叠前反演结果和叠前、叠后地震属性，结合单井测井解释结论，基于地质分析和认识，建立区块构造和属性模型，根据三维地震数据建立了对应的地质曲面和三维天然裂缝模型。

裂缝建模主要过程如下：

① 在地震尺度内进行天然裂缝预测，通过成像测井、水力压裂微地震监测等资料进行验证；

② 基于单井、地震解释成果，建立裂缝方位、裂缝发育强度等模型，建立离散裂缝网络；

③ 通过精细的井震结合，建立不同尺度的微断层、天然裂缝带、小尺度离散天然裂缝的区块分布模型。

三维地质力学建模主要过程如下：

① 以井震结合和岩心工程分析成果数据为基础，综合地震及地质结构，建立区块三维孔隙压力模型；

② 综合岩心、测井、钻井、录井及测试数据，考虑页岩储层横向各向同性垂向各向

异性的特点,建立一维岩石力学模型;

③ 结合多井一维地质力学模型,对有导眼井和水平井测井评价的井场,按钻完井计划先后,及时建立井场区精细三维地质力学模型;

④ 结合地震、地质、测井及一维地质力学模型及井场精细三维地质力学模型,建立研究工区三维地质力学模型,刻画储层三维应力场及可压性的非均质性;图 3 - 3 - 127 为三维地质曲面显示。通过前期三维地震成果,得到 TOC 含量、有效孔隙度、杨氏模量模型。如图 3 - 3 - 128、图 3 - 3 - 129、图 3 - 3 - 130 所示。

通过三维地震模型获取了研究区的相干、曲率等天然裂缝属性,利用这些属性表征天然裂缝的发育强度。此外,还有成像测井及压裂微地震检测资料,这些都可以表征地下天然裂缝的形态,只是它们反映裂缝的尺度不一样,可以综合这些反映不同尺度的裂缝资料,以此来建立裂缝模型。

图 3 - 3 - 131 是研究区某水平井组裂缝建模成果,通过裂缝建模,可以预判在水力压裂时微地震事件可能波及的范围,能够更好地理解水力压裂天然缝与人工缝的相互作用,服务于压裂现场。

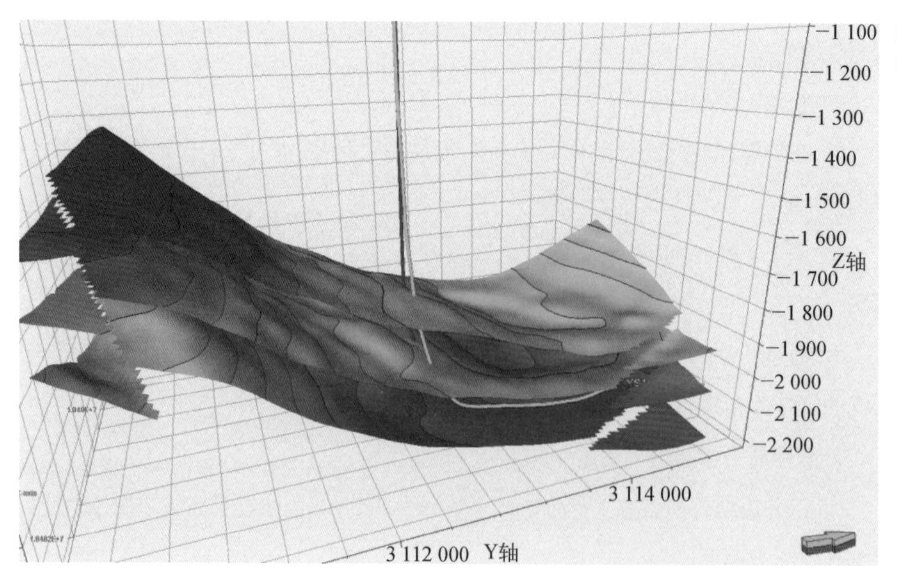

图 3 - 3 - 127
三维地质曲面

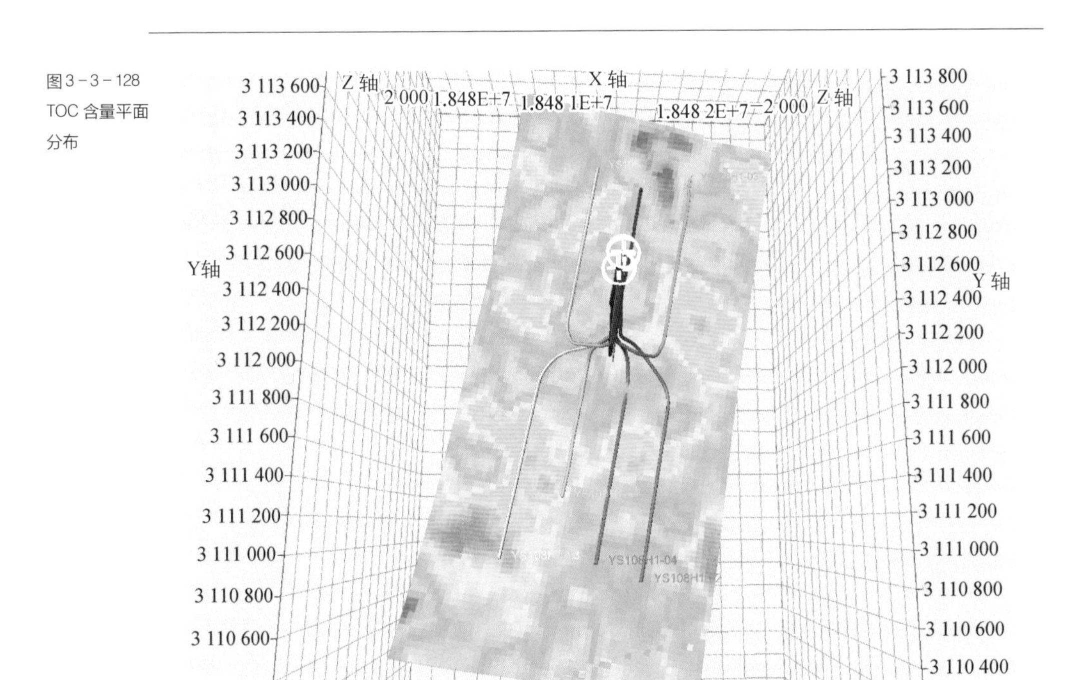

图3-3-128 TOC含量平面分布

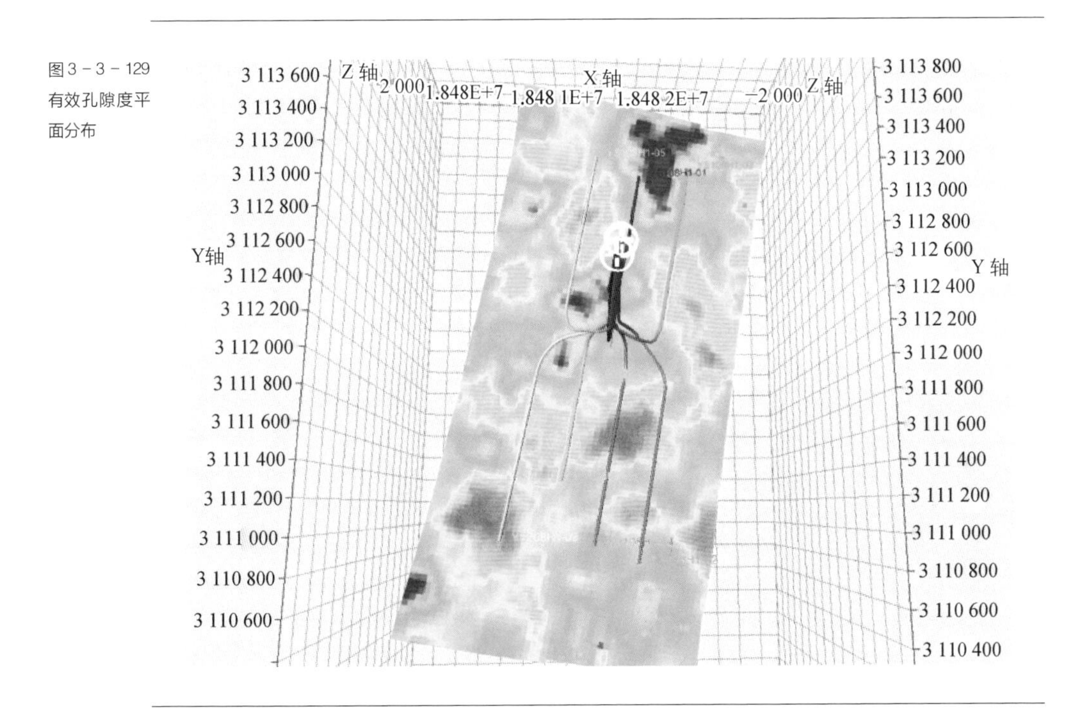

图3-3-129 有效孔隙度平面分布

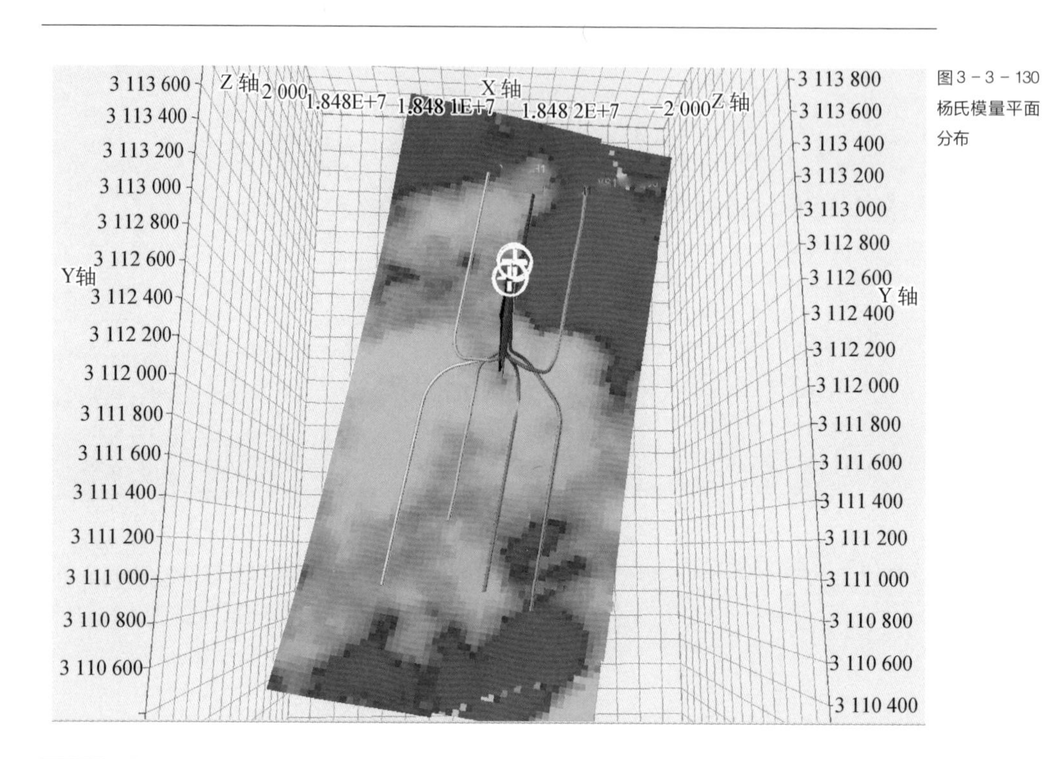

图3－3－130 杨氏模量平面分布

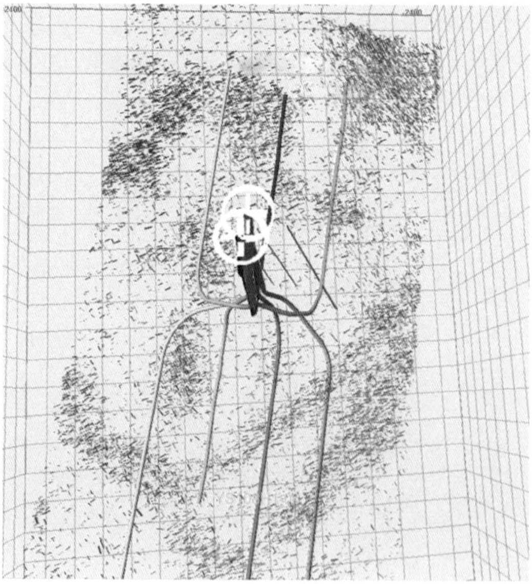

图3－3－131 研究区某水平井组裂缝建模

3.3.10　页岩气甜点综合预测及评价

页岩气甜点综合预测技术主要指综合运用页岩气储层的裂缝裂隙分布规律(叠前、叠后裂缝预测)、泊松比、杨氏弹性模量、TOC含量、脆性等参数来预测页岩甜点区。一般而言,有利页岩气储层应具有高杨氏弹性模量、低泊松比、高脆性、高TOC含量及厚度大、埋深适中、保存条件好等要素,最后综合地应力、地层压力、裂缝预测方法对页岩气优质储层甜点进行综合预测。

在页岩气勘探开发过程中,甜点预测贯穿于整个页岩气勘探开发(图3-3-132),主要作用体现在甜点优选、井位布设、水平井轨迹设计及优化、现场压裂方案优化。此外,甜点预测成果还用于压裂后评估中,用于评估页岩气产量差异原因、指导压裂段间距及井间距的调整,辅助指导页岩气滚动开发。

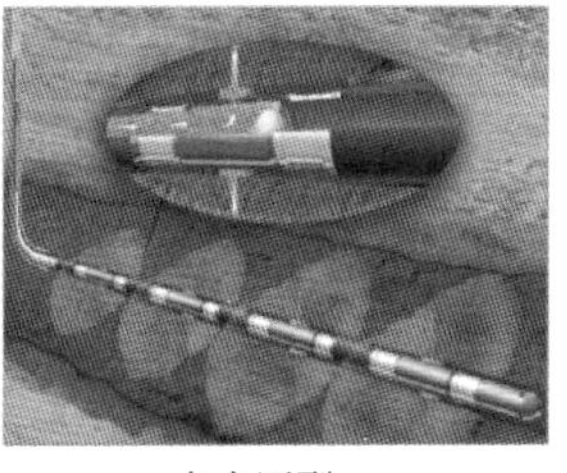

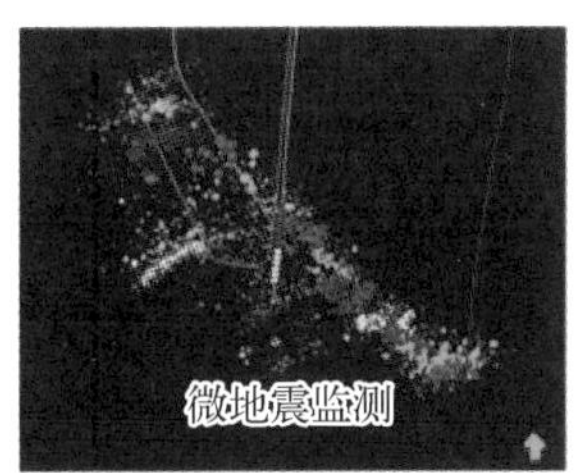

图3-3-132　甜点预测成果主要作用示意图

3.3.10.1　页岩储层甜点区预测

通过岩石物理建模及弹性交会分析,确定不同甜点划分标准。通过调整页岩储层弹性参数的值域来表征页岩储层的 TOC 含量、脆性，利用多属性加权算法或神经网络方法将压力、TOC 含量、脆性、优质页岩厚度等甜点因素按合理权重进行属性融合，预测页岩储层甜点分布。

图 3－3－133 为优质页岩层段测井响应及岩性特性。优质页岩层段主要位于龙马溪组，底部至五峰组底段，总厚度近 45 m，测井曲线表现为低纵横波速度，优质页岩顶部为含碳量相对低的页岩，底部为宝塔组灰岩，宝塔组灰岩表现出明显的高纵横波速度，优质页岩上下储层特征差异非常明显。通过弹性参数交会分析，可以从上下围岩中区分优质页岩层段。图 3－3－134 为纵横波阻抗交会分析识别优质页岩层段。图中测井曲线的点包括优质页岩段、上覆低碳页岩段、下伏灰岩段，通过纵横波阻抗交会分析可知，纵横波阻抗能较好地识别优质页岩段，优质页岩所对应的纵横波阻抗范围为：8 000 [(m/s)·(g/mL)] <纵波阻抗<11 000 [(m/s)·(g/mL)]，4 500 [(m/s)·(g/mL)] <横波阻抗<7 000 [(m/s)·(g/mL)]。图中红色的点为优质页岩段，绿色的为上覆低碳页岩段，黑色的为下伏宝塔组灰岩。

同理，通过建立优质页岩与其他弹性参数的交会分析，可以确定优质页岩储层对

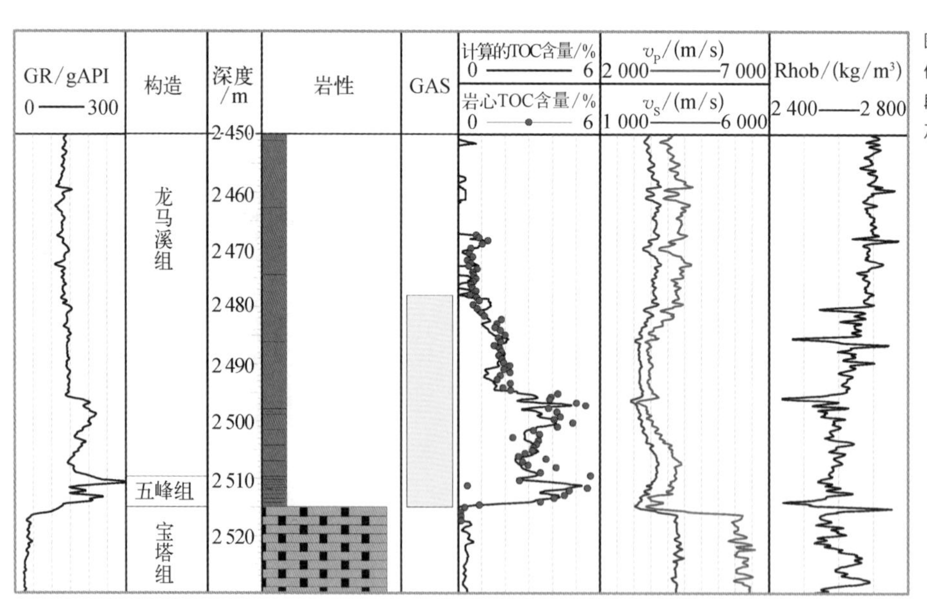

图 3－3－133 优质页岩层段测井响应及岩性特征

图3-3-134 纵横波阻抗交会分析识别优质页岩层段

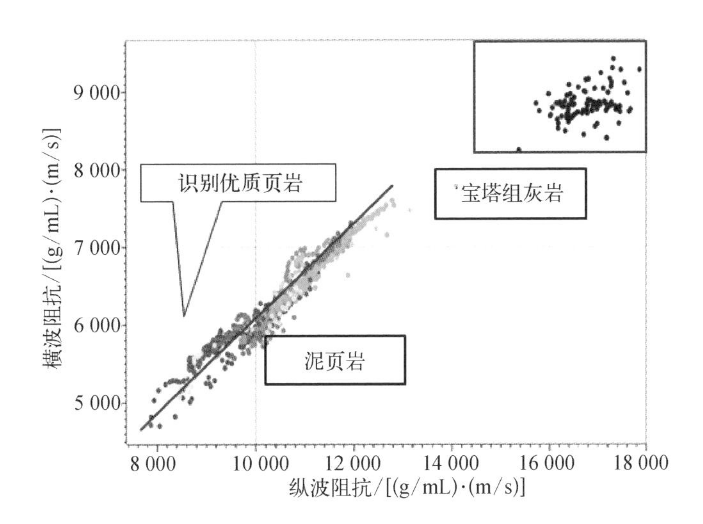

应和其他弹性参数的范围,为后面的甜点类别划分奠定基础。图3-3-135为页岩储层弹性参数交会分析,根据各种弹性参数交会分析,可以确定I类甜点和II类甜点的划分依据。表3-3-11是利用前述弹性参数交会分析所确定的I类甜点和II类甜点的对应的弹性参数范围。

根据目前页岩气开发经验和地球物理弹性参数交会分析结果,将优质页岩储层TOC含量大小作为主要分类标准(不同区块、不同石油公司可能有不同的分类指标,应用时请读者根据实际情况分类),整体上可分为两类:当TOC>3%时,为Ⅰ甜点区;当2%<TOC<3%时,为Ⅱ甜点区。同时,通过对岩心测试数据、测井数据及岩石物理分析结果统计,得到了不同TOC值域大小与主要地球物理弹性参数之间的关系,如表3-3-11所示。

确定TOC含量、脆性、优质页岩厚度、裂缝、地层压力后,根据前期产量测试分析成果,确定影响产量主要地质甜点和工程甜点的主控因素,对甜点多属性进行融合,得到研究区的甜点平面展布(图3-3-136)。图3-3-137左边为多属性甜点融合显示,右边是变换色标显示。通过甜点预测,指出了研究区甜点分布,为页岩气勘探开发提供重要地质成果。

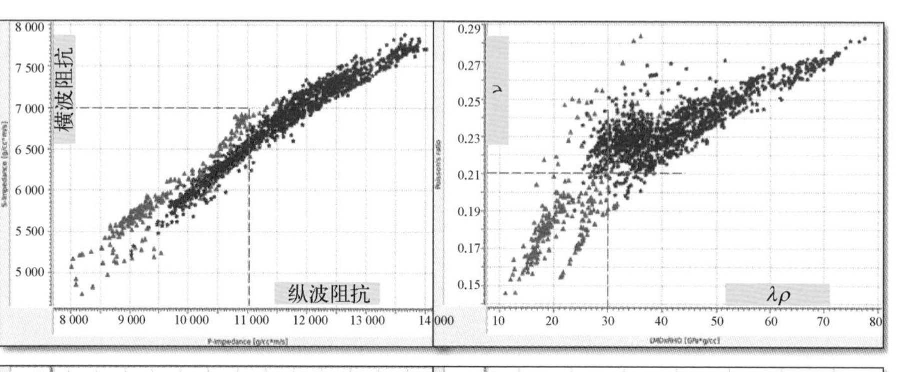

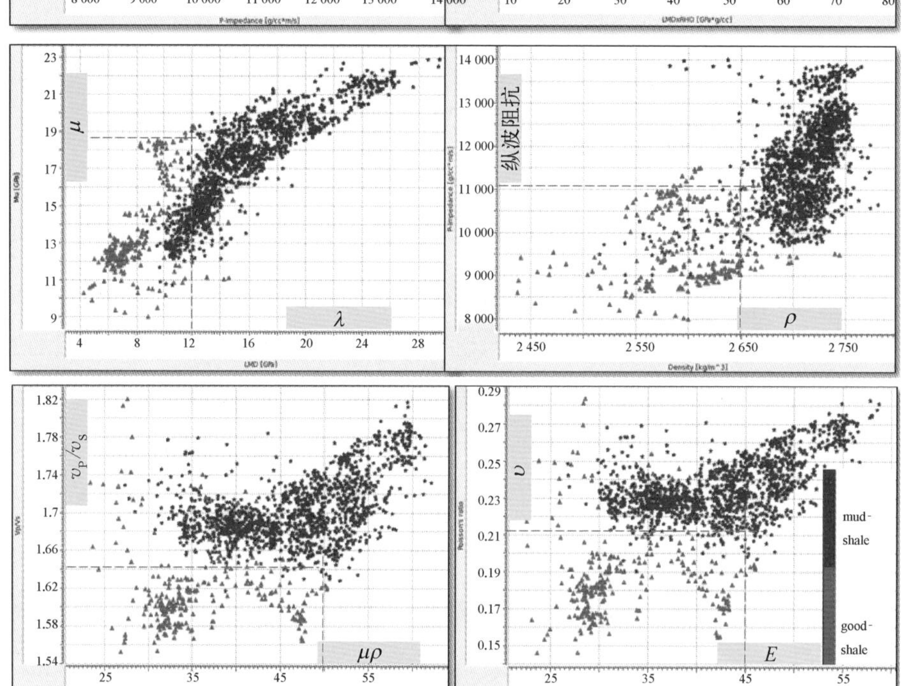

图3-3-135 页岩储层弹性参数交会分析

表3-3-11 TOC含量与弹性参数关系表

属性数据	说 明	Ⅰ类甜点 (TOC >3%)	Ⅱ类甜点 (2% <TOC <3%)	识别标准	单 位
v_P	纵波速度	3 600	4 150	4 150	m/s
v_S	横波速度	2 300	2 650	2 650	m/s
I_P	纵波阻抗	9 500	11 000	11 000	(g/mL)·(m/s)
I_S	横波阻抗	5 800	6 900	7 000	(g/mL)·(m/s)

（续表）

属性数据	说　明	Ⅰ类甜点 （TOC >3%）	Ⅱ类甜点 （2% <TOC <3%）	识别标准	单　位
ρ	密度	2 600	2 600	1 650	kg/m^3
v_P/v_S	纵横波速比	1.63	1.63	1.65	
ν	泊松比	0.22	0.22	0.22	
E	杨氏模量	30.0	40.0	45.0	GPa
λ	拉梅常数	8.0	12.0	14.0	GPa
μ	剪切模量	13.0	18.0	20.0	GPa
$\lambda \cdot \rho$	拉梅常数 · 密度	20.0	30.0	30.0	GPa ·（g/mL）
$\mu \cdot \rho$	剪切模量 · 密度	35.0	45.0	50.0	GPa ·（g/mL）

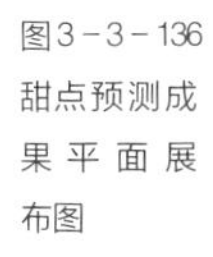

图3-3-136 甜点预测成果平面展布图

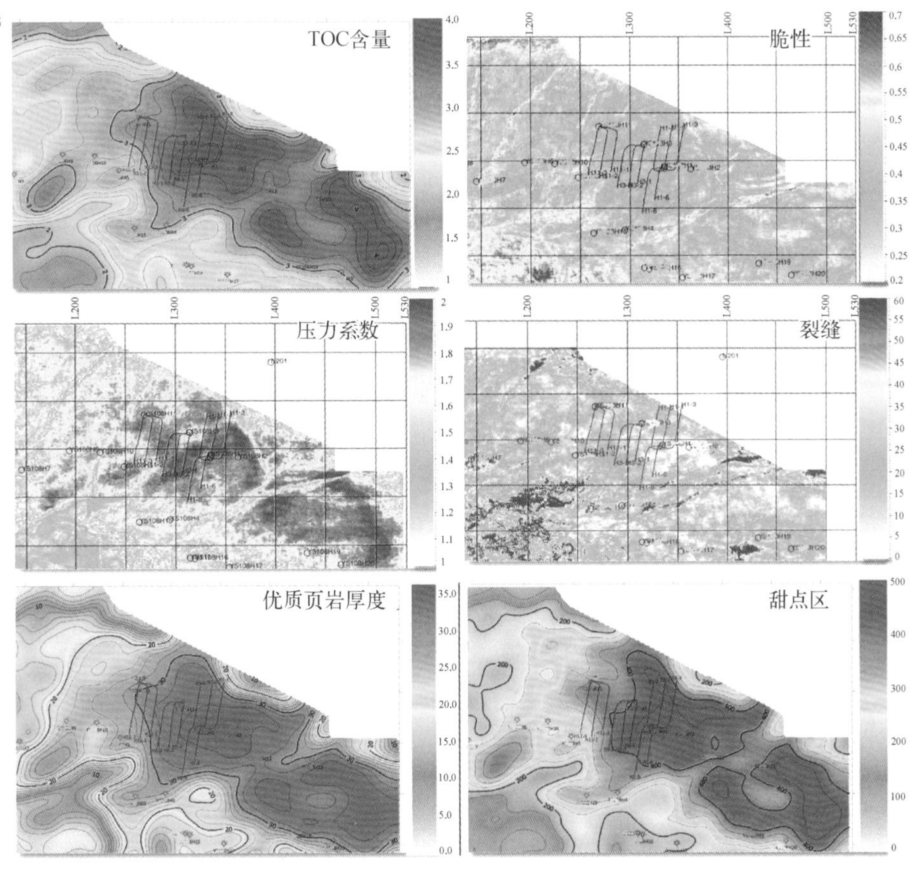

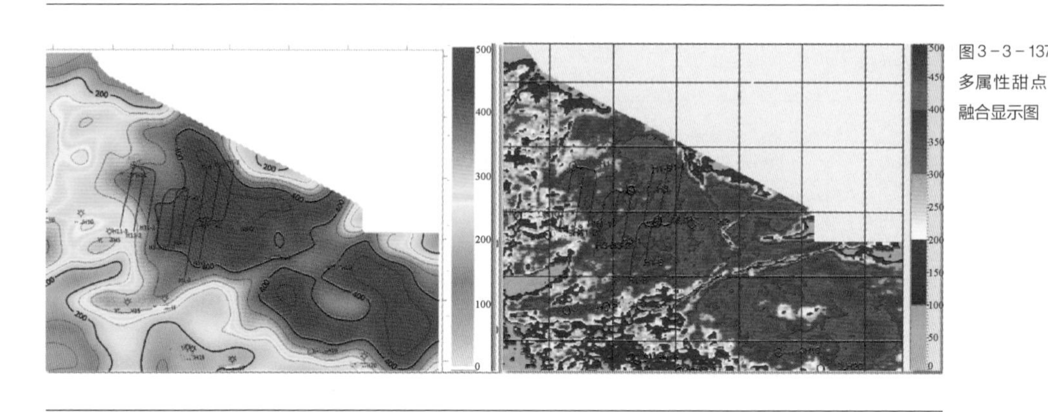

图3-3-137 多属性甜点融合显示图

3.3.10.2　辅助指导水平井的井位调整

充分利用页岩气甜点预测成果,能够对辅助指导水平井轨迹设计及优化起到重要作用。图3-3-138为在开展三维地震甜点成果前,根据构造图特征部署的一个水平井组分布以及根据完成的甜点预测成果后的井位部署调整方案。主要综合考虑了断层、脆性、TOC含量、应力的甜点预测成果,对水平井进行调整。其中,3平台水平井的方向以及水平井的分支数都做了一些调整,由原来的4支减少为3支,通过这些调整,能够降低勘探开发风险,提高勘探开发效益。

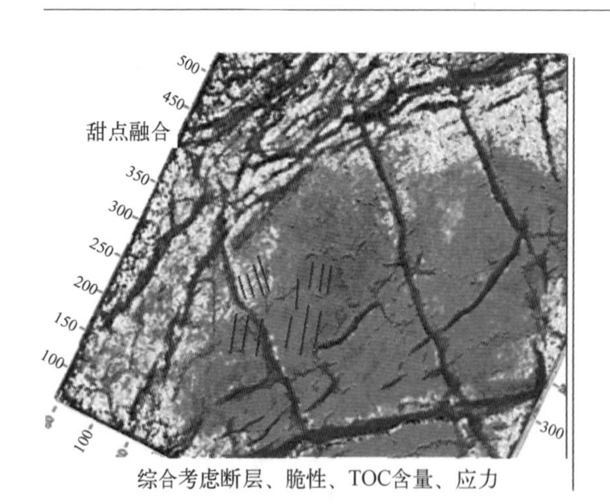

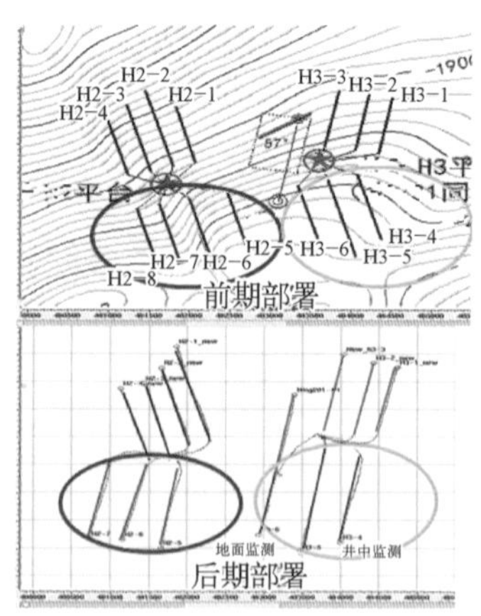

图3-3-138 甜点指导水平井位部署及井轨迹优化

3.3.10.3　辅助指导水平井的井轨迹设计及优化

1. 辅助指导水平井的井轨迹设计

利用高精度三维地震叠前时间偏移(图3－3－139)数据成果,结合该区VSP速度信息,准确预测主要目的层龙马溪组及五峰组埋深及空间展布,同时对小断层进行准确预测。从水平井井轨迹实际钻遇地层分析,高精度三维地震解释优质页岩厚度及深度准确。图3－3－140为水平井实际钻遇地层及随钻曲线图,从水平井测试的全烃、伽马等曲线分析,钻遇优质页岩储层符合率高。实际成果表明,高精度三维地震资料数据成果在辅助指导水平井轨迹设计中发挥了重要作用。

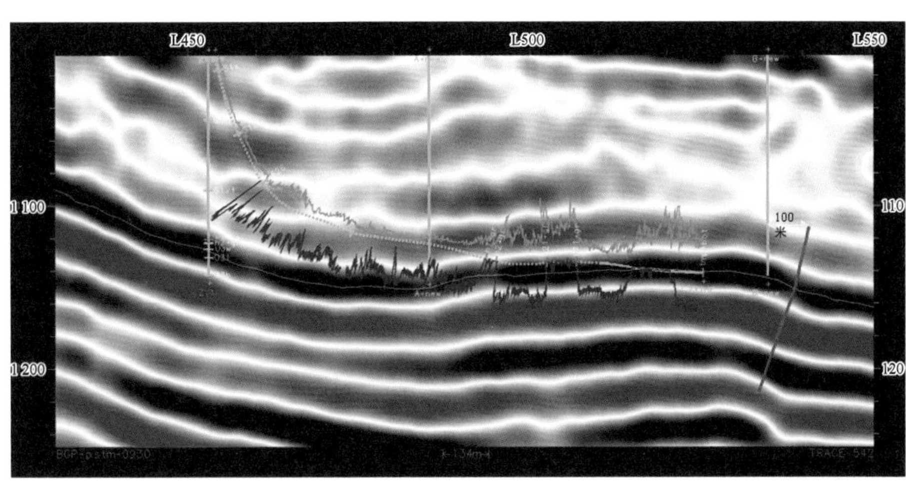

图3－3－139 高精度三维地震叠前时间偏移剖面及水平井轨迹显示图

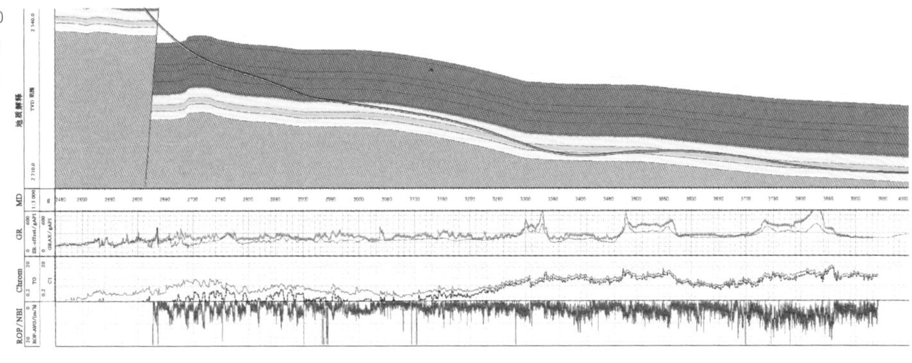

图3－3－140 水平井实际钻遇地层及随钻曲线图

2. 辅助指导水平井的井轨迹优化

利用三维地震成果辅助井轨迹设计，存在的精度问题主要来源于两个方面：一是，目前大斜度井或水平井地震层位标定存在精度不高、不准的问题；二是，在页岩气开发前期，页岩气井比较少，控制约束程度不高，由井向外推时精度相对不高。解决这些问题的方法是，根据最新钻完井资料，不断修正速度场提高时深转换深度。

图3－3－141 中上图是进行速度场校正前的井轨迹，下图是收集最新钻完井资料后修正速度场后的水平井轨迹设计，修正后的水平井轨迹最大限度地保证了水平井沿优质页岩钻遇，通过这种实时更新校正，能够有效指导井轨迹的设计及优化，提高水平井轨迹在优质页岩小层的钻遇率。

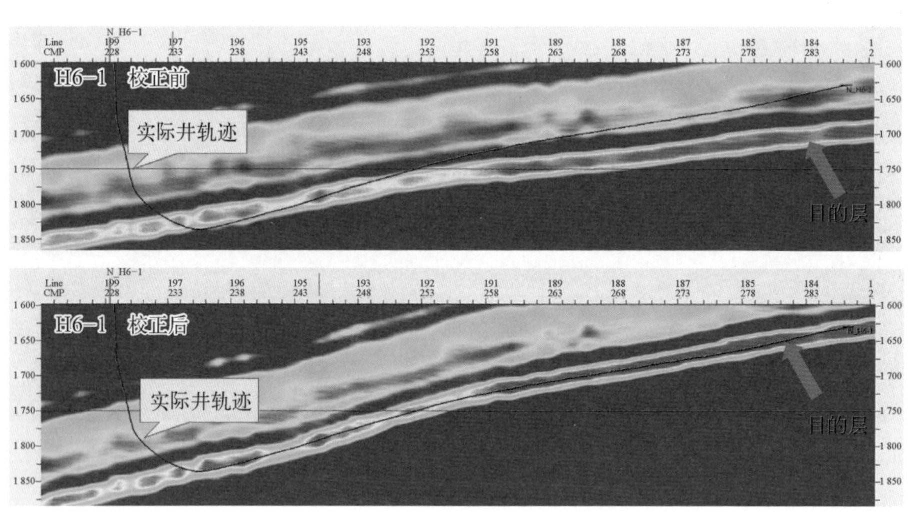

图3－3－141 甜点指导水平井轨迹优化

3.3.10.4 辅助指导水平井压裂方案优化

水平井压裂段参数设计（如分段数、分段间距）直接关系到页岩气的储层改造。水平井压裂段参数的选取与水平井段附近裂缝、脆性、水平应力差异（DHSR）等因素有关。通常在裂缝相对发育、脆性相对大、水平应力差异小的页岩储层更易破裂，更易形成复杂网状缝。

在设计页岩气水平井压裂方案时，在高 TOC 含量、裂缝发育、脆性大、DHSR 小的区域实施压裂，在这些页岩储层段，减少分段数或增加分段间距，这样不仅可以有效实现缝网沟通，还可以节约成本。在其他低 TOC 含量、裂缝不发育、脆性指数小、DHSR 差异大等页岩储层段，压裂分段数太少或间距太大都无法形成有效改造，增加分段数及减小分段间距将有利于压裂改造。而页岩储层 TOC 含量、裂缝、脆性、DHSR 等关系压裂效果的参数，均可以从三维地震数据反演中获得。

在实际工作过程中，页岩气甜点预测成果能够用于指导压裂方案设计及优化。常规的压裂方案设计主要是依据自然伽马或声波时差测井曲线，确定水平井的分段数或段间距。在没有测井的情况下通常采取等分原则，虽然有一定依据，但自然伽马或声波时差不能真实反映页岩储层的 TOC 含量和脆性。因此，综合利用甜点预测的 TOC 含量、脆性来进行压裂方案设计及优化是提高页岩气效益开发的重要手段。

图 3－3－142 为研究区水平井组分段数及段间距压裂优化设计，TOC 剖面中颜色越黑表示 TOC 含量越大，脆性剖面中，颜色越红，表示脆性越大。综合考虑不同水平井段 TOC 含量高低及脆性大小，根据上述分段及段间距设计原则，在三维地震甜点参数预测基础上，能够合理确定分段数、段间距，调整平均分配相同段间距和段数压裂方案，采用因地制宜、合理的压裂方案。图 3－3－142 中，左侧是某水平井实际分段数、段

序号	井　段	段长/m
1	3 973 ~ 3 910	63
2	3 910 ~ 3 805	105
3	3 805 ~ 3 700	105
4	3 700 ~ 3 595	105
5	3 595 ~ 3 490	105
6	3 490 ~ 3 390	100
7	3 390 ~ 3 290	100
8	3 290 ~ 3 220	70
9	3 220 ~ 3 130	90
10	3 130 ~ 3 040	90
11	3 040 ~ 2 955	85
12	2 955 ~ 2 873	82
合计		1 100

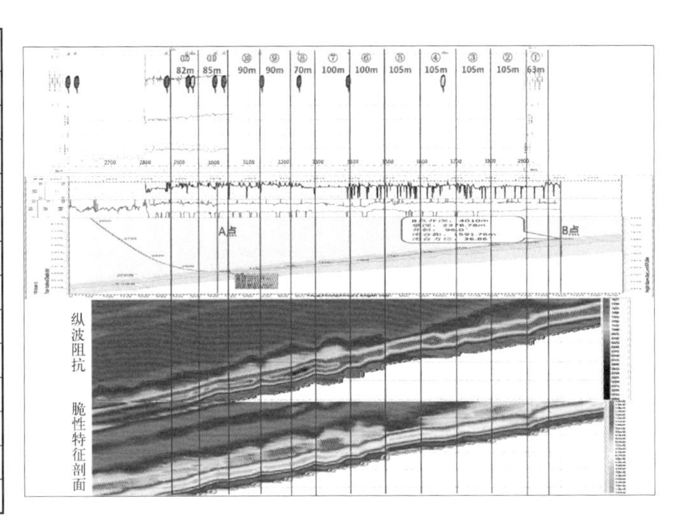

图3－3－142 水平井组分段数及段间距压裂优化设计

长优化设计。实际生产结果表明，高 TOC 含量压裂段对应高试气效果，符合预测和设计预期。目前，该技术在南方海相页岩勘探开发中已经得到了良好的应用效果。

同样，在压裂方案优化时，页岩气三维地震甜点预测成果也可以用来辅助指导优化压裂规模。图 3－3－143 为研究区水平井组加砂规模压裂优化设计。通过优选高 TOC、微裂缝发育井段（见 13 ~ 18 段），设计加大施工规模，提高压裂效果。同时，可以利用地震敏感属性变化优化水平井压裂施工参数（施工压力、排量、液量、砂量等）。在横波阻抗降低、杨氏模量突变（见 4、9、10、12 段）井段，结合固井等资料进行可能套管损害的预警，为避免页岩气开发作业风险提供了重要地质成果。

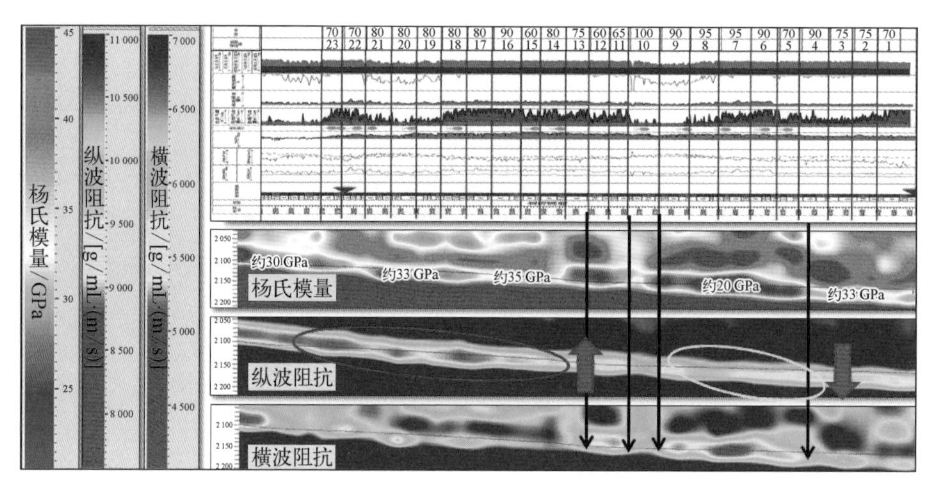

图 3－3－143 水平井组加砂规模压裂优化设计

3.3.11 三维地震与微地震综合解释技术应用

压裂微地震监测事件的分布规律可以表征页岩储层的地层应力状况、裂缝发育程度。综合微地震事件和三维地震叠后/叠前裂缝（相干、曲率、断层自动提取、裂缝发育强度）、脆性预测结果，能够有效评估页岩气储层裂缝预测、脆性展布的可靠性，提高页岩气勘探开发效益。叠前地震资料弹性参数能够反演出纵、横波阻抗、纵横波速度比、泊松比、拉梅常数、脆性等关键参数，这些参数对微地震事件的后续综合解释也有指导作用。

3.3.11.1 辅助指导压裂方案设计及优化

水平井压裂段参数设计（如分段数、分段间距）是储层改造效果的关键。水平井压裂段参数的选取与水平井段附近的裂缝、脆性、水平应力差异（DHSR）等因素有关。通常在裂缝相对发育、脆性相对大、水平应力差异小的页岩层储层更易破裂，更易形成微地震事件。

水力压裂微地震事件趋于在天然裂缝附近发生，天然裂缝形态直接影响水力压裂微地震事件展布特征。地震相干、曲率属性能够很好地表征天然裂缝展布规律。图3－3－144为地震相干属性与微地震联合分析，平面上颜色黑的区域表示天然裂缝比较发育，这些区域可能易于产生大震级事件。压裂微地震监测表明，大震级事件通常发生在天然裂缝比较发育区，微地震事件展布与天然裂缝属性吻合性较好。由于储层特性及地质构造条件的差异，不同区块最能反映地下真实情况的裂缝属性不一样，在相干属性的基础上，通过滤波、裂缝加强处理得到相干加强属性。图3－3－145为地震相干加强属性与微地震综合分析成果，颜色越红，表示裂缝越发育；颜色越黑，表示

图3－3－144 地震相干属性与微地震联合分析

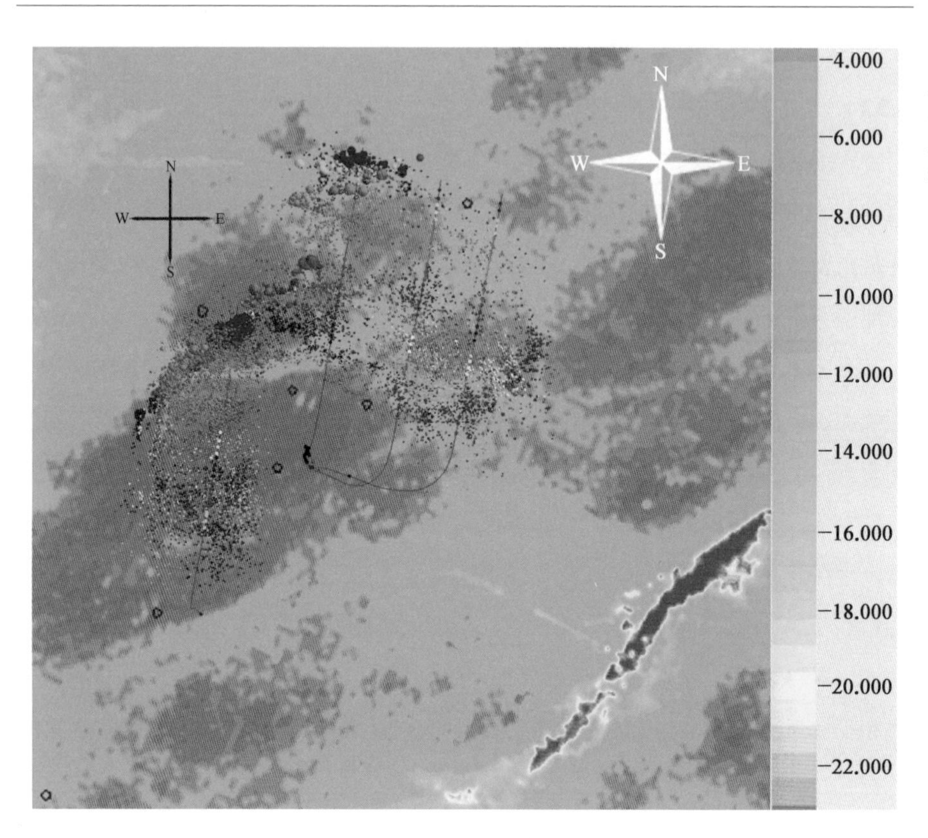

图3-3-145 地震相干加强属性与微地震综合分析成果

裂缝越不发育。将微地震事件与天然裂缝属性对比分析可以发现,在颜色越黑的区域,基本上没有微地震件,在浅绿色区域,集中发展大量微地震事件,天然裂缝与微地震事件吻合度较高。相干加强属性最能反映研究区天然裂缝的展布特征。

据此可以设计压裂方案,在裂缝发育、脆性大、DHSR 小的区域实施压裂,在这些区域减少分段数或增加分段间距,不仅可以有效实现缝网沟通,还可以节约成本。在其他裂缝、脆性、DHSR 特征相对差的区域,压裂分段数太少或间距太大都无法形成有效改造,增加分段数及减小分段间距将有利于压裂改造。而裂缝、脆性、DHSR 均可以从三维地震数据中提取,然后根据微地震压裂监测结果按照需要实时调整压裂方案,实现储层的最优改造效果。图 3-3-146 为运用地球物理方法指导压裂优化施工成果图,两者吻合度较好。

图3-3-146 运用地球物理方法指导压裂优化施工成果图

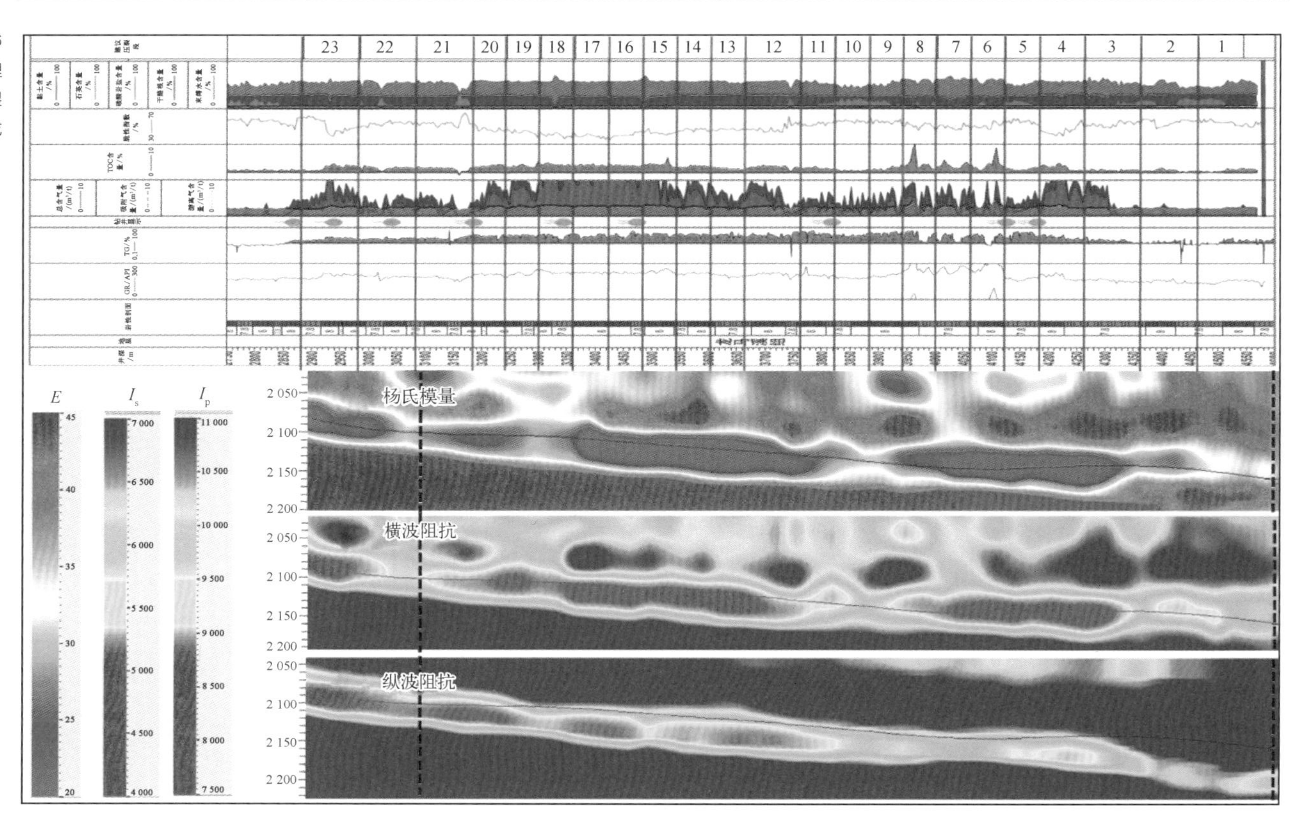

3.3.11.2 辅助指导压裂工程预警

综合三维地震甜点预测与微地震监测成果,能够较好地预测可能套管变形区段。据不完全统计,长宁-威远页岩气示范区套管变形约占整个水平井数量的1/10,套管变形不仅影响压裂施工的进展,而且会直接影响页岩气产量。避免或降低套管变形率是亟待解决的重大工程技术问题。图3-3-147为研究区水平井微地震监测成果,分析表明,水平井底部聚集了大量大震级事件,呈明显的条带状分布,综合压裂曲线、地质特征、微地震事件,能够确定水平井底部存在一条较大的天然裂缝。由于天然裂缝的存在,导致微地震事件大量发生。但由于裂缝尺度的局限性,三维地震裂缝属性并没有表征出水平井底部微裂缝。基于三维地震叠前反演成果,通过一条过水平井的横波阻抗剖面(图3-3-148),可以发现,水平井底部大震级事件区的横波阻抗发生了明显变化,横波阻抗变化比天然裂缝属性对微地震事件更为敏感,在这些大震级事件区最易发生一些工程损伤,可能导致套管严重变形。

因此,在后期进行其他水平井组钻完井时,可以利用横波阻抗差异来预测可能的工程损伤区段。图3-3-149为横波阻抗预测套管变形区,沿两口水平井抽取三条横波阻抗剖面。根据前文实际分析的结果和经验,横波阻抗变化越大的区域,越容易发生一些工程损伤,钻完井及压裂施工过程需注意,预测结果与实钻结果比较吻合,证实了该方法的可靠性。目前,已利用横波阻抗差异指导研究区多口水平井组钻完井及压裂设计。

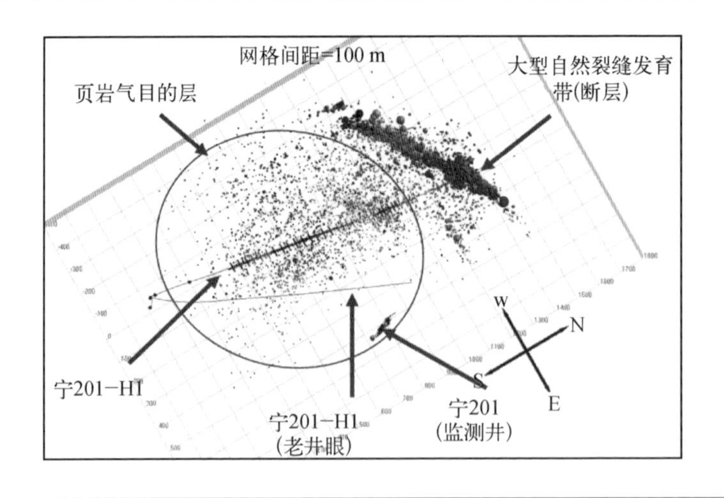

图3-3-147 水平井微地震监测成果

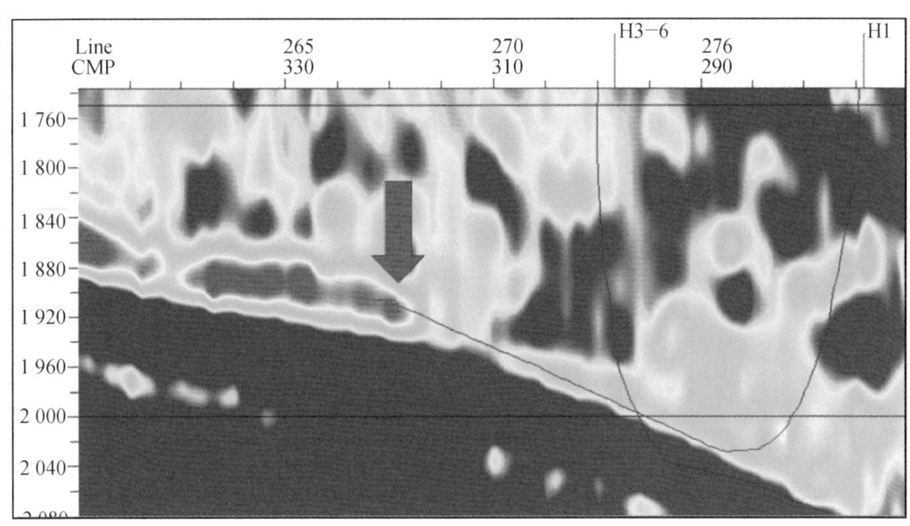

图3-3-148 水平井横波阻抗特征

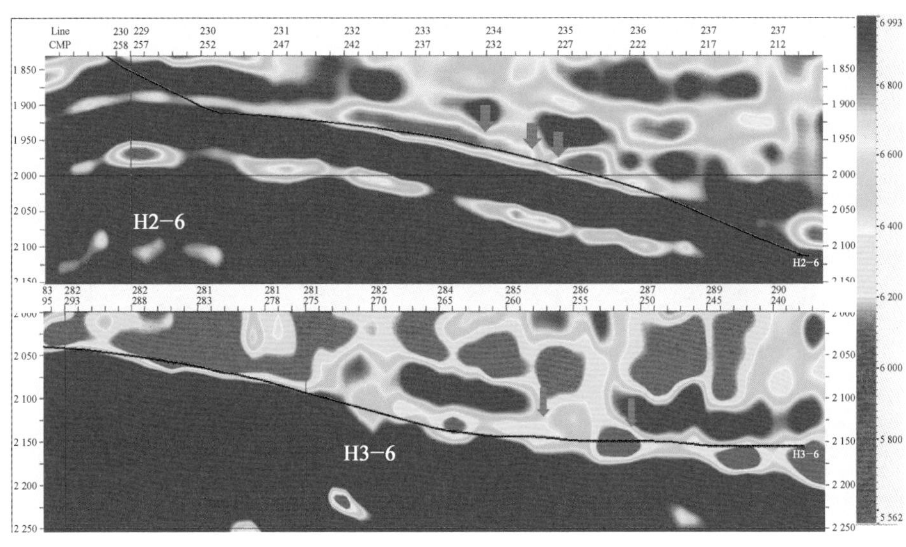

图3-3-149 水平井横波阻抗预测套管变形

3.3.11.3 辅助指导压裂方案现场实时调整

实际工作表明，综合利用页岩气三维地震甜点预测成果与微地震监测成果，能够有效指导页岩气压裂方案现场实时调整。在南方页岩气压裂工作方案设计及实施中，一些水平井组通常进行拉链式压裂，即先压 1 井 1 段，再压 2 井 1 段，再压 3 井 1 段，反复按照这种方式进行压裂，实现井间干扰，扩大复杂缝网面积，提高压裂改造效果。图 3 - 3 - 150 为三维地震甜点预测的岩石力学参数，颜色不同的区表示各自岩石力学性质存在差异。仔细分析发现，在 1、2、3 井中间存在一个带状区域，这个带状区的岩石力学性质与其他区域不一样，很可能是由于矿物组分及岩性发生了变化。综合预测该区段进行压裂过程中，这个带状区可能影响其他井，存在邻井干扰影响风险。比如，压 2 井这一段时，可能会激活 3 井区域，容易发生一些工程损伤，如加砂困难，会发生套管严重变形。因此，在压裂现场，通过调整原来压裂方案的顺序，改变原来统一进行拉链式压裂的方案。表 3 - 3 - 12 是调整后顺序，即确定中间 2 井一直先压，压完后再压其他井。压裂后的微地震监测结果充分验证了调整后方案的合理性。通过调整，有效地防止套管变形、减小应力阴影及邻井干扰影响，较好地避免了工程施工风险，保证压裂工作的顺利进行。

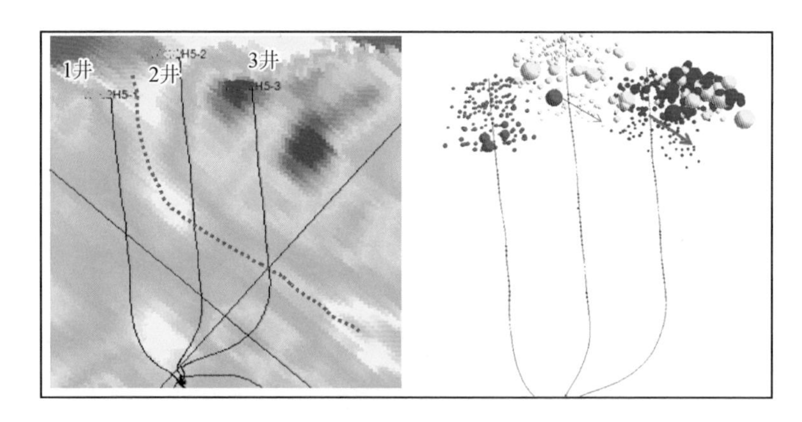

图3 - 3 - 150 利用岩石力学属性现场实时调整压裂施工顺序

表3 - 3 - 12 压裂施工顺序前后调整表

调整前顺序	调整后顺序
2井-1井-3井(拉裂压裂)	2井-2井-2井-1井-3井(重点2井)

3.3.11.4 压裂改造效果后评估

在研究中,为了评估不同水平井储层压裂改造的效果,将微地震事件分为不同的震级,观察微地震事件在各自水平井附近分布形状,图3－3－151、图3－3－152、图3－3－153为H3－1、H3－2、H3－3水平井大事件。分析表明,三口井的甜点特征差异不是很大,但水平井附近微地震事件差异很大。研究表明,对于三口水平井,大

图3－3－151 H3－1水平井大事件

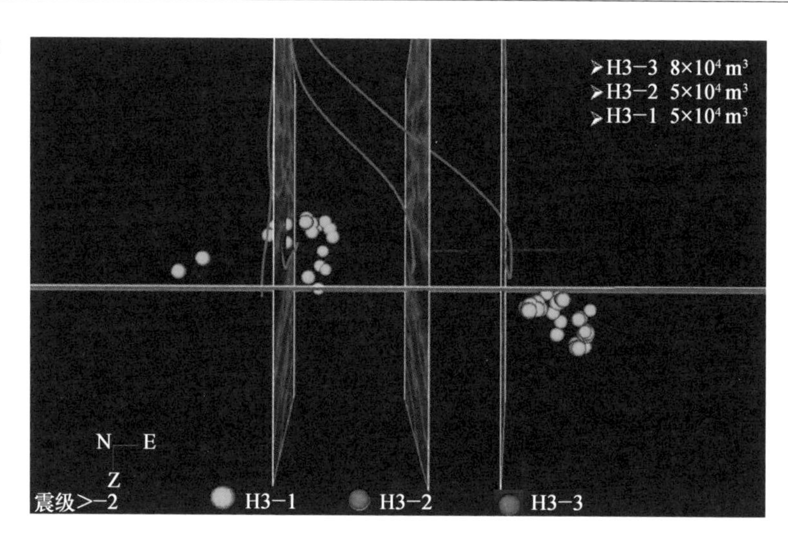

图3－3－152 H3－1/H3－2水平井大事件

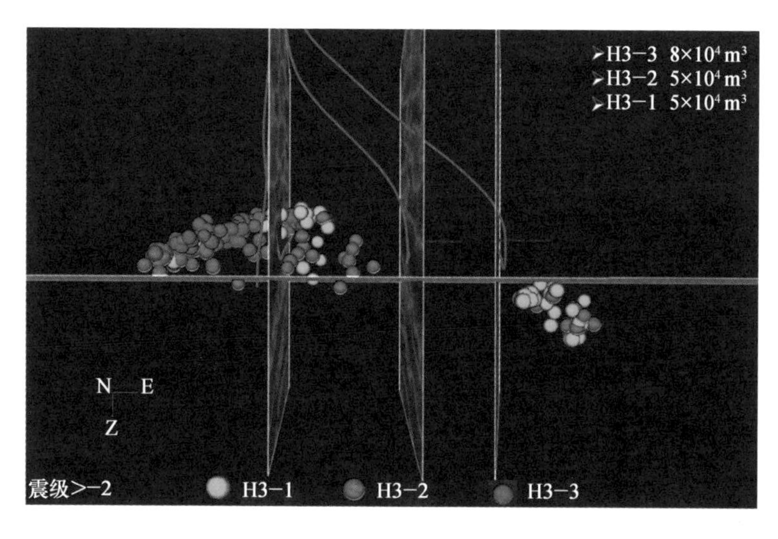

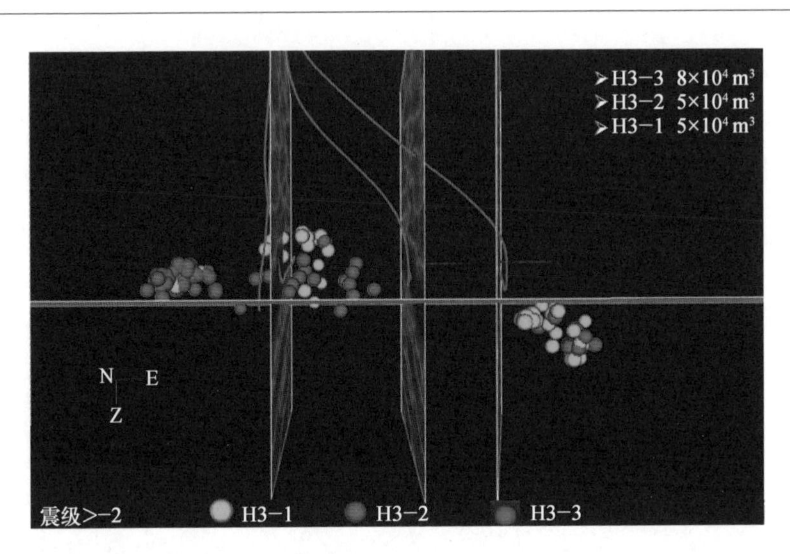

图 3-3-153 H3-1/H3-2/H3-3 水平井大事件

事件主要发生在 H3-3 井附近,其他两口井基本上没有大事件,虽然三口井甜点差异较小,但储层改造过程中大震级事件都在 H3-3 附近,从微地震事件来看,H3-3 水平井附近改造比较理想,其他两口井改造相对较差,这可能是 H3-3 产量较好的一个原因。

第4章

页岩气地球物理综合解释技术展望及应用前景

4.1 页岩储层各向异性岩石物理建模技术

岩石物理技术是地球物理研究的基础，需要深入研究页岩气储层电学及声学特征实验技术，完善页岩气储层的岩石物理实验手段，研究页岩气储层的地球物理响应特征；需要深入研究页岩气储层地震各向异性岩石物理建模技术，从理论上求解页岩气储层的地震各向异性问题。另外，近年来发展的数字岩心技术可以相对连续地从微观到宏观角度研究岩石物理特性，有可能成为研究页岩岩石物理特性的重要手段。

需要对页岩气储层参数评价技术，特别是裂缝识别及定量评价技术进行深化研究，形成成熟、配套的页岩气储层物性参数测井处理和评价的工作流程，建立页岩气测井识别和评价标准；针对页岩气储层含气的复杂性(既有游离气，又有吸附气)，建立成熟有效的含气性识别和评价技术。国外含气页岩的测井解释评价日趋完善，各测井服务公司都已经有了成型的系统软件，贝克休斯公司发展了一套专门应用于页岩气评价的软件——页岩气专家系统；斯伦贝谢也研发出了应用于解释评价的页岩气模块。页岩气藏与常规油气藏在储层物性、电性等方面有着很大的不同，因此不能将常规油气藏的测井解释评价体系直接应用于含气页岩，对于含气页岩的解释评价，需要在岩石物理研究的基础上，在借鉴国外技术和经验的同时，建立一套更加适用于中国复杂含气页岩的测井处理的解释评价体系。

4.2 页岩气多波多分量三维地震数据综合解释技术

多波多分量地震勘探可以同时获得纵波和横波信息，多波多分量地震资料记录了地下介质由于非均质性、各向异性等造成的各种复杂反射、绕射和散射现象，以及裂缝发育过程中产生的横波分裂、流体填充引起的现象。因此，有利于页岩气岩石物理参数的反演和计算、各向异性和横波分裂分析，联合纵横波信息能够更准确地进行 TOC 含量及脆性预测、岩性识别、储层预测、裂缝检测、地应力预测、地层压力预测、含气性识别等页岩气甜点预测关键问题，相对于纵波地震勘探而言，多波多分量地震勘探具有明显的优势。

目前,我国多波多分量三维地震采集、处理和解释配套技术基本成熟,同时拥有自主知识产权的多波多分量地震勘探软件。该技术在常规油气勘探中已进行规模推广应用,未来也将在页岩气勘探开发中发挥重要作用。

4.3 综合地震、测井、微地震的甜点预测综合解释技术

压裂前作用:以高精度三维地震数据成果为基础,充分综合岩石物理、测井、微地震资料成果优势,更好地提高页岩气储层甜点预测精度及有效性。

压裂过程及压裂后评估:综合三维地震预测及压裂微地震矩张量反演等技术成果,能够更好地预测裂缝剪切、闭合等性质,建立动态三维储层小层开发模型,更好地预测压裂改造有效体积。

综合三维地震及永久动态监测的解释技术:储层特性的一些弹性参数(如纵横波阻抗、杨氏模量、泊松比等)与微地震事件相关联,开展页岩储层弹性参数与微地震响应研究,综合 TOC 含量、脆性、裂缝、微地震监测成果,将地球物理甜点因素与工程因素相结合进行综合评估,尤其是针对井组、开发区进行三维永久地面监测,实现不间断压裂过程数据采集、处理,依托现场三维可视化能力及现场实时、远程专家支持系统,结合页岩水平井产量差异原因综合分析,评估储层压裂改造效果,为下一步水平井压裂优化设计提供坚实技术支撑。

4.4 页岩气地震地质工程一体化技术及配套软件

地质工程一体化,就是围绕提高单井产量这个关键问题,以三维模型为核心、以地质-储层综合研究为基础,在丛式水平井平台工厂化开发方案实施过程中,针对遇到的

关键性挑战，开展具有前瞻性、针对性、预测性、指导性、实效性和时效性的动态研究和及时推广应用。

针对中国南方海相页岩气开发的地质工程一体化实施的技术路线（图 4－4－1），围绕提高页岩气单井产量这个关键问题，在丛式水平井平台工厂化开发方案实施过程中，对钻井、固井、压裂、试采和生产等多学科知识和工程作业经验进行系统性、针对性和快速地总结，对工程技术方案进行不断调整和完善。在页岩气开发区块、工厂化平台和单井三种尺度，分层次、动态地优化工程效率与开发效益，实现页岩气的经济开发和效益开发。

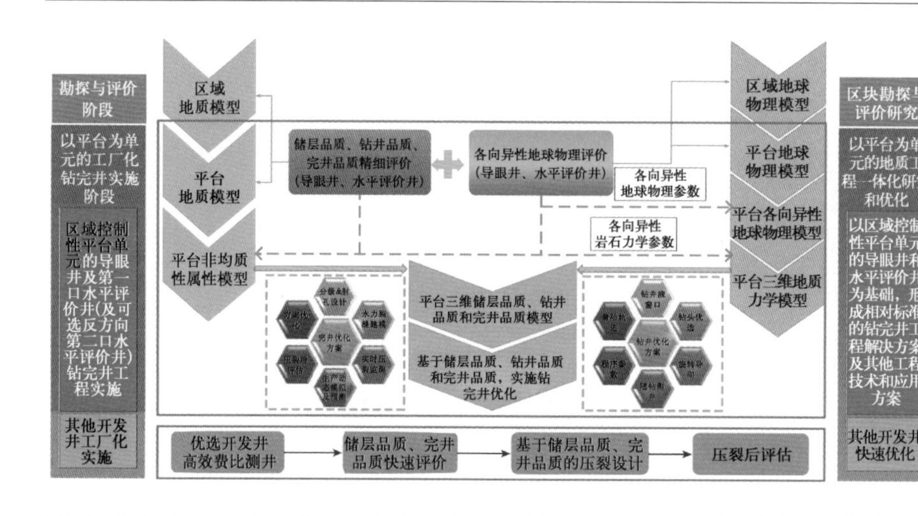

图 4－4－1 地质工程一体化技术路线（引自吴奇、梁兴等，2015）

参考文献

[1] 朱光明. 垂直地震剖面. 北京: 石油工业出版社,1988.

[2] 吴律. 层析基础及在井间地震中的应用. 北京: 石油工业出版社,1997.

[3] Poletto F, et al. SWD using rig-pilot arrays. SEG International Exposition and 73rd Annual Meeting, 2003.

[4] 梁兵,朱广生. 油气田勘探开发中的微震监测方法. 北京: 石油工业出版社,2004.

[5] 储仿东,等. 微地震压裂监测方法研究及现场试验. 天津地质年会,2011.

[6] 严又生,宜明理,魏新,等. 三维三分量 VSP 数据处理方法及效果. 石油地球物理勘探,2005,40(1): 18-24.

[7] 凌云,郭向宇,等. 地震勘探中的各向异性影响问题研究. 石油地球物理勘探,2010,45(4): 606-623.

[8] 李彦鹏,陈沅忠,徐刚,等. 大阵列 3D-VSP 技术在大庆油田的应用. 石油地球物理勘探,2011,46(2): 311-316.

[9] Sun X, Ling Y, et al. Anisotropic parameter calculation by walkaway VSP and full azimuth seismic data. 79th SEG Annual Meeting, 2009.

[10] Sun X, Ling Y, Gao J, et al. A deconvolution approach using statistical upgoing

waves of zero offset VSP. 71st EAGE Conference & Exhibition, 2009.

[11] Li Y, Ling Y, Chen Y, et al. 3D - VSP and surface full-azimuth seismic intergrated study in daqing oil field. IPTC meeting, 2011.

[12] Li Y, Chen Y, Peng J, et al. Walkaway VSP multi-wave imaging over a gas cloud area. 72nd EAGE Conference & Exhibition incorporating SPE EUROPEC, 2010. 6.

[13] Yan Y S, et al. Comparison of crosswell seismic data for two sources in China. The Leading Edge, 1999,18(3): 312 - 313.

[14] 严又生,等. 井间地震速度和 Q 值联合层析成像及应用. 石油地球物理勘探, 2001,36(1): 9 - 17.

[15] Yan Y S, et al. Interpretation of lithology and connectivity with crosswell velocity tomography. Expanded Abstracts of 64th EAGE, 2002: 146.

[16] Yan Y S, et al. VTI analysis on crosswell seismic data. First Break, 2003, 21(5): 47 - 50.

[17] Yan Y S, et al. Application of crosswell seismic reflection imaging for interpretation of connectivity. Expanded Abstracts of 64th EAGE, 2002: 146.

[18] 徐刚. 井中压裂微地震监测技术方法研究[D]. 山东: 中国石油大学(华东),2013.

[19] 田玥,成晓非. 地震定位研究综述. 地球物理学进展,2002,17(1): 148 - 152.

[20] Mayerhofer M J, Lolon E, Warpinski N R, et al. What is stimulated reservior volume? SPE prod & Oper, 2010, 25(1): 89 - 98.

[21] Refunjol X E, Keranen K M, Le Calvez J H, et al. Integration of hydraulically induced microseismic event locations with active seismic attributes: A North Texas Barnett Shale case study. Geophysics, 2012, 77(3): KS1 - KS12.

[22] Hazzard J F, Young R P. Moment tensors and micromechanical models. Tectonophysics, 2002, 356(1): 181 - 197.

[23] Hart B, Sayears C M, Jackson A. An introduce to this special section: Shale. The Leading Edge,2011,30(3): 272 - 273.

[24] 刘振武,撒利明,杨晓,等. 页岩气勘探开发对地球物理技术的需求. 石油地球物理勘探,2011,46(5):810-818.

[25] Kuuskraa V A. Uncoventional natural gas industry: savior or birge. EIA Energy Outlook and Modeling Conference, 2006.

[26] Gautier D L, Dolton G L, Takahashi K I, et al. 1995 National Assessment of United States Oil and Gas Resources: Results, methodology, and supporting data. Geological Survey (US), 1996.

[27] Lucier A M, Hofmann R, Bryndzia L T. Evaluation of variables gas saturation on acoustic log data from the Haynesville Shale gas play, NW Louisiana, USA. The Leading Edge, 2011, 30(3): 300-311.

[28] Zhu Y, Liu E, Martienz A. Understanding geophysical responses of shale-gas plays. The Leading Edge, 2011, 30(3): 332-338.

[29] Hartman R C, Lasswell P, Bhatta N. Recent advances in the analytical methods used for shale gas reservoir gas in place assessment. Search and Discovery Artical, 2008, 40317: 20-23.

[30] Jarvie D M, Hill R J, Rule T, et al. Unconventional shale gas systems: the Mississippian Barnett Shale of north-central Texas as one model for thermogenic shale gas assessment. AAPG, 2007,91(4): 475-499.

[31] Hart B, Sayers C, Jackson A, et al. Introduction to this special section: Shale. The Leading EDGE, 2011, 30(3): 272-340.

[32] 页岩气地质与勘探开发实践丛书编委会. 北美地区页岩气勘探开发新进展. 北京: 石油工业出版社,2009.

[33] 页岩气地质与勘探开发实践丛书编委会. 中国页岩气藏地质理论研究新进展. 北京: 石油工业出版社,2009.

[34] Slatt R M, Abousleiman Y. Merging sequence stratigraphy and geomechanics for unconventional gas shales. The Leading Edge, 2011, 30(3): 274-282.

[35] 张金川,徐波,聂海宽,等. 中国页岩气资源勘探潜力. 天然气工业,2008,28(6): 136-140.

[36] 张金川,姜生玲,唐玄,等. 我国页岩气富集类型及资源特点. 天然气工业,2009,29(12):109-114.

[37] 李其荣,杜本强,隆辉,等. 蜀南地区天然气地质特征及勘探方向. 天然气工业,2009,29(10):21-23.

[38] 张金川,金之钧,袁明生. 页岩气成藏机理和分布. 天然气工业,2004,24(7):15-18.

[39] 陈更生,董大忠,王世谦,等. 页岩气成藏机理与富集规律初探. 天然业工业,2009,29(5):17-21.

[40] 蒋裕强,董大忠,漆麟,等. 页岩气储层的基本特征及其评价. 天然气工业,2010,30(10):7-12.

[41] 聂海宽,唐玄,边瑞康. 页岩气成藏控制因素及中国南方页岩气发育有利区预测. 石油学报,2009,30(4):484-491.

[42] 胡进科,李皋,陈文可,等. 国外页岩气勘探开发综述. 重庆科技学院学报(自然科学版),2011,13(2):72-76.

[43] 李志荣,邓小江,杨晓,等. 四川盆地南部页岩气地震勘探新进展. 天然气工业,2011,31(4):40-43.

[44] 齐宝权,杨小兵,张树东,等. 应用测井资料评价四川盆地南部页岩气储层. 天然气工业,2011,31(4):44-47.

[45] 罗蓉,李青. 页岩气测井评价及地震预测、监测技术探讨. 天然气工业,2011,31(4):34-39.

[46] 付永强,马发明,曾立新,等. 页岩气藏储层压裂实验评价关键技术. 天然气工业,2011,31(4):51-54.

[47] 聂昕,邹长春,杨玉卿. 测井技术在页岩气储层力学性质评价中的应用. 工程地球物理学报,2012,9(4):433-439.

[48] 郝建飞,周灿灿,李霞,等. 页岩气地球物理测井评价综述. 地球物理学进展,2012,27(4):1624-1632.

[49] Wang F. Production fairway: speed rails in gas shale. 7th Annual Gas Shale Summit, 2008.

[50] Rickman R, Mullen M J, Petre J E, et al. A practical use of shale petrophysics for stimulation degin optimization: all shale plays are not clones of the Barnett shale. SPE Annual Technical Conference and Exhibition. Society of Petroleum Engineers, 2008.

[51] Vargal R, Holden T, Pachos A, et al. Seismic inversion in the Barnett Shale successfully pinpoints sweet spots to optimize wellbore placement and reduce drilling risks. 2012 SEG Annual Meeting. Society of Exploration Geophysicists, 2012.

[52] Davie M, Zhu Y P. Characterization of shale gas reservoirs using seismic and well data at Horn River, Canada. 2012 SEG Annual Meeting. Society of Exploration Geophysicists, 2012.

[53] Sena A, Castillo G, Chesser K, et al. Seismic reservoir characterition resource shale play: stress analysis and sweet discirimation. The Leading Edge, 2011, 30(3): 758 - 764.

[54] Dong Q L. Unconventional Gas-Shale gas example. CGG Veritas 中国用户会材料,2011.

[55] Zhou Z Z, Wallac M. Unconventional roles of 3D P - wave seismic data in shale plays//SEG shale gas technology forum, ChengDu, 2011.

[56] Koren Z, Dopin D. Paradimg Earthstudy 360° - A breakthough in full azimuth imaging & interpretation. Dew Journal,2009: 39 - 40.

[57] Bandyopadhyay K, Sain R, Liu E, et al. Rock Property Inversion in Organic-Rich Shale: Uncertainties, Ambiguities, and Pitfalls. 2012 SEG Annual Meeting. Society of Exploration Geophysicists, 2012.

[58] Chopra S, Marfurt K J. Seismic attributes for prospect identification and reservoir characterization. Tulsa: Society of Exploration Geophysicists, 2007.

[59] Wang J, Dopkin D. Integrated study of an Eagle Ford shale play using a variety of seismic attributes. SEG Annal Met, 2012.

[60] 陈颙,黄庭芳. 岩石物理学. 北京: 北京大学出版社,2001.

[61] Maxwell S. Microseismic hydraulic fracture imaging: The path toward optimizing shale gas production. The Leading Edge, 2011, 30(3): 340 - 346.

[62] Vernik L, Milovac J. Rock physics of organic shales. The Leading Edge, 2011, 30(3): 318 - 323.

[63] 贺振华,黄德济,文晓涛. 裂缝油气藏地球物理预测. 成都: 四川科学技术出版社,2007.

[64] Schoenberg M, Sayers C M. Seismic anisotropy of fractured rock. Geophysics, 1995, 60(1): 204 - 211.

[65] Gurevich B. Elastic properties of saturated porous rocks with aligned fractures. Journal of Applied Geophysics, 2003, 54 (3): 203 - 218.

[66] Gray F D, Schmidt D, Delbecq F, et al. Optimze Shale Gas Field Development Using Stresses From 3D Seismic Data. Canadian Unconventional Resources and International Petroleum Conference. Society of Petroleum Engineers, 2010.

[67] Chilingar G V, Serebryakov V A, Robertson J O. Origin and prediction of abnormal formation pressures. Amsterdam: Elsevier Science B. V. , 2002.

[68] Pennebaker E S. Seismic data indicate depth andmagnitude of abnormal pressure. World Oil, 1968, 166(5): 73 - 82.

[69] Dutta N C. Geopressure prediction using seismic data: Current status and the road ahead. Geophysics, 2002, 67(7): 2012 - 2041.

[70] Eaton B A. Graphical method predicts pressure worldwide. World Oil, 1972, 182: 51 - 56.

[71] Bellotti P, Giacca D. Seismic data can detect overpressures in deep drilling. The Oil and Gas Journal, 1978, 76(34): 46 - 53.

[72] 云美厚. 地震地层压力预测. 石油地球物理勘探,1996,31(4): 575 - 586.

[73] Fillippone W R. Estimation of formation parameters and the prediction of over pressure from seismic data. 52nd Annual International Meeting, SEG, Expanded Abstracts, 1982, 17 - 21.

[74] Dutta N C. Deep-water geo-hazard predict-ion using pre-stack inversion of large

offset P-wave data and rock model. The Leading Edge, 2002, 21(2): 193 - 198.

[75] Stone D G. Predicting pore pressure and porosity from VSP data. 52nd Annual International Meeting, SEG, Expanded Abstracts, 1982: 601 - 604.

[76] Martinez R D. Deterministic estimation of porosity and formation pressure from seismic data. 55th Annual International Meeting, SEG, Expanded Abstracts, 1985, 461 - 464.

[77] Refunjol X E, Marfurt K J. Inversion and attribute-assisted hydraulically induced microseismic fracture characterization in the North Texas Barnett Shale. The Leading Edge, 2011, 30(3): 292 - 299.

[78] Connolly P. Elastic impedance. The Leading Edge, 1999, 18(4): 438 - 452.

[79] Whitcombe D N. Elastic impedance normalization. Geophysics, 2002, 67(1): 60 - 62.

[80] Tavella J, Moirano J, Zambrano J C, et al. Integrated characterization of unconventional upper jurassic reservoir in Northern Mexico. 75th EAGE Conference & Exhibition incorporation SPE EUROPEC 2013, June 2013.

[81] Chopra S, Sharma R K, Keay J, Marfurt K J. Shale gas reservoir characterization workflow. 2012 SEG Annual Meeting. Society of Exploration Geophysics, 2012.

[82] Chopra, S. Current workflows for shale gas reservoir characterization. Unconventional Resources Technology Conference, 2013: 1905 - 1910.

[83] Sharma R K, Chopra C. Unconventional reservoir characterization using conventional tools. 2013 SEG Annual Meeting Society of Exploration Geophysicists, 2013.

[84] Passey Q R, Creaney S, Kulla J B, et al. A practical model for organic richness from porosity and resistivity logs. AAPG Bulletin, 1990, 74 (12): 1777 - 1794.

[85] Gersztenkorn A, Marfurt J. Eigen structure-based coherence computations as an aid to 3 - D structural and stratigraphic mapping. Geophysics, 1999, 64(5): 1468 - 1469.

[86] Dossary S, Marfurt K J. 3D volumetric multispectral estimates of reflector

curvature and rotation. Geophysics, 2006, 71(5): 41 - 51.

[87] Chopra S, Marfurt K J. Seismic attributes for prospect identification and reservoir characterization. Society of Exploration Geophysicists, 2007.

[88] Gray D. Fracture detection in manderson field: A 3D AVAZ case history. The Leading Edge, 2000, 19(11): 1214 - 1221.

[89] 殷八斤. AVO 技术的理论与实践. 北京: 石油工业出版社,1995.

[90] Shuey R T. Simplification of Zeoppritz equations. Geophysics, 1985, 50 (4): 609 - 614.

[91] Smith G C, Gidlow P M. Weighted stacking for rock property estimation and detection of gas. Geophysical Prospecting, 1987,35(4): 993 - 1014.

[92] Gidlow P M, Smith G C, Vail P J. Hydrocarbon detection using fluid factor traces: a case study: How useful is AVO analysis? SEG/EAEG Summer Research Workshop Technical Program and Abstract,1992: 78 - 89.

[93] Dufour J, Goodway B, Shook I, et al. AVO analysis to extract rock parameters on the Blackfoot 3C - 3D seismic data. SEG Technical Program Expanded Abstracts, 1998,17: 174 - 178.

[94] 何诚,蔡友洪,李邗,等. AVO 属性交会图解释技术在碳酸盐岩储层预测中的应用. 石油地球物理勘探,2005,40(6): 711 - 715.

[95] 蒋春玲,敬兵,张喜梅,等. 利用叠前弹性参数反演储层参数. 石油地球物理勘探,2011,46(3): 452 - 456.

[96] AkiK T, Richards P G. Quantitative seismology: theory and methods. WH Freeman, 1980.

[97] 张津海,张远银,孙赞东. 道集品质对叠前 AVO/AVA 同时反演的影响. 石油地球物理勘探,2012,47(1): 68 - 73.

[98] 张固澜,贺振华,李家金,等. 基于广义 S 变换的吸收衰减梯度检测. 石油地球物理勘探,2011,45(6): 346 - 352.

[99] Zhang Y, Yu G, Liang X, et al. Application of wide-azimuth 3D seismic attributes in predicting shale fracture in south China. Near surface geophysics Asia

pacific conference, July 2013.

[100] Yu G, Zhang Y S, Newton P, et al. Rock physics diagnostics and modeling for shale gas formation characterization in China. Near surface geophysics Asia pacific conference, 2013.

[101] Zhang Y S, Yu G, Xiaoping Wan X P, et al. The marine shale gas-rich zones geophysical prediction and evaluation techniques in South China. AAPG/SEPM/CUP/PETROCHINAJOINT RESEARCH SYMPOSIUM, Sep. 2013.

[102] Zhang Y S, Liang X, Yu G. Application of wide-azimuth 3D seismic attributes to predict the micro fractures for shale gas exploration in fracture in South China. 75th EAGE Conference & Exhibition incorporating SPE EUROPEC, June. 2013.

[103] 刘伟,张宇生,等. 页岩气地层应力地震评价技术. 中国地球物理第二十九届学术年会,2013.

[104] 张宇生,梁兴,余刚,等. 利用宽方位三维地震属性预测页岩裂缝发育区的研究. 长江大学学报(自然科学版),2013,10(26):68-70.

[105] 刘伟,贺振华,等. 地球物理技术在页岩气勘探开发中的应用和前景. 煤田地质与勘探,2013,41(6):68-73.

[106] 刘伟,张宇生,万小平,等. 微地震/地震联合裂缝解释. 中国南方页岩甜点预测中的岩石物理分析技术研究. CPS/SEG 北京 2014 年国际地球物理会议暨展览,2014.

[107] 张宇生,余刚,等. 应用三维地震属性预测页岩气储层中的裂缝带. CPS/SEG 北京 2014 年国际地球物理会议暨展览,2014.

[108] 余刚,张宇生,等. 中国页岩储层岩石物理分析和建模特征分析. CPS/SEG 北京 2014 年国际地球物理会议暨展览,2014.

[109] 郭锐,余刚,等. 一种新的 Q 值估算方法研究. CPS/SEG 北京 2014 年国际地球物理会议暨展览,2014.

[110] 朱延辉,耿建军. 不同环境下沉积黄铁矿成因分析. 河北煤炭,2002,1:11-12.

[111] Berner R A, Eglinton G. Sulphate reduction, organic matter decomposition and pyrite formation. Phil Trans R Soc Lond, 1985, 315(1531):25-38.

[112] 刘伟,余谦,闫剑飞,等. 上扬子地区志留系龙马溪组富有机质泥岩储层特征. 石油与天然气地质,2012,33(3):346-352.

[113] He Z X, Hu W B, Dong W B. Petroleum electromagnetic prospecting advances and case studies in China. Survey Geophysics, 2010, 31: 207-224.

[114] Pelton W H. Interpretation of complex resistivity and dielectric data. Ph. D. thesis, Univ. Utah., 1977.

[115] Michael W, David A. Electromagnetic methods for development and production: State of the art. The Leading Edge, 1998, 17: 487-490.

[116] Chelidze T L, Gueguen Y, Electrical spectroscopy of porous rocks: a review-I. Theoretical models. Geophysical Journal International, 1999, 137: 1-15.

[117] Chelidze T L, Gueguen Y, Ruffet C, Electrical spectroscopy of porous rocks: A review - II. Experimental results and interpretation. Geophysical Journal International, 1999, 137: 16-34.

[118] Vinegar H, Waxman M. Induced polarization of shaly sands. Geophysics, 1984, 49: 1267-1287.

[119] 肖占山,徐世浙,罗延钟. 泥质砂岩复电导率模型研究. 科学通报,2006,22:607-612.

[120] 李建军,邓少贵,范宜仁. 岩石复电阻率的影响因素. 测井技术,2005,29:11-17.

[121] Zhdanov M. Generalized effective-medium theory of induced polarization. Geophysics, 2008, 73(5): 197-211.

[122] Zhdanov M, Burtman V, Endo M. et al. Laboratory-based GEMTIP analysis of spectral IP data for mineral discrimination. 82nd Annual International Meeting, SEG, Expanded Abstracts, 2012.

[123] Dias C. Developments in a model to describe low-frequencyelectrical polarization of rocks. Geophysics, 2000, 65(2): 437-451.

[124] 吴奇,梁兴,等,地质-工程一体化高效开发中国南方海相页岩气. 中国石油勘探,2015, 20(4): 1-23.